リンネと博物学

Carl von Linné as the Root of Natural History

自然誌科学の源流

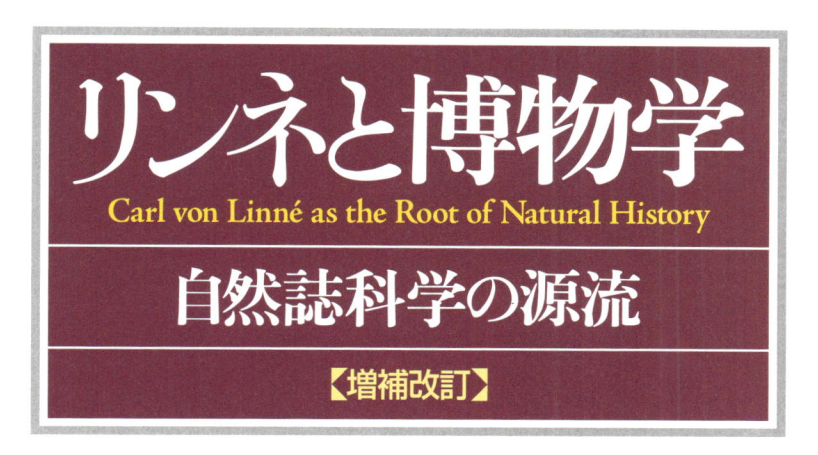

【増補改訂】

千葉県立中央博物館 編

文一総合出版

扉写真　リンネソウ *Linnaea borealis* L..
（2007 年 8 月, 白馬岳．撮影／大場達之）

Carl von Linné as the Root of Natural History [Enlarged and Revised edition]
Edited by Natural History Museum and Institute, Chiba
955-2, Aoba-cho, Chuo-ku, Chiba 260-8682 JAPAN
Published 2008 by Bun-ichi Sogo Shuppan Co. Ltd.
Kawakami Bldg. 2-5, Nishi-goken-cho, Shinjyuku-ku, Tokyo 162-0812 JAPAN
Copyright ©2008 Natural History Museum and Institute, Chiba,
Kajita Keiko, Kimura Reiko, Konishi Masayasu, Numata Sadako,
Ohba Hideaki, Ohba Tatsuyuki, Shigeta Yoshimitsu
ISBN978-4-8299-0129-8

リンネと博物学
―自然誌科学の源流―
〔増補改訂〕

リンネ生誕300年記念行事
天皇陛下基調ご講演

　皇室とロンドン・リンネ協会（会についての詳細はp. 269「ロンドン・リネアン・ソサエティー：その歴史と現状」参照）との関係は古く，昭和天皇は，1932年に名誉会員に選出されており，ヒドロゾア（刺胞動物の一群）のご研究，那須，須崎，皇居における植物相の共同ご研究など，多くのご著書を遺され，生物学に貢献されました．

　天皇陛下は，皇太子時代の1980年に魚類学の貢献により50名限定の外国会員に，さらに1986年には名誉会員に選出されています．ハゼ科魚類の分類学的ご研究で，陛下は1963年以降現在まで30編のご論文を魚類学雑誌などに発表されています．1994年には皇后陛下と共に千葉県立中央博物館特別展「リンネと博物学」をご覧になっています．

　また，常陸宮殿下は1994年に名誉会員に選出され，魚類の腫瘍発生に関するご研究を長年続けられています．

　2007年はリンネ生誕300年に当たり，国内外で多彩な催しが繰り広げられました．天皇皇后両陛下は2007年5月，欧州5か国をご訪問になり，天皇陛下は5月29日に，ロンドン・リンネ協会において「リンネと日本の分類学―生誕300年を記念して―」と題された基調講演をなさいました．ここにご講演の英文と日本文の全文を掲載します．

Linné and Taxonomy in Japan
– On the 300th Anniversary of his Birth –

Akihito

President, dear friends

I am very grateful to the Linnean Society of London for the kind invitation it extended to me to participate in the celebration of the 300th anniversary of the birth of Carl von Linné. When, in 1980, I was elected as a foreign member of the Society, I felt I did not really deserve the honour, but it has given me great encouragement as I have tried to continue my research, finding time between my official duties.

Today, I would like to speak in memory of Carl von Linné, and address the question of how European scholarship has developed in Japan, touching upon the work of people like Carl Peter Thunberg, Linné's disciple who stayed in Japan for a year as a doctor for the Dutch Trading House and later published "Flora Japonica".

Carl von Linné, who was born in Sweden in 1707, published in 1735, when he was 28 years old, the 1st edition of "Systema naturae", in which he outlined a new system of classification. According to this system, the plant kingdom was classified into 24 classes based mainly on the number of stamens, the animal kingdom was classified into six classes—quadrupeds, birds, amphibians, fishes, insects and worms—and the mineral kingdom was classified into three classes—rocks, minerals and mined material. Each class was divided into several orders, and examples of some genera were given for each order.

Linné firmly believed that nature had been created by God in an orderly and systematic manner, and he aimed to discover the order of nature so that he could classify and name all things created by God and thus complete the system of nature.

However, in Linné's system, which classified plants mainly on the basis of the number of stamens, species with different numbers of stamens belonged to different classes, even when their other characteristics were very similar, while species with the same number of stamens belonged to the same class, even when their other characteristics were very different.

This led to the idea that the classification of organisms should be based on a more comprehensive evaluation of all their characteristics. This idea gained increasing support, and Linné's classification system was eventually replaced by systems based on phylogeny. The binomial nomenclature proposed by Linné, however, became the basis of the scientific names of animals and plants, which are commonly used in the world today, not only by people in academia but also by the general public. In the binomial nomenclature, the scientific name of a species consists of a combination of the generic name and an epithet denoting the species.

Before Linné established the binomial nomenclature, scientific names consisted of the species' generic name and a description of the characteristics of that particular species which differentiated it from the other species in the same genus. Therefore, when there were many species in one genus, the description differentiating one species from the others became highly detailed and very long, making scientific names difficult to use.

To solve this inconvenience, Linné proposed a new nomenclature, excluding the description of characteristics from the scientific name and simplifying it to a combination of a generic name and an epithet only, with the description of the species to be noted separately.

The International Code of Zoological Nomenclature and the International Code of Botanical Nomenclature stipulate that, when more than one scientific name exists for a particular species, the oldest scientific name shall be adopted. It is also stipulated that, for spermatophytes and pteridophytes, the scientific names in the first edition of Linné's "Species plantarum", published in 1753, shall be recognized as the oldest scientific names, and for animals, the scientific names in Clerck's "Aranei Svecici", a monograph on spiders, and those in the 10th edition of Linné's "Systema naturae", both deemed to have been published on 1 January 1758, shall be similarly recognized. The names published before these publications are not recognized as scientific names of the organisms.

In the 1st edition of "Species plantarum" and in his later books, Linné described many Japanese plants and gave them scientific names. *Camellia japonica*, for example, was described in the 1st edition of "Species plantarum", and this scientific name is still used today.

These Japanese plants were illustrated by Engelbert Kaempfer in his book, "Amoenitatum exoticarum", which was published in 1712. Kaempfer was a German doctor who served in the Dutch Trading House in Japan for two years from 1690.

At that time, Japan had isolated itself from the world. Japanese people were not allowed to go abroad, and visits by foreigners to Japan were severely restricted. As the policy of isolation was taken to suppress Christianity, the Dutch, who came for trading purposes only and not to promulgate Christianity, were permitted to come to Japan.

The Dutch people were made to live on an artificial island, Dejima, built in the sea off Nagasaki and connected to land by a bridge, and could not leave the island without permission. The head of the Trading House, however, was to visit the shogun at Edo, present-day Tokyo, once a year, accompanied by his delegation including the doctor. Kaempfer thus visited Edo twice during his stay, taking more than 80 days for the trip each time.

It was during his stay in Japan that Kaempfer sketched the plants, which were later published in "Amoenitatum exoticarum" in 1712. His 256 sketches are now kept in the Natural History Museum.

In 1775, 83 years after Kaempfer left Japan, a Swedish doctor, Carl Peter Thunberg, arrived at the Dutch Trading House. Thunberg was Linné's disciple and later became a full professor at Uppsala University in both botany and medicine.

Kaempfer and Thunberg were both doctors who worked in the Dutch Trading House during Japan's period of isolation. But unlike Kaempfer's days, Japanese doctors had a deeper recognition of European medicine when Thunberg came to Japan.

This change occurred because in 1720, Shogun Tokugawa Yoshimune relaxed the prohibition on importing books, which had been put in place to prevent Christian ideas from coming into Japan, and allowed the import of books on European science published in China, which were unrelated to Christianity. This development stimulated research on European science and people came to focus their attention on medical books written in Dutch.

Yamawaki Toyo, who had studied classical Chinese medicine introduced into Japan, noted the great difference between what he had learned and the illustrations in the imported Dutch medical books. To find out which was true, he performed a dissection of a human body in 1754, with permission from the government, and published the results as "An Account of the Observation of Viscera". From that time onward, dissections were often performed.

In 1774, a year before Thunberg arrived in Japan, "A New Book of Anatomy" was published. It had been translated from Dutch into Japanese by Sugita Genpaku and other doctors of Edo. They decided to start the translation when they actually saw a dissection and were convinced of the accuracy of the Dutch book on anatomy.

Some of the people who came together knew the Dutch language, but the leader of the translation project, Sugita Genpaku, did not even know the alphabet. Translation proved to be an extremely difficult task, but thanks to the zeal of Genpaku, who wanted to publish the book in Japanese as soon as possible and contribute to medicine, "A New Book of Anatomy" was completed for publication after only three years.

In Kaempfer's posthumous book, "The History of Japan", he writes that, during his two visits to Edo, only one Japanese doctor visited him just once to ask for medical advice on some disease.

In Thunberg's book, "Travels in Europe, Asia and Africa Made During the Years 1770-1779", however, he writes that immediately upon arrival in Edo, he received visits from five doctors and two astronomers, and that thereafter, Katsuragawa Hoshu, a doctor for the shogun, and his friend Nakagawa Jun-an visited Thunberg almost every day and sometimes stayed till very late into the night to learn from him about various scientific matters. These two doctors had both participated in the translation of "A New Book of Anatomy". In the book, their names appear after Sugita Genpaku, the translator, as Nakagawa Jun-an, the editor, and Katsuragawa Hoshu, the supervisor. Both of them, Nakagawa Jun-an in particular, could speak Dutch quite well. Thunberg writes that he asked them the Japanese names of the fresh plants which they brought and taught them the Latin names and the Dutch names of the plants.

Exchanges between Thunberg and the two Japanese doctors continued even after Thunberg's return to Sweden. The letters the two doctors wrote to Thunberg are kept in Uppsala University. I saw those letters with Their Majesties the King and Queen of Sweden during our visit to Uppsala University in 1985, as Crown Prince and Crown Princess, and it left a deep impression on both of us.

We do not know exactly when the scientific names under the binomial nomenclature, originated by Linné, were introduced to Japan. As I mentioned earlier, Thunberg writes in his book that he taught Katsuragawa Hoshu and Nakagawa Jun-an the Latin names of plants. It is my view, however, that some doubts remain to conclude, from what Thunberg writes in this book, that the scientific names were first introduced to Japan at that time.

Linné's nomenclature started to be used in Japan after a German doctor, Philipp Franz von Siebold, arrived at the Dutch Trading House in 1823. By the time Siebold came to Japan, there were many Japanese who could speak Dutch. Siebold established a school of medicine and a clinic for treating patients in the suburbs of Nagasaki. He could also leave the island of Dejima to visit patients at their homes or to collect medicinal herbs.

It was under such circumstances that in 1829, Ito Keisuke wrote a book in which Linné's nomenclature was used for the first time in Japan. Keisuke took the scientific names of plants in Thunberg's "Flora Japonica", which Siebold had brought to Japan, put them in alphabetical order, and added their Japanese names. In the supplement, he introduced Linné's classification system as "Explanation of the 24 Classes."

Keisuke studied under Siebold for six months in Nagasaki, and when he was about to return to his home in Nagoya, he was given Thunberg's book as a gift. Keisuke sent the manuscript of his book, "A Translation of Thunberg's Flora Japonica", to Siebold in Nagasaki, and Siebold checked it.

In 1854, Japan and the United States signed the Treaty of Peace and Amity as the arrival of the American naval fleet brought to an end Japan's policy of isolation, which had lasted for more than 200 years. After that, Japan started establishing diplomatic relations with many countries. The last shogun, Tokugawa Yoshinobu, resigned from his post in 1867, and a new government was formed under Emperor Meiji. The Meiji government sent students overseas and invited foreign teachers to Japan, and the Japanese people made a great effort to acquire Western knowledge. The foreign teachers who were invited to Japan at this time made a great contribution to Japan, and the students who went to study overseas also contributed in various ways to the subsequent development of Japan.

One of the academic achievements made by Japanese scientists in the 19th century was the discovery of ginkgo sperm by Hirase Sakugoro in 1896. Hirase Sakugoro, who worked as an illustrator in the botanical laboratory of the University of Tokyo and later became a research associate, observed the swimming of ginkgo sperm, and published his paper on this discovery in a botanical journal.

A month later, Ikeno Sei-ichiro, an associate professor in the agricultural department of the University of Tokyo who collaborated with Hirase Sakugoro in his studies, found cycad sperm, and also reported it in a botanical journal. It was known at the time that ferns have sperm, but this was the first time in the world that a gymnosperm was found to have sperm.

This discovery was not believed at first, but it became accepted after zamia sperm, from the same cycad family, was discovered in the United States the following year in 1897. For this achievement these two researchers were awarded the Imperial Award of the Japan Academy in 1912.

The ginkgo is a gymnosperm unique in its phylogeny because it is a single-order, single-family, single-genus, single-species plant. It flourished in the Mesozoic Jurassic age but survived only in China, and was brought from China to Japan in ancient times. It was given a scientific name by Linné, on the basis of Kaempfer's illustration.

The ginkgo tree that Hirase Sakugoro used for his research is still standing in the Koishikawa Botanical Gardens of the University of Tokyo. I visited the botanical gardens with the Empress last year and looked at the ginkgo tree, thinking of the research that was done a long time ago.

In the 20th century, as Japanese taxonomy made progress, more and more new species began to be reported. Before that, Japanese animals and plants were given scientific names by European scientists, and as a matter of course, the type specimens used for naming them were kept in European museums. Therefore, when Japanese researchers wanted to describe a Japanese animal or plant as a new species, they had to check the type specimens in foreign countries one by one, and the difficulties they encountered were far from trifling.

Thanks to the efforts made by many people, all Japanese spermatophytes, pteridophytes and vertebrates excluding fishes now have scientific names. However, there are still many unnamed fishes, and, in particular, there are many gobioids which must be given scientific names.

When I started my research, I frequently referred to a book titled "Fish Morphology and Hierarchy" by Dr. Matsubara Kiyomatsu, published in 1955. The book covered all Japanese fishes with keys to the species, and it listed 134 gobioids including subspecies. In the more recent "Fishes of Japan with Pictorial Keys to the Species", published in 2002, the number of gobioids, including subspecies, increased to 412, but 45 of them have only Japanese names and have no scientific names yet.

There were two studies that particularly interested me as I embarked on my research on gobioids. One was "The osteology and relationships of certain gobioid fishes, with particular reference to the genera *Kraemeria* and *Microdesmus*" by Dr. William Gosline published in 1955, and the other was "Studies of the gobioid fishes in Japanese waters; on the comparative morphology, phylogeny, taxonomy, distribution and bionomics," which was an unpublished doctoral thesis by Dr. Takagi Kazunori.

With these papers as reference, I proceeded with my taxonomical research. On the one hand, I studied the relationships among many kinds of gobioids, analysing their bones stained with alizarin red. I studied, on the other hand, the differences among species of gobioids by comparing the arrangement of their head sensory canal pores and sensory papillae.

Back in the 1960's, no one in Japan was yet classifying gobioids on the basis of the arrangement of their head sensory papillae. Therefore, in 1967, when I published the classification of the four species of the genus Eleotris found in Japan based on the arrangement of their sensory papillae in the Japanese Journal of Ichthyology, apparently there were some people who had considerable doubts about my classification. However, the arrangement of the sensory papillae has now become an important factor in classifying gobioids, and I am glad that I have been able to make some contribution in this field.

The binomial nomenclature established by Linné has been immensely beneficial, providing a universal basis for taxonomy throughout the world and enabling taxonomists around the world to communicate with each other through a common language about things existing in nature. Since then, taxonomy to this day has continued to develop on the basis of this binomial nomenclature.

As I mentioned at the beginning, Linné's classification system based mainly on the number of stamens was eventually replaced by a system based on a more comprehensive evaluation of all characteristics. It is understandable that the idea of using phylogeny as the basis for taxonomy had not yet appeared at Linné's time. It was almost a hundred years after Linné that the theory of evolution proposed by Darwin and Wallace was presented here at the Linnean Society, and the idea of phylogeny became newly accepted in the academia.

In academia today, an even newer field of research, molecular biology based on evolution, is seeing remarkable development. As a result, more importance is placed on phylogeny, and systems based on phylogeny are considered to be more accurate and are now the mainstream of taxonomy.

As I have been familiar with classifications based on morphology since I was young, the appearance of the electron microscope which enabled me to observe minute morphological characteristics, and my encounter with an even smaller world, where classification is based on DNA analysis at a molecular level, have been great experiences for me as a researcher.

In the years ahead, I think the analysis of mitochondrial DNAs will open up great possibilities of discovering new species which cannot be distinguished morphologically but which can be clearly distinguished at a molecular biological level. I hope to understand and take into consideration this newly developing field of research, but at the same time, I intend to continue to give my attention to and keep up my interest in morphology, which is a field of study carried on from Linné's days. I would like to continue my research, always keeping in mind the question of what will be the importance and role of morphology in the field of taxonomy in the future.

On the 300th anniversary of Linné's birth, I feel that taxonomy, which used to be based solely on morphology, is entering a new era.

In closing, I would like to thank you again for this invitation and I offer my best wishes for the further prosperity of the Linnean Society of London.

リンネ生誕300年記念行事天皇陛下基調ご講演

カール・フォン・リンネ生誕300年記念行事でご講演される天皇陛下．(2007年5月29日午前11時6分，ロンドン・リンネ協会にて．写真／時事)

リンネと日本の分類学
―生誕 300 年を記念して―

明 仁

　リンネ生誕300年に当たり，ロンドン・リンネ協会からその祝賀行事に御招待をいただいたことに対し，深く感謝いたします．1980年ロンドン・リンネ協会の外国会員に選ばれた時，それは私には過分のことに思われましたが，一方それは私が公務の間をぬって研究を続けていく上で大きな励みともなりました．

　今日はリンネの業績をしのび，リンネの弟子で日本のオランダ商館の医師として1年間日本に滞在し，「日本植物誌」を書いたツンベリーなどにふれつつ，欧州の学問がいかに日本で発展してきたかということをお話ししたいと思います．

　1707年スウェーデンに生まれたカール・フォン・リンネは，1735年，28歳の時「自然の体系」第一版を著し，新しい分類体系の概要を示しました．それによると，植物界は雄しべの数などによって24綱に，動物界は四足動物，鳥類，両生類，魚類，昆虫，蠕虫の6綱に，鉱物界は岩石，鉱物，採掘物の3綱に分類され，それぞれの綱はいくつかの目に分けられ，更に目の中にはいくつかの属が例示されています．リンネは，自然が神によって秩序正しく整然と造られていることを確信し，この自然の秩序を見出し，神によって造られたものを分類し，命名し，自然の体系を完成することを目指していました．しかし，雄しべの数によって植物の綱を分けるというリンネの分類体系では，例えば雄しべの数が違っているだけで，他の特徴が極めて類似した種の間でも綱を異にすることになり，また，雄しべの数が同じというだけで，他の特徴が非常に相違している種が同じ綱に含まれることになります．このような観点から，あらゆる特徴を総合的に判断して分類しなければならないという主張が強くなり，リンネの分類体系は系統を重視した分類体系にとって代わられました．

　しかし，リンネが創始した二名法の学名は，世界共通の動植物の名称として，今日，学界はもとより多くの人々によって使われています．二名法の学名は，その種が属する属名とその種を指す種小名の結合によって成立っています．リンネが二名法を創出する以前の学名は，その種が属する属名と，その種を同属内の他種から区別する特徴の記述が結合して出来ていました．したがって，一属の中の種数が多くなれば，属内の他種と区別をするための記述が詳しくなり，語数が増え，不便なものになりました．リンネはこの不便を解消するために，学名には種の特徴を示す記述を含めず，学名は属名と種小名の結合した名称だけのものとし，種の特徴を示す記載は別項に記すという扱いにこれを変更したのです．なお，国際植物命名規約と国際動物命名規約では，同じ種に複数の学名が付けられている場合，その中で最も古い学名を採用することをそれぞれ規定しています．種子植物とシダ植物では1753年にリンネが著した「植物の種」第一版，動物ではクモのモノグラフとしてクレックの著した「Aranei Svecici」とリンネが著した「自然の体系」第十

版の二つを1758年1月1日に出版されたものとみなし，それぞれそこに収められた種の学名を最も古い学名として認めることを規定しています．それ以前に発表された種の名称は，学名としては認められないことになっています．

　リンネは，「植物の種」第一版やその後の著作の中で，多くの日本の植物に学名を付けて記載しています．*Camellia japonica*（ヤブツバキ）などは，リンネが「植物の種」第一版の中に記載したもので，今日もこの学名が使われています．これらの植物は，1690年から2年間日本に駐在したオランダ商館のドイツ人医師ケンペルが，1712年にその著「廻国奇観」の中に図示した植物であります．当時，日本は鎖国をしており，日本人の海外渡航は禁止され，外国人の来日も厳しく制限されていました．鎖国はキリスト教の禁止を徹底させるために行われたことから，キリスト教の布教を行わず，通商のみの関係にあったオランダ人の来日は認められていました．しかし，来日したオランダ人は，長崎の海上に築かれ，橋で結ばれた人工の島，出島に隔離され，許可なく出島を出ることは出来ませんでした．ただ，オランダ商館長は，医師などの随員と共に，1年に1度，江戸，今の東京に将軍を訪問することになっており，ケンペルはこの間2回の江戸往復を，それぞれ80日以上かけて行っています．ケンペルは，日本滞在中植物の写生図を作り，1712年に出版された「廻国奇観」に載せたのでした．ケンペルの写生図256枚は，現在，（英国の）自然史博物館に保存されています．

　ケンペルの離日から83年後，1775年にオランダ商館の医師としてスウェーデン人ツュンベリーが赴任してきました．ツュンベリーはリンネの弟子で，後にリンネと同じくウプサラ大学の植物学と医学の正教授になった人です．ケンペルもツュンベリーも鎖国下の日本に来たオランダ商館の医師でありましたが，ケンペル来日の時代と異なり，ツュンベリー来日の時代は日本の医師の間で欧州医学に対する認識が深まっている時でありました．このような変化は，将軍徳川吉宗が1720年，かつてキリスト教思想の流入を阻むために設けられた禁書令を緩和し，キリスト教の教義とは無関係な漢籍の西洋科学書の輸入を認めたことから，西洋科学の研究が活発になり，オランダ語の医学書に関心が払われるようになったからです．従来の中国由来の医学を学んできた山脇東洋も，オランダからの輸入医書の図がそれまで学んできたこととあまりに違うことに注目し，真疑を確かめるため，1754年，官許を得て人体解剖を行い，その結果を「臓志」として刊行しました．以後解剖はしばしば行われるようになりました．ツュンベリー来日の前年，1774年には，杉田玄白を始めとする江戸の医師が集ってオランダ語から訳した「解体新書」が刊行されました．解剖を実見して，オランダ語の解剖書の正確さを確認したことが，この訳を始めるきっかけとなったのです．集った人々の中にはオランダ語の出来る人もいましたが，訳出作業の中心になった玄白は，それまでアルファベットも習っていませんでした．訳出作業は困難を極めましたが，玄白の，1日も早く訳書を世に送り出し，医学に貢献したいという熱意により，3年間で「解体新書」は刊行の運びとなりました．

　ケンペルの没後出版された「日本誌」には，2度の江戸訪問中1回だけ，一人の医師がケンペルに病気について医学上の見解を聞きに来たことが記されていますが，ツュンベリーの「江戸参府随行記」には，江戸到着後すぐに医師五人と天文学者二人が彼を訪ね，更に官医桂川甫周とその友人中川淳庵は，毎日のようにツュンベリーを訪ねて，時には夜おそくまで様々な科

学につき，ツュンベリーから教えを受けたことが記されています．両人は「解体新書」の訳に参加した人で，「解体新書」には，杉田玄白訳，中川淳庵校，桂川甫周閲と名をつらねています．二人とも，とくに淳庵は，かなりオランダ語を話し，ツュンベリーは彼らが持ってきた生の植物の和名を聞き，ラテン名とオランダ名を彼らに教えたと書いています．

ツュンベリーと二人の医師との交流はツュンベリーの帰国後も続き，ツュンベリー宛ての日本人二人の医師の書簡は，ウプサラ大学に保管されています．私は皇太子であった1985年，皇太子妃と共にウプサラ大学を訪問し，スウェーデン国王，王妃両陛下とそれらの書簡を見，そのことは私どもの心に深く残るものでした．

リンネが創始した学名がいつ日本人に伝えられたかということはわかりません．先にお話したように，ツュンベリーの「江戸参府随行記」の中には桂川甫周と中川淳庵に植物のラテン名を教えたという記述があります．しかし，この「江戸参府随行記」の記述をもって学名が日本に伝えられたと言い切ることには，やや疑問が残ると私は思っています．

学名が日本で使用されるようになるのは，1823年，オランダ商館にドイツ人医師シーボルトが赴任してから後のことになります．シーボルトが日本に来た頃には，日本人の中にオランダ語を解する人も多くなり，長崎の郊外にシーボルトの塾がつくられ，診療も行われていました．また，シーボルトは病人の往診や薬草の採集に出島を出ることが出来るようになりました．

このような状況下，1829年，日本で初めて学名を用いた本が伊藤圭介により著わされました．圭介は，シーボルトが日本にもたらしたツュンベリーの「日本植物誌」の学名をアルファベット順に記し，これに和名を付し，「附録」にはリンネの分類体系を「二十四綱解」として紹介しています．圭介はシーボルトの教えを長崎で半年間受け，出身地の名古屋にもどる時に，ツュンベリーの著書を贈られました．そして「泰西本草名疏」の草稿を長崎に送り，シーボルトの校閲を受けています．

米国艦隊の来航により，200年以上続いた鎖国政策に終止符が打たれ，1854年日米和親条約が結ばれました．引続いて，日本は各国と国交を開くようになりました．1867年，徳川慶喜が将軍職を辞し，明治天皇の下に新しい政府がつくられると，政府は留学生を外国に送り，外国人教師を招聘し，人々は欧米の学問を懸命に学びました．この時，日本に招聘された外国人教師の貢献は誠に大きく，また，留学生もその後の日本の発展に様々に寄与しました．

19世紀における日本人の学問上の業績としてあげられるのは，1896年の平瀬作五郎によるイチョウの精子の発見であります．平瀬作五郎は東京大学植物学教室に画工として勤め，後に助手となった人ですが，イチョウの精子が泳ぎ出すことを観察し，論文にして植物学雑誌に発表しました．この一月後，平瀬作五郎の研究に協力した東京大学農科大学助教授池野成一郎がソテツの精子発見を同じく植物学雑誌に報じています．シダ植物に精子があることは知られていましたが，裸子植物に精子があることが見出されたのは世界で初めてのことです．この発見は当初は信じられず，翌年の1897年アメリカで同じソテツ科のザミアで精子が見出されてか

らこの事実が信じられるようになりました．この業績により，二人は1912年，学士院恩賜賞を受けました．イチョウは中生代ジュラ紀に最も栄えましたが，その後中国だけに残った一目一科一属一種の，系統上独特の裸子植物です．古く中国から日本に移され，リンネによってケンペルの図を元に学名がつけられました．平瀬作五郎の研究したイチョウは今も東京大学の小石川植物園にあり，昨年小石川植物園を皇后と訪れ，当時の研究に思いをいたし，そのイチョウを見て来ました．

20世紀になると日本の分類学も進み，新種の発表もだんだん行われるようになりました．しかし，それ以前には，日本の動植物は欧州の研究者によって学名を付され，当然のこととしてそれらの命名の際使われた基準標本は欧州の博物館に保管されました．このため，日本の研究者が日本の動植物を新種として記載するにあたり，それら外国に所在する基準標本を一つ一つ調べねばならず，その苦労は決して小さいものではありませんでした．多くの人々の努力により，今日，日本産の種子植物，シダ植物，魚類を除く脊椎動物には皆学名が付けられています．しかし，魚類については学名の付いていないものがまだまだあります．特にハゼ亜目魚類には，これから学名を付けていかなければならないものが多くあります．私が研究を始めた頃，日本産の魚類を調べるのに常に用いていたのが1955年に出版された松原喜代松博士の「魚類の形態と検索」でありました．日本産の魚類を網羅したもので，検索で調べられるようになっていました．その中には亜種を含め，ハゼ亜目魚類134種類が載せられていました．最近2002年に出版された「日本産魚類検索」では，亜種を含めハゼ亜目魚類は412種類に増加しており，この中，45種には和名が付けられてはいますが，まだ学名は付けられていません．

私がハゼ亜目魚類を研究しようとした時，私が関心を持った二つの文献があります．一つはゴスライン博士の1955年に発表された「The osteology and relationships of certain gobioid fishes, with particular reference to the genera *Kraemeria* and *Microdesmus*」であり，もう一つは未公刊の高木和徳博士の学位論文である「日本水域におけるハゼ亜目魚類の比較形態，系統，分類，分布および生態に関する研究」です．私はこれらの論文を参考にしつつ，一方で多数のハゼ亜目魚類の種類の骨をアリザリン・レッドで染色して類縁関係を調べ，また他方で頭部感覚管と孔器列の配列によって，種の違いを調べて，分類学的研究を進めました．

振り返って見ますと，1960年代は日本ではまだ頭部孔器の配列によってハゼ亜目魚類を分類するということは行われていませんでした．したがって，私が1967年孔器の配列によって日本産のカワアナゴ属四種の分類を日本魚類学雑誌に発表した時には，その分類にかなり疑問を持った人もいたようです．しかし現在，孔器の配列はハゼ亜目魚類の分類の重要な要素になっており，この分野で何がしかの貢献が出来たことをうれしく思います．

リンネが創始した二名法は世界の分類学に普遍的な基準を与え，世界の分類学者が共通の言葉をもって自然界に存在するものを語り合うことができるという，計り知れない恩恵をもたらし，その後の分類学は，この二名法を基盤として今日までその発展を続けてきました．始めにも述べましたように，その後の分類学の発展の中で，雄しべの数により綱を分けていくという

彼の分類法は，雄しべのみでなく，もっと総合的特徴により，これを判断するという説にとって代わられました．この時代，まだ系統を分類の基盤に置くという発想がなかったことは当然のことで，ここリンネ協会においてダーウィン，ウォーレスの進化論が初めて世に問われ，系統という観念が，新たに学問の世界に取り入れられるようになったのは，リンネから約100年の後のことになります．

　今日，学問の世界では，進化を基盤とする分子生物学という更に新しい分野がめざましい発展をみせ，これにより系統を重視し，分類学においてもこれを反映させていく分類学が，より確実なものとして主流を占めてきています．

　若い日から形態による分類になじみ，小さな形態的特徴にも気付かせてくれる電子顕微鏡の出現を経て，更なる微小の世界，即ちDNA分析による分子レベルで分類をきめていく世界との遭遇は，研究生活の上でも実に大きな経験でありました．今後ミトコンドリアDNAの分析により，形態的には区別されないが，分子生物学的には的確に区別されうる種類が見出される可能性は，非常に大きくなるのではないかと思われます．私自身としては，この新しく開かれた分野の理解につとめ，これを十分に視野に入れると共に，リンネの時代から引き継いできた形態への注目と関心からも離れることなく，分類学の分野で形態のもつ重要性は今後どのように位置づけられていくかを考えつつ，研究を続けていきたいと考えています．

　リンネ生誕300年を迎え，形態上の相違によって分類されてきた分類学は，新たな時期を迎えたことを感じています．

　終わりに当たり，リンネ協会のこの度の御招待に対して改めて感謝の意を表し，リンネ協会の一層の発展をお祈りします．

リンネ生誕 300 年記念行事天皇陛下基調ご講演

2007 年 5 月，スウェーデンのウプサラ大学学長から天皇陛下へ贈られたシソ科ニガクサ *Teucrium japonicum* Houtt. の標本．リンネの弟子ツュンベリー Thunberg が長崎近郊で採集したもの．その後，陛下はこの標本を国立科学博物館へ寄贈された．（写真／国立科学博物館）

刊行のことば

　カール・フォン・リンネ生誕300年を記念し，千葉県立中央博物館は，2007年5月12日～6月10日に記念展「分類学の父 カール・フォン・リンネ」と記念講演会（5月20日）を開催するとともに，本書，「リンネと博物学－自然誌科学の源流－［増補改訂］」の出版を企画し準備を進めてまいりました．

　出版にあたり，リンネとその研究に造詣の深い天皇陛下より，特別論文「リンネと日本の分類学－生誕300年を記念して－」をいただき，本書を刊行することができました．千葉県を代表し，厚く御礼申し上げます．

　医者であり博物学者でもあったリンネは，1707年にスウェーデンに生まれました．そして，『自然の体系』（初版）（1735年），『植物の種』（1753年），『自然の体系』（10版）（1758-1759年）などを著し，分類学の基礎と生物の命名のための二名法を確立して自然誌科学の源流を築いた偉大な研究者です．

　1993年，千葉県は，世界有数のリンネコレクションであるトルビヨン・レンスコーク・コレクションを中央博物館の自然誌資料として収集し，これを広く一般に公開するために初代館長・沼田眞博士のもと，1994年10月1日～12月4日，特別展「リンネと博物学－自然誌科学の源流－」を開催致しました．その折，天皇皇后両陛下の行幸啓をいただき，展覧会とコレクションを御覧いただきました．その後もレンスコーク・コレクションを基礎に資料収集を続け，リンネとその自然誌科学に関する科学史的な研究をすすめるとともに博物館における展覧会等を通して多くの方々にリンネ関係コレクションを公開してきました．今後も，この貴重な資料を大切に保管して後世に伝え，学術研究に貢献したいと思います．

　現在，人間活動の影響により地球温暖化が進行している状況にあります．これは，私たちの生活・文化を支えてきた生物多様性の減少にも大きく影響し，人々の未来にかかわる重要課題となっています．千葉県では，県の重点施策として，生物多様性を保全・再生する計画をつくり，その実施に着手したところです．このような状況において，自然誌科学の基礎を築いたリンネの思想と研究業績は，300年近い年月を経た現代においても，その輝きを一層増しており，生物多様性にかかわる基礎的な研究とその啓発活動においても大きな礎となっています．

　この度，本書において，ロンドン・リンネ協会における天皇陛下のリンネ生誕300年記念行事基調ご講演（2007.5.29）の全文と生物多様性研究の原典である「自然の体系」の初版の原文とその全文和訳の掲載をはじめ，多くのリンネ研究の成果を加え，トルビヨン・レンスコーク・コレクションを中核とするリンネ関係コレクションの主要な内容を公開することができました．本書が自然誌科学や生物学の基礎研究とその教育普及に貢献するとともに，私たちの未来に重大な課題となっている生物多様性の保全・再生への取り組みに際しても，その一翼を担う重要な学術書となることを願っています．

平成19年12月23日

千葉県知事　堂本暁子

To celebrate the 300th anniversary since the birth of Carl von Linné (a.k.a. Carolus Linnaeus), the Natural History Museum and Institute, Chiba, held a special tercentenary exhibit, "Carl von Linné: the Father of Taxonomy", from May 12th to June 10th of this year (2007), with a special commemorative lecture on May 20th. In addition to the exhibit, preparations were made during that time period for the publication the book you hold in your hands now, "Carl von Linné as the Root of Natural History".

At the fore of this book, you will find a special preliminary essay by His Imperial Majesty, the Emperor Akihito, who has deep knowledge of Linné and his research, entitled "Linné and Taxonomy in Japan -On the 300th Anniversary of his Birth-". As representative of Chiba Prefecture, let me say that we are both honored and grateful for His Majesty's contribution.

Doctor and naturalist, Carl von Linné was born in Sweden in 1707. In 1735, he published the first edition of his remarkable work, *Systema Naturae*, in 1753, *Species Plantarum* and in 1758-1759 the 10th edition of *Systema Naturae*. In doing so, he established the binomial nomenclature system that became the foundation of modern taxonomy and the naming of living things, thereby charting a new course for the sciences of natural history and biology.

In 1993, Chiba Prefecture acquired the Torbjörn Lenskog Collection, which is one of the most important collection of Carl von Linné in the world. In order to share this collection widely with the general public, the first director of the museum, Dr. Makoto Numata, opened a special exhibit with the same title as this book, "Carl von Linné as the Root of Natural History", from October 1st to December 4th, 1994. At that time, the museum was honored to have the Emperor and Empress come on an imperial visit to see the exhibition and the collection. Since that time, the museum has continued to build its body of materials related to Linné and the history of science, and that collection has been shown to scores of visitors through exhibits and the like. Looking forward, the museum wishes to safeguard these precious materials so they may be transmitted to present and future generations and to thus make its own contributions to scholarship and research.

In the present day, we face a world being affected by global warming due to influence of human activities. The biological diversity that has thus far supported our lives and culture as human beings is also being affected, and its decline will be a grave problem for the people of tomorrow. In Chiba Prefecture, we have made an important point of creating a prefectural policy that promotes the conservation and resuscitation of that biodiversity, and have just begun to put that plan into action. In this kind of world, the ideas and research achievements of Linné, passed down through the months and years of three centuries, are growing ever more luminous in their capacity as the foundation for biodiversity research and awareness campaigns based on the results of such endeavors.

This book marks a presentation to the public of the vast results of Linné's research and an explanation of the main contents of the Torbjörn Lenskog Collection, together with the full text of a keynote speech His Imperial Majesty gave before the Linnean Society of London on May 29th, 2007 for the tercentenary commemoration of Linné's birth, the full text of the first edition of *Systema Naturae* in its original Latin, and a full translation of that text into Japanese. I hope that in addition to contributing to research in natural history and biology and to the promotion of education in those fields, this book may also become an important reference during our initiative to conserve and resuscitate our declining biodiversity for the sake of future generations.

December 23th, 2007
Akiko Domoto

ごあいさつ

　近代科学は，ヨーロッパのイギリス，フランスを中心に発達し，今日の文明の発展と繁栄の基礎を確立しました．しかし，自然誌学 Natural History はスウェーデンが先進的な役割を担い，そのリーダーが医師，博物学者，体系家のカール・フォン・リンネ Carl von Linné（1707-1778）でした．リンネの偉業は，第一に地球上の自然物のすべてを包括的に分類して体系的に示したことにあり，第二に地球上の植物と動物の学名 scientific name をラテン語で簡便に記述する二名法 binominal nomenclature を確立し，植物と動物を網羅的に記載したことにあります．その偉業を讃えて，リンネを「自然誌学の祖」，あるいは「近代分類学の父」とよびます．

　そして，日本における自然誌学の拠点である千葉県立中央博物館が，トルビヨン・レンスコーク・コレクション *Trobjörn Lenskog Collection* を中核とする世界有数のリンネ関係コレクションを所蔵し，学術研究に利用して公開することは，千葉県民の誇りといえます．

　2007 年，千葉県立中央博物館は，カール・フォン・リンネ生誕 300 年記念事業として，展示，講演会，出版を企画いたしました．

　展示事業として，当館が所蔵する世界有数のリンネ関係コレクションから，日本では直接目にする機会が極めて少なく，リンネの偉業を象徴する自然誌学と近代分類学の原点でもある 3 冊の貴重文献を公開しました（平成 19 年 5 月 12 日～ 6 月 10 日）．『自然の体系・初版 Systema Naturae 1st ed.（1935）』，『植物の種（2 巻）Species Plantarum（1753）』，『自然の体系・第 10 版（2 巻）Systema Naturae 10th ed.（1758-1759）』であります．特に『自然の体系・初版（1935）』は，科学史上，最も重要な文献の一つであり，世界にたった 44 冊，日本に 1 冊しか存在しない人類の宝であります．また記念公開講演として，「リンネと生物の体系」（大場達之博士・元千葉県立中央博物館副館長），「リンネ・コレクション ― 倫敦・ちば ―」（宮田昌彦博士・千葉県立中央博物館植物学研究科長）をおこない（平成 19 年 5 月 20 日），『リンネと博物学 ―自然誌科学の源流― 』（1994）の増補改訂版の出版準備をすすめてまいりました．

　そして，幸いにして宮内庁，スウェーデン大使館，ロンドン・リンネ協会 The Linnean Society of London，英国自然誌博物館 The Natural History Museum，カロリンスカ研究所 Karolinska Institute，国立科学博物館，初版執筆者各位，アドリアン・トーマス博士 Dr. AdrianThomas（ロンドン・リンネ協会），チャーリー・ジャービス博士 Dr. Charlie Jarvis（英国自然誌博物館），オーヴェ・ハゲリーン博士 Dr. Ove Hagelin（カロリンスカ研究所）等の協力を得まして，ロンドン・リンネ協会における天皇陛下のリンネ生誕 300 年記念行事基調講演（2007.5.29）の全文掲載，『自然の体系・初版（1935）』の全文掲載と翻訳，リンネが授与した学位・口述論文のリスト収録等の増補改訂をおこない，ここに，自然誌学の学問の源流とその息吹きの結晶を伝えるものとして，『リンネと博物学 ―自然誌科学の源流― ［増補改訂］Carl von Linné as the Root of Natural History［Enlarged and Revised edition］』（2008）をカール・フォン・リンネ生誕 300 年を記念して出版いたします．

最後に，分類学の父，カール・フォン・リンネ生誕300年記念事業に御協力いただきました多くのかたがたと諸機関に対して謝意を表する次第です．

平成19年12月23日

千葉県立中央博物館・館長

佐久間　豊*

In Japan, Natural History Museum and Institute, Chiba, which has one of the most important collection of Carl von Linné in the world, carried out an event "*Linnaeus in 21th century Japan, Chiba*" in 2007 at the memory of Linnaeu's 300th birthday, as the exhibition, lectures and publicaion.

That are a Linnaeus tercentenary exhibition from May 12 until June 10 on his major 3 books as an origin of Natural History, "*Systema Naturae* 1st ed.（1735）", "*Species Plantarum*（2 vols.）（1753）" and "*Systema Naturae* 10th ed.（2 vols.）（1758–1759）", lectures on titled "Natural History of Carl Linnaeus" by Dr. Tatsuyuki Ohba and "Linnaean artifacts from Torbjörn Lenskog Collection in Chiba" by Dr. Masahiko Miyata, and publication of a enlarged and revised edition of illustrated book entitled "Carl von Linné as the Root of Natural History（1994）".

The Torbjörn Lenskog Collection ownered by Natural History Museum and Institute, Chiba, composed of Linnean about 5,000 items gathered by himself in 17 years and several items added by Crafoord Foundation（Lund, Sweden）

Then a book , "Carl von Linné as the Root of Natural History（in Japanese）"（2008） as the source of Natural History and the fruits of emanation of it, is published at the memory of Linnaeu's 300th birthday.

År 2007 genomförde Naturhistoriska museet i Chiba, som har en av de viktigaste samlingarna av Carl von Linné föremål i världen en manifestation för att fira 300 årsjubileet av den svenske vetenskapsmannen Carl von Linnés födelse. Manifestationen omfattade en utställning, flera föredrag och en publikation.

Utställningen, som ägde rum på Naturhistoriska museet i Chiba och pågick mellan den 12 maj och den 10 juni, visade bl.a. tre av hans mest kända verk: *Systema Naturae* (förstaupplagan från 1735), *Species Plantarum* (från 1753) och *Systema Naturae* (tionde upplagan från 1758–1759).

Föredragen avhandlade Carl von Linné och hans lära (av Dr Tatsuyuki Ohba) och Linnéföremålen i Torbjörn Lenskogs samling i Chiba (av Dr Masahiko Miyata). Publikationen var en uppdaterad och utökad upplaga av det illustrerade verket "Carl von Linné - grundaren av naturhistoria".

Lenskogs samling av Linnéföremål, som numera ägs av Naruthistoriska museet i Chiba, består av runt 5000 föremål och har införskaffats av Torbjörn Lenskog själv under 17 års samlande. Den har sedermera utökats av fler föremål av samlingens påföljande ägare, Crafoordska stiftelsen.

---

*佐久間 豊（さくま・ゆたか, SAKUMA Yutaka）
1949-．東京都生まれ．文学修士（東北大学）．
専門／遺跡学．著書／『21世期に向けた埋蔵文化財発掘体制の確立』（1996, 考古学研究会）,『激動の埋蔵文化財行政』（2002, ニューサイエンス社）など．

ラップランドの衣装に身を包んだリンネ（油絵）．制作 / Brandt, Ann Elizabeth（1810–1884）．1880 年代頃．

目　次

リンネ生誕300年記念行事天皇陛下基調ご講演
   Linné and Taxonomy in Japan〔Akihito〕……………………………………………… vii
   リンネと日本の分類学〔明仁〕……………………………………………………………… xv

1. リンネのしごと1
   自然の体系（初版）〔訳註／天野　誠・遠藤泰彦・大場達之・小西正泰・駒井智幸・高橋直樹・宮田昌彦〕… 3

2. リンネのしごと2
   リンネの著作・関連文献〔天野　誠・大場達之・小西正泰・高橋直樹〕……………… 41

3. リンネコレクションから
   リンネ：クリフォード庭園のバナナ……………………………………………………… 101
   ミラー：リンネの性の体系………………………………………………………………… 103
   カーチス：リンネの体系による植物学…………………………………………………… 106
   伊藤圭介：泰西本草名疏付録……………………………………………………………… 108
   バーブット：リンネによる昆虫の属……………………………………………………… 110
   ズルツァー：リンネの体系中の昆虫の特徴……………………………………………… 111
   スパルマン：スウェーデン鳥類学………………………………………………………… 113
   リンネ：クリフォード庭園誌……………………………………………………………… 117
   リンネ：ラップランド植物誌……………………………………………………………… 155
   フォシュスコール：東方旅行における稀な自然物図説………………………………… 167
   リンネと関係者のメダル〔大場達之〕…………………………………………………… 173

4. 自然誌科学の源流，リンネ
   最高のナチュラリスト，リンネ〔木村陽二郎〕………………………………………… 183
   分類学の黎明期における生物分類と種概念〔直海俊一郎〕…………………………… 195
   植物分類学の始祖としてのリンネと種名のタイプ〔大場秀章〕……………………… 211
   植物と動物の学名について〔天野　誠〕………………………………………………… 217
   リンネと医学〔梶田　昭〕………………………………………………………………… 225
   リンネと生態学〔沼田　眞〕……………………………………………………………… 231
   リンネと昆虫学〔小西正泰〕……………………………………………………………… 237
   リンネと鳥類学〔桑原和之・茂田良光〕………………………………………………… 245
   リンネと藻類学〔宮田昌彦〕……………………………………………………………… 247
   リネーとロシアの博物学者〔小原　敬〕………………………………………………… 257
   リンネゆかりの旧クリフォート邸を訪ねる〔大場秀章〕……………………………… 263
   ロンドン・リネアン・ソサエティー：その歴史と現状〔大場秀章〕………………… 269
   ロンドン・リネアン・ソサエティー訪問記〔林　浩二〕……………………………… 275

資料
   リンネ関係年表〔大場達之〕……………………………………………………………… 280
   リンネの学位・口述論文と『学問のたのしみ』〔大場達之〕………………………… 283

索引………………………………………………………………………………………………… 292

コラム
   ウプサラにあるリンネゆかりの地………………………………………………………… 180
   基準標本の種類について〔天野　誠〕…………………………………………………… 223
   リンネソウ　❶〔天野　誠〕……………………………………………………………… 224
   リンネソウ　❷……………………………………………………………………………… 262
   自然の体系（初版）手稿…………………………………………………………………… 268
   ロンドン・リネアン・ソサエティー標本室〔宮田昌彦〕……………………………… 278

ad Titulum.

VIRO NOBILISSIMO ET CONSULTISSIMO
D: GEORGIO CLIFFORTIO J. V. D.

ラップランドにおけるリンネ.『ラップランド植物誌』(初版, 1737) の扉絵

# 1 Works of Linnaeus 1
リンネのしごと 1

■自然の体系（初版）

EX LIBRIS
BIRGER STRANDELL

"Systema Naturae" 1st edition
自然の体系（初版）

大場達之

リンネは，動物，植物，鉱物など，自然界のすべてをどのように体系的に分類すべきかについて，古今の文献を渉猟し，明快なプリンシプルのもとに動植地の三界を網羅した広範な分類体系をまとめた．このリンネの原稿はオランダの医者グロノビウスの援助でライデンのハーク書店から刊行された．『自然の体系』がすぐれていたのは，すべてのものに例外なく適用することができた点にあるといわれる．たとえばジョセフ・バンクスがキャプテン・クックの航海に同乗して南半球をめぐった時，すべての未知の植物について『自然の体系』の例外となるものがなかった，ということからも，その汎用性が知られる．

初版の原稿は1735年の6月末に印刷にとりかかったが，完成はその年の12月13日になった．わずか12ページの本だが，フォリオ版一杯に詰め込まれた複雑な表組の校正作業にてこずって完成が遅れたのではないかと考えられている．初版は大フォリオ版でごくわずかな部数が印刷されただけで，うち1部はイギリスのハンス・スローンに贈られている．現在まで残るのは，世界で44部にすぎないと言われる．ロンドンのリンネ協会に2部あるほか，大部分は大学や博物館に収蔵されており，収集の困難な稀覯書中の稀覯書である．

本文はラテン語で，鉱物，植物，動物の三界について，それぞれ見開きの表があり，また分類に先立って体系の立脚点，観察の要点などを箇条書きに示してある．また，初版の一部にはエーレットが描いた24綱の模式図と，リンネが別に印刷したMethodusが添付されているものが知られている．ここには，この箇条書きの部分すべてを英語訳を参考にして訳出したほか，その他の部分についても，その概要を窺い知ることができるよう努めた．

千葉県立中央博物館所蔵の『自然の体系』（初版）はレンスコーク・コレクションとは別に1994年に取得したもので，アメリカのデュポン家が所蔵していたものと伝えられる．本文部分を見ると動物界の部分には二つ折りで長く保存されていた形跡があり，本文の他の部分と比較すると，由来の異なる部分を合わせて製本したように見える．

全体はヴェラム装で部分的にのどの部分がきつくなっているところもある．

表紙サイズは54.7cm×42cm，厚さ11mm，本文タイトルページの右端は54.1cm×41.2cmである．全体に書き込みなどがほとんどない．

他の初版にはMethodusおよびエーレットの24綱図が合本されているものもあるが，千葉県立中央博物館のものはそれが欠けている．これら2葉がないのが本来の形と考えられる．

本書のMethodusの部分はリンネ生誕200年記念にストックホルムで出版された原寸大のファクシミリ版から補った．

『自然の体系』初版の復刻版は数回出版されている．その主要なものは次のとおりである．

1. Stockholm（original size）.1907. Ad memoriam primi sui praesidis eiusdemque e conditoribus suis unis Caroli Linnaei opus illd quo primum Systema Naturae per tria regna dispositae ecplicavit. Regia Academia Scientiarum Svecica.
2. Stockholm（reduced half size）.1960. Facsimile reproduction of Caroli Linnaei Systema Naturae, Leiden 1735. Uppsala：Bokgillet, Nike-Tryck AB, Stockholm.
3. Niewkoop（Holland）（reduce half size）. 1964. Facsimile of the first edition, with an introduction and a first English translation of the "Observationes" by Engel-Ledeboer, M. S. J. and H. Engel. D. de Graaf.

羊皮で装丁された千葉県立中央博物館所蔵の『自然の体系』初版本（左）．第2版（右）以降は判型が小さくなる．

CAROLI LINNÆI, SVECI,

DOCTORIS MEDICINÆ,

SYSTEMA NATURÆ,

SIVE

REGNA TRIA NATURÆ

SYSTEMATICE PROPOSITA

PER

CLASSES, ORDINES, GENERA, & SPECIES.

O JEHOVA! Quam ampla sunt opera Tua!
Quam ea omnia sapienter fecisti!
Quam plena est terra possessione tua!

Psalm. CIV. 24.

LUGDUNI BATAVORUM,
Apud **THEODORUM HAAK**, MDCCXXXV.

Ex Typographia
JOANNIS WILHELMI DE GROOT.

カロールス・リネーウス，スウェーデン人[1]

医学博士[2]

自　然　の　体　系[3]

もしくは

綱，目，属，種

の方法で

体系化を企図した

自　然　の　三　界[4]

主よ，御業はいかにおびただしいことか．
　あなたはすべてを知恵によって成し遂げられた．
　地はお造りになったもので満ちている．

詩篇 104：24　[5]

レグドゥヌム・バタヴォルム，[6]
発行　テオドール・ハーク，1735 年[7]

印刷
ヨハネス・ウィルヘルム・グロート

1) スウェーデン人としての氏名 Carl Linné をラテン語化して Carolus Linnaeus と称した．語尾変化すると Caroli Linnaei となる．1762年，スウェーデン国王により貴族に列せられてから，Carl von Linné（カール・フォン・リネー）を好んで使った．ただし，近年の分類学者は種の学名の命名者としては "Linnaeus" を多く使っている．

2) オランダの大学で「間歇熱（マラリア）の原因についての新仮説」という論文により医学博士の学位を取得した（1735）．その後ストックホルムで開業医をしていたが，1741年に母校ウプサーラ大学の教授（植物学など）に迎えられ，1763年の退職までこの地位にあり，その間，学長も3度務めた．

3) 綱，目，属，種という一連の分類を「リネー式階層分類体系」という．リネーの時代には「科」の概念がなく，「属」が現代の科と属の役割をもつ場合が多い．そのため，本書中の表にある属名と種小名を連結させて現代の種名と見なしてそれを和名で示すことは難しく，むしろ誤解を与えるおそれもある．

4) 動物・植物・鉱物の三界を指す（地球上の自然物を大別し）．現代は植物界をさらに菌界（Mycota）と植物界に分類する．

5) 『旧約聖書』からの引用．邦訳は『聖書　新共同訳』（日本聖書協会）によった．

6) ライデンのこと．オランダ西部の都市．同国最古の大学，博物館が著名．

7) 発行者と発行年を示す．

註／小西正泰

OBSERVATIONES IN REGNA III. NATURÆ.

1. Si opera Dei intueamur, omnibus satis superque patet, viventia singula ex ovo propagari, omneque ovum producere sobolem parenti simillimam. Hinc nullæ species novæ hodienum producuntur.
2. Ex generatione multiplicantur individua. Hinc major hocce tempore numerus individuorum in unaquaque specie, quam erat primitus.
3. Si hanc individuorum multiplicationem in unaquaque specie retrograde numeremus, modo quo multiplicavimus (2) prorsus simili, series tandem in *unico parente* desinet, seu parens illo ex unico Hermaphrodito (uti communiter in Plantis) seu e duplici, Mare scilicet & Femina (ut in Animalibus plerisque) constet.
4. Quum nullæ dantur novæ species (1); cum simile semper parit sui simile (2); cum unitas in omni specie ordinem ducit (3), necesse est, ut unitatem illam progeneratricem, Enti cuidam Omnipotenti & Omniscio attribuamus, *Deo* nempe, cujus opus *Creatio* audit. Confirmant hæc mechanismus, leges, principia, constitutiones, & sensationes in omni individuo vivente.
5. Individua sic progenita, in prima & tenerrima ætate, omni prorsus notitia carent, ac omnia sensuum externorum ope ediscere coguntur. Ex *Tactu* consistentiam objectorum primario ediscunt; *Gustu* particulas fluidas; *Odoratu* volatiles; *Auditu* corporum remotorum tremorem; & demum *Visu* corporum lucidorum figuram; qui ultimus sensus, præ ceteris, maxima voluptate animalia afficit.
6. Si universa intueamur, Tria objecta in conspectum veniunt, uti α) remotissima illa corpora *Cælestia*; β) *Elementa* ubique obvolitantia; γ) fixa illa corpora *Naturalia*.
7. In Tellure nostra, ex tribus prædictis (6), duo tantum obvia sunt; *Elementa* nempe, quæ constituunt; & *Naturalia* illa ex elementis constructa, licet modo, præter creationem & leges generationis, inexplicabili.
8. Naturalia (7) magis sub sensus (5) cadunt quam reliqua omnia (6), sensibusque nostris ubivis obvia sunt. Quæro itaque quamobrem Creator hominem, ejusmodi sensibus (5) & intellectu præditum, in globum terraqueum locaverit, ubi nihil in sensus incurrebat præter Naturalia, tam admirando & stupendo mechanismo constructa? anne ob aliam causam, quam ut Observator Artificem ex opere pulcherrimo admiraretur & collaudaret?
9. Omnia, quæ in usus hominum cedunt, ex Naturalibus hisce cuncta desumuntur; hinc œconomia mineralis seu Metallurgia; vegetabilis seu Agricultura & Horticultura; Animalis seu Res pecuaria, Venatus, Piscatura. Verbo; fundamentum est omnis Oeconomiæ, Opificiorum, Commerciorum, Diætæ, Medicinæ &c. Ex iis homines in statu sano conservantur, a morboso præservantur, & ab ægroto restituuntur, ita ut delectus horum summe necessarius sit. Hinc (8. 9.) necessitas Scientiæ naturalis per se patet.
10. Primus est gradus sapientiæ res ipsas nosse; quæ notitia consistit in vera idæa objectorum; objecta distinguuntur & noscuntur ex methodica illorum divisione & convenienti denominatione; adeoque Divisio & Denominatio fundamentum nostræ Scientiæ erit.
11. Qui in Scientia nostra Variationes ad Species proprias, Species ad Genera naturalia, Genera ad familias referre nesciunt, & tamen Scientiæ hujus Doctores sese jactitant, fallunt & falluntur. Omnes enim, qui naturalem vere considerunt Scientiam, hæc tenere debuerunt.
12. Naturalista (Historicus Naturalis) audit, qui partes Corporum Naturalium visu (5) bene distinguit, & omnes has, secundum trinam differentiam, recte describit nominatque. Estque talis Lithologus, Phytologus vel Zoologus.
13. Scientia Naturalis est divisio ac denominatio illa (10) corporum Naturalium, ab ejusmodi Naturalista (12) judicio instituta.
14. Corpora Naturalia in *Tria Naturæ Regna* dividuntur: Lapideum nempe, Vegetabile & Animale.
15. *Lapides* crescunt. *Vegetabilia* crescunt & vivunt. *Animalia* crescunt, vivunt & sentiunt. Hinc limites inter hæcce Regna constituta sunt.
16. In hac Scientia describenda & illustranda plurimi omni sua ætate laborarunt; quantum vero jamjam observatum & quantum adhuc restat, curiosus Lustrator facile ipse inveniat.
17. Exhibui heic Conspectum generale Systematis corporum Naturalium, ut Curiosus Lector ope Tabulæ hujus Geographicæ quasi, sciat, quo iter suum in amplissimis his Regnis dirigat, plures namque Descriptiones addere spatium, tempus, & occasio retardarunt.
18. Methodo nova, maximam partem propriis autopticis observationibus fundata, in singulis partibus usus fui, probe enim didici paucissimis, observationes quod attinet, facile credendum esse.
19. Si Curiosus Lector fructum aliquem hinc percipiat, illum Celebratissimo in Belgio Botanico D. D. JOH. FRED. GRONOVIO, nec non Dno. ISAC. LAWSON, Doctissimo Scoto, tribuat; Illi enim Auctores mihi fuerunt ut brevissimas hasce tabulas & observationes cum Erudito Orbe communicarem.
20. Si comperiar hæcce Illustri & Curioso Lectori grata fore, propediem plura, specialiora & magis limata, Botanica imprimis, a me expectabit.

Dabam Lugduni Batavorum
1735. Julii 23.

CAROLUS LINNÆUS.
M. D.

自然の三界についての所見　Observationes in Regna III. Naturae.

1. 神のなされた御業を観察すると，それぞれの生物は一つの卵から生まれ，また，それぞれの卵はその親に良く似た子孫を生みだすということがより明らかなものになる．それゆえ，もはや新しい種が生ずることはない．
2. 個体は増殖する．それゆえ，それぞれの種における現在の個体の数はその種が最初に作られた時よりも多い．
3. 我々が増殖してきた過程を過去に向かって遡るなら(2)，その一連の過程は，**単一の両性具有の祖先**か(植物に普通に見られる)，あるいは雌雄異体の一対の祖先(たいていの動物のように)に収束する．
4. 新しい種はない(1)；類は類を生む(2)；それぞれの種の単一の個体が子孫のはじまりにあった(3)．それゆえ，この祖先の単一性をなにか全智全能の存在に帰する必要がある．これこそすなわち**神**であり，そしてその御業は**創造**と呼ばれる．これは，あらゆる生き物における機械論，法則，原理，構造，および感覚によって確認される．
5. このようにして生まれた個体は，その当初の若い時期にはまったく知識というものを欠いており，なにを学習するにも外部の知覚に頼らなければならない．まずはじめに**触覚**によりまず物の固さを，**味覚**により液体中の微量物質を，**臭覚**により空気中の微量物質を，**聴覚**により遠くに離れた物体の震動を，そして最後に，**視覚**により物体の形を学習する．とりわけ最後の視覚は，動物に大いなる喜びを与えるものである．
6. 宇宙には以下の3つの物体が存在する．α)遥か彼方にある**天体**；β)どこにでも存在する元素；γ)堅固な**自然物**．
7. 創造と繁殖の法則以外の方法では説明できないが，我々の地球上には上記の(6)で示した3つのうち，2つのみが存在する．すなわち，地球を構成する**元素**と，元素によって組み立てられる**自然物**である．
8. (7)で説明した自然の物体は，(6)で引用したその他のすべての領域にもまして，(5)で挙げた感覚の領域に属するものであり，いかなるところでも，我々の感覚に明らかなものである．私は，なぜ，創造者が，そのような称賛に値する驚くべき機構を手段として構築された地球上に，感覚(5)と知性を備えた人間を送り出したのか不思議に思う．その理由はこのすばらしい御業を観察するものがその創造主を讃えるがために他ならない．
9. 人間にとって有用なすべてのものはこれらの自然物から由来する；鉱業あるいは冶金業；林業あるいは農業および園芸；畜産，狩猟および漁業．一言でいえば，それはすべての建築，商業，食品業，医学他の産業の基盤となるものである．これら産業のおかげで，人々は健康的な生活を送り，病気から守られ，病気にかかっても回復するものであり，したがってそれらの選択が強く要求されるのである．それゆえ(8)，(9)，自然科学の必要性は自明のことである．
10. 叡知における第一歩は事象そのものを知ることである．この考えは事物に対する正しい観念を持つということにある．物は区別され，それらを体系的に整理し，適当な名称を与えることにより知られる．それゆえ，分類と名称を与えることは我々の科学の基盤となることであろう．
11. 正しい種，属における種，目における属の変化を体系化できず，なお，自らをこの科学の博士と任ずる科学者は他の人々と彼ら自身を欺くことになる．自然科学に本当に基礎をおく者たちすべてはこのことを肝に銘じておかなければならない．
12. 人はナチュラリストと自称するかも知れない．彼は，物体の部分部分を視覚(5)により識別し，記述し，三界の区分にしたがい，これら全てを命名する．このような人々が，岩石学者，植物学者，あるいは動物学者である．
13. 自然科学とは，このようなナチュラリスト(12)により思慮をもって実施される体系化と命名(10)である．
14. 物体は**自然の三界**に区分される．すなわち，鉱物界，植物界，および動物界である．
15. **鉱物**は成長する；**植物**は成長し，生きる；**動物**は成長し，生き，感覚を持つ．かくて，これらの界の区分が生ずる．
16. この，記述の科学においては，多くの人々が生涯をかけて努力してきた．しかしながら，どれだけのことが観察され，どれだけのことが今後なされるべきなのか，好奇心の強い見物人たちは真相を知ることであろう．
17. ここまで，私は物体の体系について概観を示してきたが，好奇心の強い読者は，この私の示した概要をあたかも地図のごとき助けとして，これらの広大な界に於て，これまで欠けてきた，さらなる記述，空間，時間，機会を加えるための旅の指針を知ることであろう．
18. 観察する限りにおいて，信頼するに足る人々がほとんどいないことが良くわかっていたので，私は，私独自の正しい観察に基づいた新しい方法をそれぞれのパートにおいて採用してきた．
19. 卓越した読者の皆さんがこれから何らかの利益を得ることがあるなら，優れた学徒であるスコットランド人のIsaac Lawson氏のみならず，きわめて有名なオランダの植物学者J. F. Gronovius博士に感謝するべきである．彼らが，私がこれらの短い文と既知の世界の観察を伝えるようにさせてくれたのである．
20. 本書が，傑出した，かつ興味を持った読者に歓迎されるものであることに私が気づいたなら，読者は，より専門的な，より詳細な，植物学における上記のことすべてを網羅した私の著書を直ちに期待するかも知れない．

ライデンにおいて　　　　　　　　　　　　　　　　　　　　Carolus Linnaeus
1735年7月23日　　　　　　　　　　　　　　　　　　　　　医学博士

訳／大場達之

CAROLI LINNÆI

I. PETRÆ sunt Lapides SIMPLICES, qui Metallurgis dicuntur *Bergarter*, constant particulis tantummodo similaribus.					**II. MINERÆ** sunt Lapides COMPOSITI constant Petrâ particulis	

I. PETRÆ

1. APYRI igne docimastico vix destructibiles.

Asbestus.	Constat Fibr. pappofis intertextis.	Asbestus natans, solido-flexilis. A natans fibroso-coriaceus. A ponderosus fissilis.	Suber montanum. Aluta montana. Caro fossilis. — Bergart. Bergläder. Bergkiöt.
Amiantus.	Fibris parallelis.	A fibris capillaceis flexilibus tenacibus. A fibris capillaceis flexilibus fragilibus. A fibris setosis rigidis. A fibris angulosis rigidis.	Linum incombustibile. Alumen plumos. offic. Amiantus immaturus. Pseudo-amiantus. — Berglin. Bergsiun. Gastsiuas. Omogen Amiant.
Ollaris.	Fibris sparsis.	O fibris acerosis friabilibus. O fibris acerosis rigidis. O fibris e centro radiatis. O fibris fasciculatim inflexis.	Lebetum Lapis. Acerosus Lapis. Radians Lapis. Torosus Lapis. — Talgsten. Sådstag. Stiernstag. Jels.
Talcum.	Membranis carnosis, inæqualis superficiei.	T durum crassum, cortice nitido. T durum coriaceum. T friabile molliusculum. T friabile fragile membranaceum.	Corneus Lapis. Tunicatus Lapis. Talcum offic. Talcum aureum. — Hornsten. Skinstag. Hvit Talk. Guld-Talk.
Mica.	Membranis squamosis, æqualis superficiei.	M particulis impalpabilibus. M particulis squamosis. M particulis membranaceis fissilibus. M particulis squamosis & membr. mixtis. M particulis prismaticis immixtis.	Sterile nigrum. Mica vulgaris. Vitrum Moscoviticum. — Skimmer. Kattguld. Binda.

2. CALCARII igne docimastico usti & Aquâ rigati, in farinam reducuntur.

Schistus.	Fragmentis fissilibus.	S cinereus. S nigricans friabilis. S niger duriusculus. S niger durus clangosus.	Fissilis inutilis. Fissilis vulgaris. Fissilis Lapis. Ardesia tegularis. — grå stenarten. Lös stiver. Taste-stiver. Tak-stiver.
Spatum.	Fragm. rhomboidalibus.	S fissile, lamellis dehiscentibus. S compactum, opacum nitidum. S compactum pellucidum.	Spatum lamellatum. Spatum vulgare. Crystallus Islandica. — Terningsten.
Marmor.	Fragmentis incertis.	§. Rudia sunt, quæ polituram vix ullam admittunt. M rude. M rude, venis quartzosis rubris. §. Nitida sunt marmora, quæ polituram assumunt arte. M nitidum album. M nitidum rubrum. M nitidum atrum. M nitidum, coloribus mixtis. M nitidum, coloribus alternis. M nitidum, coloribus picturam referens. M nitidum virescens, maculis nigris. M nitidum cœruleum, maculis albicantibus. §. Fugacia sunt, quæ particulis nitidis interlucentibus gaudent. M fugax opacum. M fugax subdiaphanum.	Calcarius Lapis. Variat infinite. Vena hæmatica. Marmor album. Marmor rubrum. Lydius Lapis. Marm. variegatum. Marm. Polyzonias. Marm. Florentinum. Serpentinus Lapis. Lazulus Lapis. Gypsum. Alabastrum. — Kalksten. Hvit marmor. Röd marmor. Probersten. Spräcklmarmer. Florentinsten. Serpentinsten. Lazulsten. Gyps. Alabaster.

3. VITRESCENTES igne docimastico usti in vitrum liquescunt.

Cos.	Fragmentis granulatis opacis.	C particulis inæqualibus rigidis. C particulis æqualibus friabilibus. C aquam filtrans.	Avenarius Lapis. Coticula. Filtrum. — Sandsten. Slipsten.
Silex.	Fragmentis convexis & concavis subdiaphanis.*	Generis hujus differentias vel variationes reales, licet è colore desumtas, addat, qui potest; Ego non	Pyromachus. Calcedonius. Jaspis. Carneolus. Malachites. Turchesia. Sardius. Achates. — Flinta. Calcedon. Jasp. Carneol. Malachit. Turcos. Sard. Agat.
Qvartzum.	Fragmentis angulatis acutis pellucidis.	Q aqueo-album. Q luteum. Q rubrum. Q purpureum. Q cœruleum. Q viride. Q viridi-cœruleum.	Qvartzum. Pseudo-Topazius. Pseudo-Rubinus. Pseudo-Amethistus. Pseudo-Saphirus. Pseudo-Smaragdus. Pseudo-Beryllus. — Kisel. Desse alle Kallas O-äckta eller Omegne ädle stenar.

Obs. Silicis sub nomine quidam Quartzum, quidam vero Pyromachum, ut veteres intelligunt & nos. A quibusdam ad calcareos, ab aliis autem ad vitrescentes refertur, Nos cum Bromelio huc retulimus.

| Ordines. | Nom. generic. | Characteres generici. | Differentiæ specificæ Auctoris. | Synonyma. | Nom. Svecica. |

II. MINERÆ

1. SALIA in aqua solubilia & sapida sunt, simpliciter composita sæpe occurrunt.

Nitrum.	in igne fremens, Figura prismatica hexaëdra, Acidum essentiale.
Muria.	in igne crepitans, Figura tessulata hexaëdra, Alcalino-acidum.
Alumen.	in igne spumans, metallo destitutum, Figura tessulata octaëdra, Acidum purum.
Vitriolum.	in igne spumans, metallo imprægnatum, Figura rhomboidea dodecaëdra, Acidum purum.

2. SULPHURA in Igne fumantia & odorata sunt. Decomposita sæpe occurrunt.

Electrum.	Fumus odore suavi, colore fusco.
Bitumen.	Fumus odore tristi, colore atro.
Pyrites.	Fumus od. acutissimo, col. luteo, sapore salso, princip. acido ⊕.
Arsenicum.	Fumus od. alliaceo, col. albo, sapore dulci, princip. alcalino.

3. MERCURIALIA igne fusa, depurata & nitida evadunt. Supradecomposita communiter occurrunt. Igne fusa dicuntur *Metalla*.

Hydrargyrum.	in △e mox volatile, metallo fluido, ▽F⚹ á ⊕10.
Stibium.	in △e sensim avolans, metall. fragili, vitro fulvo.
Zincum.	in △e flagrans, metall. molli, ▽F⚹ calc. ☉. cineribus albis, tenaci. flamma viridi.
Vismutum.	in △e facile liquescens, metall. tessulato, fragiliusculo.
Stannum.	in △e facile liquescens, metall. tenaci, vitro albo.
Plumbum.	in △e facile liquescens, metall. tenaci, vitro flavo.
Ferrum.	in △e difficillime liquesc. met. durissimo, ▽F⚹ ♂. vitro nigro.
Cuprum.	in △e difficulter liquesc. met. duro, ▽F⚹ ♂.
Argentum.	in △e commode liquesc. metall. firmo, ▽F⚹ ☿. indestructibile. tenaci, albo.
Aurum.	in △e commode liquesc. metall. firmo, ▽R⚹ ⊕. indestructibile. tenaci, — etiam ☿. luteo.

REGNUM LAPIDEUM.

qvi Metallurgis Svecis dicuntur *Malmarter*
peregrinis impprægnatâ.

⦶ humoſum.	*Terra nitroſa.*	Salpetterjord.
⦶ qvartzoſum album.	*Cryſtallus montana.*	Bömisk ſten.
⦶ qvartzoſum luteum.	*Topazius.*	Topaz.
⦶ qvartzoſum rubrum.	*Rubinus.*	Rubin.
⦶ qvartzoſum purpureum.	*Amethiſtus.*	Ametiſt.
⦶ qvartzoſum cœruleum.	*Sapphirus.*	Saphir.
⦶ qvartzoſum viride.	*Smaragdus.*	Smaragd.
⦶ qvartzoſum viridi-cœruleum.	*Beryllus.*	Beryll.
⦶ ſiliceum? (vel unde?)	*Adamas.*	Demant.
⦶ ſpatoſum acutum utrinque.	*Spatum cryſtallinum.*	Spat-chryſtall.
⦶ ſpatoſum truncatum utrinque.	*Cryſtallus plumbifer.*	Bly-chryſtall.
⦶ ſpatoſum, fragmentorum angulis oppoſitis.	*Selenites.*	Spegelſten.
⦶ marmoreum fœtidum.	*Suillus Lapis.*	Orſten.
⊖ aqvæ marinæ.	*Sal marinum.*	Spanſkt Salt.
⊖ aqvæ fontanæ.	*Sal fontanum.*	Lyneburgs Salt.
⊖ ſolidum foſſile.	*Sal gemmæ.*	Berg-Salt.
O nudum.	*Alumen plumoſum.*	Gedigen Alun.
O ſchiſti.	*Fiſſilis aluminaris.*	Alun-Skifwer.
⊕ ferri viride.	*Vitriolum martis.*	Kopparör.
⊕ cupri cœruleum.	*Vitriolum cyprinum.*	Blåſten.
E ſolidum.	*Succinum var. col.*	Bernſten.
E tenax.	*Ambra griſea.*	Amber.
B fluidum album, ignem attrahens.	*Naphtha.*	Berg-Balſam.
B liqvidum fuſcum nudum.	*Petroleum.*	Berg-olia.
B liqvido-tenax nudum.	*Maltha.*	Berg-tiära.
B ſolido-tenax nudum.	*Aſphaltus.*	Berg-bek.
B ſolidum nudum.	*Gagas.*	Jord-bek.
B ſolidum in ſchiſto.	*Carbo foſſilis.*	Sten-kohl.
P nudus.	*Sulphur nativum.*	Gediget Swafvel.
P micaceus.	*Auripigmentum.*	Operiment.
P ferri flavus, figurâ varia.	*Pyrites ♂lis var. fig.*	Jernkies.
P cupri fulvus.	*Pyrites ♀ris*	Kopparkies.
P cupri vitreſcens.	*Minera ♀ dura.*	♀ Hårdmalm.
P cupri qvartzoſus.	*Minera ♀ qvartzoſa.*	- - Hårdſlag.
P cupri-cotaceus.	*Minera ♀ arenacea.*	- - Sandmalm.
P cupri ſaturatiſſimus, petram tegens.	*Minera ♀ mollis.*	- Blötmalm.
P cupri particulis impalpabilibus.	*Minera ♀ chalybeata.*	- - Stålſlag.
P cupri fulvo-fuſcus.	*Minera ♀ hepatica.*	- - Lefverſlag.
P cupri in apyro.	*Minera ♀ tenax.*	- Segmalm.
P cupri in ollari aceroſo rigido.	*Minera ♀ aceroſa.*	- - Sådſlag.
A argentei coloris.	*Pyrites arſenicalis.*	Watnkies.
A vitro rubro.	*Cobaltum.*	Cobolt.
A vitro cœruleo.	*Saffera.*	Saffle cobolt.
A ollaris aceroſi rigidi.	*Cobaltum rubrum.*	Coboltblomma.
☿ petra varia veſtitum.	*Minera mercurii.*	Qvikſilfvermalm.
☿ rubro-tinctorium.	*Cinnabaris nativa.*	Berg-Cinnober.
♁ ſtriato-fibroſum.	*Minera Antimonii.*	Spiſſglasmalm.
♁ lamellato-ſqvamoſum.	*Refuſius.*	Klang.
♁ micæ ſqvamoſæ & membranaceæ mixtæ.		
ô fertile petroſum violaceum.	*Minera Zinci.*	Spiautermalm.
ô fertile petroſo-vitriolaceum ?	*Lapis atramentarius.*	
ô ſterile terreum.	*Calaminaris.*	Galmeja.
ô ſterile micaceum ? an hujus loci ?	*Molybdæna.*	Blyerts.
♉ arſenici, colore fugaci.	*Cobaltum Viſmuti.*	Wiſſmutmalm.
♃ petrâ veſtitum.	*Minera ſtanni vulg.*	Svitter.
♃ polyedron irregulare nigrum.	*Min. ♃. polyedra.*	Zingraupen.
♃ polyedron regulare purpuraſcens.	*Granatus (ſœpius).*	Granat.
♄ particulis teſſulatis contiguis.	*Galena teſſulata.*	Terningmalm.
♄ particulis teſſulatis ſparſis granulatis.	*Miner. ♄i granulata.*	Grofgrynig m.
♄ particulis pulverulentis ſparſis nitidis.	*Miner. ♄. punctata.*	Grangniſtrig glans.
♄ particulis pulverulentis ſparſis fugacibus.	*Miner. ♄. colore fugaci.*	Skyggmalm.
♄ nitri ſpatoſi utrinq; truncati, viride.	*Miner. ♄. cryſtallina.*	Bly chryſtall.
♂ ſulphure non adulteratum.	*Min. martis optima.*	Ren jernmalm.
♂ - arſenico impprægnatum.		Kallbräkt malm.
♂ - pyrite impprægnatum.		Rödbräkt malm.
♂ petræ vitreſcentis, pauperrimum.		Torſten.
♂ petræ vitreſcentis, dives.		Blandſten.
♂ nudum octaëdron.	*Ferrum purum (verè)*	Gediget jern.
♂ teſſulatum, fere nudum.	*Ferrum ſub-purum.*	Rent jern.
♂ fracturis nitidum.	*Min. ♂lis ſpecularis.*	Spegel malm.
♂ ferrum & mundi polos reſpiciens.	*Magnes.*	Magnet.
♂ ollaris è centro radiati Zincei, extus puculati.	*Magneſia.*	Brunſten.
♂ amianti anguloſi rigidi.	*Hæmatites.*	Blodſten.
♂ amianti rigidi, extus puculati.	*Nucleus hæmatitidis.*	Glaskopf.
♀ nudum teſſulatum.	*Cuprum nativum.*	Gedigen Koppar.
♀ nudum informe præcipitatum.	*Cuprum præcipitatum.*	Praecipiterad ♀.
♀ cœruleum.	*Cuprum Lazureum.*	Koppar-Lazur.
♀ violaceum.	*Cuprum vitrei coloris.*	Kopper-glas.
☽ nudum. formâ varia.	*Argentum nativum.*	Gediget Silfver.
☽ malleabile incanum.	*Miner. ☽ vitri color.*	Glasmalm.
☽ ſubdiaphanum rubeſcens, ad candelam liqueſc.	*Miner. ☽ cornu col.*	Hornmalm.
☽ rubeſcens.	*Miner. ☽ rubra.*	Rödgylden.
☽ fragile albidum.	*Miner. ☽ alba.*	Liusgylden.
☉ nudum.	*Aurum nativum.*	Gediget Guld.
☉ marmoris nitidi cœrulei, maculis albicantibus.	*Min. ☉ Lazurea.*	Guld-Lazur.
☉ in mercuriali alio paraſiticum.	*Min. ☉ mixta.*	Guld-malm.

III. FOSSILIA

ſunt Lapides AGGREGATI, qvi à Svecis dicuntur *Gruſarter.*
conſtant particulis petroſis vel mineralicis mixtis.

1. TERRÆ particulis pulverulentis conſtant.	Glarea. *conſtat*	*Particulis ſcabris, fragile diſtinctis.*	G tenuiſſima, flatu aeris volitans.	*Glarea mobilis.*	Qvellen-.
			G farinacea apyra.	*Arena ſterilis.*	Mo.
			G argillacea apyra mixta.	*Terra adamica.*	
	Argilla.	*Particulis lubricis, tenaciter cohærentibus.*	A apyra.	*Argilla gallica.*	Eldfaſt Lehr.
			A calcarea nivea.	*Argilla nivea.*	Bleke.
			A vitreſcens, vitro ſubdiaphano.	*Porcellana.*	Porſellin-Lehr.
			A vitreſcens teſſulata.	*Argilla figulina.*	Kruko-Lehr.
			A vitreſcens rudis.	*Argilla vulgaris.*	Blå-Lehr.
			A vitreſcens impalpabilis.	*Bolus.*	*Terra Sigillata.*
	Humus.	*Vegetabili vel animali deſtructo.*	H animalis, conchæ lævis oblongæ.	*Humus conchacea.*	Helſing-mylla.
			H vegetabilis communis.	*Humus atra.*	Swart-mylla.
			H vegetabilis paluſtris pura.	*Lutum.*	Dy.
			H vegetabilis paludoſa, radicibus mixta.	*Turfa.*	Torf.
	Arena.	*Lapidis cujuſcunque pulvere.*	A qvartzoſa.	*Arena riparia.*	Strandſand.
			A petroſa, vix palpabilis æqvalis.	*Arena horaria.*	Skurſand.
			A mixta & inæqvalis.	*Sabulum.*	Grus.
			A micacea ſquamoſa.	*Arena aurea l. argent.*	Glitterſand.
			A ferrea atra.	*Ar. atra fluviatilis.*	Jernſand.
			A aurea rubra.	*Ar. aurifera.*	Guldſand.
	Ochra.	*Mercuriali quodam, a vitriolo ſuo ſoluto.*	O ferri lutea.	*Ochra flava.*	Kiöllerfärg.
			O ferri lutea argentifera.	*Ochra argentea.*	Gilbe.
			O cupri cœrulea.	*Chryſoc. ſ. cœrul. mont.*	Bergblått.
			O cupri viridis.	*Viride montanum.*	Berggrönt.
	Marga.	*Terra aliqva (argillacea ſœpius) indurata.*	M rubra ſolidiuſcula.	*Rubrica.*	Rödkrita.
			M alba ſolido-friabilis.	*Creta alba.*	Krita.
			M luteo-alba ſolido-friabilis.	*Terra tripolitana.*	Trippel.
			M cinerea ſolida.	*Lithomarga.*	[illegible]
			M nivea friabiliſſima.	*Agaricus mineralis.*	*Lac lunæ offic.*
2. CONCRETA particulis terreſtribus coalita ſunt.	Pumex. *generatur*	*In elemento Igneo.*	P Vegetabilium ater.	*Fuligo.*	Soot.
			P Pyritæ cinereus.	*Pumex.*	Pimpſten.
			P Terræ cinereus.		
			P Cupri ruber.		
			P Argillæ cinereus.		
	Stalactites.	*In elemento Aëreo.*	S argillæ calcareæ.	*Incruſtatio.*	Droppſten.
			S calcis nitroſæ.	*Nitrum calcareum.*	
			S qvartzi.		
	Tophus.	*In elemento Aqveo.*	T glareæ farinaceæ.	*Luſus argillaceus.*	Näckbröd.
			T arenæ mixtæ, ferro impprægnatæ.	*Min. ♂ aren. flava.*	Sandmalm.
			T humi paluſtris ochraceo-ferreæ.	*Min. ♂ paludoſa.*	[illegible] Myrmalm.
			T humi lacuſtris ochraceo-ferreæ.	*Min. ♂ lacuſtris.*	Siömalm.
	Saxum.	*In elemento Terreo.*	S micaceum puculatum granuloſum.	*Molaris Lapis.*	Murkſten.
			S micaceum longitudinaliter fiſſile.		Ställſten.
			S qvartzoſo-micaceum impalpabile, granis ſpataceis.	*Porphyrius Dalk.*	Fyrſten.
			S ſpatoſum rubrum.	*Sax. Alandicum.*	Alandſten.
			S qvartzoſum album, mica nigra maculatum.	*Sax. Angermannic.*	Angermanſten.
			S micaceo-corneum, granulis nigris puculatum.	*Sax. alpinc-Lapponic.*	Lapſk Fiellſten.
			S cotaceum compactum albicans.	*Sax. alpinc-Dalekarl.*	Dalſk Fiellſten.
	Ætites.	*Intra naturale Lapideum.*	Æ embryone lapilluloſo libero.	*Ætites.*	Örnſten.
			Æ embryone lapilluloſo adnato.	*Pſeudo ætites.*	
			Æ embryone terreſtri libero.	*Geodes.*	Skallerſten.
	Tartarus.	*Intra natur. Vegetabile.*	T vini.	*Tartarus.*	Winſten.
			T cereviſiæ.	*Fermentum.*	Giäſt.
	Calculus.	*Intra naturale Animale.*	C ſalivæ dentium.	*Tartarus dentium.*	Tandgrus.
			C gaſtrici animalium pecorum.	*Ægagropila.*	Tyre.
			C Bilis cyſtidis.	*Calc. felleus.*	Gallſten.
			C urinæ humanæ.	*Calc. nephriticus.*	Menniſkioſten.
			C urinæ Simiarum, Caprorum &c.	*Bezoarticus Lap.*	Bezoar. *off.*
			C inſecti Aſtaci.	*Oculi cancrorum.*	Kräfte-ſten.
			C vermis conchæ.	*Margarita.*	Pärla.
3. PETRIFICATA ſimulacrum Vegetabilis vel Animalis impreſſum oſtendunt.	Graptolithus.	*Petrificatum picturâ aſſimilans.*	G lineis mappam geographicam referens.	*Lapis geographicus.*	
			G prœlia, urbes, rudera vel ſimilia referens.	*Lapis ruderatus.*	
			G nemora, arbores, plantasve referens.	*Dendrites.*	
			G plantam Fucum referens.	*Phycites.*	
			G ſtellas & puncta radiata referens.	*Pſeudo-aſtroïtes.*	
			G circulos intra circulos referens.	*Concha anomia.*	
			G puncta informia referens.	*Stigmites.*	*Punctularia.*
	Phytolithus.	*Petrificatum Vegetabilis*	Ph ligni.	*Lithoxylon.*	Petrificert träd.
			Ph folii.	*Phytobiblion.*	
			Ph ſeminis.	*Piſolithus.*	
			Ph rami.	*Pſeudo-corallium.*	
	Helmintholithus	*Petrificatum Vermis.*	H Lumbrici.	*Entrochus.*	
			H Meduſæ.	*Aſteria columnaris.*	
			H Echini.	*Echinites.*	Davids ſlongſten.
			H Echini ſpinæ.	*Belemnites.*	*Lap. Lyncis offic.*
			H Echini articuli ſpiniferi.	*Judaicus Lapis.*	
			H Patellæ ?	*Nummus Brattinburgenſis Stobæi.*	
			H Patellæ aut conchæ hinc planæ, inde gibbæ.	*Hyſterolithus.*	Käringtand.
			H Conchæ ſubrotundæ.	*Conchites.*	
			H Conchæ hinc planæ, inde gibbæ.	*Pectinites.*	
			H Conchæ lamellatæ.	*Oſtracites.*	
			H Conchæ oblongæ.	*Muſculites.*	
			H Cochleæ ſpira laterali.	*Cochlites.*	
			H Cochleæ ſpira centrali.	*Nerites.*	
			H Nautili recti.	*Orthocerotes.*	Gotlandſpik.
			H Nautili rotundati.	*Nautilites.*	
			H Nautili compreſſi.	*Cornu ammonis.*	
	Entomolithus.	*Petrificatum Inſecti.*	E cancri.	*Aſtacus petrific.*	
	Ichthyolithus.	*Petrificatum Piſcis.*	I incertæ vel certæ, totalis vel part. ſpeciei	*Ichthyolithus.*	
			I dentis carchariæ.	*Gloſſopetra.*	
			I ovorum.	*Oolithus.*	Romſten.
			I oſſis palatini.	*Bufonites.*	
	Amphibiolithus.	*Petrificatum Amphibii.*	A Angvis.	*Serpens petrif.*	
			A Lacertæ.		
			A Ranæ.		
			A Teſtudinis.		
	Ornitholithus.	*Petrificatum Avis.*	O totalis, certi vel incerti generis.	*Avis petrifacta.*	
			O partialis.		
	Zoolithus.	*Petrific. Qvadrupedis*	Z totalis certi vel incerti animalis.	*Qvadrupes petrif.*	
			Z oſſium.	*Oſſa foſſilia.*	Mammotovacoſt.

1. リンネのしごと１

鉱物界　REGNUM LAPIDEUM　　高橋直樹　協力／山田俊弘，根本佳織

\multicolumn{4}{c}{I　PETRAE　岩石綱}	\multicolumn{3}{c}{II　MINERAE　鉱物綱}
目	属名	属の特徴	Differentire Specificae Auctoris	目	属名	属の特徴
1 APYRI 耐火質	Asbestus 石綿	[略;以下同]	Asbestus natans, solido-flexilis A natans fibroso-coriaceus A ponderosus fissilis	1 SALIA 塩	Nitrum 硝石	[略;以下同]
	Amiantus アミアンタス		A fibris capillaceis flexilibus tenacibus A fibris capillaceis flexilibus fragilibus A fibris fetosis rigidis　A fibris angulosis rigidis			
	Ollaris つぼ材		O fibris acerosis friabilibus O fibris acerosis rigidis　O fibris e centro radiatis O fibris fasciculatim inflexis			
	Talcum タルク(滑石)		T durum crassum, cortice nitido T durum coriaceum　T friabile molliusculum T friabile fragil membranaceum		Muria 塩分	
	Mica 雲母		M particulis impalpabilibus　M particulis squvamosis M particulis membranaceis fissilibus M particulis sqvamosis & membr mixtis M particulis prismaticis immixtis		Alumen 明礬	
					Vitriolum 硫酸塩	
2 CALCARII 石灰質	Schistus 片岩		S cinereus S nigricans friabilis S niger duriusculus S niger durus clangosus	2 SULPHURA 硫黄	Electrum コハク	
					Bitumen 瀝青 (アスファルト)	
	Spatum スパー		S fissile, lamellis dehiscentibus S compactum, opacum nitidum S compactum pellucidum		Pyrites 硫化鉱	
	Marmor 大理石		§. Rudia M rude M rude, venis qvartzosis rubris §. Nitida M nitidum album M nitidum rubrum M nitidum atrum M nitidum, coloribus mixtis M nitidum, colopribus alternis M nitidum, coloribus picturam referens M nitidum vireseens, maculis nigris M nitidum coeruleum, maculis albicantibus §. Fugacia M fugax opacum M fugax subdiaphanum		Arsenicum 砒素 (砒石)	
				3 MERCURIALIA 水銀	Hydrargyrum 水銀	
					Stibium アンチモン	
					Zincum 亜鉛	
					Vismutum 白金	
3 VITRESCENTES ガラス質	Cos 砥石		C particulis inaequalibus rigidis C particulis aequalibus friabilibus C aquam filtrans		Stannum 錫	
	Silex 火打ち石		[略]		Plumbum 鉛	
					Ferrum 鉄	
	Qvartzum 石英		Q aqueo-album Q luteum Q rubrum Q purpureum Q coeruleum Q viride Q viridi-coerulcum		Cuprum 銅	
					Argentum 銀	
					Aurum 金	

※本表では，主にp.8-9表中ローマン体表記の名称（和名の判明するものは和名も）のみ掲載.

II MINERAE 鉱物綱
Differentire Specificae Auctoris
humosum　qvartzosum album
qvantzosum luteum
qvantzosum rubrum
quvatzosum purpureum
qvartzofum coeruleum
qvartzosum viride
qvartzosum viridi-coeruleum
siliceum?　spatosum acutum utrinque
spatosum truncatum utrinque
spatosum, fragmentorum angulis oppositis
marmoreum foetidum
aqvae marinae　aqvae fontanae
solidum fossile
nudum
schisti
ferri viride　cupri coerulcum
E solidum　E tcnax
B fluidum album, ignem attrahens
B liqvidum fuscum nudum　B liqvido-tenax nudum
B solid-tenax nudum　B solidum nudum
B solidum in schisto
P nudus　P micaceus
P ferri flavus, figura varia
P cupri fulvus
P cupri vitrescens
P cupri qvartzosus
P cupri-cotaceus
P cupri saturatissimus, petram tegens
P cupri particulis impalpabilibus
P cupri fulvo-fuscus
P cupri in apyro
P cupri in ollari aceroso rigido
A argentei coloris　A vitro rubro
A vitro coeruleo　A ollari acerosi rigidi
petra varia vestitum　rubro-tinctorium
ftriato-fibrosum　lamellato-sqvamosum
micae sqvamofae & membranaccae mixtae
fertile petrosum violaceum　fertile petroso-vitriolaceum
fterile terreum　fterile micaceum? an hujus loci?
arsenici, colore fugaci
petra vestitum　polyedron irregulare nigrum
polyedron regulare purpurascens
particulis tessulatis contiguis
particulis tessulatis sparsis granulatis
particulis pulverulentis sparsis nitidis
particulis pulverulentis sparsis fugacibus
nitri spatosi utrinq; truncati, viride
sulphure non adulterarum　- arsenico impraegnatum
- pyrite impraegnatum
petrae vitrescentis, pauperrimum
petrae vitrescentis, dives　nudum octa ë dron
tessulatum, fere nudum　fracturis nitidum
ferrum & mundi polos respiciens
ollaris e centro radiati Zincei, extus puculati
amianti rigidi, extus puculati
nudum tessulatum　nudum informe praecipitatum
coeruleum　violaceum
nudum　forma varia
malleabile incanum
fubdiaphanum rubescens, ad candelam liquesc
rubescens　fragile albidum　nudum
marmoris nitidi coerulei, maculis albicantibus
in mercuriali alio parasiticum

III FOSSILIA 発掘物綱			
目	属名	属の特徴	Differentire Specificae Auctoris
1 TERRAE 土壌	Glarea 砂礫	[略:以下同]	G tenuissima, flatu aeris volitans
^	^	^	G farinacea apyra　G argillacea apyra mixta
^	Argilla 粘土	^	A apyra　A calcarea nivea　A vitrescens, vitro subdiaphano
^	^	^	A vitrescens tessulata　A vitrescens rudis
^	^	^	A vitrescens impalpabilis
^	Humus 土(腐植土)	^	H animalis, conchae laevis oblongae
^	^	^	H vegetabilis communis　H vegetabilis palustris pura
^	^	^	H vegetabilis paludosa, radicibus mixta
^	Arena 砂	^	A qvartzosa　A petrosa, vix palpabilis aeqvalis
^	^	^	A mixta & inaeqvalis　A micacea squamosa
^	^	^	A ferrea atra　A aurea rubra
^	Ochra 黄土	^	O ferri lutea　O ferri lutea argentifera
^	^	^	O cupri coerulea　O cupri viridis
^	Marga 泥炭土	^	M rubra solidiuscula　M alba solido-friabilis
^	^	^	M luteo-alba solido-friabilis
^	^	^	M cinerea solida　M nivea friabilissima
2 CONCRETA 凝結質	Pumex 軽石	^	P Vegetabilium ater　P Pyritae cinereus
^	^	^	P Terrae cinereus　P Cupri ruber　P Argillae cinereus
^	Stalactites 鐘乳石	^	S argillae calcareae　S calcis nitrofae　S qvartzi
^	Tophus 凝灰石	^	T glareae farinaceae　T arenae mixtae, ferro impraegnatae
^	^	^	T humi palustris ochraceo-ferreae
^	^	^	T humi lacustris ochraceo-ferreae
^	Saxum 岩塊	^	S micaccum puculatum granulosum
^	^	^	S micaceum longitudinaliter fissile
^	^	^	S qvartzoso-micaceum impalpabile, granis spataceis
^	^	^	S spatosum rubrum
^	^	^	S qvartzosum album, mica nigra maculatum
^	^	^	S micaeo-corneum, granulis nigris puculatum
^	^	^	S cotaceum compactum albicans
^	Aetites ワシ石	^	Ae embryone lapilluloso libero
^	^	^	Ae embryone lapilluloso adnato
^	^	^	Ae embryone terrestri libero
^	Tartarus 酒石	^	T vini　T cerevisiae
^	Calculus 滑らかな小石	^	C falivae dentium　C gastrici animalium pecorum
^	^	^	C Bilis cystidis　C urinae humanae
^	^	^	C urinae Simiarum, Caprorum & c.
^	^	^	C insecti Astaci　C vermis conchae
3 PETRIFICATA 石化物	Graptolithus フデ石(筆石)の化石	^	G hneis mappam geographicam referens
^	^	^	G proelia, urbes, rudera vel fimilia referens
^	^	^	G nemora, arbores, plantasve referens
^	^	^	G plantam Fucum referens
^	^	^	G ftellas & puncta radiata referens
^	^	^	G circulos intra circulos referens
^	^	^	G puncta informia referens
^	Phytolithus 植物の化石	^	Ph ligni　Ph folii　Ph feminis　Ph rami
^	Helmintholitus 蠕虫の化石	^	H Lumbrici　H Medusae　H Echini　H Echini spinae
^	^	^	H Echini articuli spiniferi　H Patellae?
^	^	^	H Patellae aut conchae hinc planae, inde gibbae
^	^	^	H Conchae subrotundae
^	^	^	H Conchae hinc planae, inde gibbae
^	^	^	H Conchae lamellatae　H Conchae oblongae
^	^	^	H Conchleae spira laterali
^	^	^	H Conchleae spira centrali　H Nautili recti
^	^	^	H Nautili rotundati　H Nautili compressi
^	Entomolithus 昆虫の化石	^	E cancri
^	Ichthyolithus 魚の化石	^	I incertae vel certae, totalis vel part speciei
^	^	^	I dentis carchariae　I ovorum　I ossis palatini
^	Amphibiolithus 両生類の化石	^	A Angvbis　A Lacertae　A Ranae　A Testudinis
^	Ornitholithus 鳥類の化石	^	O totalis, certi vel incerti generis　O partialis
^	Zoolithus 四足の化石	^	Z totalis certi vel incerti animalis　Z ossium

OBSERVATIONES IN REGNUM LAPIDEUM.

1. *Primogenitas* Terras tantummodo Glaream & Argillam nominamus, e quibus, Elementorum ope, totum Regnum Lapideum exiſtimamus eſſe productum. Hinc reliqui Lapides temporis, a Creatione præterlapſi, progenies ſunt.

2. Generatio Lapidum *Simplicium* & *Aggregatorum* per appoſitionem particularum externam fit; & ſi hi principio aliquo Minerali, forte ſalino, in humore quodam ſoluto, imprægnantur, *Compoſiti* dicuntur. Hinc generatio in Regno Lapideo nulla ex ovo. Hinc nulla humorum per vaſa circulatio, ut in reliquis Naturæ Regnis.

3. *Petram* omnem, vix ullâ exceptâ, e Terris originem ducere extra controverſiam eſt. e. gr. ex Humo vegetabili paluſtri *Schiſtus*, e Glareâ *Cos*, ex Argilla *Marmor*.

4. Petra cum fuerit imprægnata materiâ aliquâ, reſpectu ad Simplices, peregrinâ, *Minera* dicitur. Petra vel Minera comminuta *Terra* nominatur; ſed non vice verſâ. Terra mixta ſi concreſcat *Concretum* dicitur. *Petrificata* ſœpius ex Argilla in Calcem mutata oriuntur, paucis tamen exceptis.

5. *Saxa*, Lapides vulgatiſſimos, rupium & montium plerorumque baſes, in Principio non creata fuiſſe docent partes illorum conſtituentes; nec omnes in Diluvio generatos fuiſſe, confirmat frequens autopſia illorum Saxorum, quæ indies producuntur. Si enim particulæ eorum conſtitutivæ probe examinentur, Arenæ proprietates, in locis adjacentibus vel ſubjectis obviæ, monſtrant.

6. *Qvartzum*, e quo originem duxerit, maxime dubitarunt Mineralogi. Hinc ſummus Mineralogus Excell. HENCKEL: *O Silex! Silex! quis te generavit?* Omne Qvartzum eſſe petram paraſiticam docet autopſia; generatur enim in cavo aliorum lapidum & inde excreſcit. Ex Aqua itaque in fiſſuris lapidum retenta, exhalationibus lapideis imprægnata, forte etiam ab aëre adjuta, in ſuperficie lapidis excreſcere incipit, & continuo augetur. Ita generari putamus. In fluido Aqueo primam peractam fuiſſe generationem docent vegetabilia ſœpius incluſa obſervata.

7. *Nitrum Qvartzi* noſtrum, ſeu Cryſtallum, Qvartzum eſſe docent proprietates omnes, exceptâ duritie & figurâ; *figuram* obtinet ipſiſſimam veriſſimamque Nitri; ſine dubio itaque Nitro aquæ primordiali lapidum admiſto adſcribenda ſit; *duritiem* etiam ſuam a ſale hocce obtinuiſſe veroſimile videtur.

8. *Gemmæ* itaque pretioſæ pellucidæ, a Nitro Qvartzi, non ut veræ ſpecies, ſed ut variationes, colore tantum diſtinctæ differunt. Hinc vanus qui has tanti æſtimat; ſtultus qui in medicina exhibet.

9. *Humus* omnis è vegetabili vel animali deſtructo oritur. Hinc quotidie augetur, ſed longa die etiam in ſpeciem Arenæ tranſit.

10. *Vitriola* cum duo tantum naturalia obſervamus, hinc duplices tantum Pyritas & totidem recenſemus Ochras, quarum generator eſt Vitriolum; verum in his contrario modo.

11. *Petrificata* plurium Auctorum recentiorum deliciæ & Sirenes, ad tot genera quot ſpecies ſunt, redacta fuere, eodem prorſus modo quo Hortulani ſuas plantas diſponunt, qui tot ſpecies Tuliparum, Hyacinthorum, Anemonum &c. quot ſunt horum variationes, fingunt. Ad ſeptem tamen genera reduci poſſunt omnia Petrificata, nec plura poſſibilia ſunt, adeoque ſtudii minus fructuoſi limites potius coarctari, quam ampliari debent.

12. *Lithophyta* ad Regnum Vegetabile, non autem Lapideum, pertinere, docet figura, ſtructura, generatio & analogia.

13. *Artificiales* lapides omnes merito excludimus, ut *Cerauniam*, *Boracem*, *Armoniacum*, Vitriola factitia &c. e. gr. *Vitriolum Plumbi* ſeu Saccharum Saturni, per conſequens *Ochram plumbi* ſeu Ceruſſam, &c.

14. *Apyros* dixi illos lapides, qui diutiſſime vi ignis reſiſtunt & conficiendis inſtrumentis Chemicis maxime idonei ſunt. Nihil tamen in tota rerum natura, ne Argentum quidem & Aurum ignis ſummi, ſpeculo cauſtico producti, vehementiam eludere poteſt.

鉱物界についての所見　Observationes in Regnum Lapideum.　（[　]は訳者註）

1. 我々は**初源的な**土として，砂や粘土だけ記載すればよい．それらから，鉱物界全体が諸要素の働きによってつくられたと推測されるからである．残りの石は，天地創造以来のある時に生まれたものである．

2. **単純組成**の岩石，そして，**集合状**の岩石の生成は，粒子の外部からの付加によって起こる．そして，もし，おそらくは塩分のような，何らかの液体に溶解されるある種の鉱物の原質で満たされていたなら，それらは**複合**の岩石と呼ばれる．これゆえ，鉱物界では，卵から生まれるものは存在しない．そして，他の自然界に見られるような体液の循環も見られない．

3. すべての岩石は，ほとんど例外なく，土に起源を有するものであることは議論の余地はない．たとえば，**片岩**は植物性の沼地の土から，**砥石**は砂から，**大理石**は粘土から生じる．

4. その単純な成分とは異質のある物質で満たされた岩石は，**鉱物**と呼ばれる．岩石や鉱物が，もし粉々に砕かれたならば，それは土と呼ばれる．しかし，逆は成り立たない．混合した土は，固結している場合は**固結物**と呼ばれる．**石化物**は，しばしば粘土から生まれ石灰に変化する．ただし，いくつかの例外を持つ．

5. 大部分の岩石や山々をつくる基本的な物質であり，最も普通の石である**岩塊**は，それらの構成要素が我々に教えてくれるように，世界の初めに創造されたものではない．また，それらの岩石が，毎日のように造られるのを見ることから，それらがノアの大洪水に起源を持つものでもない．もし，それらを構成する粒子がよく調べられたならば，それらが近くの場所，あるいは下にある部分に見い出される岩石をつくる砂の性質をもつことを明瞭に示すであろう．

6. **石英**の起源は，鉱物学者の間で，最も不確かな問題であった．それゆえ，高名な鉱物学者であり，最も優秀なヘンケルでさえも，次のように問うた．「おお，火打ち石よ！火打ち石よ！だれがなんじをつくりたもうたか！」．調査の結果は，ほとんどの石英が，寄生的な石であることを示している．つまり，それらは他の石の空洞の中で造られ，そこから成長する．岩石の割れ目の中に保たれ，岩石から発散したもので満たされた水の中から，おそらく時折は空気によっても手助けされながら岩石の表面にできはじめ，成長し続けるのであろう．このように，我々は，それが生成すると考える．我々は，しばしば植物の包有物を目撃することから，最初の起源は，液体の水の中であったにちがいない．

7. 我々の**硝酸石英**あるいは水晶は，その硬さと形を除いた特性すべてによって石英であること示している．それは硝石に特徴的な典型的な**形態**を持っている．したがって，それはほとんど疑いなく，硝石と，岩石から発生した初生的な水との混合物ということになるだろう．それはまた，その**硬度**を，おそらく塩分から得たものと考えられる．

8. そして，高価で透き通った**宝石**は，その色によってのみ明白に異なることから，本来の種としてではなく，変種として硝酸石英と区別されるものである．それゆえ，それらをあまりに貴ぶのは無駄であるし，それらを医学に利用するのは愚かなことである．

9. すべての**腐植土**は，破壊された植物性あるいは動物性の物質を起源としている．これゆえ，それらは日々増加しているが，長期的に見ると，それらはまた，ある種の砂に変化していく．

10. 我々は，ただ2つの天然の**硫酸塩**[礬類]を見いだすことから，我々は，硫酸塩に由来するものとして，ただ2種類の硫化鉱，及び同数の黄土のみを考慮すればよい．ただし，後者は逆方向の過程だが．

11. 何人かの現代の著述家を歓喜させ魅惑した**石化物**[化石]は，それらがもつ種と同じくらい多数の属に振り分けられてきた．それは，まさに植物が園芸家によって整理されたのと同じような方法である．彼らは，チューリップやヒヤシンス，アネモネなどに関して，それらの変種と同じくらい多数の種を作り出した．しかし，すべての化石は，7つの属に集約され，それ以上の分類は不可能である．従って，そのような小産な研究の範囲は，拡大されるよりむしろ縮小されるべきである．

12. *Lithophyta* は植物に属し，鉱物界には属さない．それらの形態，構造，起源そして類似性が，それを教えてくれる．

13. 我々は，当然のことながら，すべての**人造**の石を除外している．たとえば，**フルグライト**[閃電岩]，**硼砂**，**塩化アンモン石**，そして，人工の硫酸塩[礬]，たとえば，**鉛の硫酸塩**，サターンの砂糖[鉛の酢酸塩]などである．従って，**鉛黄土**あるいは白鉛[炭酸鉛]などもそうである．

14. 私は，火に対して最も長く抵抗し，化学器具の作製に使われるのに最も適した石を**耐火物**と呼んだ．しかし，白熱鏡によってつくられたような最も熱い火の力に抵抗できるものは，天然には存在しない．銀や金でさえそうである．

訳／高橋直樹

協力／山田俊弘

CLAVIS SYSTEMATIS SEXUALIS.

Flos est plantarum gaudium.

--- Sic planta propagat!

NUPTIÆ PLANTARUM Actus generationis incolarum Regni Vegetabilis. *Florigamia.*

- **PUBLICÆ.** Nuptiæ coram totum mundum visibilem apertè celebrantur.
  Flores unicuique visibiles sunt.

  - **MONOCLINIA.** Mariti & Uxores uno eodemque Thalamo gaudent.
    Flores omnes hermaphroditi sunt, & stamina cum pistillis in eodem flore.

    - **DIFFINITAS.** Mariti inter se non cognati sunt.
      Stamina nullâ suâ parte connata inter se sunt.

      - **INDIFFERENTISMUS.** Mariti nullam subordinationem inter se invicem observant.
        Stamina nullam accuratam proportionem longitudinis inter se invicem habent.

        - **MONANDRIA.** à μόνος unicus, & ἀνήρ maritus.   I.
          Maritus unicus in matrimonio.
          Stamen unicum in flore hermaphrodito.
        - **DIANDRIA.**   II.
          Mariti duo in eodem conjugio.
          Stamina duo in flore hermaphrodito.
        - **TRIANDRIA.**   III.
          Mariti tres in eodem conjugio.
          Stamina tria in flore hermaphrodito.
        - **TETRANDRIA.**   IV.
          Mariti quatuor in eodem conjugio.
          Stamina quatuor in eodem flore cum fructu.
          Obs. Si Stamina 2 proxima breviora sunt, referatur ad Cl. 14.
        - **PENTANDRIA.**   V.
          Mariti quinque in eodem conjugio.
          Stamina quinque in flore hermaphrodito.
        - **HEXANDRIA.**   VI.
          Mariti sex in eodem conjugio.
          Stamina sex in flore hermaphrodito.
          Obs. Si ex his Stamina 2 opposita breviora, pertinet ad Cl. 15.
        - **HEPTANDRIA.**   VII.
          Mariti septem in eodem conjugio.
          Stamina septem in flore eodem cum pistillo.
        - **OCTANDRIA.**   VIII.
          Mariti octo in eodem thalamo cum femina.
          Stamina octo in eodem flore cum pistillo.
        - **ENNEANDRIA.**   IX.
          Mariti novem in eodem thalamo cum femina.
          Stamina novem in flore hermaphrodito.
        - **DECANDRIA.**   X.
          Mariti decem in eodem conjugio.
          Stamina decem in eodem flore cum pistillo.
        - **DODECANDRIA.**   XI.
          Mariti duodecim in eodem conjugio.
          Stamina duodecim in flore hermaphrodito.
        - **ICOSANDRIA.** ab εἴκοσι viginti & ἀνήρ.   XII.
          Mariti viginti communiter, saepe plures, raro pauciores.
          Stamina (non receptaculo) calicis lateri interno adnata.
        - **POLYANDRIA.** à πολύς & ἀνήρ.   XIII.
          Mariti viginti & ultra in eodem cum femina thalamo.
          Stamina à 15 ad 1000 in eodem, cum pistillo, flore.

      - **SUBORDINATIO.** Mariti certi reliquis praeferuntur.
        Stamina duo semper reliquis breviora sunt.

        - **DIDYNAMIA.** à δίς, bis, & δύναμις potentia.   XIV.
          Mariti quatuor, quorum 2 longiores, & 2 breviores.
          Stamina quatuor, quorum 2 proxima longiora sunt.
        - **TETRADYNAMIA.**   XV.
          Mariti sex, quorum 4 longiores in flore hermaphrodito.
          Stamina sex, quorum 4 longiora, 2 autem opposita breviora.

    - **AFFINITAS.** Mariti propinqui & cognati sunt.
      Stamina cohaerent vel inter se invicem aliqua sua parte, vel cum pistillo.

      - **MONADELPHIA.** à μόνος unicus, & ἀδελφός frater.   XVI.
        Mariti, ut fratres, ex una basi proveniunt.
        Stamina filamentis in unum corpus coalita sunt.
      - **DIADELPHIA.**   XVII.
        Mariti è duplici basi, tamquam è duplici matre, oriuntur.
        Stamina filamentis in duo corpora connata sunt.
      - **POLYADELPHIA.**   XVIII.
        Mariti ex pluribus, quam duabus, matribus orti sunt.
        Stamina filamentis in tria, vel plura, corpora coalita.
      - **SYNGENESIA.** à σύν simul, & γένησις generatio.   XIX.
        Mariti cum genitalibus foedus constituerunt.
        Stamina antheris (raro filamentis) in cylindrum coalita.
      - **GYNANDRIA.** à γυνή femina, & ἀνήρ maritus.   XX.
        Mariti cum feminis monstrose connati.
        Stamina pistillis (non receptaculo) insident.

  - **DICLINIA.** à δίς bis & κλίνη Lectus, Thalamus.
    Mariti seu feminae distinctis thalamis gaudent.
    Flores masculini vel feminini in eadem specie.

    - **MONOECIA.** à μόνος unicus, & οἰκία domus.   XXI.
      Mares habitant cum fem. in eadem domo, sed diverso thalamo.
      Flores masculini & feminini in eadem planta sunt.
    - **DIOECIA.**   XXII.
      Mares & feminae habitant in diversis thalamis & domiciliis.
      Flores masculini in diversa planta, à feminis nascuntur.
    - **POLYGAMIA.** à πολύς, & γάμος Nuptiae.   XXIII.
      Mariti cum uxoribus & innuptis cohabitant in distinctis thal.
      Flores Hermaphrodit. & masculini l. femin. in eadem specie.

- **CLANDESTINÆ.** Nuptiae clam instituuntur.
  Flores, oculis nostris nudis vix conspiciuntur.

  - **CRYPTOGAMIA.** à κρυπτός occultus, & γάμος Nuptiae.   XXIV.
    Nuptiae clam celebrantur.
    Florent intra fructum, vel parvitate oculos nostros subterfugiunt.

ORDINES à Feminis seu pistillis, ut classes à Maribus seu staminibus, desumuntur; in Classi Syngenesiae autem à caeteris parum differunt Ordines. e. gr.

   MONOGYNIA, Digynia, Trigynia, Tetragynia &c. à γυνή femina, praepositis numeris graecis μόνος, δίς, τρεῖς, τέσσαρες. &c.

     i. e. Pistillum 1. 2. 3. 4. &c. Numerus hic pistilli desumitur à Basi styli; si stylus autem deficiat, à numero Stigmatum calculus fit.

   MONOGAMIA constat multis nuptiis, conjugia pura contrahentibus.

     i. e. multis flosculis staminibus & pistillis instructis. Flores ejusmodi maximam partem vulgò Compositi dicuntur.

   POLYGAMIA. ubi thalami vere nuptorum discum occupant, & ambitum cingunt thalami meretricum maritis destitutarum, ut a maritis uxoratis secundentur.

     i. e.; ubi flosculi Hermaphroditi discum occupant, & marginem cingunt flosculi feminini, staminibus destituti, idque triplici modo:

     α. SUPERFLUA dicitur, cum feminae maritatae fertiles sunt, ac familiam propagare queunt; adeo ut meretricum auxilium videatur superfluum.

       i. e. cum flores disci Hermaphroditi stigmate instruuntur & semina proferunt, flores quoque feminini radium constituentes similiter semina ferunt.

     β. FRUSTRANEA dicitur, cum feminae maritatae fertiles sunt & speciem propagare queunt; Meretrices autem ob defectum vulvae, veluti castratae, impraegnari nequeunt.

       i. e. cum flores disci Hermaphroditi stigmate instruuntur & semina proferunt, flosculi verò radium constituentes, quum stigmate careant, semina proferre nequeunt.

     γ. NECESSARIA dicitur, cum feminae Hermaphroditi ob genitalium labem & vulvae defectum steriles sunt, familiam propagare nequeunt; meretricibus autem à maritis feminarum fecundatis, uxorum locum supplentibus, sobolemque laetè propagantibus.

       i. e. cum flores Hermaphroditi ob defectum stigmatis pistilli, semina perficere nequeunt; floribus autem femininis in radio semina perfecta proferentibus.

性の体系の検索

植物の花は喜びである．

--- このように植物は繁殖する！

植物の結婚　植物界の定住者の生殖行為．開花期

- 公然
  結婚は，世界中が見ている前で祝福される．花は誰にでも見ることができる．
  - ひとつの床
    夫と妻は同じひとつの床で喜びを得る．花はすべて両性花，雄しべと雌しべは同じ花にある．
    - 不親近
      夫たちの間に血縁はない．雄しべは互いに合着しない．
      - 対等
        夫たちは相互に規則を守り，従属しない．雄しべは互いに正確な割合の長さではない．
        - 1 一雄蕊綱　ひとりの夫と結婚する．両性花に，雄しべが1本．
        - 2 二雄蕊綱　ふたりの夫と結婚する．両性花に，雄しべが2本．
        - 3 三雄蕊綱　3人の夫と結婚する．両性花に，雄しべが3本．
        - 4 四雄蕊綱　4人の夫と結婚する．果実をつける花に，雄しべが4本．
        - 5 五雄蕊綱　5人の夫と結婚する．両性花に，雄しべが5本．
        - 6 六雄蕊綱　6人の夫と結婚する．両性花に，雄しべが6本．
        - 7 七雄蕊綱　7人の夫と結婚する．雌しべが1本の花に，雄しべが7本．
        - 8 八雄蕊綱　8人の夫がひとりの女性と同居．雌しべが1本の花に，雄しべが8本．
        - 9 九雄蕊綱　9人の夫がひとりの女性と同居．両性花に，雄しべが9本．
        - 10 十雄蕊綱　10人の夫と結婚する．雌しべが1本の花に，雄しべが10本．
        - 11 十二雄蕊綱　12人の夫と結婚する．両性花に，雄しべが12本．
        - 12 二十雄蕊綱　20人の夫を共にし，しばしばそれ以上，まれに少ない．雄しべは花床ではなく，萼から側生する．
      - 従属
        信用できる夫たちは上位に置かれる．2本の雄しべはいつも短い．
        - 13 多雄蕊綱　20人以上の夫が一人の女性と同居．雌しべが1本の花に，雄しべが15～1000本．
        - 14 二強雄蕊綱　4人の夫．背の高い男性が2人，低い男性が2人．雄しべが4本で，それらは2とおりの長さ．
        - 15 四強雄蕊綱　6人の夫．両性花に背の高い男性が4人．雄しべが6本．4本は長いが，向かい合う2本は短い．
    - 親近
      夫たちは似ていて血縁がある．雄しべは結合するか，分離するか，雌しべと一緒．
      - 16 単束雄蕊綱　夫たちは，兄弟のように共通の基から成長する．雄しべの花糸が合着して，ひとつの束になっている．
      - 17 二束雄蕊綱　夫たちは，母親から増えるように基からふたりに増え，伸びる．雄しべの花糸が合着し，束がふたつできている．
      - 18 多束雄蕊綱　夫たちは，ふたつ以上の母体から伸びている．雄しべの花糸が合着し，3つか4つの束になっている．
      - 19 集葯雄蕊綱　夫たちは，生殖器を融合している．雄しべの葯は（まれに花糸も）合着して筒のようになっている．
      - 20 雌雄合蕊綱　夫と女性は，奇怪にも結合している．雄しべは，花床ではなく，雌しべに固着している．
  - ふたつの床
    夫または女性は別々の床で喜びを得る．雄花または雌花が同じ種にある．
    - 21 雌雄同株綱　夫と女性は，同じ家に住むが，別々の床に着く．雄花と雌花は同じ株につく．
    - 22 雌雄異株綱　夫と女性は，別々の家で，別々の床に着く．雄花と雌花は，別々の株につく．
    - 23 雌雄雑性綱　夫は妻と未婚者と同居し，別々の床に着く．両性花と，雄花，雌花が，同じ種の中にある．
- 秘密
  結婚は人知れず，密かに行われる．花は肉眼では見えない．
  - 24 隠花植物綱　婚礼は，秘密に行われる．花は果実の中にあるか，ほとんど見えない．

目［略；以下同］
　単婚目
　　単一雌蕊目
　　多雌蕊目
　　　α．過量多雌蕊目
　　　β．均等多雌蕊目
　　　γ．緊用多雌蕊目

訳／宮田昌彦

1. リンネのしごと 1

REGNUM VEGETABILE.

N. POLYANDRIA.	O. DIDYNAMIA.	P. TETRADYNAM.	Q. MONADELPH.	(R./S.)	T. SYNGENESIA.	U. GYNANDRIA.	V. MONOECIA.	Y. POLYGAMIA.
St. multa recept. adnata.	*Stam. 4, quor. 2 longiora.*	*Stam. 6, quor. 4 longiora.*	*St. Filam. coal. in 1 corp.*		*St. Antheræ coalitæ.*	*Stamina Pistillo adnata.*	*Plantæ Androgynæ.*	*Species Hybridæ.*

N. POLYANDRIA

MONOGYNIA.

α. CALICE CADUCO.
Actæa. *Christophoriana* T.
Podophyllum. *Anapodophyl.* T.
Corchorus.
Sanguinaria D. *
 Glaucium T.
Chelidonium T.
Papaver T.
Argemone T.
Sarracena T. *Coilophyllum* Mſ.
Tilia.

β. CALICE PERSISTENTE.
Peganum. *Harmala.*
Nymphæa.
 Leucoxymphæa B.
Michelia † *Samstravadi* HM.
Anacampseros. *Telephiaſtr.* D.
Ciſtus.
 Helianthemum T.
Cryophyllus. *Car. arom.* T.
Thea *.
Melia † *Bcluita* HM.
Capparis.
Plinia. Pl. *

γ. CALICE TABESCENTE.
Euphorbium L. 3.
Cereus.
Opuntia T. *Tuna* D.
Cactus. *Melocactus* T.

§. N. 3. *Delphinium.*

DIGYNIA.

Pæonia.
Anona. *Guanabanus* Pl.

TRIGYNIA.

Pereskia Pl. *
Reſeda T.
 Luteola T.
Hypericum N. 5.
 Androſæmum T.
Aconitum T. N. 5.
Delphinium N. 1.
 Staphiſagria Rp.

TETRAGYNIA.

Tetragonia. *Tetragonocarpos.*

PENTAGYNIA.

Aquilegia.
Nigella.
Aizoum * *Ficoidea* N.
Meſembryanthemum D.

§. N. 3. *Hyper. Aſcyrum.*
§. N. 3. *Aconitum.*

HEXAGYNIA.

Stratiotes. *Aloides* B.

POLYGYNIA.

Dillenia † *Syalita* HM.
Magnolia Pl. *Tulipifera.*
Clematitis.
Atragena. *Viticella* D.
Pulſatilla. *
Anemone.
 Anemone-ranunculus D.
 Nemoroſa Rp.
Caltha Rp. *Populago* T.
Helleborus.
 Trollius Rv. *Hellebero-Ran.*B.
 Helleboroides B. *Aconiti.* Rv.
Ranunculus.
 Ficaria D.
 Ranunculoides V.
 Ranunculo-aſphodel. HS.
Adonis D.
Hepatica D.
Filipendula *
 Ulmaria T.

O. DIDYNAMIA

GYMNOSPERMIA. i.e. *Seminibus Pericarpio nudis.*

α. PETALI LAB. SUP. NULLO.
Bulga. *Bugula* T.
Polium.
Teucrium.
Triſſago. *Chamæpitys* T.

β. PETALI LAB. SUP. ERECTO.
Origanum T.
 Majorana T.
Thymus T.
 Satureja T.
 Serpillum T.
 Thymbra T.
Lavendula.
Stæchas.
Hyſſopus.
Clinopodium.
Marrubium.
Betonica.
Glechoma. *Calamintha* T.
 Chamædrys B.
Ruyſchia. *Rui̇chiana* B.
Ocymum.

γ. PETALI LAB. SUP. CONCAVO.
Mentha.
 Menthaſtrum Rp.
 Pulegium Riv.
Moldavica.
 Volkamera Hs.
Stachys.
Galeopſis.
Ladanum D. *Tetrahit.* D.
Lamium.
Molucca.
Cardiaca.
 Galeobdelon D.
Leonurus.

δ. PETALI LAB. SUP. GALEATO.
Dracocephalon.
Scutellaria Rv. *Caſſida* T.
Brunella.
Phlomis.

ANGIOSPERMIA. i.e. *Seminibus tectis Pericarpio.*

Antirrhinum T.
 Linaria T.
 Elatine Rp.
 Morina T. *Cymbalar.* Rv.
Scrophularia.
Digitalis.
 Gratiola Rv.
Volkameria †. *Digitalis ſp.* T.
Chelone A.
Orobanche.
Squammaria Rv. *Anblatum* T.
Acanthus.
Melampyrum.
Filutulum. *Criſta galli* Rv.
Pedicularis.
Euphraſia.
 Odontites D.
Verbena.
Selago. *Camphorata.*
Bontia *
Dodatia *.
Phelypæa T.
Creſcentia *. *Cujete* Pl.
Celſia †.
Limoſella. *Plantaginella* D.
Rhinanthus *Elephas* T.
Mattrynia. Houſt. apud Mr.
Æginetia † *Tſſemcamulu* HM.

P. TETRADYNAMIA

FRUCTU SILICULOSO.

α. PERICARPIO UNILOCULARI.
Iſatis.
Crambe.
Cakile.
Myagrum.
Bunias. *Rapiſtrum* T.

β. PERIC. BILOC. DISSEP. OPPOSITO.
Thlaſpi T.
 Burſa paſtoris T.
Iberis D.
Biſcutella. *Thlaſpidium* T.
Naſturtium.
 Iberis Rp.
Coronopus H. Rp.
Lepidium.
 Armoracia Rp.
Cochlearia.
Subularia Rj. *Juncifolia* Rj.

γ. PERIC. BILOC. DISSEP. PARALL.
Alyſſum.
Draba D.
Lunaria T. *Bulbonac.* Rp.

FRUCTU SILIQUOSO.

Eryſimum.
Irio. *Eruca* T.
Sinapis.
Rapa.
 Napus.
Braſſica.
Turritis.
Hesperis.
 Alliaria Rp.
Dentaria.
Sophia. *Accipitrina* Rv.
Silymbrium.
 Radicula D.
Cardamine.
Raphanus.
 Raphaniſtrum T.
Cleome. *Sinapiſtrum* T.
Chei̇. *Leucojum* T.

Q. MONADELPHIA

PENTANDRIA.

Hermannia.
Melochia. D. *
Xeranthoides T.

DECANDRIA.

Azedarach.
Geranium X: 1.
 Gruinalis.

POLYANDRIA.

Malva.
 Alcea T.
 Abutilon T.
Malope †.
 Lavatera. A.
Goſſypium. *Xylon* T.
Alcea. *Malva roſea.*
Althæa †.
Urena *.
Trionum. *Bammia* Rv.
Ibiſcus. *Ketmia* T.
Camellia *. *Tſubaki.* Kp.
Sida. *Althæaſtr.* Ng.
Fevillea. *Inga* ﬁ.

R. DIADELPHIA

St. Filamentis coalita in 2 corpora.

HEXANDRIA.

Fumaria T.
 Capnoides T.
 Split Rv.
 Capnorchis B.
 Cyſticapnos B.

DECANDRIA.

α. FRUCTU SILICULOSO.
Polygala.
Cicer.
Lens.
Onobrychis.
Sertula. *Melilotus* T.
Dorycnium. †. ﬁmul.
Trifolium.
Coreba. *Lagopus* Rv.
Anthyllis Rv. *Vulneraria* T.

β. FR. INCURVO IRREGULARI.
Medica T. *Falcata* Rv.
 Medicago T. *Cochleata* Rv.
Hippocrepis. *Ferrum Equ.* T.
Scorpiurus. *Scorpioides* T.
Ornithopodium.
Telis. *Fœnum Græcum* T.
Hedyſarum.
 Meibomia Hs.

γ. FR. LEGUMINOSO ORDIN.
Lotus.
Ononis.
Ternatea. *Clitoris.*
Corallodendron.
Colutea.
Ulex. *Geniſta-Sparium* T.
Spartium.
Geniſta.
Anagyris.
Cytiſus.
Laburnum.
Orobus.
Vicia.
Arachis. *Cracca* Rv.
Lathyrus.
Clymenum.
Niſſolia.
Lupinus.
Faba.
Piſum.
Phaſeolus.

δ. FR. BILOCULARI.
Biſerrula. *Pelecinus* T.
Tragacantha.
Glycia. *Aſtragalus* T.

S. POLYADELPHIA

Fil. coal. in plures part.

POLYAN.
Lutianthus †. *G. Alcea ſp. aliis.*
§. XX. *2. Citrus.*

T. SYNGENESIA

MONOGAMIA.

α. FLORE SIMPLICI.
Dortmanna Rd.
 Rapuntium T. *Cardin.* Rv.
 Palmata Rv.
 Laurentia M.
Jasione †. *Rapunculus ſcab. cap.*

β. SEMIFLOSCULOSI T.
Lampſana.
Cichorium.
Catanance.
Zacintha.
Taraxacum. *Dens Leonis* T.
Piloſella.
Hieracium.
Sonchus.
Chondrilla.
Picris †.
Lactuca.
Scorzonera.
Tragopogon.

γ. FLOSCULOSI T.
Chryſocome. *Linoſyris* Mg.
Eupatorium.
Sphærocephalus. *Echinops* T.
Santolina.
Vebeſina. *Bidens* T. Pn.
 Forbicina Pn.
Carlina.
Xeranthemum T. *Scabæ* Rv.
Serratula D.
Carthamus.
Carduus.
Cinara.
Arctium. *Lappa* T.
Cnicus.
Petafites.
Klenia †. *An Tithymaloides* B.

δ. RADIO PETAL. DESTITUTO.
Artemiſia.
Abſinthium.
Abrotanum.
Filago.
Ananthocyclus V.
Tanacetum T.
Baccharis D.
Senecio.

ε. RADIATI T. CALICE SQUAMOSO.
Achillea. *Millefolium* T.
Anthemis. *Chamæmelum* T.
 Ptarmica T.
Buphthalmum.
Matricaria.
Bellis.
Leucanthemum.
Chryſanthemum.
Cotula.

ζ. RADIATI T. CALICE VENTRICOSO.
Calendula. *Caltha* T.
Dimorphotheca V.
Tuſſilago.
Doronicum.
Arnica Rp.
Solidago. *Virga aurea* T.
Jacobæa.
After.
Amellus †.
Helenium. *Enula Camp.* Mg.
Erigerum. *Conyzoides* D.
Othonna. *Tagetes* T.

POLYGAMIA SUPERFLUA.

α. RADIATI.
Helianthus. *Corona Solis* T.
Rudbeckia. *Obeliſcotheca* V.

β. FLOSCULOSI T.
Jacea.
Cyanus.
Centaurium. *Cent. maj.* T.
Crupina D.

POLYGAMIA FRUSTRANEA.

Parthenium. *Parthenioſtrum* D,
Milleria. Houſt. apud Mr.

POLYGAMIA NECESSARIA.

U. GYNANDRIA

DIANDRIA.

Orchis.
 Satyrium Rv.
Satyrium.
 Orchioides. Trew.
Neottia. *Coralloridiza* Rp.
Serapias. *Helleborine* T.
Herminium. *Monorchis* M.
Cypripedium. *Calceolus* Mar.
Epidendron†. *G. Orchidis aff.* Hr.
Ophris.
 † *Nidus Avis* T.

TRIANDRIA.

Bermudiana.

TETRANDRIA.

Nepenthes †.

PENTANDRIA.

Aſclepias. *Vincetoxic.* Rp.
 Beidalſar Kn.
Periploca.
Stiﬁcria. *Cenſſa* Rv.
Paſſiflora. *Granadilla* T.
 Murucuja. T.
Clutia B.

HEXANDRIA.

Ariſtolochia.

DECANDRIA.

Helicteres. Plk. *Iſora* Pl.

POLYANDRIA.

Grewia †. *Guidonia* B.
Arum *.
 Draconium T.
 Colocaſia Rj.
 Ariſarum T.
Calla. *Anguina* Trew.
 Arioides B.
Acorus VI: 1.

Ruppia *. *Bucca ferrea* M.

V. MONOECIA

MONAND. TRIAND. IV.AND. V.AND. POLYAND. Staminepluquam 7. MONAD. POL. SYNGENESIA.

Zannichella M * *Aponoget.* Pn.
Najas *. *Fluviatilis* V.
Cynomorion M.

Thalyſia. *Mays* T.
Sphenirum *. *Lacryma Jobi* T.
Lichemum *. *Daﬄylides.*
Carex. *Cyperoides* T.
 Scirpoides Mg. *Carex* Rp.
Diaſperus. *Niruri* Mr.

Alnus.
Betula.
Buxos.

Amaranthus.
Jatropha *. *Manihot* T.
Andrachne. *Telephioides.*
Oxydectes. *Ricinoides.*

Ceratophyllum. *Dichotoph.* D.
Myriophyllum. *Pentapterophyllum* D.
Corylus.
Oſtrya M.
Carpinus. T. M.
Fagus.
 Caſtanea *.
Quercus.
 Ilex T.
 Suber T.
Sagittaria Rp. D.
Sparganium †.
Typha.

Pinus.
Abies.
Larix. *
Thuya. *
Cedrus. *
Xanthium.

Ricinus.

Bryonia.
Momordica.
Sicyos. *Sicyoides* T.
Tamnus.
Luſfa Arab.
Anguria.
Colocynthis.
Cucumis.
Melo.
Pepo.
Cucurbita.
Anguina †.

X. DIOECIA

Pl. Mares & Feminæ.

HAND. II AND. IV. AND. V.AND. VI. AND. VII. AND. IX. AND. X. AND. POL. MONAD. SYNG.

Salix.

Phœnix *. *Palma.*
Oſyris. *Caſia* T.

Morus.
Hippophæ *. *Rhamnoides.* T.
Myrica. *Gale* A.
Urtica. V. 4.
 §. V: 1. *Rham. Cervi Spina* D.

Lentiſcus.
Toxicodendron.
Humulus. *Lupulus* T.
Cannabis.
Spinacia. X. 10.

Smilax.
§. VI: 3. *Rum. Acetoſa.*

Populus.
Laurus.

Mercurialis.
Hydrocharis. *Morſus ranæ* D.

Saſſafras †
Nyſſa †. G. *Tupelo* Catb.
§. X: 3. *Cucub. Lychnis.*
§. X: 4. *Coron. Cannabina* T.

Papaya *.
Aruncus. *Barba Capræ* T.
Kiggelaria †. *Arb. ﬁlic folio* B.

Juniperus *.
 Sabina Rp.
Taxus *.

Ruſcus *.

Y. POLYGAMIA

MONOECIA
Veratrum. VI: 3
Valantia. A. *. IV: 1
Holcus †. III: 2
Sorgum M. III: 2
Schœnanthum M. X: 2
Halimus Mg. V: 2
Atriplex. IV: 1
Parietaria.
§. IV: 1. *Poterium* N: 2

DIOECIA
Fraxinus T. Pn. II: 1
 Ornus Pn. T: 1
Diaſperus. *Niruri* Mr.
Elichryſum.
§. X. 5. *Sedum. Rhodia.*

TRIOECIA.
Empetrum. III: 1

Z. CRYPTOGAMIA

Flores abſconditi.

ARBORES.
Ficus. III: 1
 Capriﬁcus Pn.
 Eroſyſce Pn.

FILICES.
Equiſetum.
Ophioglosſum T.
 Lunaria Rp.
Pteris. *Thilypteris* D.
Polypodium.
Lonchitis.
Hemionitis.
 Lingua Cervina T.
Adiantum.
Trichomanes.
Acroſticum †.
 Muraria.

MUSCI.
Lycopodium D.
 Selaginoides Rj.
 Selago D.
 Lycopodioides Rj.
Fontinalis D.
Sphagnum D.
Mnium D. *Muſcoides* V.
Hypnum D.
Bryum D.
Polytrichum D.
Jungermannia. *Hepatica* M.
 Lichenaſtrum D.
Marchantia. *Lichen* D.
Marſilea. *Lunularia* D.
Lichen. *Lichenoides* D.

ALGÆ.
Fucus.
 Uva Rj.
Hydrophace Bx.
Lemna. *Lenticula* M.
 Lenticularia M.
Chara *Rj. *Hippuris* D.
Conferva Rj.

FUNGI.
Agaricus D.
 Amanita D.
Boletus D.
Hydna. *Erinaceus* D.
Merulius B. *Morchella* D.
Elvela. *Fungoides* D.
Peziza D. *Cyathoides* M.
Complex. *Lycoperdon* T.
 Lycoperdaſtrum M.
 Geaſter M.
 Carpobolus M.
Byſſus Rj.
Noſtoc V.

LITHOPHYTA.
Spongia.
 Badiaga Bx.
Iſis. *Keratophyton* B.
Tubipora. *Tubularia* T.
Cellepora †.
Millepora.
Madrepora.
Retipora.
Cerallium.
Acetabulum.
Elchara.

1. リンネのしごと1

植物界　REGNUM VEGETABILE　（1）　天野　誠　宮田昌彦　協力／根本佳織

A MONANDRIA 一雄蕊綱

MONOGYNIA 単雌 — 種
- Hippuris スギナモ
- Canna カンナ

DIGYNIA 二分雌蕊
- Corispermum

AUCTORES 命名者 [略]

B DIANDRIA 二雄蕊綱

MONOGYNIA

α. FLOS REGULARIS.
- Olea オリーブ
- Ligustrum イボタノキ
- Jasminum ソケイ
- Syringa ハシドイ
- Veronica クワガタソウ
- Circaea ミズタマソウ

β. FL. IRR. ANGIOSP.
- Utricularia タヌキモ
- Pinguicula ムシトリスミレ
- Morina
- Lathraea ヤマウツボ
- Ecbolium
- Bignonia ノウゼンカズラ

γ. FL. IRR. GYMNOSP.
- Rosmarinus マンネンロウ
- Lycopus シロネ
- Salvia アキギリ（サルビア）

C TRIANDRIA 三雄蕊綱

MONOGYNIA

α. CALICE VIX ULLO.
- Valeriana カノコソウ
- Boerhaavia ナハカノコソウ

β. CALICE PERIANTHIO.
- Tamarindus　Bannisteria
- Cneorum

γ. CALICE SPATHA.
- Crocus サフラン
- Gladiolus グラジオラス
- Antholyza　Iris アヤメ
- Rumpfia
- Commelina ツユクサ

δ. CALICE GLUMA.
- Cyperus カヤツリグサ
- Scirpus ホタルイ
- Eriophorum ワタスゲ

DIGYNIA

α. GLUMOSI SPICATI.
- Hordeum オオムギ
- Triticum コムギ
- Secale ライムギ
- Phalaris クサヨシ
- Alopecurus スズメノテッポウ
- Phleum アワガエリ
- Lolium ドクムギ　Nardus

β. GLUMOSI PANICULATI
- Panicum キビ
- Milium イブキヌカボ
- Briza コバンソウ
- Agrostis ヌカボ
- Bromus スズメノチャヒキ
- Festuca ウシノケグサ
- Avena カラスムギ

γ. PERIANTHIO INSTR.
- Polysporon

TRIGYNIA 三分雌蕊
- Montia ヌマハコベ
- Tillaea アズマツメクサ

D TETRANDRIA 四雄蕊綱

MONOGYNIA

α. CALICE COMMUNI.
- Protea　Dipsacus ナベナ
- Scabiosa マツムシソウ　Knautia

β. STELLATA
- Gallium ヤエムグラ　Aparine
- Asperula クルマバソウ
- Houstonia　Sherardia
- Spermacoce　Crucianella
- Rubia アカネ

γ. VARII.
- Plantago オオバコ
- Sarcocolla　Carisbea
- Centunculus
- Lippia イワダレソウ　Camara
- Vitex ハマゴウ　Poterium
- Epimedium イカリソウ
- Avicennia ヒルギダマシ
- Tithona　Cornus ミズキ
- Euonymus マユミ　Ptelea　Ixora

δ. INCOMPLITI.
- Alchemilla　Elaeagnus グミ
- Minosa オジギソウ

DIGYNIA
- Hypecoon
- Bocconia
- Cufcuta ネナシカズラ

TETRAGYNIA
- Ilex モチノキ
- Caffina
- Potamogeton ヒルムシロ

E PENTANDRIA 五雄蕊綱

MONOGYNIA

α. FL. IMPERFECTI.
- Herniaria
- Paronychia
- Blitum
- Vitis ブドウ
- Persicaria タデ
- Glaux ウミミドリ
- Rhamnus クロウメモドキ

β. PETAL. 1. SEMINA 4.
- Anchusa
- Cynoglossum オオルリソウ
- Lithospermum ムラサキ
- Myosotis ワスレナグサ
- Heliotropium キダチルリソウ
- Pulmonaria
- Symphytum ヒレハリソウ
- Lycopsis　Asperugo
- Borrago　Cerinthe

γ. PETAL. 1. SEMIN. 2.
- Phyllis

δ. PETAL. 1. SEMIN. 1.
- Mirabilis オシロイバナ
- Plumbago ルリマツリ

ε. PETAL. 1. CAPS. 1-LOCULAR.
- Hydrophyllum
- Swertia センブリ
- Hottonia
- Samolus ハイハマボッス
- Menyanthes ミツガシワ
- Lysimachia オカトラノオ
- Anagallis ルリハコベ
- Cyclamen シクラメン
- Soldanella　Ruellia
- Primula サクラソウ
- Androsace トチナイソウ
- Armeria ハマカンザシ

ζ. PET. 1. CAPS. 2-LOCUL.
- Verbascum モウズイカ
- Hyoseyamus
- Apollinaris
- Nicotiana タバコ
- Datura チョウセンアサガオ
- Myrsine タイミンタチバナ

η. PET. 1. CAPS. 3-LOCUL.
- Convolvulus セイヨウヒルガオ
- Ipomoea サツマイモ
- Campanula ホタルブクロ
- Phyteuma シデシャジン
- Polemonium ハナシノブ
- Trachelium
- Polypremum

θ. PET. 1. CAPS. 4-LOCUL.
- Diervilla

ι. PETAL. 1. CAPS. 5-LOCUL.
- Diosma
- Azalea ツツジ

κ. PETAL. 1. BACCIFERAE.
- Atropaea
- Mandragora
- Solanum ナス
- Capsicum トウガラシ
- Physalis ホオズキ
- Strychonos　Genipa
- Tinus　Phillyrea
- Patagonica
- Sideroxylon
- Coffea コーヒーノキ
- Fuchsia フクシア
- Tournefortia
- Lycium クコ
- Caprifolium

λ. PETALA 5 AEQUALIA.
- Cuminum　Telephium
- Brunia　Gronovia

μ. PET. 5 INAEQUALIA.
- Viola スミレ
- Impatiens ツリフネソウ

DIGYNIA

α. VARIAE.
- Chenopodium アカザ
- Beta フダンソウ
- Ulmus ニレ
- Salsola オカヒジキ
- Panax チョウセンニンジン
- Gentiana リンドウ　Heuchera

β. FR. BIFOLLICULARIS.
- Plumeria プルメリア
- Vinca ニチニチソウ
- Nerium キョウチクトウ
- Tabernemontana
- Cameraria
- Apocynum バシクルモン

γ. UMBELLA SIMPLEX.
- Eryngium エリンギウム
- Hydrocotyle チドメグサ
- Sanicula ウマノミツバ
- Astrantia

δ. UMB. COMPOSITA, INVOLUCRO NULLO.
- Carum
- Foeniculum ウイキョウ
- Apium マツバゼリ
- Aegopodium エゾボウフウ
- Pimpinella　Pastinaca
- Heracleum ハナウド
- Smyrniium　Imperatoria

ε. UMBELLA COMPOSITA, INVOLUCRO PARTICULARI.
- Cicuta ドクゼリ
- Phellandrium
- Oenanthe セリ
- Ethusa　Chaerophyllum
- Myrrhis　Scandix
- Thapsia
- Coriandrum コエンドロ
- Bupleurum ホタルサイコ

ζ. UMBELLA COMPOSITA INV. PART. ET UNIVERS.
- Laserpitium
- Angelica シシウド
- Sium ムカゴニンジン
- Conium ドクニンジン
- Thysselinum
- Daucus ニンジン　Caucalis
- Peucedanum カワラボウフウ
- Athamanta　Levisticum
- Ammi　Crithmum　Cachrys

TRIGYNIA
- Tamarix ギョリュウ
- Viburnum ガマズミ
- Sambucus ニワトコ
- Cotinus ケムリノキ
- Staphylaea ミツバウツギ

TETRAGYNA
- Parnassia ウメバチソウ

PENTAGYNIA
- Linum アマ
- Drosera モウセンゴケ
- Aralia タラノキ
- Statice ハマサジ
- Crassula　Cotyledon

POLYGYNIA
- Myosurus

※本表では，主に p.16 表中ローマン体表記の名称（和名の判明するものは和名も）のみ掲載.

F HEXANDRIA 六雄蕊綱	G HEPTANDRIA 七雄蕊綱	K DECANDRIA 十雄蕊綱	L DODECANDRIA 十二雄蕊綱
MONOGYNIA α. FL. INCOMPL. VI-PETAL. 　Lirium [Lilium] ユリ 　Petilium 　Fritillaria バイモ 　Tulipa チューリップ 　Erythronium カタクリ 　Gloriosa キツネユリ 　Ornithogalum オオアマナ 　Scilla ツルボ 　Asparagus クサスギカズラ 　Leontice β. FL. INCOMPL. 1-PETAL. 　Convallaria スズラン 　Hyacinthus ヒヤシンス 　Polyanthes　Susiana 　Asphodelus ツルボラン 　Hemerocallis キスゲ 　Aloe アロエ γ. FL. COMPLETUS. 　Ananas パイナップル 　Bromelia　Tillandsia ハナアナナス 　Tradescantia ムラサキツユクサ 　Burmannia ヒナノシャクジョウ 　Lithocardium 　Berberis メギ δ. FL. SPATACEUS. 　Pancratium 　Narcissus スイセン 　Amaryllis アマリリス 　Leucojum スノーフレーク 　Galanthus マツユキソウ 　Prasum 　Porrum 　Cepa タマネギ 　Allium ネギ 　Pontederia ε. FL. INVOLUCRATUS. 　Haemanthus マユハケニラ ζ. FL. GLUMOSUS. 　Juncus イグサ η. FL. APETALUS. 　Peplis **DIGYNIA** 　Atraphaxis 　Oryza イネ **TRIGYNIA** 　Scheuchzeria ホロムイソウ 　Triglochin シバナ 　Rumex スイバ 　Anthericum 　Colchicum イヌサフラン 　Medeola 　Menispermum コウモリカズラ **HEXAGYNIA 六分雌蕊** **POLYGYNIA 多雌蕊** 　Alisma ヘラオモダカ	**MONOGYNIA** 　Trientalis ツマトリソウ 　Castanea クリ H OCTANDRIA 八雄蕊綱 **MONOGYNIA** 　Rivina 　Daphne ジンチョウゲ 　Erica エリカ 　Vaccinium スノキ 　Ruta ヘンルーダ 　Monotropa ギンリョウソウ 　Oenothera マツヨイグサ 　Epilobium アカバナ 　Crateva ギョボク 　Trophaeum 　Pavia 　Melianthus メリアンツス 　Acer カエデ 　Cliffortia 　Caesalpina ジャケツイバラ **DIGYNIA** 　Chrysosplenium ネコノメソウ 　Galenia **TRIGYNIA** 　Bistorta イブキトラノオ 　Polygonum タデ 　Helxine 　Seriana 　Cardiospermum フウセンカズラ **TETRAGYNIA 四分雌蕊** 　Paris ツクバネソウ 　Adoxa レンプクソウ 　Sagina ツメクサ 　Potamopithys I ENNEANDRIA 九雄蕊綱 **MONOGYNIA** 　Camphora クスノキ 　Cinnamomum ニッケイ **TRIGYNIA** 　Rheum ダイオウ **HEXAGYNIA** 　Butomus ハナイ	**MONOGYNIA** α. ANTHERAE BICORNIS. 　Arbutus イチゴノキ 　Andromeda ヒメシャクナゲ 　Pyrola イチヤクソウ β. STAMINA IRRIGULARIA. 　Dictamnus ハクセン 　Cassia カワラケツメイ 　Poinciana 　Cercis ハナズオウ 　Haematoxylon 　Acinodendron γ. STAMINA REGULARIA. 　Malpighia キントラノオ 　Averrhoa ゴレンシ 　Zygophyllum 　Fagonia 　Tribulus ハマビシ 　Portulaca スベリヒユ 　Clethra リョウブ 　Anacardium δ. CALIX NULLUS. 　Ledum イソツツジ **DIGYNIA** 　Mitella チャルメルソウ 　Saxifragia ユキノシタ 　Dianthus ナデシコ 　Saponaria サボンソウ 　Scleranthus シバツメクサ **TRIGYNIA** 　Garidellia 　Drypis 　Silene マンテマ 　Cucubalus ナンバンハコベ 　Alsine 　Arenaria ノミノツヅリ **PENTAGYNIA 五分雌蕊** 　Lychnis センノウ 　Agrostema ムギナデシコ 　Cerastium ミミナグサ 　Spergula オオツメグサ 　Benzoa 　Sedum マンネングサ **DECAGYNIA 十分雌蕊** 　Phytolacca ヤマゴボウ	**MONOGYNIA** 　Asarum フタバアオイ 　Lythrum ミソハギ **DIGYNIA** 　Agrimonia キンミズヒキ **TRIGYNIA** **DODECAGYNIA** 　Sempervivum クモノスバンダイソウ M ICOSANDRIA 二十雄蕊綱 **MONOGYNIA** α. FRUCTU DRUPA. 　Zizyphus ナツメ 　Eugenia 　Amygdalus モモ 　Prunus スモモ 　Cerasus サクラ 　Padus ウワミズザクラ 　Guajacum β. FR. BACCA vel POME 　Myrtus ギンバイカ 　Punica ザクロ 　Styrax エゴノキ 　Citrus ミカン γ. FR. CAPSULA. 　Philadelphus バイカウツギ **DIGYNIA** 　Ribes スグリ 　Crataegus サンザシ **TRIGYNIA** 　Sorbus ナナカマド **PENTAGYNIA** 　Mespilus セイヨウカリン 　Pyrus ナシ 　Spiraea シモツケ **POLYGYNIA** 　Muntingia 　Rosa バラ 　Rubus キイチゴ 　Fragaria オランダイチゴ 　Potentilla キジムシロ 　Tormentilla 　Dryadaea 　Comarum クロバナロウゲ 　Geum ダイコンソウ

1. リンネのしごと 1

植物界　REGNUM VEGETABILE　（2）　　天野 誠　宮田昌彦　協力／根本佳織

N POLYANDRIA 多雄蕊綱	O DIDYNAMIA 二強雄蕊綱	P TETRADYNAM 四強雄蕊綱	Q MONADELPH 単束雄蕊綱
MONOGYNIA α. CALICE CADUCO. 　Actaea ルイヨウショウマ 　Podophyllum ミヤオソウ 　Corchorus ツナソ 　Sanguinaria 　Chelidonium クサノオウ 　Papaver ケシ 　Argemone アザミゲシ 　Sarracena 　Tilia シナノキ β. CALICE PERSISTENTI. 　Peganum 　Nymphaea スイレン 　Michelia オガタマノキ 　Anacampseros 　Cistus ゴジアオイ 　Caryophyllus 　Thea チャノキ 　Mesua 　Capparis フウチョウボク 　Plinia γ. CALICE TABESCENTE. 　Euphorbium トウダイグサ 　Cereus ハシラサボテン 　Opuntia ウチワサボテン 　Cactus（ウリサボテン） **DIGYNIA** 　Paeonia シャクヤク 　Anona [Annona] バンレイシ **TRIGYNIA** 　Pereskia 　Reseda モクセイソウ 　Hypericum オトギリソウ 　Aconitum トリカブト 　Delphinium オオヒエンソウ **TETRAGYNIA** 　Tetragonia ツルナ **PENTAGYNIA** 　Aquilegia オダマキ 　Nigella クロタネソウ 　Aizoom 　Mesembryanthemum マツバギク **HEXAGYNIA** 　Stratiotes **POLYGYNIA** 　Dillenia 　Magnolia モクレン 　Clematitis [Clematis] センニンソウ 　Atragena 　Pulsatilla オキナグサ 　Anemone イチリンソウ 　Caltha リュウキンカ 　Helleborus（クリスマスローズ） 　Ranunculus キンポウゲ 　Adonis フクジュソウ 　Hepatica スハマソウ 　Filipendula シモツケソウ	**GYMNOSPERMIA** 裸子 α. PETALI LAB. SUP. NULLO. 　Bulga 　Polium 　Teucrium ニガクサ 　Trissago β. PETALI LAB. SUP. ERECTO. 　Origanum オレガノ 　Thymus イブキジャコウソウ 　Lavendula ラベンダー 　Stoechas 　Hyssopus 　Clinopodium トウバナ 　Marrubium 　Betonica 　Glechoma カキドオシ 　Ruyschia 　Ocymum γ. PETALI LAB. SUP. CONCAVO. 　Mentha ハッカ 　Moldavica 　Stachys イヌゴマ 　Galeopsis チシマオドリコソウ 　Ladanum 　Lamium オドリコソウ 　Molucca 　Cardiaca 　Leonurus メハジキ δ. PETALI LAB. SUP. GALEATO. 　Dracocephalon ムシャリンドウ 　Scutellaria タツナミソウ 　Brunnella ウツボグサ 　Phlomis オオキセワタ **ANGIOSPERMIA** 被子 　Antirrhinum キンギョソウ 　Scrophularia ゴマノハグサ 　Digitalis ジギタリス 　Volkameria 　Chelone 　Orobanche ハマウツボ 　Squammaria 　Acanthus ハアザミ 　Melampyrum ママコナ 　Fistularia 　Pedicularis シオガマギク 　Euphrasia コゴメグサ 　Verbena クマツヅラ 　Selago 　Bontia 　Dodartia 　Phelypaea 　Crescentia 　Celsia 　Limosella キタミソウ 　Rhinanthus オクエゾガラガラ 　Martynia 　Aeginetia ナンバンギセル	**FRUCTU SILICUOSO** 短角果 α. PERICARPIO UNILOCULARI. 　Isatis タイセイ 　Crambe ハマナ 　Cakile オニハマダイコン 　Myagrum 　Bunias β. PERIC. BILOC. DISSEP. OPPOSITO. 　Thlaspi グンバイナズナ 　Iberis マガリバナ 　Biscutella 　Nastrutium オランダガラシ 　Coronopus カラクサスズナ 　Lepidium マメグンバイナズナ 　Cochlearia トモシリソウ 　Subularia ハリナズナ γ. PERIC. BILOC. DISSEP. PARALL. 　Alyssum 　Draba イヌナズナ 　Lunaria ゴウダソウ **FRUCTU SILIQUOSO** 長角果 　Erysimum エゾスズシロ 　Irio 　Sinapis シロガラシ 　Rapa カブ 　Brassica アブラナ 　Turritis 　Hesperis 　Conringia 　Dentaria 　Sophia 　Sisymbrium カキネガラシ 　Cardamine タネツケバナ 　Raphanus ダイコン 　Cleome セイヨウフウチョウソウ 　Cheri	**PENTANDRIA** 　Hermannia 　Melochia ノジアオイ 　Xeraea **DECANDRIA** 　Azedarach 　Geranium フウロソウ **POLYANDRIA** 　Malva ゼニアオイ 　Malope 　Gossypium ワタ 　Alcea 　Althaea タチアオイ 　Urena ボンテンカ 　Trionum 　Ibiscus 　Camellia ツバキ 　Sida キンゴジカ 　Fevillaea R DIADELPHIA 二束雄蕊綱 **HEXANDRIA** 　Fumaria カラクサケマン **DECANDRIA** α. FRUCTU SILICULOSO 　Polygala ヒメハギ 　Cicer ヒヨコマメ　Lens レンズマメ 　Onobrychis　Sertulla 　Dorycnium 　Trifolium シロツメクサ 　Coreba 　Anthyllis クマノアシツメクサ β. FR. INCURVO IRREGULARI. 　Medica　Hippocrepis 　Scorpiurus 　Ornithopodium　Telis 　Hedysarum イワオウギ γ. FR. LEGUMINOSO ORDIN. 　Lotus ミヤコグサ 　Ononis　Ternatea 　Corallodendron　Colutea 　Ulex ハリエニシダ 　Spartium レダマ　Genista 　Anagyris　Cytisus エニシダ 　Laburnum キングサリ 　Orobus　Vicia クサフジ 　Arachis ナンキンマメ 　Lathyrus レンリソウ 　Clymenum 　Nissolia 　Lupinus ハウチワマメ（ルピナス） 　Faba ソラマメ　Pisum エンドウ 　Phaseolus インゲンマメ δ FR. BILOCULARI. 　Biserrula 　Tragacantha 　Glycia S POLYANDELPH 多束雄蕊綱 **POLYAN** 　Lasianthus ルリミノキ

自然の体系（初版）

※本表では，主にp.17表中ローマン体表記の名称（和名の判明するものは和名も）のみ掲載．

T SYNGENESIA 集葯雄蕊綱	U GYNANDRIA 雌雄合蕊綱	V MONOECIA 雌雄同株綱	Y POLYGAMIA 雌雄雑性綱
MONOGAMIA 単一雌蕊 *α*. FLORE SIMPLICI. 　Dortmanna　Jasione *β*. SEMIFLOSCULOSI. 　Lampsana 　Cichorium チコリ 　Catanance　Zacintha 　Taraxacum タンポポ 　Pilosella 　Hieracium ミヤマコウゾリナ 　Sonchus ノゲシ 　Chondrilla　Picris コウゾリナ 　Lactuca アキノノゲシ 　Scorzonera フタナミソウ 　Tragopogon バラモンジン *γ*. FLOSCULOSI. 　Chrysocome 　Eupatorium ヒヨドリバナ 　Sphaerocephalus 　Santolina　Vebesina 　Carlina　Xeranthemum 　Serratula タムラソウ 　Carthamus ベニバナ 　Carduus ヒレアザミ　Cinara 　Arctium ゴボウ　Cnicus 　Petasites フキ　Klenia **POLYGAMIA SUPERFLUA 過量多雌蕊** *α*. RADIO PETAL DESTITUTO 　Artemisia ヨモギ 　Absinthium　Abrotanum 　Filago　Ananthocyclus 　Tanacetum ヨモギギク 　Baccharis　Senecio キオン *β*. RADIATI T. CALICE 　　SEMIGLOBOSO. 　Achillea ノコギリソウ 　Anthemis カミツレ 　Buphthalimum 　Matricaria シカギク Bellis ヒナギク 　Leucanthemum フランスギク 　Chrysanthemum シュンギク 　Cotula マメカミツレ *γ*. RADIATI T. CALICE 　　VENTRICOSO. 　Calendula キンセンカ 　Dimorphotheca 　Tussilago フキタンポポ 　Doronicum 　Arnica ウサギギク 　Solidago アキノキリンソウ 　Jacobaea　Aster シオン 　Amellus　Helenium 　Erigerum ムカシヨモギ 　Othonna **POLYGAMIA FRUSTRANEA 均等多雌蕊** *α*. RADIATI T. 　Helianthus ヒマワリ 　Rudbeckia オオハンゴンソウ *β*. FLOSCULOSI T. 　Jacea 　Cyanus 　Centaurium シマセンブリ 　Crupina **POLYGAMIA NECESSARIA 緊用多雌蕊** Parthenium Milleria	**DIANDRIA** Orchis ハクサンチドリ Satyrium Neottia サカネラン Serapias Herminium ムカゴソウ Cypripedium アツモリソウ Epidendron Ophris ハチラン **TRIANDRIA** Bermudiana **TETRANDRIA** Nepenthes ウツボカズラ **PENTANDRIA** Asclepias トウワタ Periploca Stisseria Passiflora トケイソウ Clutia **HEXANDRIA** Aristolochia ウマノスズクサ **DECANDRIA** Helicteres ヤンバルゴマ **POLYANDRIA** Grewia ウオトギリ Arum Calla ヒメカイウ Acorus ショウブ Ruppia カワツルモ	**MONAD.** Zannichella イトクズモ Najas イバラモ Cynomorion **TRIAND.** Thalysia　Sphaerium Aegilops ヤギムギ　Ischoemum Carex スゲ　Diasperus **IV ANDRIA** Alnus ハンノキ Betula シラカンバ Buxus ツゲ **V ANDRIA** Amaranthus ヒユ Jatropha タイワンアブラギリ Andrachne Oxydectes **POLYANDRIA** Ceratophyllum マツモ Myriophyllum フサモ Corylus ハシバミ　Ostrya アサダ Fagus ブナ　Quercus コナラ Sagittaria オモダカ Sparganium ミクリ　Typha ガマ **MONAD.** Pinus マツ　Abies モミ Larix カラマツ　Thuja クロベ Cedrus ヒマラヤスギ Xanthium オナモミ **POL.** Ricinus ヒマ **SYNGENESIA** Bryonia　Momordica ツルレイシ Sicyos アレチウリ Tamnus ヤマノイモ　Luffa ヘチマ Anguria　Colocynthis Cucumis キュウリ　Melo メロン Pepo　Cucurbita カボチャ Anguina **X DIOECIA 雌雄異株綱** **IIAND. IIIAND. IV AND.** Salix ヤナギ Phoenix ナツメヤシ Osyris Morus クワ　Hippophaë Myrica ヤマモモ　Urtica イラクサ **V AND.** Lentiscus　Toxicodendron Humulus カラハナソウ Cannabis アサ Spinacia フダンソウ **VI AND.** Smilax シオデ **VIII AND.** Populus ヤマナラシ Laurus ゲッケイジュ **IX AND.** Mercurialis ヤマアイ Hydrocharis トチカガミ **X AND.** Sassafras Nyssa ヌマミズキ **POL.** Papaya パパイヤ Aruncus ヤマブキショウマ Kiggelaria **MONAD.** Juniperus ビャクシン Taxus イチイ **SYNG.** Ruscus ナギイカダ	**MONOECIA** Veratrum バイケイソウ Valantia Holcus シラゲガヤ Sorgum モロコシ Schoenanthum Halimus Atriplex ハマアカザ Parietalia ヒカゲミズ **DIOECIA** Fraxinus トネリコ Elichrysum **TRIOECIA** Empetrum ガンコウラン **Z CRYPTOGAMIA 隠花植物綱** **ARBORES** Ficus イヌビワ（イチジク） **FILICES シダ類** Equisetum トクサ（スギナ） Ophioglossum ハナヤスリ Pteris イノモトソウ Polypodium エゾデンダ Lonchitis Hemionitis Adiantum クジャクシダ Trichomanes Acrosticum ミミモチシダ **MUSCI コケ類** Lycopodium ヒカゲノカズラ Fontinalis カワゴケ Sphagnum ミズゴケ Mnium チョウチンゴケ Hypnum ハイゴケ Bryum ハリガネゴケ Polytrichum スギゴケ Jungermannia ツボミゴケ Marchantia ゼニゴケ Marsilea デンジソウ Lichen 地衣 **ALGAE 藻類** Fucus ヒバマタ Ulva アオサ Hydrophace Lemna アオウキクサ Chara シャジクモ Conferva コンフェルヴァ **FUNGI 菌類** Agaricus ツクリタケ Boletus イグチ Hydna Merulius Elvela Peziza チャワンタケ Coniplea Byssus Nostoc ネンジュモ **LITHOPHYTA** Spongia カイメン Isis Tubipora Cellepora Millepora Madrepora Retipora Corallium Acctabulum Elchara

21

OBSERVATIONES
IN
REGNUM VEGETABILE.

1. Omnem Plantam Fructificatione gaudere, docet in majoribus nuda autopsia; in minoribus, Filicibus nempe, Muscis, Algis & Fungis oculus armatus, ut testantur Clariss. Michelii, aliorumque observationes; nec ullam unquam Plantarum speciem Fructificatione carere posse, patet consideranti analogiam, usum, finem, structuram, creationem harum. Reliquæ autem Plantarum partes in multis deficiunt, ut Radix, Caulis, Folia, Fulcra; & tamen Vegetabilia sunt; uti *Viscus*, *Lemna*, *Cuscuta*, *Tulipa*.
2. Fundamentum Botanices consistit in Plantarum Divisione & Denominatione Systematica, Generica, & Specifica.
3. Botanicis paucissimis debetur nitor & certitudo Scientiæ, idque præcipue Auctoribus Systematicis, quorum exempla sequendo debemus continuare, excolere, ac perficere Divisionem Plantarum Systematicam (2).
4. Systematica Divisio Plantarum (3), pro basi assumere debet partem harum primariam; ergo Fructificationem (1), quam unicum esse Botanices fundamentum Systematicum confirmat Natura; adeoque pro absoluto fundamento demonstrari potest. Hinc recepta fuit a summis Systematicis, Botanices Fulcris & Conditoribus: *Cæsalpino*, *Morisono*, *Hermanno*, *Boerhaavio*, *Rajo*, *Sloaneo*, *Rivino*, *Knautiis*, *Ruppio*, *Tournefortio*, *Plumiero*, *Feuilleo*, *Dillenio*, *Buxbaumio*, *Michelio*, *Magnolio*, *Vaillantio*, *Scheuchzero*: & vix ab ullo Methodico, nostro imprimis tempore, negari potest, nisi forte a solo *Heistero*.
5. FRUCTIFICATIONIS Partes Universales duæ, *Flos* scilicet & *Fructus*: Particulares vero septem sunt, cum suis speciebus:
   I. FLOS. 1. *Calix* Spec. 6. *Perianthium*, *Involucrum*, *Amentum*, *Spatha*, *Gluma*, *Calyptra*.
   2. *Corolla* Spec. 2. *Petalum*, *Nectarium*.
   3. *Stamina* Part. 2. *Filamentum*, *Anthera* (Apex vulgo).
   4. *Pistilla* Part. 2. *Stylus*, *Stigma* (Summitas).
   II. FRUCTUS. 5. *Pericarpium* Sp. 9. *Capsula*, *Conceptaculum*, *Siliqua*, *Legumen*, *Nux*, *Drupa*, *Pomum*, *Bacca*, *Strobilus*.
   6. *Semina* Part. 3. *Seminulum*, *Corona*, *Floccus*.
   7. *Receptaculum* Sp. 3. *Floris*, *Fructus*, *Fructificationis*.
6. Essentia Plantarum consistit in Fructificatione (1); *Fructificationis* in Flore & Fructu (5:I.II.); *Fructus* in Semine (5:6.) *Floris* in Stamine (5:3.) & Pistillo (5:4.); *Staminis* in Anthera; *Pistilli* in Stigmate.
7. Fructum omnem antecedit Flos; *Floris* essentia consistit in Anthera & Stigmate (6), unde Methodum meam desumsi, cujus itaque robur à priori patet ex jam dictis (1-7).
8. Antheras & Stigmata (7) constituere Sexum Plantarum, à *Grewio*, *Rajo*, *Camerario*, *Morlando*, *Vaillantio*, *Blairio*, *Jussieo*, *Bradleyo*, *Reyeno*, &c. detectum, descriptum & pro infallibili assumtum: nec ullum, apertis oculis considerantem cujuscunque plantæ Flores, latere potest: licet hic ob angustiam loci explicari nequeat. Negaturus nostro tempore vix ab ullo alio, nisi à solo *Pondera*.
9. *Antheræ* sunt organa genitalia MASCULINA, quæ cum Farinam suam genitalem *Stigmati*, genitali FEMININO, inspergunt, fit *Fecundatio*; quam probant Observationes, Experimenta, Analogia, Anatomia, Antecedentia, Consequentia, Usus.
10. Flores itaque (9) qui Antheras habent, *Masculini*; qui Stigmata, *Feminini*; qui utraque simul, *Hermaphroditi* dicuntur.
11. Planta quæ Floribus Masculinis gaudet, *Mas*; quæ Femininis, *Femina*; quæ utrisque, *Androgyna*; quæ Hermaphroditis, *Hermaphrodita*; quæque Hermaphroditis & simul Masculinis vel Femininis, *Hybrida* dicitur.
12. Nullum Systema Plantarum Naturale, licet unum vel alterum propius accedat, adhucdum constructum est; nec ego heic Systema quoddam Naturale contendo (forte alia vice ejus Fragmenta exhibebo); neque Naturale construi potuit, antequam omnia, ad nostrum Systema pertinentia, notissima sint. Interim tamen Systemata artificialia, defectu Naturalis, omnino necessaria sunt.
13. Nulla Methodus Botanica, à Fructificatione Systematice desumta, adhuc constructa est, quæ non maximam præbuit utilitatem; nec nocuit ulla unquam, nisi quatenus ex assumtis principiis genera naturalia contra naturam dilaceravit, quod Nos scientes volentesve non commisimus.
14. Genus omne est naturale, in ipso primordio tale creatum: hinc pro lubitu & secundum cujuscunque theoriam non proterve discindendum, vel conglutinandum est.
15. Nomina Generica male constructa, quæque confusionem pariunt, Synonymis Veterum melioribus (paucis novis à me confectis) insignivi. Multa tamen adhuc minus congrua restant.
16. Nominum receptissimorum permutationem, maximam parere difficultatem, exercitatis diu in arte Viris, in confesso est: hinc non mutari deberent, si multitudo errantium errori pareret patrocinium. Neque auctor sum, ut ad mentem meam, seniores Botanici mutent nomina. Veniat tandem serus dies, quo nova & nostris accuratior Gens, per ordinem successionis ætatum, surgat, quam spondeo meam consideraturam fore theoriam, nominaque illa sæpius absurda, præcipue specifica expungat, de quibus in *Fundamentis* meis *Botanicis* Amstelodami nuper editis plura dixi.
17. Methodum meam difficultatem parere nimiam, hariolor Botanicos jam dicere, ad examinanda nempe partes has minimas Floris, vix nudis oculis conspicuas. *Respondeo*: quod si Microscopium, instrumentum maxime necessarium, quivis Curiosus secum habeat, quid plus opus? Ego tamen examinavi hos omnes Plantarum Flores nudo oculo, absque omni Microscopiorum usu. Ultima tamen Classis videtur à Creatore veluti exclusa à theoria Staminum, adeoque secundum numerum non descripsi. Negat enim Natura conjunctionem harum secundum Stamina; videsis Cl. *Michelii* opera.
18. Ne ordines nimis longi, adeoque difficiliores evaderent, eos subdivisionibus auxiliaribus à Fructificatione dispescui. Inter hos notabilis maxime est *Pentandria Monogynia*, ubi plantæ *Umbellatæ* recensentur, quas secundum methodum à Cl. *Artedio* in Umbelliferis excogitatam disposui. Fundamentum has distinguendi desumit ab involucro seu calice Umbellæ: Umbellasque omnes in tres ordines dispescit: 1ᵐ. continet plantas Umbellatas, quæ involucro omni carent. 2ᵈ. quæ involucro ad Umbellas tantum particulares gaudent. 3ᵗ. quæ involucro ad Umbellas universales & particulares instruuntur. Quæ Methodus in hac familia reliquis palmam præripit.
19. *Vires Vegetabilium* à Botanico, qua talis, dijudicantur secundum theoriam Artis vel Sensuum; hinc, qui utriusque signa intelligit, ille vere scit vires plantarum. Plantæ quæcunque Classe Naturali, adhuc magis Ordine N. sed maxime Genere N. conveniunt, etiam viribus propius accedunt. ex. gr.
    TRIANDRIA, *Digynia*. α. β. folia armentis & jumentis læta pascua; semina minora avibus, majora hominibus vulgatissima sunt esculenta.
    TETRANDRIA, *Monogynia* β. Stellatæ Rj. Adstringentes sunt, diureticæ vulgo dicuntur.
    PENTANDRIA, *Monogynia* β. Asperifoliæ Rj. Adstringentes, glutinosæ & vulnerariæ sunt. ---- ---- χ. *Monopetalæ Bacciferæ*, maximam partem venenatæ sunt.
    .... *Digynia* γ. δ. ε. ζ. Umbellatæ T. in siccis locis aromaticæ, calefacientes, resolventes & carminativæ: in humidis autem venenatæ sunt; Radice & Seminibus pollent.
    ICOSANDRIA *Baccifera*, *Drupifera* vel *Pomifera*; omnis hic fructus cum oblectamento edatur. POLYANDRIA autem omnis probe distinguenda, quæ sæpius venenata est.
    DIDYNAMIA *Gymnospermia* odorata, cephalica & resolvens est: Folia virtute pollent. TETRADYNAMIA omnis antiscorbutica & diuretica est: exsiccatione amittit vires.
    DIADELPHIA folia Pecoribus (non feris) esculenta & flatulenta sunt. MONADELPHIA mucilaginosa & emolliens est.
    SYNGENESIA amaras continet & stomachicas. GYNANDRIA autem aphrodisiacas. CRYPTOGAMIA vegetabilia sæpe suspecta includit.
    Sensus externi sunt examinatores Diætetici omnis cibi ingerendi, quibus Bona à malis distinguuntur, à Creatore omni animali pro diversitate naturæ, diversi concessi.
    SAPIDA. *Dulcia* nutriunt; *Pinguia* emolliunt; *Salsa* stimulant; *Acida* refrigerant; *Austera* adstringunt; *Amara* alcalina, *Acria* corrosiva, *Nauseosa* venenata sunt.
    ODORATA. *Suavia* salutaria, *Suavissima* cardiaca, *Aromatica* resolventia, *Hircina* aphrodisiaca, *Ingrata* suspecta, *Nauseosa* venenata alunt.
    COLOR *ruber* ubicunque acidum indicat, *luridus* & Aspectus totius plantæ *tristis* suspectas reddit plantas.
20. *Ranunculi* nota essentialis consistit in petalis ad ungues interius excavatis pro melle; reliquæ partes Fructificationis omnes ludunt, idque patet consideranti

植物界についての所見　Observationes in Regnum Vegetabile.　（[　]は訳者註）

1. 大型の植物では，その結実器官を裸眼で観察できる．シダ・蘚苔類・藻類・菌類など比較的小型の植物では結実器官を道具を用いることで観察できる．このことは，有名な Micheli の観察や他の人々の観察によって示されている．すべての植物には結実器官がある．それは，これら器官の相同性，用途，目的，構造，発生から明らかである．植物では，他の器官，例えば根・茎・葉やその他の付属器官が欠失することはよく見られる．例として，*Viscus, Lemna, Cuscuta, Tulipa* があげられよう．

2. 植物学の基礎は，植物を分類し体系的に属名および種小名を与えることである．

3. 科学の輝かしい業績はほんのひとにぎりの植物学者，とりわけ分類学の創始者のものである．我々は彼らを模範とし，植物の体系的な分類を根気よく改善し，より完全にするべきである．

4. 植物を体系的に分類する(3)ためには，その土台として植物の本質的な器官を用いるべきである．それは結実器官(1)である．結実器官が植物分類学をすすめる上で唯一の土台であることは自然の観察から確信しており，従って確固たる土台であることも示しうる．このため，このことは植物学の中心人物であり創始者であるすぐれた分類学者によって採用されつづけてきた．その人々とは，Caesalpinus, Morison, Hermann, Boerhaave, Ray, Sloane, Rivinus, Knaut [父と息子], Rupp, Tournefort, Plumier, Feville, Dillenius, Buxbaum, Micheli, Magnol, Vaillant, Scheuchzer である．我々の時代において，このことを方法論的に否定するのは不可能であろう．おそらく Heister だけがこれを否定している．

5. 一般には結実器官には2つある．すなわち花と果実である．さらに，これらの器官は7つに細分され，またそれもいくつかに細分される．
    Ⅰ．花　　1. 萼，6類：花被，総苞，尾状花序，仏炎苞，包穎，帽[コケの]
    　　　　2. 花冠，2類：花弁，蜜腺
    　　　　3. 雄蕊，2部分：花糸，葯（頂端 apex と呼ぶことが多い）
    　　　　4. 雌蕊，2部分：花柱，柱頭（先端 top）
    Ⅱ．果実　5. 果皮，9類：さく果，"生殖器巣"，さや，豆果，堅果，核果，ナシ状果，漿果，球果[コーン]
    　　　　6. 種子，3部分：小さな種子とその冠状物と綿毛
    　　　　7. 花[果]托，3種：花托，果托，結実器官のその部分

6. 植物の本質は結実器官(1)にある：結実器官では花と果実(5:Ⅰ,Ⅱ)にある；果実の種子にある(5:6)；花の雄蕊(5:3)と雌蕊(5:4)にある；雄蕊の葯にある；雌蕊の柱頭にある．

7. 果実よりも花が重要である．花の本質は葯と柱頭にあり(6)，わたしはそれらを用いて分類する．その意義はこれまで言われてきたことから演繹的に明らかである(1–7)．

8. 次に述べる人々が，葯と柱頭が植物の生殖器官であることを発見・記載し，断定した．Grew, Ray, Camerarius, Morland, Vaillant, Blair, de Jussieu, Bradley, van Royen etc.；誰がどの植物を観察しようとも同じ結論となる．ここではスペースの関係で説明を省く．今日では，このことを否定しているのは Pontedera だけである．

9. **葯は雄性の生殖器官である**．その生殖の粉[花粉]を雌性の生殖器官である柱頭にふりかけることで**生殖**が起こる．このことは，観察・実験・類推・解剖・原因と結果・機能により確認されてきた．

10. 従って(9)，葯を持つ花を**雄性花**と呼び，柱頭を持つ花を**雌性花**と呼び，両方を同時に持つ花を**両性花**と呼ぶ．

11. 雄性花を持つ植物を**雄性植物**と呼び，雌性花を持つ植物を**雌性植物**と呼ぶ．両方の花を持つ植物を**雌雄同花序植物**と呼ぶ．また両性花を持つ植物を**両性花植物**と呼ぶ．両性花と同時に雄性花または雌性花を持つものを**ハイブリッド**[混成]と呼ぶ．

12. 近いところまでいった例はあるが，これまで植物の自然分類はなされていない；私の分類体系を真の自然分類だとことさら主張するつもりもない（おそらく，いつか別の機会に一部の断片を出版するかもしれない）；我々の分類体系に関して，全て詳細までわかるまで，それは自然な分類体系とはなり得ない．しかしながら自然な分類体系が存在しない限りにおいて人為的な分類体系は不可欠である．

13. 結実器官を分類学的な形質とした植物学の方法は，その有用性を証明できずに，これまで，まったく確立されてこなかった．しかし，このことは無害であった．それは，我々が思慮にかける推定をおこなった原則にしたがい，自然に反し，自然な属をばらばらに引き裂いたりなどしなかったからである．

14. 全ての属は自然群であり，最初から創造されていた．したがって，人は根拠なく，また，あれこれの原理に従い，ぞんざいに属を分けたり他の属と一緒にするべきではない．

15. 誤って作られ，混乱を引き起こしている属名は，それ以前の命名者による，より良い異名で明示されている（時には私の作った新しい異名で明示した）．しかしながら，未だに完全に適切であると言えないものも多い．

16. このやり方に習熟したものにとっては，一般に受け入れられた名前を変更するということが大変困難であり，このため，

たとえ過ちをおかした者が過ちを好むかのように思われても，これらの名前を変えるべきではないという懸案がある．したがって，私の考えによれば，もし以前の植物学者が名前を交換したとしたら，もうどうしようもない．遠い将来，世代がかわり，新しく，より正しい人々が現れ私の理論を考察するであろう．そして，不条理なことの多い名前を削除するであろう．この名前とは特に種名であり，これについては私が最近アムステルダムで出版した著書『植物学の基礎』(Fundamenta Botanica) の中で多くのページをさいて述べている．

17. おそらく植物学者はかならずや次のように言うであろう．花の極めて小さな器官を調査するわたしの方法は至難であり，しかも，その器官は裸眼では認められないであろうと．では繰り返して申し上げよう．興味をお持ちの方なら顕微鏡を使いなさい．そうすれば問題はないでしょう．ただし私自身は植物の観察はすべて裸眼で行い，顕微鏡は用いなかった．一方，最後の綱については，私の雄蕊の法則から創造主によって除外されたようであるため，雄蕊の数では記載しなかった．つまり，雄蕊の数で，それらをひとまとめにするのは不自然なためである．著名な Micheli の業績を参考にしてほしい．

18. 目名をだらだらと長く分かりにくくしておかないために，結実器官をもとに，これを補助的に細分した．とりわけ**五雄蕊綱 単一雌蕊目**の仲間は最も注目に値する．ここでは Umbellatae が扱われている．私は，これを Umbelliferae について著名な Artedi が考案した方法に従って整えた．Artedi は，これらを識別するために散形花序の総苞または萼に注目した；そして彼はすべての散形花序を3つの目に識別した：第1にまったく総苞を持たない散形花序植物；第2に散形花序ごとに総苞を持つ植物；第3は散形花序全体と，個々の散形花序に総苞がある植物である．この科の中では，この方法が最もすぐれている．

19. **植物の利用価値**についての判断は，伝承と植物学者自身の洞察に任せられている．従って，この両者を会得している者にこそ植物の利用価値に関する知識があるといえる．同一の綱に所属する植物，さらには同一の目に所属する植物，さらにそれよりも同一の属に所属する植物間で，類似の利用価値がある．たとえば，

    三雄蕊綱，二分雌蕊目　α．β．葉はウシやウマの牧草，小さな種子は小鳥の餌に，大きな種子は食用になる．

    四雄蕊綱，単一雌蕊目　β．Ray の言う Stellatae に相当．収斂作用があり，一般には利尿薬に用いられる．

    五雄蕊綱，単一雌蕊目　β．Ray の言う Asperifoliae に相当．収斂作用があり，ねばねばしており，傷に効く．────χ．Monopetalae Bacciferae，大部分が有毒である．

    ……　二分雌蕊目 γ．δ．ε．ζ．(Tournefort の Umbellatae に相当) 乾燥地にはえるものは芳香があり，引赤，消散，駆風効果がある．しかし，湿地にはえるものは毒である．根と種子を利用する．

    二十雄蕊綱　Baccifera, Drupifera または Pomifera．果実は食用となることが多く美味である．**多数雄蕊綱**　二十雄蕊綱と異なり有毒であることが多い．

    二強雄蕊綱　Gymnospermia．異臭があり，興奮作用，消散作用がある．葉が効く．**四強雄蕊綱**．抗壊血病作用，利尿作用がある．乾燥により，効能が失われる．

    二束雄蕊綱　葉は反芻動物の餌となる．種子は食用となるが，四足動物（非捕食動物）には鼓腸作用がある．**一束雄蕊綱**　粘着性があり皮膚軟化作用がある．

    集葯雄蕊綱　苦みのある成分があり，健胃効果がある．**雌雄合蕊綱**　催淫成分を含む．**隠花植物綱**　［原文どおり］有毒の疑いがある植物が多い．

    食欲をそそる食物でも，食べた人によって抱く感覚は異なるであろう．しかし，まずいとおいしいの区別はできよう．同様に，すべての動物には創造主によって多様な感覚が与えられている．それは彼らの本性が多様であるということである．

    味のある植物　甘いものは栄養がある；油っぽいものは皮膚軟化作用がある；塩辛いものは刺激作用がある；酸っぱいものは解熱作用がある；ぴりぴりするものは収斂作用がある；苦いものはアルカリ性である；辛いものは腐食作用がある；吐き気を催させるものは毒である．

    臭気のある植物　甘い匂いのものは健康によい；非常に甘い匂いのある植物は強心効果がある；芳香があるものは消散作用がある；ヤギのような匂いのするものは催淫作用がある；いやな匂いのするものは有毒の疑いがある；吐き気を催させるものは毒である．

    植物の色　赤は酸性を示す；植物体全体が青黄色，または，くすんだ黄褐色に見える場合は有毒の疑いがある．

20. Ranunculi は花弁の基部の内側に蜜のためのみぞがあるのが特徴である．結実器官の他の部分に関しては変化が大きいことが知られている．

訳／遠藤泰彦

自然の体系（初版）

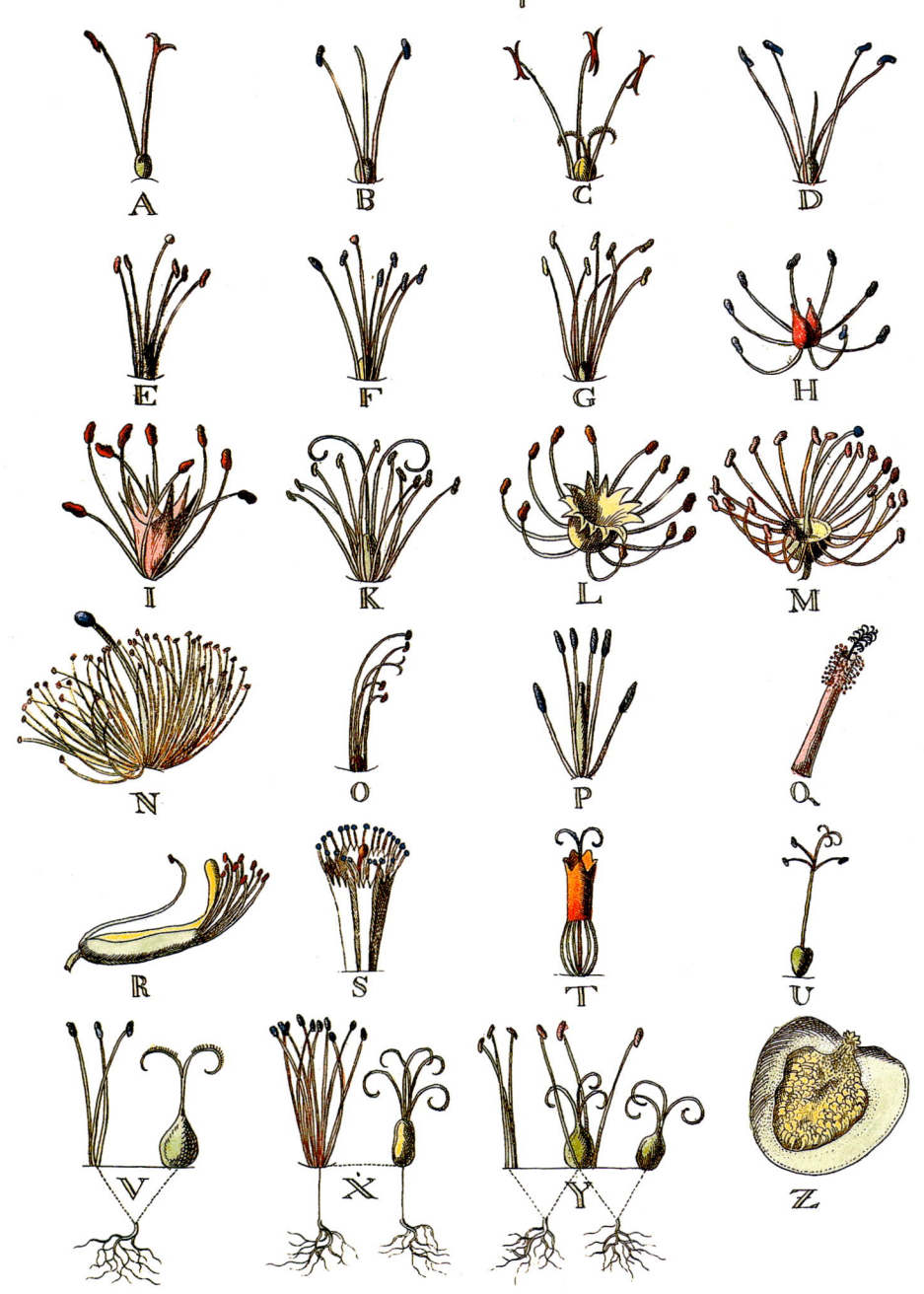

植物画家エーレットによるリンネの性の体系に基づく植物の24綱図．エーレットによると思われる手彩色が施されている．リンネは後に『植物の属』（p .188）などで，この図を元に再刻した図を使用しているが，レイアウトが横長に改められ，記号がアルファベットから数字に変更されている（掲載許可／Hagströmer Medico-Historical Library, Stockholm）．

OBSERVATIONES IN REGNUM ANIMALE.

1. Zoologia, pars illa Historiæ Naturalis Nobilissima, longe minus exculta est, quam duæ reliquæ ejus partes. Si tamen vel motum, vel mechanismum, vel sensus externos internosque, vel denique figuram Animalium, cæteris præstantiorem, respiciamus, omnibus in aprico erit, Animalia esse summa & perfectissima Creatoris opera.

2. Si Zoologias Auctorum sub examen revocemus, maximam partem nihil nisi narrationes fabulosas, diffusum scribendi modum, Chalcographorum Icones & Descriptiones imperfectas, ac sæpe nimis extensas, inveniamus. Paucissimi vero sunt, qui Zoologiam in Genera & Species secundum leges Systematicas redigere tentarunt, si Nobiliss. *Willughbejum* & Clariss. *Rajum* excipiamus.

3. Hinc Observationibus, quas unquam propria autopsia obtinere potuerim adjutus, Systema quoddam Zoologiæ conscribere cœpi, quod heic Tibi sisto Illustris Lector. In *Tetrapodologia* Ordines Animalium à Dentibus; in *Ornithologia* à figura Rostri; In *Entomologia* ab Antennis & Alis &c. inprimis desumsi.

4. In *Ichthyologia* nullam ipse elaboravi Methodum, verum Suam nobiscum communicavit summus nostri temporis Ichthyologus Cl. D. *Petr. Artedi*, *Suecus*, qui in distinguendis Generibus Piscium Naturalibus, & Specierum differentiis parem sui vix habuit. Hanc Curioso Lectori jam sisto, ut ideam totius operis heic videat. Plura Ill. Lect. brevi ab Eodem exspectabit, *Institutiones* nempe *totius Ichthyologiæ*.

5. Sunt qui putent *Zoologiam* minus *utilem* esse, quam reliquas Historiæ Naturalis partes, inprimis ad minutissima Animalcula quod attinet; sed si hucusque notissimorum tantummodo Insectorum Noxam, Utilitatem & Proprietates consideremus, facile apparebit, quantam utilitatem, eamque magni momenti futuram, affunderent ἰδιότητες eorum, quæ nondum probe cognita nobis sunt.

6. *Noxa* (5) Insectorum ex sequentibus satis superque patet: ex. gr. *Blatta* in Finlandia Russiaque & panes, & omnis generis vestimenta consumit, ita ut Incolæ intensissima hieme domicilia sua ad tempus relinquere coacti sint, usque dum frigore pereat. *Oestrum Lapponicum* tertiam circiter partem Cervorum Rangiferorum seu pecudum Lapponicarum, dum adhuc juvenes existunt, destruit. *Teredo Navium* quantum detrimentum navibus & palis attulerit, omnibus in confesso est. *Culices* quanta molestia homines & pecudes in provinciis Lapponiæ finitimis afficiant, dicere vix possum. *Grylli domestici*, notissimi illi murorum incolæ, quam molestum stridorem edant, & quam multas insomnes noctes dormituris creent, res notissima est. *Muscas domesticas*, in Finmarkia Norvegica, totas domos implevisse & nihil intactum reliquisse, ipse in itinere Lapponico vidi. *Pulices* Mulieribus, *Pediculi* Nautis & Militibus quantum laborem & molestiam multis in locis facessant, nulli non constat. Imo Quadrupedia quoque, Aves &c. propriis *pediculis* molestantur. *Acari* Insectorum minima animalcula, ipsa exanthemata corporis humani sæpissime causant. Quanto agmine *Locustæ Africanæ* paucis abhinc annis in quibusdam Europæ locis vegetabilia devastarint, & quanta strage *Erucæ papilionum* quotannis arborum folia exedant, notissimum est. *Gyrinus terrestris* Nostr. quomodo Plantarum Embryones tenellos primo vere destruat, Hortulani optime noscunt. *Dermestes* pretiosissimas pelles Quadrupedum & Avium miro modo dilacerat. *Oestrum Bovinum* molestia maxima defatigatos boves æstivo tempore afficit. Quam multos homines *Aranei* & *Scorpii* necarint, & *Tarantulæ* insaniâ affecerint, observationes Medicorum testantur, ut sexcenta ejusmodi prætereham.

7. *Usus* (5) vero Insectorum maximos in arte Tinctoria præbent *Coccionella*, *Kermes*, *Gallæ* ab Ichneumonibus productæ. *Cantharidum* usus in Chirurgia, *Meloës* in Medicina, *Bombycum* in arte Textoria, mellis *Apum* in Oeconomia &c. notissimus est.

8. *Proprietates* (5) Insectorum qui considerare velit curiosus Scrutator, vix ullibi majori afficiatur voluptate. Examina modo: Rostrum *Curculionis*, Cornua *Lucani*, Antennas *Tragoceri*, Articulos *Meloës*, Alas *Forficulæ*, Plumas *Papilionis*, Oculos *Tabani*, Ventriculum *Ricini*, Aculeum *Crabronis*, Colorem *Cantharidis*, Elasticitatem *Notopedæ*, Stridorem *Grylli*, Odorem *Cimicis*, Exilitatem *Acari*, Coitum *Libellulæ*, Nidum *Ichneumonis*, Favos *Apum*, Hibernaculum *Oestri*, Ædificium *Vespæ*, Testam *Eremitæ*, Vitam *Ephemeræ*, Acervum *Formicæ*, Foveam *Formicæ-Leonis*, Telam *Aranei*, Natatum *Monoculi*, Cursum *Gyrini* aqv. Phosphorum *Lampyridis*, Scintillas *Scolopendræ*, Renovationem *Cancri*, Motum Spiralem *Erucæ ex Musca cærulea provenientis*, Vitam fere indestructibilem *Erucæ aquaticæ Tabani*, & Metamorphoses sic dictas fere omnium *Insectorum*.

9. Ova plurimorum Insectorum triplici Integumento obducuntur; abscedente Integumento Primo appellatur *Eruca*, Secundo *Propolis*, & Tertio tandem *Insectum* perfectum; hinc in ejusmodi ovis triplex exclusio Pulli.

10. In Tubo Intestinali Hominum tres Species animalium occurrunt, Lumbrici nempe, Ascarides, & Tæniæ. Quod *Lumbricus* intestinorum una eademque sit species cum Lumbrico terrestri vulgatissimo, monstrat figura omnium partium. Quod *Ascarides* iidem sint cum Lumbricis illis minutissimis, in locis palustribus ubique obviis, ex autopsia clarissime patet. *Tænia* hucusque pro specie parasitica habita est, quum in Hominibus, Canibus, Piscibus &c. frequentissime solitaria reperta fuerit, & maximum negotium illis facessat, qui in indaganda Generatione Animalium diligentem operam contulerunt. Ego vero in itinere Reuterholmiano-Dalekarlico Ann. 1734. constitutus in præsentia Septem Sociorum meorum hanc inter Ochram acidularem Jærnensem inveni, quod maxime miratus sum; quum aqua acidulari ejusmodi Tænias expellere plurimi tentant. Hinc sequitur Vermes non oriri ex ovis Insectorum, Muscarum & similium (quod si fieret nunquam multiplicari possent intra Tubum Intestinalem, & secundum gradus metamorphoseos perirent) sed ex ovis vermium prædictorum, unà cum aqua bibendo haustis; unde patet medicamenta Insectis adversa non per consequens vermes necare.

動物界についての所見　Observationes in Regnum Animale.　（［　］は訳者註）

1. 動物学は，自然誌の中でも最も高貴な分野であるが，他の2分野に比較すると研究が遅れている．しかしながら，動作とメカニズム，外部への感覚と内部の感覚，あるいは，動物の形態（これはその他のいずれにも優るものだが）について考慮するなら，動物が創造者の生みだした，至高の，そして完璧な創造物であることは明らかであろう．

2. これまでの研究者の行ってきた動物学を再検討すると，その大部分が，ほとんど嘘のような物語，記述の曖昧なやり方，銅版画による絵，不完全でしばしば長ったらしい記載であることがわかることだろう．動物学を，分類学の原則によって属と種に帰そうと試みた研究者は，最も高貴な Willughby と非常に有名な Ray を除いてはほとんどいない．

3. そこで私は動物学の体系を私が自身の眼でこれまで観察してきたことを頼りにして編み出し始めた．これが，傑出した読者である皆さんに私がここでご紹介するものである．まず，私は，それらの歯により**四足目**を，くちばしにより**鳥目**を，触角，羽，その他により**昆虫目**を区別したい．

4. **魚目**については，現代の偉大な魚類学者である Petrus Artedi 博士が彼の分類法を提唱しており，私自身の分類法を作ることはしなかった．魚類の属，あるいは種間の相違を識別するにおいては彼にならぶものはいない．好奇心を持った読者に本書全体の構想を示すため，ここで，このことについて言及するものである．傑出した読者はすぐに同じ著者による Institutiones totius Ichthyologie を心待ちにするかも知れない．

5. 主に，非常に小さな動物に関連して，**動物学**は他の二分野に比べて**実用性**において劣ると考える人々がいる．しかし，毒性一つとって見ても，昆虫の有用性と特性はこれまでにも良く知られたことではあるが，どれくらい有用性に富み，またさらに，どれくらい大きな将来の重要性を秘めているかは，容易に理解できることである．

6. 以下にあげることにより，昆虫の**有害性**(5) ははっきりしてくることであろう．例えば，フィンランドとロシアに見られる *Blatta*［ゴキブリの仲間］は，あらゆる種類の布のみならず，パンを食べ，住人は真冬だというのに，ゴキブリが寒さで死ぬまで幾時間か家を空けざるをえなかった．*Oestrum Lapponicum*［アブの一種］は，ラップ人の家畜であるトナカイの約1/3を，若い個体を含めて壊滅させてしまう．*Teredo navium*［フナクイムシの一種）については，船や桟橋に大きな損害を与えてきたことが一般に知られている．*Culices*［カの仲間）がラップランド境界に接した地方において人と家畜にどんなに多くの害をもたらすかについて多くを語る必要はないだろう．城壁に棲み，馴染の深い *Gryllus domesticus*［コオロギの一種］がいかに騒々しい鳴き声を発し，眠りたい人々に不眠の夜をもたらすかも良く知られた事実である．私はラップランドへの旅行中に，ノルウェイの Finmark で，*Muscus domesticus*［イエバエの一種］で家中が一杯になり，もとの状態をとどめるところのないままにされているのを見た．*Pulex*［ノミ］がご婦人方に，また *Pediculus*［シラミ］が船員や兵隊に被害を与えることを皆が知っている．四足動物，鳥，その他もそれぞれのシラミに悩まされる．ダニは昆虫目の中でも最も小さいものであるが，頻繁に人の肌にかゆみをもよおさせる．2，3年前にヨーロッパ各所で大量の *Locusta africana*［アリの一種］が植生を荒廃させたことと，*Eruca papilionum*［チョウの一種］の幼虫が木の葉を食害したことは非常によく知られている．優れた園丁は，*Gyrinus terrestres*［コガネムシの一種］が初春に，我々の小さな植物の芽にいかに大きな被害を与えるかを知っている．*Dermestes*［カツオブシムシの仲間］は，尋常でないやり方で四足動物や鳥の毛皮をズタズタにしてしまう．*Oestrum bovium*［アブの一種］は，夏の暑さでまいってしまった家畜を大いに悩ませる．どれほど多くの人々がクモやサソリに刺されて死んだか，あるいはタランチュラにかまれて狂ってしまったか，他の非常に多くの似たようなケースを別としても，医療関係者の観察が実証している．

7. 染織業にとって最も**有用**(5)な昆虫による生産物は，Cochineal，Kermes，および特定の昆虫により作られた虫こぶにより供給される．外科手術における *Cantharides*［スペインバエの仲間］，内科における *Meloe*［ツチハンミョウ］，織物における *Bombyx*［カイコ］，食品産業における蜂蜜の有用性は良く知られるところである．

8. 昆虫の**特性**(5)について研究したいと思う，好奇心に満ちた研究者には［これまでの話題は］，あまり面白くないものであろう．そこで，次のことについて調べてみてほしい：*Curculio*［ゾウムシの仲間］の吻，*Lucanus*［クワガタムシ］の角，*Tragocerus* の触角，*Meloe*［ツチハンミョウ］の関節，*Ricinus*［タネジラミ］の腹部，ジガバチの毒針，スペインバエの色彩，コメツキムシの跳躍性，コオロギの鳴き声，カメムシの匂い，ダニの小ささ，トンボの交尾，ヒメバチの巣，ミツバチの櫛，アブの冬眠，アシナガバチの巣作り，ヤドカリの貝殻，カゲロウの一生，蟻塚，アリジゴクの巣，クモの巣，*Cyclops*［カイアシ類］の泳ぎ方，ミズスマシの動き，*Lampyris*［ホタル］の発光，*Scolopendria marina*［ゴカイの一種］の発光，カニの脱皮，アオバエの幼虫の螺旋運動，ウマアブの水棲幼虫のほとんど筆舌に尽くし難い生活，そしてほぼすべての昆虫類に見られる，いわゆる，変態．

9. たいていの昆虫の卵は三重の外皮で被われている．第1層の外皮が剥がれると，それは**幼虫**［ウジムシあるいはイモムシ］と呼ばれる．第2層の外皮が剥がれると**蛹**となり，第3層がとれると，完全な**昆虫**となる．すなわち，そのような卵から，若い個体への3回のハッチングが行われるのである．

10. 人の消化管の中には3種類の動物，すなわち，ミミズ類，回虫，およびサナダムシが見られる．消化管内の*Lumbricus*[ミミズ]が普通の土中に棲むミミズと同類であることは，そのすべての部分の外見により示される．回虫が湿地のいたるところで見られる非常に小さい虫[ミミズ]と同類であるということは精査すれば明らかになる．*Taenia*[サナダムシ]は，人，イヌ，魚，その他の動物から得られるので，寄生性と考えられており，宿主となる動物の発生について研究を行おうとする人々にとっては面倒なものである．1734年の，7人の同行者を伴ったダレカリアへの旅行の際に，サナダムシが酸性の強い金属イオン水の中にいるのを見た．たいていの人々が，この種の酸性水を飲んでサナダムシを下そうとしていて，私は非常に驚いた．サナダムシは，昆虫の卵やハエや，それに類したものから生まれるわけではない（もしそのようなことがあってもそれらは消化管内では繁殖できないし，変態の段階で死んでしまうだろう）．しかしながら，サナダムシは前述したようにその卵から生まれ，飲み水を介して体内に取り込まれる．昆虫に有害な薬物が必ずしも，サナダムシには効かないのはこのことからも根拠づけられる．

訳／駒井智幸

動物界　REGNUM ANIMALE　表中の註

両生綱　III．Amphibia．

　恵深い創造者は両生綱がいつまでも繁栄することを欲しなかった．両生類が他の動物の綱と同じだけの数の属を擁してその繁栄を楽しんでいるなら，あるいは，神がドラゴン，バシリスク，および同様の怪物を創造したということが真実なら，人類は地球上に存在することができなかったかも知れない．

矛盾に満ちた存在（怪物）　Paradoxa．（[　]は訳者註）

　ウナギのような細長い体，2本の足，7本の首と頭を持つが，翼を持たない**ヒュドラ**は，ハンブルグに保管されているが，聖ヨハネの黙示録第12章と第13章に記述のあるヒュドラに類似している．たいていの人々はそれを実在の動物のように考えているが，それは誤りである．自然は常にそれ自身真実であるが，一つの体に複数の頭を生ずることは自然においてはありえない．我々自身が見てきたとおり，その歯は両生類の歯とは異なる肉食性のイタチの歯であり，ヒュドラが作り物であることは容易にわかる．

　カエルアンコウ，あるいはカエルの魚への変態はきわめて矛盾に満ちたものである．なぜなら，自然においては，ある属が異なる綱の属に変化するなどありえないからである．カエルは，他の両生爬虫類同様，肺と棘の多い骨を持つ．魚類は，肺のかわりに鰓を持つ．それゆえ，そのような変化は自然の法則に矛盾する．もし，魚類が鰓を持てば，それはカエルや両生爬虫類とは異なるのである．肺を持てば，トカゲ類であるかも知れない．なぜなら，軟骨魚類およびプラギウリとそれらの間の相違のすべてがそこにあるからである．

　馬の体と肉食獣の足を持ち，長く真っ直ぐな，螺旋状にねじれた角を持った，古代の**一角獣**は，画家の作り物である．Artedi のモノドンも同様な角を持つが，他の点ではまったく異なる．

　くちばしでその太股を傷つけ，あふれでた血でその子供の渇きを癒すという**ペリカン**は，同じ人々により伝説的なものとして後世に伝えられてきた．この言い伝えは，ペリカンの喉からぶら下がった袋に由来する．

　毛深くて，髭を生やし，人のような体をし，身振りで表現し，まったく当てにならない嘘をつく，しっぽを持った**サチュロス**は，これまでに目撃されたものとすれば，猿の一種である．最近の探検者からよく噂を聞く，しっぽのある人間は同じ属のものである．

　ボロメッツ，あるいはタカワラビは植物であると考えられるが，子羊に似ている．その茎は土壌から芽生えて成長する際に，他の植物の種の"へそ"を突き通す．また，それは，根拠もなく，血を含むという理由で肉食動物により食われると語り伝えられている．しかし，それは，アメリカ産のワラビの根によって人工的に作られたものである．自然においては，子羊はその胚に由来し，それをヒツジに帰する，すべての形質を備えている．

　鳥の一種である**フェニックス**は，世界に1個体が存在するが，香木を組んで作った祭壇上で自ら焼いて死んだ後に，若返って生き返るといわれている．しかしながらその正体は *Palma Dactylifera* [ナツメヤシ] である．Kaempfer を見よ．

　昔の人々は，**コクガン**あるいはスコットランドガンおよびエボシガイのガンは，海中の朽ち木から生まれると信じていた．しかし，それは，内臓の収まった柄状の部分を海藻に付着させる *Lepas* [エボシガイ] で，その付着した様子が，あたかもコクガンがそれから生まれてくるような感じを与えるのであろう．

　ウナギのような細長い体と，2本の足，コウモリのような翼を持つ**竜**[ドラゴン]は，*Lacerta alata* [カナヘビの一種] か，あるいはエイを材料にして，怪物として人工的に作られ，乾燥されたものである．

　小さな壁掛け時計のような音を発する**シバンムシ**は，*Pediculus pulsatorius* と呼ばれ，木に穴を掘り，その中で生活する．

訳／駒井智幸

CAROLI LINNÆI

I. QUADRUPEDIA.
Corpus hirsutum. *Pedes* quatuor. *Feminæ* viviparæ, lactiferæ.

II. AVES.
Corpus plumosum. *Alæ* duæ. *Pedes* duo. *Rostrum* osseum. *Feminæ* oviparæ.

III. AMPHIBIA.
Corpus nudum, vel squamosum. *Dentes* molares nulli: reliqui semper. *Pinnæ* nullæ.

PARADOXA

HYDRA corpore anguino, pedibus duobus, collis septem, & totidem capitibus, alarum expers, asservatur Hamburgi, similitudinem referens Hydræ Apocalypticæ à S. JOANNE CAP. XII. & XIII. descriptæ. Eaque tanquam veri animalis speciem plurimis præbuit, sed falso. Natura sibi semper similis plura capita in uno corpore nunquam produxit naturaliter. Fraudem & artificium, cum ipsi vidimus, dentes Ferino-mustelini, ab Amphibiorum dentibus diversi, facillime detexerunt.

RANA-PISCIS s. RANÆ IN PISCEM METAMORPHOSIS valdè paradoxa est, quum Natura mutationem Generis unius in aliam diversæ Classis non admittat. Ranæ, ut Amphibia omnia, pulmonibus gaudent & ossibus spinosis. Pisces spinosi, loco pulmonum, branchiis instruuntur. Ergo legi Naturæ contraria foret hæc mutatio. Si enim piscis sic instructus est branchiis, erit diversus à Rana & Amphibiis. Si verò pulmones, erit Lacerta: nam toto cœlo à Chondropterygiis & Plagiuris differt.

MONOCEROS *Veterum*, corpore equino, pedibus ferinis, cornu recto, longo, spiraliter intorto, Pictorum figmentum est. MONODON *Artedi* ejusmodi cornu gerit, cæteris verò partibus multum differt.

PELECANUS rostro vulnus infligens femori suo, ut emanante sanguine sitim pullorum levet, fabulosè ab iisdem traditur. Ansam fabulæ dedit saccus sub gula pendulus.

SATYRUS caudatus, hirsutus, barbatus, humanum referens corpus, gesticulationibus valdè deditus, salacissimus, Simiæ species est, si unquam aliquis visus fuit. *Homines* quoque *Caudati*, de quibus recentiores peregrinatores multa narrant, ejusdem generis sunt.

BOROMETZ s. AGNUS SCYTHICUS plantis accensetur, & agno assimilatur; cui caulis alterius plantæ è terra erumpens umbilicum intrat; idemque sanguine præditus à feris devorari temerè dicitur. Est autem artificiosè ex radicibus Filicinis Americanis compositus. Naturaliter autem est Embryo Ovis allegoricè descriptus, qui omnia data habet attributa.

PHOENIX, Avis species, cujus unicum in mundo individuum, & quæ decrepita ex ferali busto, quod sibi ex aromatibus struxerat, repuerascere fabulosè fertur, felicem subitura prioris vitæ periodum. Est verò PALMA DACTYLIFERA. vid. *Kæmpf.*

BERNICLA s. ANSER SCOTICUS & CONCHA ANATIFERA è lignis putridis in mare abjectis nasci à Veteribus creditur. Sed fucum imposuit *Lepas* internaneis suis penniformibus, & modo adhærendi, quasi verus ille anser *Bernicla* inde oriretur.

DRACO corpore anguino, duobus pedibus, duabus alis, Vespertilionis instar, est *Lacerta alata*, vel *Raja* per artem monstrosè ficta, & siccata.

AUTOMA MORTIS Horologii minimi sonitum edens in parietibus, est *Pediculus pulsatorius* dictus, qui ligna perforat, eaque inhabitat.

REGNUM ANIMALE.

IV. PISCES.

Corpus apodum, pinnis veris inſtructum, nudum, vel ſquamoſum.

PLAGIURI. *Cauda* horizontalis.	Thrichechus.	*Dentes* in utraque maxilla. *Dorſum* impenne.	Manatus ſ. *Vacca mar.*
	Catodon.	*Dentes* in inferiore maxilla. *Dorſum* impenne.	Cot. Fiſtula in roſtro *Art.* Cete *Cluſ.*
	Monodon.	*Dens* in ſuperiore max. 1. *Dorſum* impenne.	Monoceros. *Unicornu.*
	Balæna.	*Dentes* in ſup. max. cornei. *Dorſum* ſæpius impenne.	B. Groenland. B. Finfiſch. B. Maxill. inf. latiore. *Art.*
	Delphinus.	*Dentes* in utraque maxilla. *Dorſum* pinnatum.	Orcha. Delphinus. Phocæna.
CHONDROPTERYGII. *Pinnæ* cartilagineæ.	Raja.	*Foramina* branch. utrinq. 5. *Corpus* depreſſum.	Raja clav. aſp. læv. &c. Squatino-Raja. Altavela. Paſtinaca mar. Aquila. Torpedo. Bos *Vet.*
	Squalus.	*Foram.* branch. utrinq. 5. *Corpus* oblongum.	Lamia. Galeus. Catulus. Vulpes mar. Zygæna. Squatina. Centrine. Priſtis.
	Acipenſer.	*Foram.* branch. utrinq. 1. *Os* edentul. tubulatum.	Sturio. Huſo. *Ichthyocolla.*
	Petromyzon.	*Foram.* branch. utrinq. 7. *Corpus* bipenne.	Enneophthalmus. Lampetra. Muſtela.
BRANCHIOSTEGI. *Pinnæ* oſſic. carentes. *Branch.* oſſ. & membran.	Lophius.	*Caput* magnitudine corporis. *Appendices* horizontaliter latera piſcis ambiunt.	Rana piſcatrix. Guacucuja.
	Cyclopterus.	*Pinnæ* ventrales in unicam circularem concretæ.	Lumpus. *Lepus mar.*
	Oſtracion.	*Pinnæ* ventrales nullæ. *Cutis* dura, ſæpe aculeata.	Orbis div. ſp. Piſc. triangul. Atinga. Hyſtrix. Oſtracion. Lagocephalus.
	Baliſtes.	*Dentes* contigui maximi. *Aculei* aliquot robuſti in dorſo.	Guaperua. Hiſtrix. Capriſcus. *Caper.*
ACANTHOPTERYGII. *Pinnæ* oſſeæ, quarum quædam aculeatæ.	Gaſteroſteus.	*Membr. branch.* oſſiculis 3. *Venter* laminis oſſeis inſtr.	Aculeatus. Spinachia. Pungitius.
	Zeus.	*Corpus* compreſſum. *Squamæ* ſubaſperæ.	Aper. Faber. *Gallus mar.*
	Cottus.	*Membrana branch.* oſſic. 6 *Caput* aculeatum, corpore latius.	Cataphractus. Scorpio mar. Cottus. *Gobio fl. capit.*
	Trigla.	*Appendices* ad pinn. pect. articulatæ 2 vel 3.	Lyra. Gurnardus. Cuculus. Lucerna. Hirundo. Milvus. Mullus barb. & imberb.
	Trachinus.	*Operula branch.* aculeata. *Oculi* vicini in vertice.	Draco. Araneus mar. Uranoſcopus.
	Perca.	*Memb. branch.* oſſicul. 7. *Pinnæ* dorſales. 1 vel 2.	Perca. Lucioperca. Cernua. Schraitſer.
	Sparus.	*Opercula branch.* ſquamoſa. *Labia* dentes tegunt. *Dentes* molares obtinet.	Salpa. Melanurus. Sparus. Sargus. Chromis. Mormyrus. Mæna. Smaris. Boops. Dentex. Erythrinus. Pagrus. Aurata. Cantharus.
	Labrus.	*Labia* craſſa dentes teg. *Color* ſpecioſus.	Julis. Sachettus. Turdus diverſar. ſpecier.
	Mugil.	*Memb. branch.* oſſic. 6. *Caput* totum ſquamoſum.	Mugil. *Cephalus.*
	Scomber.	*Memb. branch.* oſſic. 7. *Pinnæ dorſi* 2 vel plures.	Glaucus. Amia. Scomber. Thynnus. Trachurus. *Saurus.*
	Xiphias.	*Roſtrum* apice enſiformi. *Pinnæ ventrales* nullæ.	Gladius.
	Gobius.	*Pinnæ vent.* in 1 ſimpl. concr. *Squamæ* aſperæ.	Gob. niger. Jozo. Paganellus. *Aphua.*
MALACOPTERYGII. *Pinnæ* oſſeæ, quæ omnes molles.	Gymnotus.	*Membr. branch.* oſſicul. 5. *Pinna* dorſalis nulla.	Carapo.
	Muræna.	*Membr. branch* oſſic. 10. *Tubuli* in apice roſtri 2.	Anguilla. Conger. Fluta. Serpens mar.
	Blennus.	*Pinnæ ventr.* conſtant oſſ. 2. *Caput* admodum declive.	Alauda non criſt. & galer. Blennus. Gattorugine.
	Gadus.	*Membr. branch.* oſſic. 7. *Pinnæ* dorſi. 2 vel 3.	Aſellus diverſar. ſpecier. Merluccius. Anthias 2dus. Muſtela. Egrefinus.
	Pleuronectes.	*Membr. branch.* oſſ. 6. *Oculi* ambo in eodem later.	Rhombus diverſ. ſpecier. Paſſer. Limanda. Hippogloſſus. Bugloſſ. Solea.
	Ammodytes.	*Membr. branch.* oſſic. 7. *Pinnæ* ventr. nullæ.	Ammodytes. *Tobianus.*
	Coryphæna.	*Membr. branch.* oſſic. 5. *Pinna* dorſi à capite ad caudam.	Hippurus. Pompilus. Novacula. *Pecten.*
	Echeneis.	*Striæ* tranſverſæ, aſperæ, in ſuperna capitis parte.	Remora.
	Eſox.	*Membr. branch.* oſſic. 14.	Lucius. Belone. Acus maxima ſquamoſa.
	Salmo.	*Membr. branch.* oſſic. 10-12. *Corpus* maculoſum.	Salmo. Trutta. Umbla. Carpio lacuſtr.
	Oſmerus.	*Membr. branch.* oſſic. 7 - - 8. *Dentes* in max. lingu. palat.	Eperlanus. *Spirinchus.* Saurus.
	Coregonus.	*Membr. branch.* oſſic. 8 - - 10. *Appendix* pinniformis.	Albula. *Lavaretus.* Thymallus. Oxyrhynchus.
	Clupea.	*Membr. branch* oſſic. 8. *Venter* acutus ſerratus.	Harengus. Spratti. Encraſicholus. Aloſa.
	Cyprinus.	*Membr. branch.* oſſic. 3. *Dentes* ad orificium ventriculi tantum.	Erythrophthal. Mugil. fluv. Brama. Ballerus. Capito. Naſus. A. M. Caraſſius. Cypr. nobilis. Tinca. Barbus. Rutilus. Alburnus. Leuciſcus. Phoxinus. Gobius fl.
	Cobitus.	*Caput* compreſſum. *Pinnæ* dorſi & ventrales eâdem à roſtro diſtantia.	Cobitis. Barbatula. Miſgurn.
	Syngnathus.	*Opercula branch.* ex lamina 1. *Maxillæ* à lateribus clauſæ.	Acus lumbr. Acus *Ariſtot.* Hippocampus.

V. INSECTA.

Corpus cruſta oſſea cutis loco tectum. *Caput* antennis inſtructum.

COLEOPTERA. *Alæ* elytris duobus tectæ.	Blatta.	§. FACIE EXTERNA FACILE DISTING. *Elytra* concreta. *Alæ* nullæ. *Antennæ* truncatæ.	Scarab. tardipes. Blatta fœtida.
	Dytiſcus.	*Pedes* poſtici remorum forma & uſu. *Ant.* ſetaceæ. *Sterni* apex bifurcus.	Hydrocantharus. Scarab. aquaticus.
	Meloë.	*Elytra* mollia, flexilia, corpore breviora. *Ant* moniliformes. *Ex* articulis oleum fundens.	Scarab. majalis. Scarab. unctuoſus.
	Forſicula.	*Elytra* breviſſima, rigida. *Cauda* bifurca.	Staphylinus. Auricularia.
	Notopeda.	Poſitum in dorſo *exſilit*. *Ant.* capillaceæ.	Scarab. elaſticus.
	Mordella.	*Cauda* aculeo rigido ſimplici armata. *Ant.* ſetaceæ, breves.	Negatur ab *Ariſtotele.*
	Curculio.	*Roſtrum* productum, teres, ſimplex. *Ant.* clavatæ in medio Roſtri poſitæ.	Curculio.
	Buceros.	*Cornu* 1. ſimplex, rigidum, fixum. *Ant.* capitatæ, foliaceæ.	Rhinoceros. Scarab. monoceros.
	Lucanus.	*Cornua* 2 ramoſa, rigida, mobilia. *Ant.* capitatæ, foliaceæ.	Cervus volans.
	Scarabæus.	§. ANTENNÆ TRUNCATÆ. *Ant.* clavatæ foliaceæ. *Cornua* nulla.	Scarab. pilularis. Melolontha. Dermeſtes.
	Dermeſtes.	*Ant.* clavatæ horizontaliter perfoliatæ. *Clypeus* planiuſculus, emarginatus.	Cantharus faſciatus.
	Caſſida.	*Ant.* clavato-ſubulatæ. *Clypeus* planus, antice rotundatus.	Scarab. clypeatus.
	Chryſomela.	*Ant.* ſimplices, clypeo longiores. *Corpus* ſubrotundum.	Cantharellus.
	Coccionella.	*Ant.* ſimplices, breviſſimæ. *Corpus* hemiſphæricum.	Cochinella vulg.
	Gyrinus.	*Ant.* ſimplices. *Corpus* breve. *Pedibus* poſticis ſaliens.	Pulex aquaticus. Pulex plantarum.
	Necydalis.	*Ant.* clavato-productæ. *Clypeus* anguſtus, rotundatus.	Scarabæo-formica.
	Attalabus.	*Ant.* ſimplices, conſtructæ articulis orbicularibus, præter ultim. globoſum.	Scarab. pratenſis.
	Cantharis.	§. ANTENNÆ SETACEÆ. *Clypeus* planus, margine undique promin. *Elytra* flexilia.	Cantharis *offic.*
	Carabus.	*Clypeus* fere planus, marg. prominente. *Elytra* fragilia.	Cantharus fœtidus. Cantharellus auratus.
	Cicindela.	*Clypeus* cylindraceus vel teres. *Forceps* oris prominens.	Cantharus Marianus.
	Leptura.	*Clypeus* ſubrotundus. *Pedes* longi. *Corpus* tenue acuminatum.	Scarab. tenuis.
	Cerambyx.	*Clypeus* ad latera mucrone prominet. *Ant.* corpus longitudine æquant, vel ſuperant.	Capricornus.
	Bupreſtis.	*Clypeus* ſuperne 2 punctis elevatis notatus.	Scarab. ſylvaticus.
ANGIOPTERA. *Alæ* omnibus datæ, elytris deſtitutæ.	Papilio.	*Roſtrum* ſpirale. *Alæ* 4.	Papilio alis erectis. Pſyche - - - planis. Phalæna - - compreſſis.
	Libellula.	*Cauda* folioſa. *Alæ* 4. expanſæ.	Perla. Virguncula.
	Ephemera.	*Cauda* ſetoſa. *Alæ* 4. erectæ.	Muſca Ephemera.
	Hemerobius.	*Cauda* ſetoſa. *Alæ* 4. compreſſæ.	Phryganea.
	Panorpa.	*Cauda* cheliformis. *Alæ* 4. *Roſtr.* corn.	Muſca ſcorpiurus.
	Raphidia.	*Cauda* ſpinoſo-ſetacea. *Alæ* 4. *Cap.* corn.	*Non de iſta.*
	Apis.	*Cauda* aculeo ſimplici. *Alæ* 4.	Crabro. Veſpa. Bombylius. Apis.
	Ichneumon.	*Cauda* aculeo partito. *Alæ* 4.	Ichneumon. Muſca tripilis.
	Muſca.	*Stylus* ſub alis capitatus. *Alæ* 2.	Muſcæ div. ſpec. Oeſtrum *Vet.* Oeſtrum *Lapponum.* Tabanus. Culex. Teredo nav. Tipula. Formica-leo.
HEMIPTERA. *Alæ* elytris deſtitutæ, Quibuſdam tantum individuis conceſſæ.	Gryllus.	*Pedes* 6. *Alæ* 4. *ſuperiores* craſſiores.	Gryllus domeſticus. Gryllo - talpa. Locuſta. Mantis.
	Lampyris.	*Pedes* 6. *Clypeus* planus. *Alæ* 4.	Cicindela.
	Formica.	*Pedes* 6. *Alæ* 4. *Cauda* aculeum condit.	Formica.
	Cimex.	*Pedes* 6. *Alæ* 4. cruciferæ. *Roſtrum* ſtyliforme, rectum.	Cimex lectularius. Orſodachne. Tipula aquatica. Bruchus.
	Notonecta.	*Pedes* 6. quorum *poſtici* remorum figura & uſu. *Alæ* 4. cruciferæ.	Notonecta aquatica.
	Nepa.	*Pedes* 4. *Frons* chelifera. *Al.* 4. crucif.	Scorpio aquat.
	Scorpio.	*Pedes* 8. *Frons* chelifera, aculeata. *Alæ* 4. laxæ.	Scorpio terreſtris.
APTERA. *Alæ* nullæ.	Pediculus.	*Pedes* 6. *Antennæ* capite breviores.	Pediculus humanus. Ped. avium. Ped. piſcium. Ped. pulſatorius.
	Pulex.	*Pedes* 6. ſaltatrices.	Pulex vulgaris.
	Monoculus.	*Pes* 1.? *Antennæ* bifidæ.	Pulex arboreſc. *Swam.* *Monoculus Bradl.* *Apus Friſch.*
	Acarus.	*Pedes* 8. articulis 8 conſtantes. *Oculi* 2. *Ant.* minimæ.	Ricinus. Scorpio - araneus. Pedic. inguinalis. Pedic. Scarabæi. Pedic. Scabiei. Araneus coccineus.
	Araneus.	*Pedes* 8. *Oculi* communiter 8.	Araneus. Tarantula. Phalangium.
	Cancer.	*Pedes* 12. *priores* cheliformes.	Cancer. Aſtacus. Pagurus. Squilla. Majas. Eremita. Gammarus.
	Oniſcus.	*Pedes* 14.	Aſellus *Officin.* Aſellus aquat.
	Scolopendria.	*Pedes* 20. & ultra.	Scolop. terreſtris. Scolop. marina. Julus.

VI. VERMES.

Corporis *Muſculi* ab una parte baſi cuidam ſolidæ affixi.

REPTILIA. Nuda, artubus deſtituta.	Gordius.	*Corpus* filiforme, teres, ſimplex.	Seta aquatica. Vena Medina.
	Tænia.	*Corpus* faſciatum, planum, articulatum.	Lumbricus longus.
	Lumbricus.	*Corpus* teres, annulo prominenti cinctum.	Inteſtinum terræ. Lumbricus latus. Aſcaris.
	Hirudo.	*Corpus* inferne planum, ſuperne convex. tentaculis deſtitutum.	Sanguiſuga.
	Limax.	*Corpus* inferne planum, ſuperne conv. tentaculis inſtructum.	Limax.
TESTACEA. Habitaculo Lapideo inſtructa.	Cochlea.	*Teſta* univalvis, ſpiralis, unilocularis.	Helix. Labyrinthus. Voluta. Cochlea varia. Buccinum. Lyra. Turbo. Caſſida. Strombus. Fiſtula. Terebellum. Murex. Purpura. Aporrhais. Nerita. Trochus.
	Nautilus.	*Teſta* univalvis, ſpiralis, multilocularis.	Nautilus. Orthoceros. Lituus.
	Cypræa.	*Teſta* univalvis, convoluta, rima longitudinali.	Concha Veneris. Porcellana.
	Haliotis.	*Teſta* univalvis, patula, leviter concava, perforata, ad angulum ſpiralis.	Auris marina.
	Patella.	*Teſta* univalvis, concava, ſimplex.	Patella.
	Dentalium.	*Teſta* univalvis, teres, ſimplex.	Dentalium. Entalium. Tubus vermicul.
	Concha.	*Teſta* bivalvis.	Mytulus. Vulva marina. Pholus. Bucardium. Perna. Chama. Solenes. Tellina. Pinna. Oſtrea. Pecten. Mitella. *Vomer.*
	Lepas.	*Teſta* multivalvis. *Valvulæ* duabus plures.	Concha anatifera. Verruca teſtudin. Balanus marinus.
ZOOPHYTA. Artubus donata.	Tethys.	*Corpus* forma variabile, molle, nudum.	Tethya. Holothurium. Penna marina.
	Echinus.	*Corpus* ſubrotundum, teſta tectum, aculeis armatum.	Echinus marinus.
	Aſterias.	*Corpus* radiatum, corio tectum, ſcabrum.	Stella marina. Stella oligantis. St. pentactinoides. St. polyactinoid.
	Meduſa.	*Corpus* orbiculatum, gelatinoſum, ſubtus filamentoſum.	Urtica marina. Urt. vermiformis. Urt. crinita. Urt. aſtrophyta.
	Sepia.	*Corpus* oblongum, interne oſſeum, anterius octo artubus donatum.	Sepia. Loligo.
	Microcoſmus.	*Corpus* variis heterogeneis tectum.	Microcoſm marin.

1. リンネのしごと 1

動物界　REGNUM ANIMALE　（1）　小西正泰　協力／根本佳織

目	属	属の特徴	種	目	属	属の特徴
I. QUADRUPEDIA 四足綱				II. AVES 鳥綱		
ANTHROPOMORPHA 人型	Homo ヒト	[略;以下同]	H { Europaeus albesc. / Americanus mbese. / Asiaticus fuscus. / Africanus nigr.	ACCIPITRES	Psittacus オウム	[略;以下同]
					Strix フクロウ	
					Falco ハヤブサ	
	Simia サル類		Simia cauda carens. / Papio. / Satyrus. / Cercopithecus. / Cynocephalus.	PICAE	Paradisaea フウチョウ	
					Coracias ニシフッポウソウ	
					Corvus カラス	
	Bradypus 原猿類		Ai. / Tardigradus.		Cuculus カッコウ	
FERAE 獣	Ursus クマ		Ursus. クマ　Coati ハナグマ　Wickhead		Picus アオゲラ	
	Leo ライオン		Leo. ライオン		Certhia キバシリ	
	Tigris トラ		Tigris. トラ　Panthera. ヒョウ		Sitta ゴジュウカラ	
	Felis ネコ		Felis. ネコ　Catus. ネコ　Lynx. ヤマネコ		Upupa ヤツガシラ	
	Mustela イタチ		Martes. テン / Zibelina. クロテン（セーブル）/ Viverra. オオジャコウネコ / Mustela. イタチ　Putorius.		Ispida	
				MACRO-RHYNCHAE	Grus ツル	
	Didelphis キタオポッサム		Philander. ヨツメオポッサム		Ciconia コウノトリ	
	Lutra カワウソ		Lutra. カワウソ		Ardea アオサギ	
	Odobaenus セイウチ		Ross.		Platelea	
	Phoca アザラシ		Canis marinus.		Pelecanus ペリカン	
	Hyaena シマハイエナ		Hyaena	ANSERES	Cygnus ハクチョウ	
	Canis イヌ		Canis. イヌ　Lupus. / Squillachi. オオカミ / Vulpes. キツネ		Anas カモ	
	Meles アナグマ		Taxus.　Zibetha.		Mergus アイサ	
	Talpa モグラ		Talpa. モグラ		Graculus	
	Erinaceus ハリネズミ		Echinus terrestris. / Armadillo. アルマジロ？		Colymbus アビ	
	Vespertilio ヒナコウモリ		Vespertilio. ヒナコウモリ / Felis volans　Canis volans / Glis volans		Larus カモメ	
GLIRES	Hystrix ヤマアラシ		Hystrix. ヤマアラシ	SCOLOPACES	Haematopus ミヤコドリ	
	Sciurus リス		Sciurus. リス　… volans.		Charadrius チドリ	
	Castor ビーバー		Fiber. マスクラット		Vanellus ケリ	
	Mus ネズミ		Rattus. クマネズミ / Mus domesticus.　.. brachiurus. / .. macrourus.　Lemures.　Marmota.		Tringa クロシギ	
					Numenius シャクシギ	
	Lepus ウサギ		Lepus. ウサギ　Cuniculus.		Fulica オオバン	
	Sorex トガリネズミ		Sorex. トガリネズミ	GALLINAE	Struthio ダチョウ	
JUMENTA	Equus ウマ		Equus. ウマ　Asinus. ロバ / Onager. オナジャー　Zebra. シマウマ		Casuarius ヒクイドリ	
					Otis ノガン	
	Hippopotamus カバ		Equus marinus		Pavo クジャク	
	Elephas ゾウ		Elephas. ゾウ？ / Phinoceros.		Meleagris シチメンチョウ	
					Gallina	
	Sus イノシシ		Sus. イノシシ　Aper. / Porcus. カワイノシシ / Barbyroussa. バビルサ / Tajacu. ペッカリー		Tetrao オオライチョウ	
PECORA	Camelus ラクダ		Dromedarius. ヒトコブラクダ / Bactrianus. フタコブラクダ / Glama. ラマ　Pacos.	PASSERES	Columba カワラバト	
					Turdus ツグミ	
					Sturnus ホシムクドリ	
					Alauda ヒバリ	
					Motacilla セキレイ	
	Cervus シカ		Camelopardalis.　Caprea. / Axis. アクシズジカ　Cervus. / Platyceros.　Rheno. / Alces. ヘラジカ		Luscinia ノゴマ	
	Capra ヤギ		Hircus. ヤギ　Ibex. アイベックス / Rupicapra. シャモア / Strepsiceros. クーズー　Gazella. ガゼル / Tragelaphus. ブッシュバック		Parus シジュウカラ	
					Hirundo ツバメ	
					Loxia イスカ	
	Ovis ヒツジ		Ovis vulgaris.　.. Arabica. / .. Africana　.. Angolensis		Ampelis レンジャク	
					Fringilla アトリ	
	Bos ウシ		Bos.　Urus. ヤギュウ / Bison バイソン　Bubalus. スイギュウ			

※本表では，主にp.30表中ローマン体表記の名称（和名の判明するものは和名も）のみ掲載．

II. AVES 鳥綱
種
Psittacus.
Bubo ワシミミズク　Otus. コノハズク
Noctua.　Ulula. オナガフクロウ
Aquila. イヌワシ　Vultur. コンドル
Buteo. ノスリ　Falco. ハヤブサ
Cyanopus.　Milvus. トビ　Lanius.
Pygargus.　Nisus.　Tinnunculus.
Manucodiata.　Avis Paradisiaca.
Pica. カササギ
Corvus. カラス　Cornix.　Monedula.
Lupus.　Glandaria.　Caryocatactes
Cuculus. カッコウ　Torquilla f Junx.
Picus niger.
… viridis. グリーンウッドペッカー　… varius.
Certhia. キバシリ
Picus cinereus.
Upupa. ヤツガシラ
Ispida.　Merops. ハチクイ
Grus. ツル
Ciconia. コウノトリ
Ardea. アオサギ
Platea
Onocrotalus.
Olor.　Elder.　Anser. ガン
Ans. Bernicla.
Anas fera.　Glaucium.　Boscha.
Penelope.　Querquedula.
Mergus. アイサ　Merganser.
Carbo aquat.　Graculus aquat.
Colymbus.　C. minim　Podiceps.　Arctica.
Cataracta.　Larus.　Sterna.　Piscator.
Pica marina.
Pluvialis. ダイゼン　Hiaticula.
Capella.
Tringa.　Ocrophus.
Pugnax.　Gallinula. バン
Gallinago. タシギ　Limosa. オグロシギ
Arquata.　Recurvirostra.
Gallinula aquatica.
Struthio-camelus.
Emeu. エミュー
Tarda. ノガン
Pavo. クジャク
Gallopavo. シチメンチョウ
Gallina.
Phasianus.　Urogallus.　Tetrao.　Bonasia.
Lagopus. ライチョウ　Perdix.　Coturnix.
Columba.　Turtur. コキジバト
Palumbus. モリバト　Oenas.
Turdus. ツグミ　Merula. クロウタドリ
Sturnus. ホシムクドリ
Alauda. ヒバリ
Motacilla. セキレイ　Oenanthe. サバクヒタキ
Merula aquatica.
Luscinia. ノゴマ　Ficedula.
Erithacus. コマドリ　Troglodytes. ミソサザイ
Carolina
Parus.　P. caudatus.　…crislatus.
Hirundo. ツバメ　Caprimulgus. ヨタカ
Coccothraustes. シメ
Loxia. イスカ　Pyrrhula. ウソ
Garrulus Bohem. カケス
Fringilla. アトリ　Carduelis. ヒワ
Emberiza. ホオジロ　Spinus. マヒワ
Passer. スズメ

III. AMPHIBIA 両生綱			
目	属	属の特徴	種
SERPENTIA	Testudo カメ	[略；以下同]	Testudo tessulata. …terrestris. …marina. Lutaria.
	Rana カエル		Bufo. ヒキガエル Rana arborea. …aquatica. …Carolina.
	Lacerta ワニ（カナヘビ）		Crocodilus. クロコダイル Allegator. アリゲーター Cordylus. Draco volans. トビトカゲ Scincus. Salamandra aq. サンショウウオ …terrestris. Chamaeleo. カメレオン Seps. ドクトカゲ Senembi.
	Anguis ヘビ		Vipera. クサリヘビ Caecilia. Aspis. マムシ Caudifona. Cobras de Cabelo. コブラ Anguis Aesculapii. Cenchris. Natrix. ヒバカリ Hydrus ミズヘビ

［訳文はp.29］

PARADOXA　矛盾に満ちた存在（怪物）

HYDRA ヒュドラ
RANA-PISCIS S. RANAE IN PISCEM METAMORPHOSIS カエルアンコウ，あるいはカエルの魚への変態
MONOCEROS 一角獣（ユニコーン）
PELECANUS ペリカン
SATYRUS サチュロス
BOROMETZ ボロメッツ
PHOENIX フェニックス
BERNICLA コクガンあるいはスコットランドガンおよびエボシガイのガン
DRACO ドラゴン
AUTOMA MORTIS シバンムシ

［訳文はp.29］

1. リンネのしごと 1

動物界　REGNUM ANIMALE　(2)　小西正泰　協力／根本佳織

目	属	属の特徴	種	目	属	属の特徴
PLAGIURI	Thrichechus	[略;以下同]	Manatus f.	COLEPTERA	Blatta ゴキブリ	[略;以下同]
	Catodon		Cot. Fistula in rostro　Cete		Dytiscus ゲンゴロウ	
	Monodon イッカク		Monoceros. イッカク		Meloë ツチハンミョウ	
	Balaena セミクジラ		B. Groenland.　B. Finfisch. B. Maxill. inf. Latiore.		Forsicula ハサミムシ	
					Notopeda	
	Delphinus イルカ		Orcha. シャチ　Delphinus. マイルカ Phocaena. ネズミイルカ		Mordella ハナノミ	
					Curculio ゾウムシ	
CHONDROPTERYGII	Raja ガンギエイ		Raja clav. asp. laev. & c. Squatino-Raja.　Altavela. Pastinaca mar. Aquila.　Torpedo.　Bos		Buceros ダイコクコガネ	
					Lucanus クワガタムシ	
					Scarabaeus タマオシコガネ	
	Squalus ツノザメ		Lamia.　Galeus.　Catulus.　Vulpes mar. Zygaena.　Squatina.　Centrine.　Pristis.		Dermestes カツオブシムシ	
					Cassida カメノコハムシ	
	Acipenser チョウザメ		Sturio.　Huso.		Chrysomela ドロノキハムシ	
	Petromyzon ヤツメウナギ		Enneophthalmus. Lampetra. スナヤツメ　Mustela.		Coccionella テントウムシ	
					Gyrinus ミズスマシ	
BRANCHIOSTEGI	Lophius アンコウ		Rana piscatrix.　Guacucuja.		Necydalis ホソコバネカミキリ	
	Cyclopterus ダンゴウオ		Lumpus.		Attalabus [sic] オトシブミ？	
	Ostracion ハコフグ		Orbis div. fp. Pisc. triangul Atinga.　Hystrix. ハリセンボン Ostracion.　Lagocephalus. サバフグ		Cantharis ジョウカイ	
					Carabus オサムシ	
					Cicindela ハンミョウ	
	Balistes モンガラカワハギ		Guaperua.　Histrix. Capriscus.		Leptura ハナカミキリ	
					Cerambyx カミキリ	
ACANTHOPTERYGII	Gasterosteus トゲウオ		Aculeatus.　Spinachia.　Pungitus.		Buprestis タマムシ	
	Zeus マトウダイ		Aper.　Faber.	ANGIOPTERA	Papilio アゲハ，チョウ	
	Cottus カジカ		Cataphractus.　Scorpio mar.　Cottus.			
	Trigla ホウボウ		Lyra.　Gurnardus.　Cuculus.　Lucerna. Hirundo.　Milvus.　Mullus barb. & imberb.		Libellula トンボ	
					Ephemera カゲロウ	
	Trachinus		Darco.　Araneus mar. Uranoscopus. シマオコゼ		Hemerobius ヒメカゲロウ	
	Perca		Perca.　Lucioperca.　Cernua.　Schraitser.		Panorpa シリアゲムシ	
	Sparus ヘダイ		Salpa. サルパ　Melanurus.　Sparus. ヘダイ Sargus.　Chromis.　Mormyrus.　Maena. Smaris.　Boops.　Dentex. キダイ？ Erythrinus. マダイ　Pagrus.　Aurata.　Cantharus.		Raphidia ラクダムシ	
					Apis ミツバチ	
					Ichneumon ヒメバチ	
	Labrus		Julis.　Sachettus.　Turdus diverfar. specier		Musca イエバエ	
	Mugil ボラ		Mugil ボラ			
	Scomber サバ		Glaucus.　Amia. アミア　Scomber. サバ Thynnus.　Trachurus. マアジ			
	Xiphias メカジキ		Gladius. メカジキ			
	Gobius		Gob. niger.　Jozo.　Paganellus.			
MALACOPTERYGII	Gymnotus		Carapo.	HEMIPTERA	Gryllus コオロギ	
	Muraena ウツボ		Anguilla. ウナギ　Conger. アナゴ Fluta. タウナギ　Serpens mar.		Lampyris ホタル	
	Blennus		Alauda non crift. & galer. Blennus.　Gattorugine.		Formica アリ	
					Cimex トコジラミ	
	Gadus タラ		Asellus diverfar. specier.　Merluccius. Anthias zdus.　Mustela.　Egresinus.			
	Pleuronectes カレイ		Rhombus divers. specier.　Passer. Limanda.　Hippoglossus　Bugloss.　Solea.		Notonecta マツモムシ	
					Nepa タイコウチ	
	Ammodytes イカナゴ		Ammodytes		Scorpio サソリ	
	Coryphaena シイラ		Hippurus.　Pompilus.　Novacula.	APTERA	Pediculus ヒトジラミ	
	Echeneis コバンザメ		Remora.			
	Esox カワカマス		Lucius.　Belone. Acus maxima squamosa.		Pulex ノミ	
	Salmo サケ		Salmo.　Trutta.　Umbla.　Carpio lacustr.		Monoculus	
	Osmerus		Eperlanus.　Saurus.		Acarus コナダニ	
	Coregonus		Albula.　Thymallus.　Oxyrhynchus.			
	Clupea ニシン		Harengus.　Spratti.　Encrasicholus.　Alosa.		Araneus オニグモ	
	Cyprinus コイ		Erythrophthal.　Mugil. fluv.　Brama.　Ballerus. Capito. コイ　Nasus. A. M.　Carassius. フナ Cypr. nobilis.　Tinca.　Barbus.　Rutilus. Alburnus.　Leuciscus.　Phoxinus.　Gobius fl.		Cancer カニ	
	Cobitus シマドジョウ		Cobitis. シマドジョウ Barbatula.　Misgurn. ドジョウ		Oniscus ワラジムシ	
	Syngnathus ヨウジウオ		Acus lumbr.　Acus Hippocampus. タツノオトシゴ		Scolopendria ムカデ	

IV　PISCES　魚綱　　　　V　INSECTA　昆虫綱

※本表では，主に p.31 表中ローマン体表記の名称（和名の判明するものは和名も）のみ掲載．

V　INSECTA　昆虫綱
種
Scarab. tardipes.　Blatta foetida.
Hydrocantharus.　Scarab. aquaticus.
Scarab. majalis.　Scarab. unctuosus.
Staphylinus. ハネカクシ　Auricularia.
Scarab. elasticus.
Negatur ab
Curculio.
Rhinoceros.　Scarab. monoceros.
Cervus volans.
Scarab. pilularis.　Melolontha. コフキコガネ
Dermestes. カツオブシムシ
Cantharus fasciatus.
Scarab. clypeatus.
Cantharellus.
Cochinella vulg.
Pulex aquaticus.　Pulex plantarum.
Scarabaeo-formica.
Scarab. pratensis.
Cantharis
Cantharus foetidus.　Cantharellus auratus.
Cantharus Marianus.
Scarab. tenuis.
Capricornus.
Scarab. sylvaticus.
Papilio alis erectis.　Psyche---planis.
Phalaena--compressis.
Perla. カワケラ　Virguncula.
Musca Ephemera.
Phryganea. トビケラ
Musca scorpiurus.
Crabro. ギングチバチ　Vespa. スズメバチ
Bombylius. ツリアブ　Apis. ミツバチ
Ichneumon. ヒメバチ　Musca tripilis.
Musae div. spec.　Oestrum ヒツジバエ
Oestrum ヒツジバエ
Tabanus. ウシアブ　Culex. イエカ
Teredo nav.　Tipula. ガガンボ
Formica-leo. ウスバカゲロウ
Gryllus domesticus.　Gryllo-talpa. ケラ
Locusa. バッタ　Mantis. カマキリ
Cicindela. ハンミョウ
Formica. ヤマアリ
Cimex lectularius. トコジラミ
Orsodachne. ナガハムシ
Tipula aquatica. ガガンボ
Bruchus. マメゾウムシ
Notonecta aquatica.
Scorpio aquat.
Scorpio terrestris.
Pediculus humanus. ヒトジラミ
Ped. avium. ハジラミ
Ped. piscium.　Ped. pulsatorius.
Pulex vulgaris.
Pulex arboresc.
Ricinus.　Scorpio-araneus.　Pedic. inguinalis.
Pedic. Scarabaei.　Pedic. Scabiei　Araneus coccineus.
Araneus.
Tarantula. トリクイグモ　Phalangium.
Cancer.　Astacus. ザリガニ
Pagurus. ホンヤドカリ　Squilla. シャコ
Majas.　Eremita.　Gammarus.
Asellus マミズムシ　Asellus aquat.
Scolop. terrestris.
Scolop. marina.　Julus.

VI　VERMES　蠕虫綱			
目	属	属の特徴	種
REPTILIA	Gordius ハリガネムシ	[略；以下同]	Seta aquatica. Vena Medina.
REPTILIA	Taenia		Lumbricus longus.
REPTILIA	Lumbricus		Intestinum terrae. Lumbricus latus. Ascaris. カイチュウ
REPTILIA	Hirudo チスイビル		Sanguifuga.
REPTILIA	Limax		Limax. ナメクジ
TESTACEA	Cochlea		Helix.　Labyrinthus. Voluta.　Cochlea varia. Buccinum.　Lyra. Turbo.　Cassida. Strombus.　Fistula. Terebellum.　Murex. Purpura.　Aporrhais. Nerita.　Trochus.
TESTACEA	Nautilus オウムガイ		Nautilus. Orthoceros. Lituus.
TESTACEA	Cypraea タカラガイ		Concha Veneris. Porcellana.
TESTACEA	Haliotis ミミガイ		Auris marina.
TESTACEA	Patella ツタノハガイ		Patella.
TESTACEA	Dentalium ツノガイ		Dentalium. Entalium. Tubus vermicul.
TESTACEA	Concha		Mytulus. Vulva marina. Pholus. Bucardium. Perna. Chama. Solenes. Tellina. Pinna. Ostrea. Pecten. Mitella.
TESTACEA	Lepas エボシガイ		Concha anatifera. Verruca testudin. Balanus marinus.
ZOOPHYTA	Tethys メリベ		Tethya. Holothurium. Penna marina.
ZOOPHYTA	Echinus		Echinus marinus.
ZOOPHYTA	Asterias ヒトデ		Stella marina. Stella oligantis. St. pentactinoides. St. polyfactinoid.
ZOOPHYTA	Medusa クラゲ		Urtica marina. Urt. vermiformis. Urt. crinita. Urt. astrophyta.
ZOOPHYTA	Sepia イカ		Sepia. イカ Loligo. ジンドウイカ
ZOOPHYTA	Microcosmus ホヤ		Microcosm marin.

CAROLI LINNÆI, SVECI, METHODUS

Juxta quam Physiologus accurate & feliciter concinnare potest Historiam cujuscunque Naturalis Subjecti, sequentibus hisce Paragraphis comprehensa.

I. NOMINA.

1. *Nomen Selectum*, genericum & specificum Authoris cujusdam, si quod tale, vel proprium.
2. *Synonyma* Systematicorum primariorum omnia.
3. . . . Authorum, si possit, omnium Veterum & Recentiorum.
4. . . . Nomen vernaculum, latino etiam idiomate translatum.
5. . . . Gentium variarum nomina : Græca præcipue.
6. *Etymologia* Nominum genericorum omnium (1-5).

II. THEORIA.

7. *Classes & Ordines* secundum Systemata selecta omnia.
8. *Genera* ad quæ, à variis & diversis Systematicis (7) relatum fuit Subjectum propositum.

III. GENUS.

9. *Character Naturalis*, omnes notas characteristicas possibiles exhibens.
10. . . . *Essentialis* notam generi maxime propriam tradens.
11. . . . *Artificialis*, genera in Systematibus (7) conjuncta distinguens.
12. *Hallucinationes* Authorum circa genus (8) ex dictis (9).
13. *Genus Naturale* demonstrabit. (9)
14. *Nomen Generis* (13) selectum (11) confirmabit, & cur alia rejiciat, indicet.

IV. SPECIES.

15. *Descriptio* perfectissima Subjecti tradatur, secundum omnes ejus partes externas.
16. *Species* generis propositi (13) omnes inventas recenseat.
17. *Differentias* omnes inter speciem propositam (1) & notas (16) exhibeat (15).
18. . . . primarias inde retineat, reliquas rejiciat.
19. . . . specificam Subjecti sui componat, & rationem facti quoad omne vocabulum (1) reddat.
20. *Variationes* speciei propositæ omnes apud Authores datas proponat.
21. . . . has sub naturali specie redigat cum ratione facti (15).

V. ATTRIBUTA.

22. *Tempus* productionis, incrementi, vigoris, copulæ, partus, decrementi, interitus.
23. *Locus natalis.* Regio, provincia.
24. . . . Longitudo & latitudo Loci.
25. . . . Clima, Solum.
26. *Vitæ.* Diæta, mores, affectus.
27. *Corporis* Anatomia, præsertim curiosa ; & inspectio Microscopica.

VI. USUS.

28. *Usus œconomicus* actualis, possibilis, apud gentes varias.
29. . . *Diæteticus*, cum effectu, in corpore humano.
30. . . *Physicus*, cum agendi modo & principiis constitutivis.
31. . . *Chemicus* secundum principia constitutiva, igne separata.
32. . . *Medicus* in quibus morbis præcipue & verè, demonstratus ratione vel experientia.
33. . . . . Officinalis ; quæ partes, præparata, compositiones.
34. . . . . exhibendi methodus optima, dosis, cautelæ.

VII. LITERARIA

35. *Inventor* cum loco & tempore.
36. *Historicæ Traditiones* de Subjecto variæ, jucundæ & gratæ.
37. *Superstitiosa* vana rejicienda.
38. *Poetica* egregia illustrantia.

LUGDUNI BATAVORUM,
Apud ANGELUM SYLVIUM, MDCCXXXVI.

カロールス・リネーウス，スウェーデン人
方法論

動物学者，植物学者にして地質学者である私の博物学の方法は，どのような自然物についても体系的な記述を正確かつ首尾よくおこなうことができる．その方法は，以下の節に述べられている．

Ⅰ．命名
1. ある著者によってすでに記述されているか，必要ならば自分で与えた名前から**選定した名前**を属と種に与える．
2. 主要な分類学者が記述したすべての**異名**をリスト化する．
3. 過去において，また最近の著者が記述した**異名**をリスト化する．
4. 通称と，ラテン語に翻訳した**異名**を与える．
5. さまざまな人々によって与えられた名前，とりわけギリシャ語の**異名**をリスト化する．
6. すべての属名の**語源**を記述する(1-5)．

Ⅱ．理論
7. 異なる分類体系における，綱と目の区分けを議論する．
8. さまざまな分類学者によって論議されているの対象(種)に対して**属**を明らかにする(7)．

Ⅲ．属
9. できる限り多くの特徴ある形質のリストにより，自然な**形質**を明らかにする．
10. 属を最も特徴づける形質をあげるときには，重要と考える**形質**をあげる．
11. 分類体系の構成単位として属を区別するためには，また人為的な**形質**の十分な検討が必要である．
12. (9)の見地でみると(8)で議論された著者の誤った考えを説明する．
13. **自然な属**を設立する(9)．
14. 選定された**属の名称**を確かめる．そして，なぜ，他の名称が採用されなかったかの理由を説明する(11)，(13)．

Ⅳ．種
15. 外部形態に基づいて詳細に対象物(種)を記述する．
16. 同意された属に含まれるすべての**種**をリスト化する(13)．
17. 提案された種とリストに掲載された種間に認めるすべての形質の**差異**を十分に比較検討する(15)，(1)，(16)．
18. 顕著な形質の**差異**に注目し，その他の形質は捨て去る．
19. 命名者は，対象種の**種差**(同じ属の中にある種が他の種と区別される特性や属性)を組みたて，その種差を導き出した理由を説明する．
20. 引用した文献の著者によって記述されているように種のすべての形質の**変異**を十分に比較検討する．
21. これらの形質の**変異**は，種を特徴づけるために二義的な形質である(15)．

Ⅴ．属性
22. 生殖様式，発生あるいは孵化様式，加齢様式，死亡様式とともに，発生，成長，成熟についての**季節性**に関する情報を含める．
23. 地理学的な地域と行政的な地域としての**産地**を示す．
24. 産地の**緯度，経度**を示す．
25. 産地の**気候条件と土壌特性**を示す．
26. **生物について**，摂餌物(餌)，動物の習性，植物の性質を詳細に示す．
27. **体の構造について**，顕微鏡観察の結果とともに特記すべき特徴を示す．

Ⅵ．利用法
28. さまざまな人々が実際におこなっている，あるいはおこなう可能性のある，**実用的な利用法**を記録する．
29. **栄養学的にみた食物としての利用法**と，その人体への影響を詳細に示す．
30. 構成成分とその作用様式を解説した**物理的な利用法**を示す．
31. 分析に基づく構成成分の**化学的な利用法**を示す．
32. 病気に祭して，経験と判断力に基づく**医療的な利用法**を示す．
33. その一部分を用いるときの，調合の方法と組成についての**薬学的な利用法**を示す．
34. 最適の方法において注意すべき投与量，必須の予防措置について**医学的な利用法**に関する指針を示す．

Ⅶ．記述されたもの
35. **採集者，採集地，採集日時**を記述する．
36. 興味をそそる，楽しい**歴史的な伝承**を記録する．
37. 実体の無い**迷信**(不合理な固定観念)は退ける．
38. 優れた**詩的な文献**は参照する．

ライデン，発行エンジェル・シルヴィア，1736年

訳／宮田昌彦

参考文献

Cain, A. J. 1992. The Methodus of Linnaeus, Archives of Natural History 19 (2): 231-250. Society for the History of Natural History c/o The Natural History Museum, Lndon.

Carolus Linnaeus. 1735. Systema Naturae, sive, Regna tria Naturae systematice proposita per classes, ordines, genera & species. Theodor Haak, Leiden.

Engel-Ledeboer, M. S. J. & H. Engel. 1964. Carolus Linnaeus Systema Naturae 1735, Facsimile of the first edition. B. De Graaf, Nieuwkoop.

Helene Schmitz, Nils Uddenberg, Pia Östensson. 2007. System och passion. Linné och drömmen om Naturens ordning. Natur och Kultur, Stockholm. 体系への情熱 リンネと自然の体系への夢（日本語版）．2007. 日本語訳：早川雅子，日本語版監修：大場秀章.

Regia Academia Scientiarum Svecica. 1907. Ad Memoriam primi sui praesidis eiusdemque e conditoribus suis unius Caroli Linnaei opus illud quo primum System Naturae per tria regina dispositae explicavit. Stockholm. 自然の体系（初版）（1907年にリンネ生誕200年記念にストックホルムで出版されたリプリント）．

Schmidt, Karl P. 1952. The "Methodus" of Linnaeus, 1736, The Journal of the Society for the Bibliography of Natural History. vol. 2. Part 9. p.369-374, The Society, c/o British Museum (Natural History), London

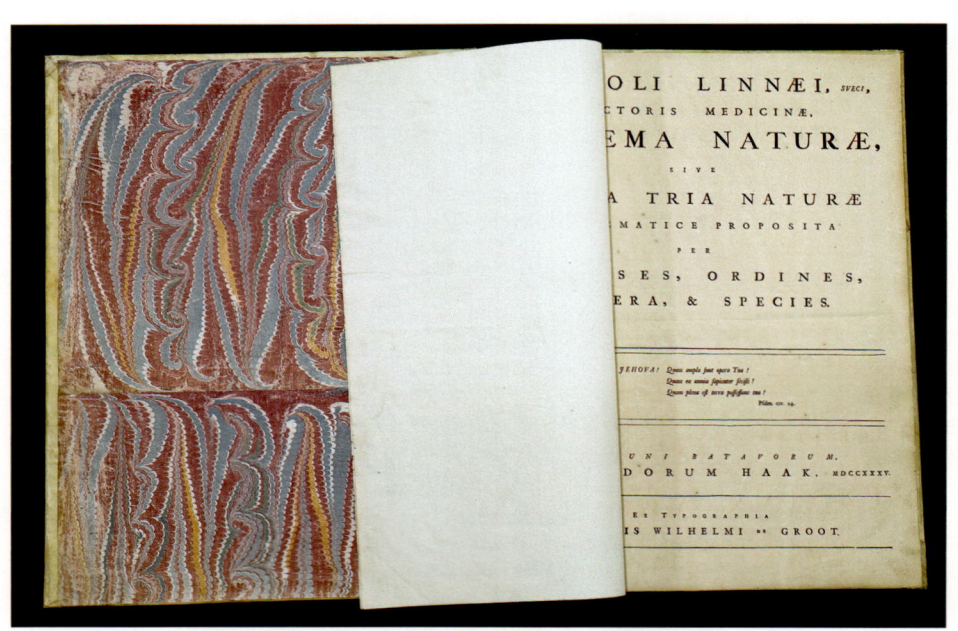

千葉県立中央博物館所蔵『自然の体系』（初版）．装丁はかつての所有者によって行われたもので，見返しにはマーブル紙が使われている．

郵 便 は が き

１６２－８７９０

料金受取人払

牛込局承認

1394

差出有効期間
2010年2月1日
まで

東京都新宿区西五軒町２－５
川上ビル

文一総合出版　編集部

	フリガナ				
ご住所	〒　　－ 　　　　都道 　　　　府県				
お名前	フリガナ			性別 男・女	年齢
ご職業		ご趣味			

◆ご記入された個人情報は、ご注文いただいた商品の配送、確認の連絡および、小社新刊案内等をお送りするために利用し、それ以外での利用はいたしません。
◆弊社出版目録・新刊案内の送付（無料）を希望されますか？（する・しない）

リンネと博物学－自然誌科学の源流－[増補改訂]　愛読者カード

平素は弊社の出版物をご愛読いただき，まことにありがとうございます。今後の出版物の参考にさせていただきますので，お手数ながら皆様のご意見，ご感想をお聞かせください。

◆この本を何でお知りになりましたか
1．新聞広告（新聞名　　　　　　　　　　　）　4．書店店頭
2．雑誌広告（雑誌名　　　　　　　　　　　）　5．人から聞いて
3．書評（掲載紙・誌　　　　　　　　　　　）　6．授業・講演会等
7．その他（　　　　　　　　　　　　　　　　　　　　　　　　　）

◆この本を購入された書店名をお知らせください
（　　　　都道府県　　　　　　　市町村　　　　　　　書店）

◆この本について（該当のものに○をおつけください）

	不満		ふつう		満足
価　格	∎	∎	∎	∎	∎
装　丁	∎	∎	∎	∎	∎
内　容	∎	∎	∎	∎	∎
読みやすさ	∎	∎	∎	∎	∎

◆この本についてのご意見・ご感想をお聞かせください

◆小社の新刊情報は、まぐまぐメールマガジンから配信しています。
ご希望の方は、小社ホームページ（下記）よりご登録ください。
　　　　　　　　http://www.bun-ichi.co.jp

2 リンネのしごと 2
Works of Linnaeus 2

■リンネの著作・関連文献
- リンネ以前の博物学
- リンネ以前の博物学　― 日本の場合 ―
- リンネの書簡
- リンネのしごと　― 学問のたのしみ ―
- リンネのしごと　― スウェーデン・アカデミー紀要 ―
- リンネのしごと　― 自然の体系 ―
- リンネのしごと　― 植物 ―
- リンネのしごと　― 植物学 ―　地域植物誌
- リンネの体系による自然誌　― 植物 ―
- リンネのしごと　― 動物学 ―
- リンネの体系による自然誌　― 動物 ―
- リンネのしごと　― 医学 ―
- リンネのしごと　― 博物館・植物園 ―
- リンネのしごと　― 岩石・鉱物学 ―
- リンネの旅行記
- リンネの弟子たち
- リンネ　― 日本への影響 ―

- 書籍の表題は簡略に記した．正式な表題は挿入した表題ページ写真参照．
- 解説の末尾にページ数とサイズを示した．本文以外のページは括弧に入れ．書籍のサイズは表題ページの左端の縦寸法を示した．
- (Soulsby)とあるのは，英国自然誌博物館のリンネ関係書目をまとめた下記の目録中の番号．
  The Trustiees of the British Museum. 1933. A Catalogue of the Works of Linnaeus (and Publications more immediately relating there to) preserved in the Libraries of the British Museum (Bloomsbury) and the British Museum (Natural History) (South Kensington) 2nd ed., London.
- 解説の執筆は，小西正泰，天野誠，高橋直樹，大場達之が担当．項目の末尾に執筆者を記したが，記名のないものは大場達之．

リンネの著作・関連文献
− 図書・書簡 −

●リンネ以前の博物学

　ヨーロッパではギリシャ時代にはアリストテレス，テオフラストスなどが自分の目で自然を観察してそれを記述し，自然界に対する認識もかなり正確でした．ローマ時代にもプリニウスの膨大な37巻にのぼる『自然誌』があり，同じ時代にディオスコリデスは『薬物誌』を執筆しています．中世になると，自然そのものの研究よりも，古典の解釈が学問の中心となり，ディオスコリデスの『薬物誌』の注釈書，増訂本が山のようにつくられました．

　しかし人の活動の範囲が飛躍的に広がり，大航海時代を迎えると，世界中から珍しい自然物がヨーロッパに集まり，これら珍物の蒐集が上流階級の流行ともなりました．一挙に拡大した世界の多様な自然，事物を整理し，理解するには古典の解釈では間に合わず，合理的かつ実用的な分類法が求められるようになります．ルネッサンス以降，自然物の分類体系については様々な試みがおこなわれてきましたが，リンネの直前の時代にはフランスのツルヌフォール（1656-1708）の体系が最も完備しており，この体系に従う人も少なくありませんでした．またイギリスのレイ（1627-1705）も独創的な分類体系を提案しています．

　リンネの自然の体系はこのような時期に動物・植物・岩石・鉱物を一括する独創的で，わかりやすいシステムとして登場し，一挙に世界を席巻しました．

●リンネ以前の博物学　−日本の場合−

　日本もヨーロッパと同じく薬用植物の識別を中心とする本草が自然認識の中心的位置を占めてきました．特に中国から将来した『本草綱目』の解釈，増補，改訂が主流でした．しかし生物相の異なる中国の産物を日本に当てはめたために不自然なところが少なくありませんでした．また実用から離れて，自然をトータルに認識する傾向も現れてきました．そのもっとも著しいのが貝原益軒の著した『大和本草』で，そのタイトルにも中国の文献への盲従からの独立を宣言しているようにみえます．

　江戸時代，日本とヨーロッパは長崎のオランダ商館を通じて細々とした文化交流がありましたが，17世紀の終わりに，ドイツ人ケンペルが長崎商館の医師として赴任し，2回の江戸参府などを通じて日本の自然を観察し，『廻国奇観』に紹介しました．この本には，多くの植物が図版とともに紹介されています．ここでケンペルの与えた名前はリンネ以前のものであるため，現在の植物命名規約では無効となっています．ケンペルの後に来日したツュンベリーは『廻国奇観』を大いに参考にして『日本植物誌』を執筆しています．

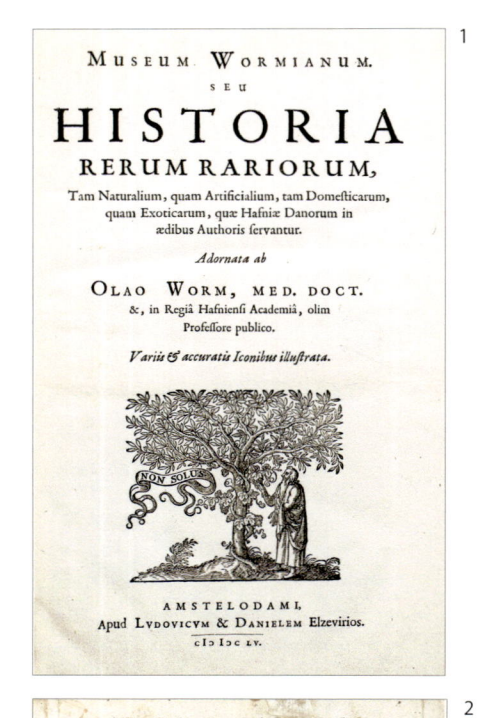

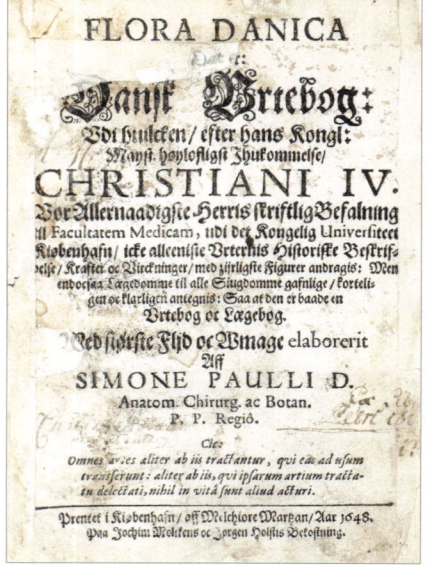

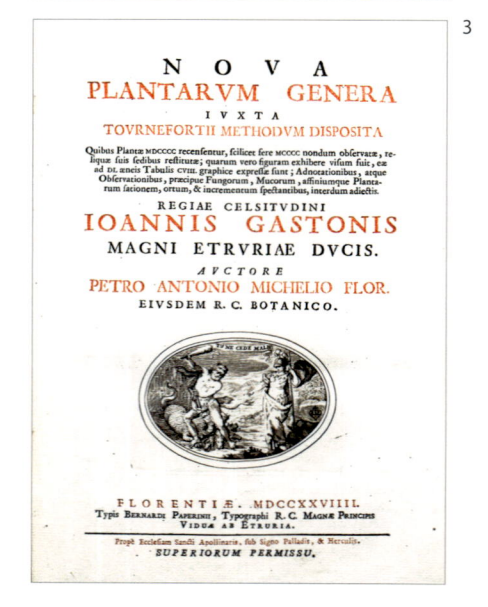

1. ウォームの珍品博物館　Museum Wormianum.
オーレ・ウォーム　Olao(Ole) Worm(1588-1654)
(ライデン，1655)

17世紀にはオランダの東インド会社などの活動を通じて，世界中から珍しい品物が集まってきました．ルネッサンスの自由で旺盛な精神活動にも加速されて，珍奇な自然物収集の趣味がヨーロッパに広まりましたが，その中でもコペンハーゲンの医師であったオーレ・ウォームの収集は有名でした．本書はその珍品を集めた収蔵室の解説つきカタログで，巻頭に見開きで，その陳列室の様子を示す銅板画が入っています．動物，植物，岩石，鉱物，考古遺物などが入り乱れていますが，このような膨大な珍品の集積が博物学勃興の原動力となり，やがてリンネの活躍をむかえることになります．(1pl)+(12)+389+(3).,364mm.

2. デンマーク植物誌　Flora Danica.
シモン・パウリ　Simonis Paul(1603-1680)
(コペンハーゲン，1648)

パウリはデンマーク・ロストック生まれでコペンハーゲン大学の解剖学と植物学の教授をつとめた人です．本書はデンマークの植物誌としてははじめてのもので384枚の木版画を伴います．植物名はラテン名とデンマーク名が併記され，配列はラテン名のアルファベット順になっています．図は様式化されてディオスコリディス風にページの中に曲がりくねって収められています．(36)+393+(42)+(50)+(1)+393.,180mm.

3. ツルヌフォールの整理体系による植物の新属　Nova Plantarum Genera iuxta Tournefortii methodum disposita.
ピエール・アントニオ・ミケリ　Pier Antonio Micheli(1679-1737)
(フィレンツェ，1729)

ミケリ(1679-1737)はイタリア・フィレンツェの植物学者で，ツルヌフォールのシステムを信奉していました．本書は菌類を主とする隠花植物の新属が図をともなって記載されています．本書の図はきわめて程度が高く，スゲ類の図(p.43)などは精細をきわめています．アジアに分布するオガタマノキ属(*Michelia* L.)はリンネによってミケリに献名されたものです．リンネはミケリの隠花植物の仕事を高く評価しており，自然の体系でも本書を引用しています．(12)+234+(108pl.).,286mm.

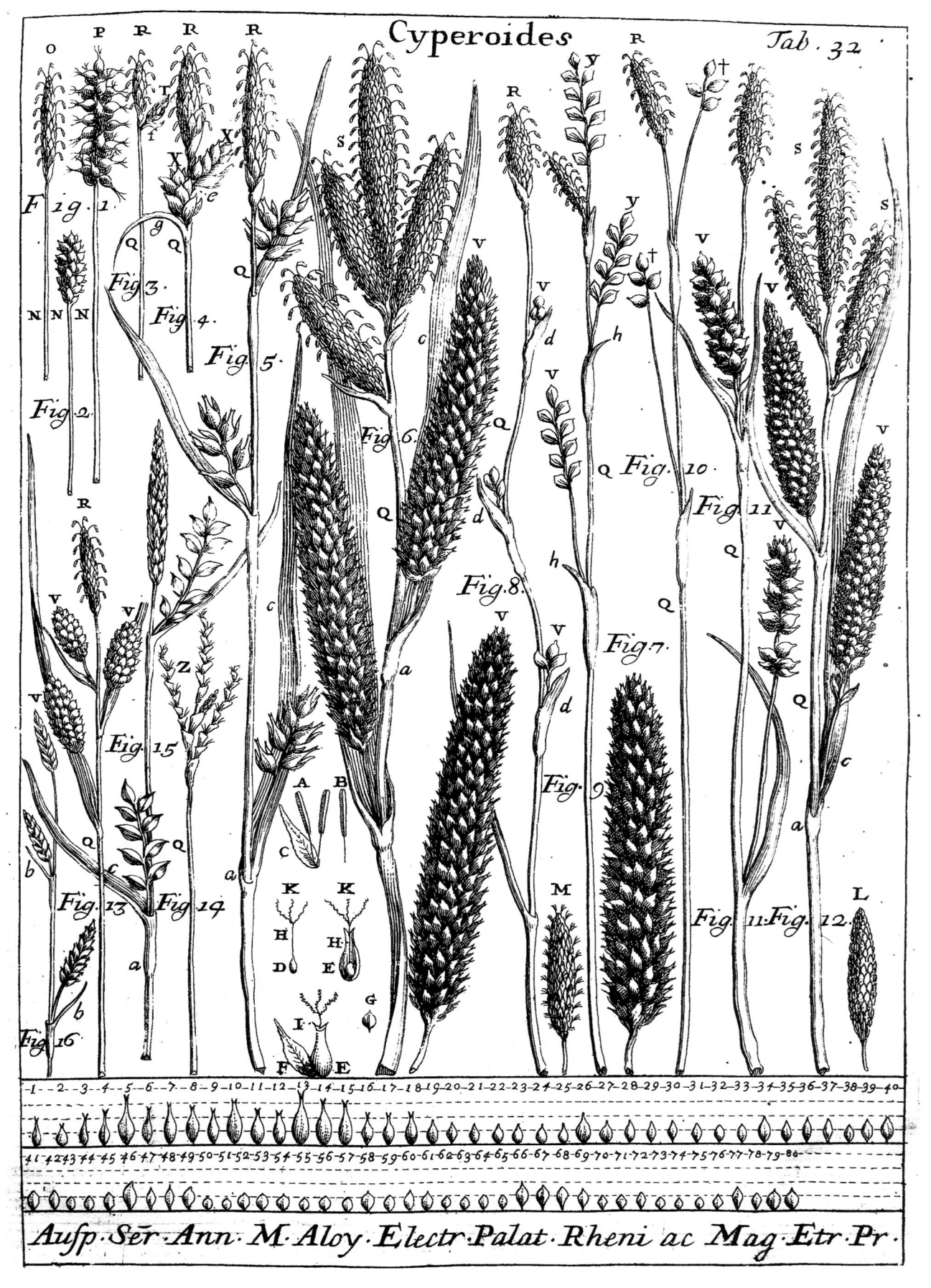

3. ピエール・アントニオ・ミケリ：ツルヌフォールの整理体系による植物の新属． Pier Antonio Micheli : Nova Plantarum Genera iuxta Tournefortii methodum disposita. (1729)

2. リンネのしごと 2

●リンネの書簡

　リンネには知人が多く，その書簡も多数残されていますが，当館のコレクションにも 2 通の自筆書簡が含まれています．いずれもフランス・モンペリエ大学の医学の教授フランソア・ボアシエ・ソヴァージュ・ド・ラクロアにあてたもので，ソヴァージュが有毒生物について質問したのに対する答えです．ちなみにソヴァージュは優れた医者で，1731 年には独創的な病気の分類を発表しており，リンネの『病気の属』などの著述はソヴァージュの影響によるものです．ソヴァージュは医師として有能で，リンネが海軍の医師をつとめていたとき，兵士の性病に困り果てソヴァージュに治療法について教えを乞うた書簡が知られています．

4. **1747 年 1 月 13 日付書簡．** ウプサラより発信．ソヴァージュ宛．一葉．242 × 320 mm，二つ折り．表裏．
5. **1754 年 5 月 13 日付書簡．** ウプサラより発信．ソヴァージュ宛．一葉．242 × 320 mm，二つ折り．表裏．

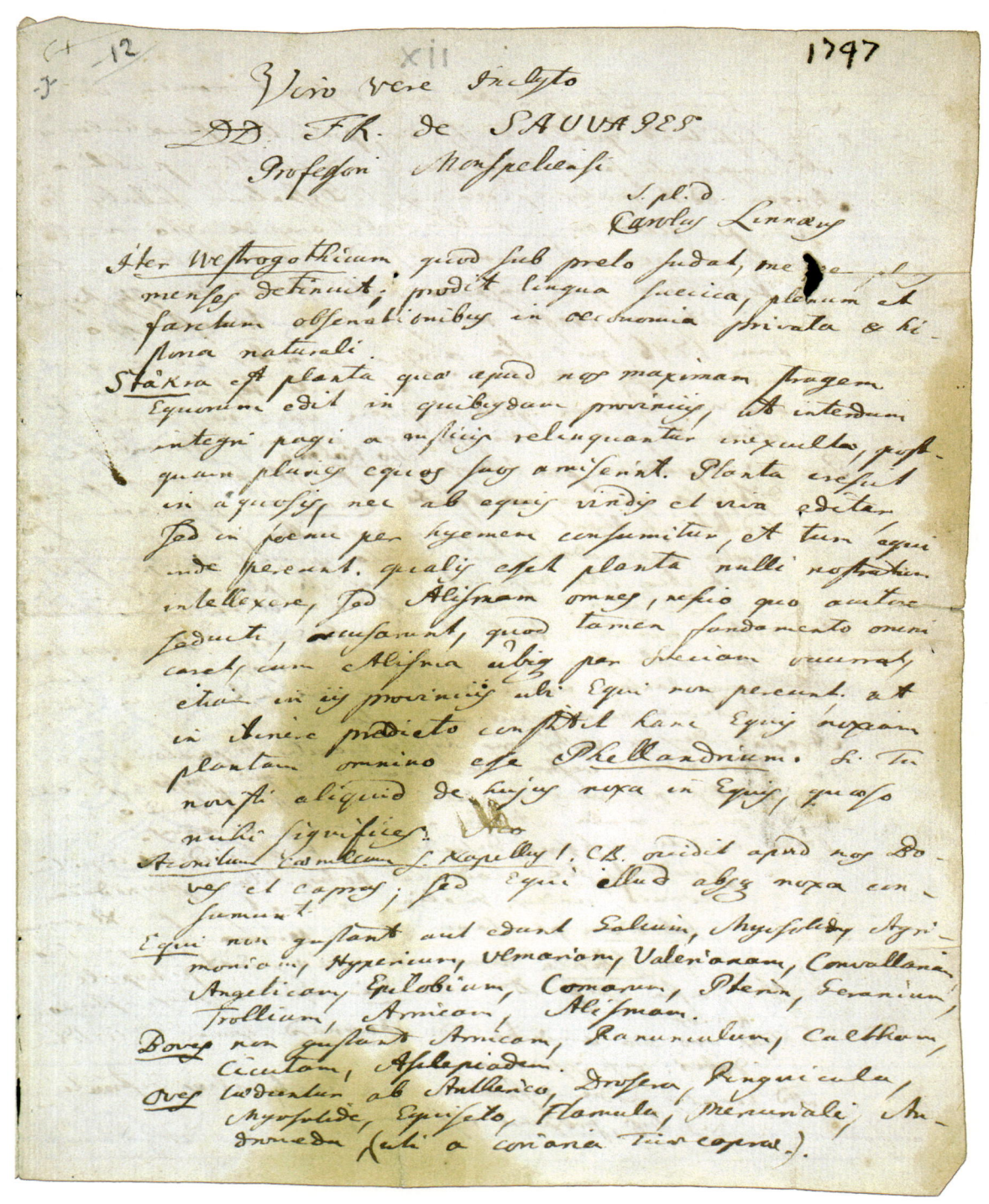

　　4．p.45 ソヴァージュ宛書簡の表右面．リンネの筆跡がよくわかる．

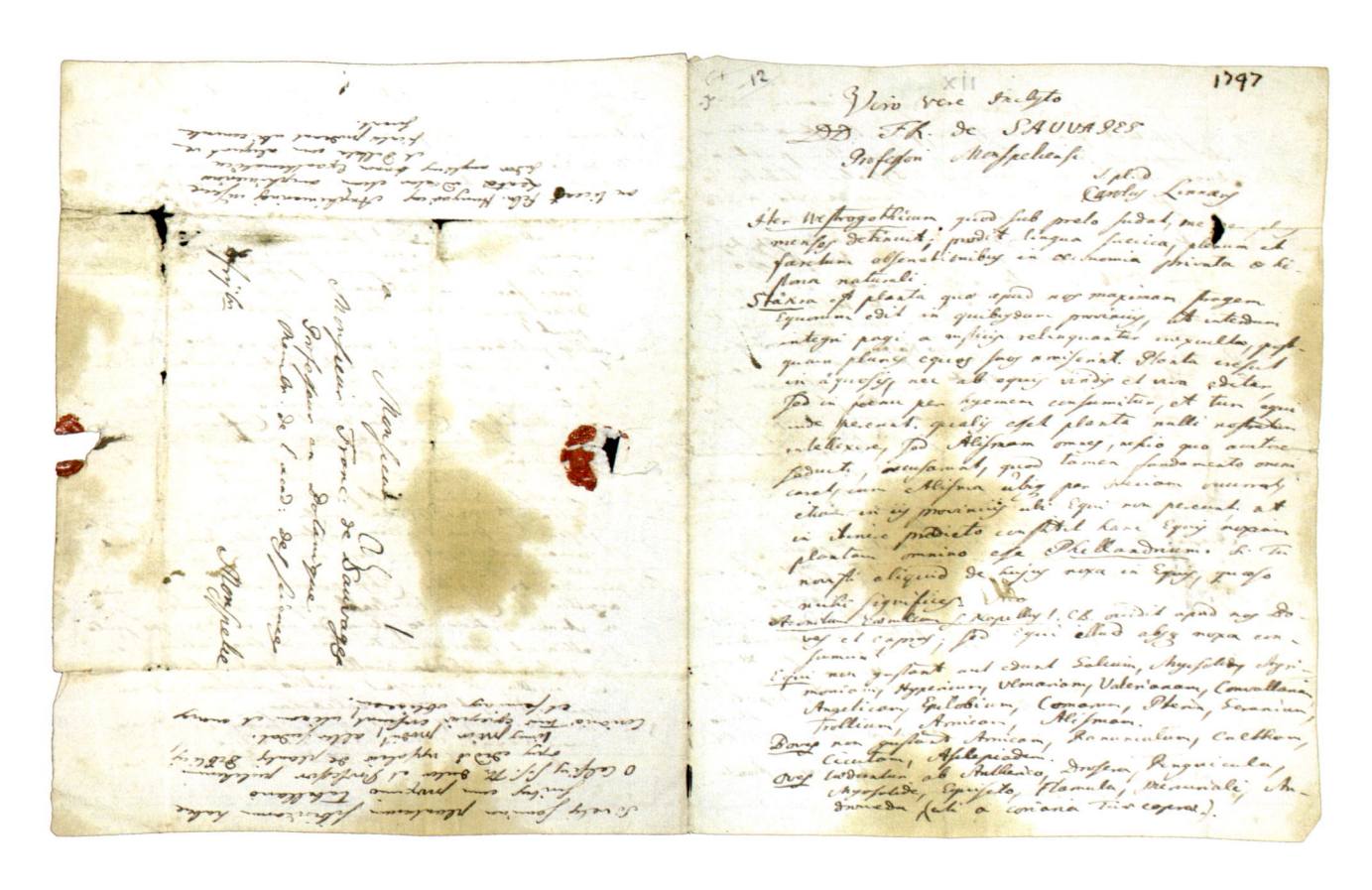

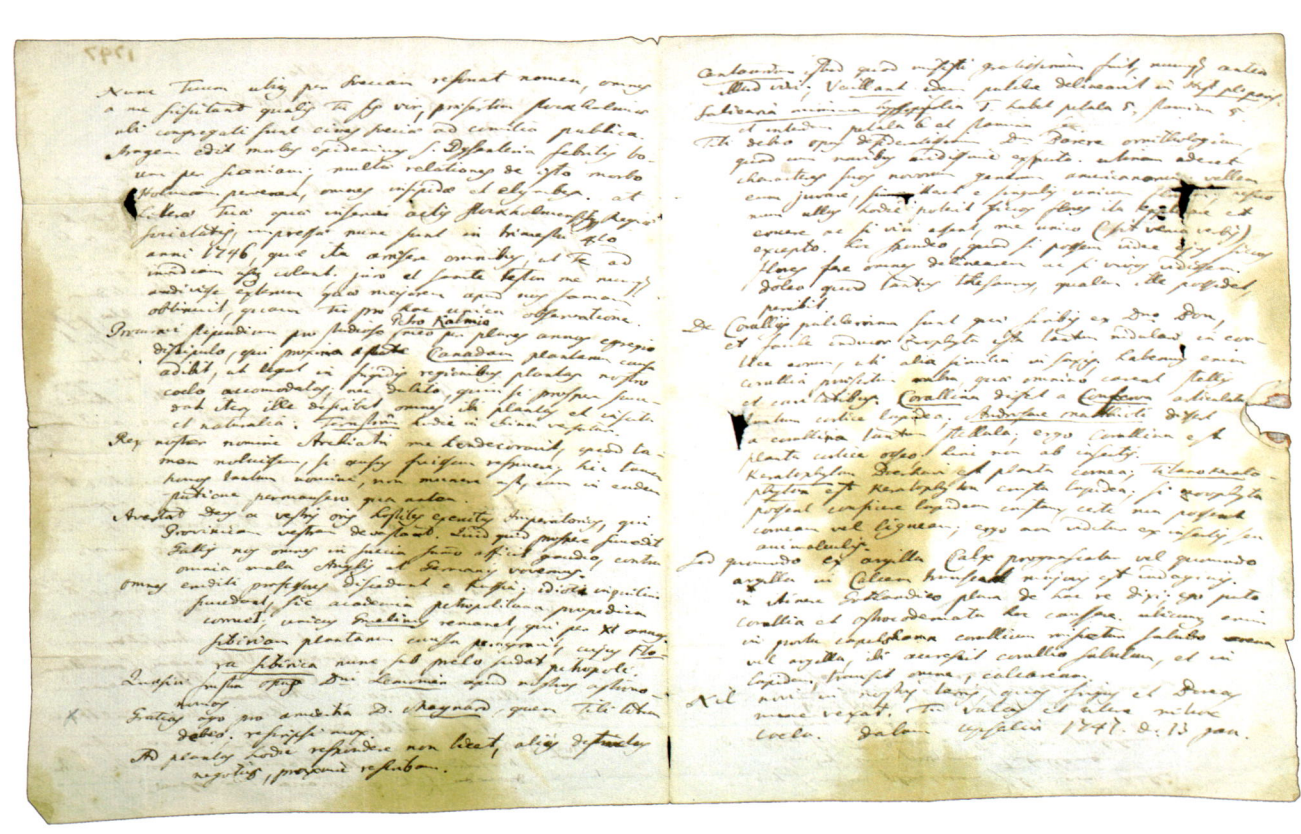

4. 1747年1月13日付．ウプサラより発信，ソヴァージュ宛．一葉．242 × 320mm，二つ折り．表裏に書かれている．

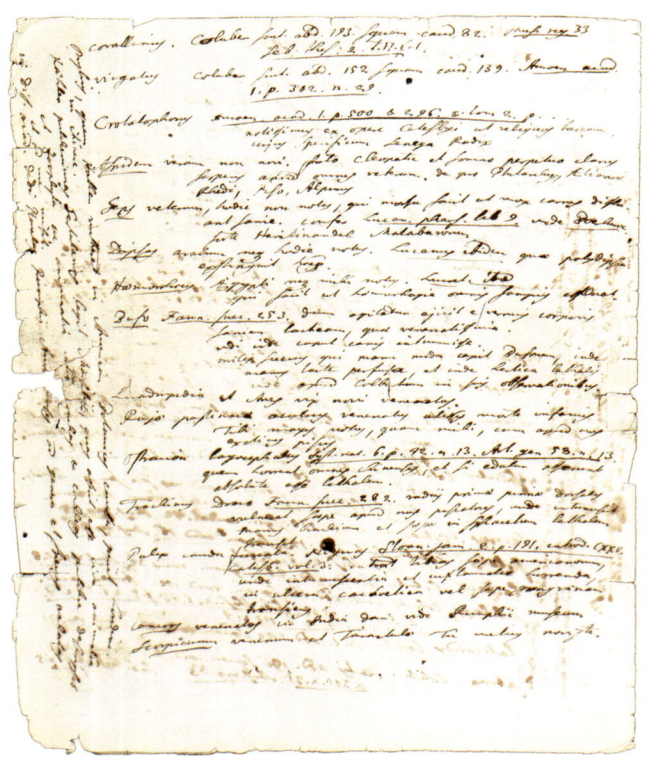

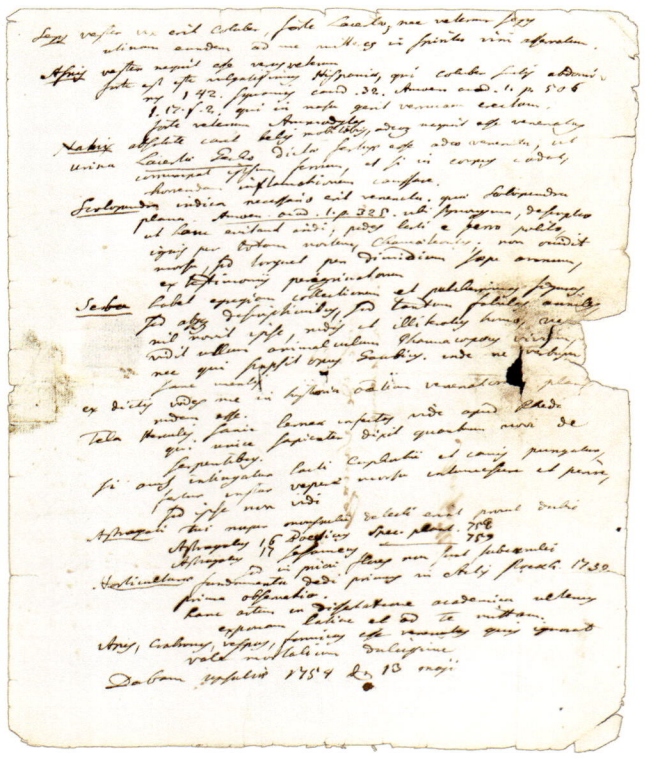

5. 1754年5月13日付．ウプサラより発信．ソヴァージュ宛．一葉．242 × 320mm，二つ折り．表裏に書かれている．

6. 大和本草　全16巻
貝原益軒（1630-1714）
（京都，1709［宝永6年］）

　貝原益軒は筑前福岡の人で，京都に学び，日本を広く旅して見聞を広め，後に本草綱目を子細に検討して，その内容に疑念を抱き，自らの広い見聞を活かして大和本草16巻付図2巻を著しました．大和本草には1366種を載せています．その分類法は本草綱目を脱却し独自の見解を加えています．その分類は次のようになっています．

　水，火，金玉土石，穀，造醸，菜蔬，薬，民用草，花草，園草，蓏，蔓，芳草，水草，雑草，四木，薬木，園木，花木，雑木，河魚，海魚，水虫，陸虫，介，水鳥，山鳥，小鳥，家禽，雑禽，異邦禽，獣，人．20冊＋付録2冊＋諸品図1冊．

7. 廻国奇観または異国の魅力　Amoenitatum Exoticarum politico-physico-medicarum.
エンゲルベルト・ケンペル　Engelbert Kaempfer（1651-1716）
（レムゴ，1712）

　ケンペルは1690-1692年にかけて長崎に滞在しました．本書はケンペルがペルシャから，バタビア経由で日本にいたる間の紀行で，多数の銅版画を伴います．本書の第5部は"Plantarum Japonicarum"と題されていて，多数の日本の植物が銅版画で紹介されています．この中に載せられたチャノキの図（p.80）は，後にリンネがそのまま飲茶の論文に引用しています．またリンネが本書の図と記載を頼りに命名した植物もあります．(20)+912+(32)+(13pl.)．，213mm．

● リンネのしごと　－学問のたのしみ－
8. 学問のたのしみ　Amoenitates Academicae
（1749-1785）

　リンネはウプサラ大学の教授に在職中，183名の弟子たちの学位論文および口述論文を指導しました．これらの論文はその当時の慣習に従って，リンネ自身が執筆したものであるといわれています．当館はこれらのうち1篇を除くすべてを所蔵します．リンネはこれら論文を編纂し『学問のたのしみ』として順次刊行しました．リンネの死後はドイツ，エアランゲンのヤーコブ・パルム Jacob Palm がこの事業を継承し1785年に全9巻が完結しました．このなかには動物，植物，岩石・鉱物，医学，薬学，博物館，植物園などに関する多方面の研究が含まれており，リンネの全方面にわたる研究を象徴するものとなっています．

● リンネのしごと　－スウェーデン・アカデミー紀要－
スウェーデン・アカデミー紀要　Kongol. Swenska Wetenskaps Academiens Handlinger. vol. 1-37.
（1741-1776）

　リンネはオランダから帰国した後にスウェーデン・アカデミーの創設に関与し，その初代の総裁となります．そのスウェーデン・アカデミーの紀要にはリンネも多くの論文を載せています．

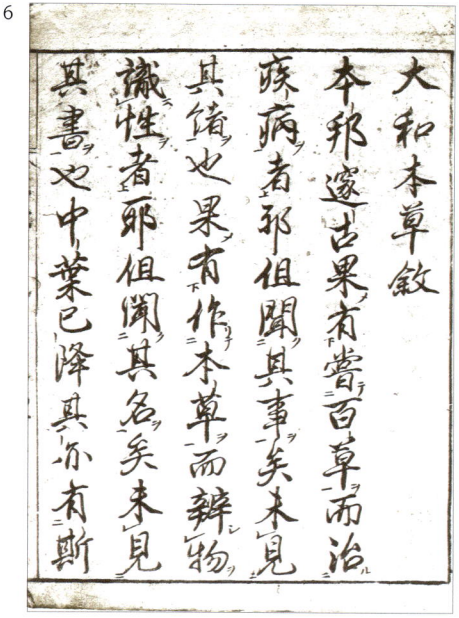

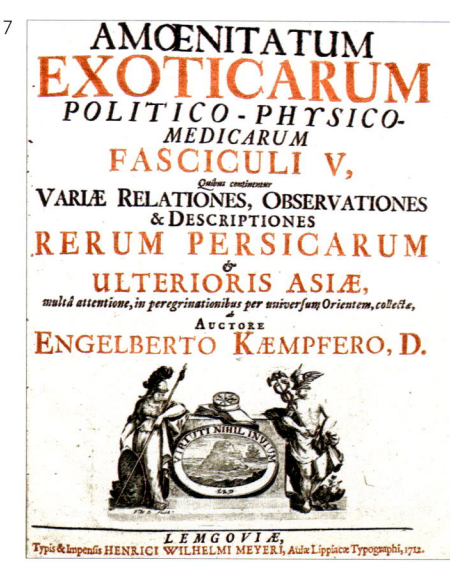

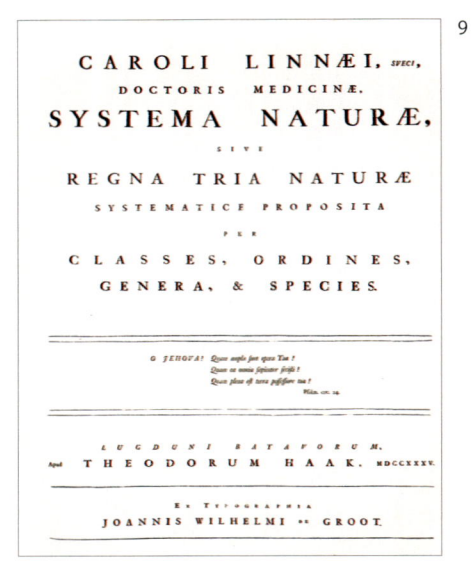

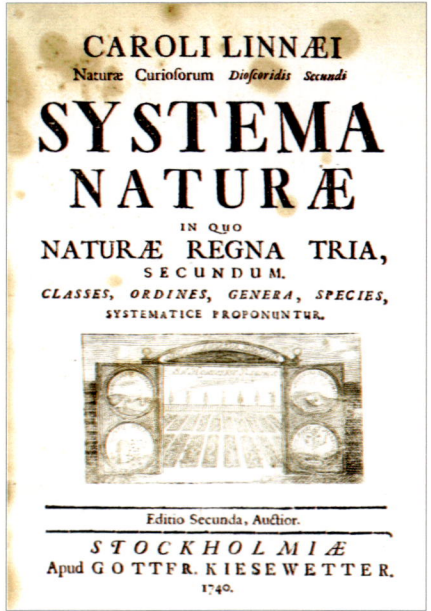

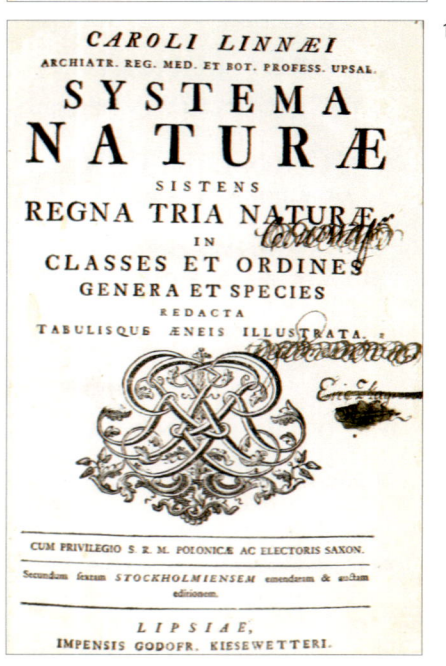

●リンネのしごと －自然の体系－
－p.3参照－

9. 自然の体系(初版)　Systema Naturae.（1st ed.）
カール・リンネ　Carolus Linnaeus
（ライデン，1735［リプリント，1907］）
(Ad Memoriam primi sui praesidis eiusdem que e conditoribus suis unius Varoli Linnaei opus illudquo primum System Naturae per tria Regina Dispositae Explicavit).

　自然の体系のリプリントは何回か出版されていますが，これはストックホルムで1907年にリンネ生誕200年記念として出版されたもので，原寸大につくられています．（1）+(4)+16+(1pl.)., 600mm.

10. 自然の体系(第2版)　Systema Naturae.（2nd ed.）
カール・リンネ　Carolus Linnaeus
（スットクホルム，1740）

　初版は大きな表形式であったものをあらため，より小型のオクターヴ版となり内容を増補して80ページとなっています．初版が大きく複雑な組版であったので，その校正に大変な手間がかかったことを考えてのスタイル変更と考えられます．動物と岩石にはスウェーデン名を附記しているのも初版にないところです．たとえばヒキガエルのところは，初版ではBufo. Rana aquatica. とだけありますが，2版ではBufo. padda. Rana aquatica. となりpaddaというスウェーデン名が付加されています．（4）+80., 250mm. (Soulsby 46).
植物学の基礎(Fundamenta Botanica. 23pp.)を合本する．

11. 自然の体系(第7版)　Systema Naturae.（7th ed.）
カール・リンネ　Carolus Linnaeus
（ライプチッヒ，1748）

　この第7版はリンネのオリジナルとしては第3版にあたる第6版の再版にあたるもので，第6版と同じ年に出版されています．またドイツ名のあるものについてはそれを付記しています．第6版では自然の体系としては初めて8葉の図が挿入されています．第7版にも同じ図が付属しますが，当館所蔵のコピーでは図が欠けています．（6）+224+(30)., 18mm. (Soulsby 52).

12. **自然の体系（第10版）** Systema Naturae. (10 th ed.)
カール・リンネ　Carolus Linnaeus
（ストックホルム，1758-1759）

　総ページ数1384の2巻本で1758年と1759年に出版されました．記録されているのは312属4378種に及びます．リンネはこの版で初めて動物にも植物にも二名法を徹底して採用しました．それ故に動物の命名規約では自然の体系第10版を，動物の学名の出発点とし，これ以後に発表された学名を有効とすることになっています．Ⅰ：(4)+1-823+(1)，Ⅱ：(4)+825-1384., 186 mm. (Soulsby 58).

13. **自然の体系（第12版）** Systema Naturae. (12 th ed.)
カール・リンネ　Carolus Linnaeus
（ストックホルム，1766-1768）

　リンネの手になる最後の版．全3巻．当館では3巻を欠く．Ⅰ：1-532，Ⅱ：1-736+(16)，Ⅲ：1-222, 223-236., 202 mm. (Soulsby 62). 植物学補遺（Mantissa Botanica 142+(2)）を合本する．

●リンネのしごと　－植物－

14. **植物種誌（初版－全2巻）** Species Plantarum.
カール・リンネ　Carolus Linnaeus
（ストックホルム，1753）

　『植物種誌』は，リンネの代表的な著作の一つであり，一部の植物（蘚類など）を除くすべての植物の学名の命名の出発点になっています．リンネが全面的に二名法のもとになるエピセットを採用した点でも画期的な著作です．注目すべき現在使われている二名法の種小名に当たるエピセットは，欄外に記されています．『植物種誌』の中での種の配列は『自然の体系』で提案された24綱分類に従い，綱をさらに目に分け，属を列記しています．『植物種誌』では，属そのものの定義はなされておらず，その定義は『植物属誌』においてなされています．種の正名として，ラテン語の簡潔な記載様の名前が付けられており，その後に以前の著作の引用と異名が列記されています．さらに分布地に関するデータが添えられています．世界各地に産する当時知りうる限りすべての植物の種を網羅していますが，当時未知であったオーストラリアなどの植物は欠けており，ヨーロッパの植物が多く取り上げられています．そのほかに必要に応じて変種の記載や特記事項が書き添えられています．全部で1098属5900種以上が記載されていて，その中には，イネやタバコ，チャなどよく知られた植物が含まれています．（天野）．(10)+1200+(31)., 194 mm. (Soulsby 480).

2. リンネのしごと 2

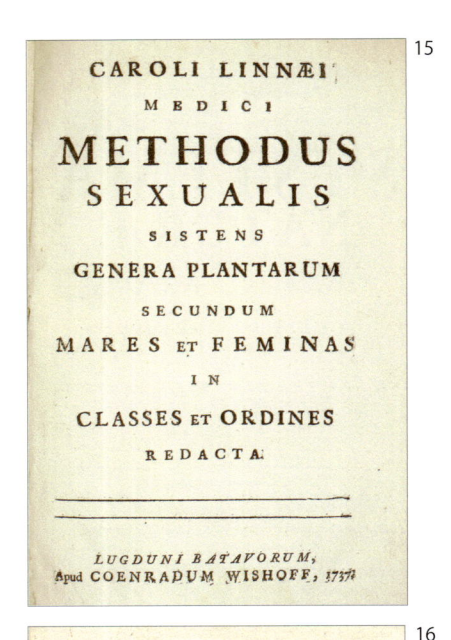

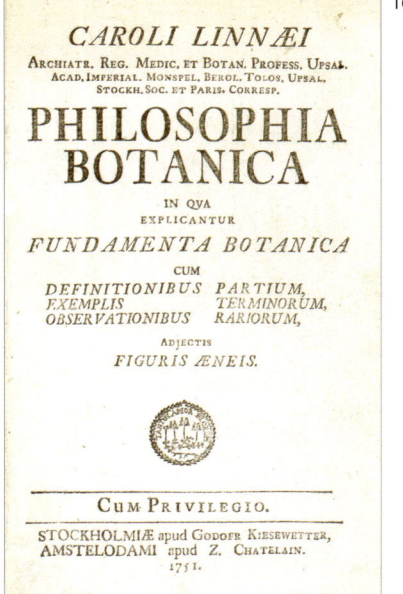

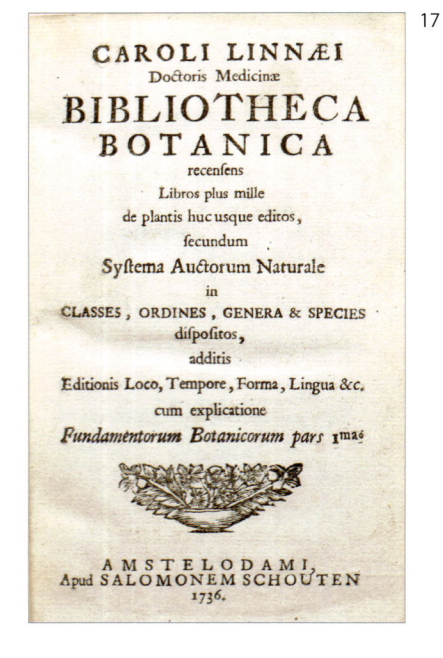

15. 性の体系による植物の属　Methodus Sexualis sistens Genera Plantarum.
カール・リンネ　Carolus Linnaeus
(ライデン, 1737)

　リンネの24綱分類によって綱，目，属までを表にしたもの．24綱の図1葉を付す．この図はエーレットの図を再刻したものでは最も早いものと考えられ，『自然の体系』の初版に添付のものと同一のものと考えられます．23p., 209mm.（Soulsby 285）．

16. 植物哲学(初版)　Philosophia Botanica (1st ed.).
カール・リンネ　Carolus Linnaeus
(ストックホルム / アムステルダム, 1751)

　リンネが植物の分類を行う上での考え方を365の短い警句にまとめてコンパクトに示したリンネの植物学に関する代表的な著作です．それらの警句は，先行する『植物学の基礎』(Fundamenta Botanica)に書かれたものとほぼ同じですが，それに説明やコメントや引用が付け加わる形で内容が充実しています．全体は，序論と12のパートに分かれています．序論では，植物学の範囲を述べています．以下，分類システム，植物の器官の名称，記載分類学の理論的基礎となる原則，命名法についての規則などについて述べられています．文献目録の部分は『植物学文献』(Bibliotheca Botanica)のダイジェストであり，命名法の部分は，『植物学評論』(Critica Botanica)と重なる所があります．このようにリンネの著作には，相互に関係しあい，時を経て洗練充実していく過程を示すものがあります．（天野）．362p., 220mm.（Soulsby 437）．

17. 植物学文献と植物学の基礎　Bibliotheca Botanica. & Fundamenta Botanica.
カール・リンネ　Carolus Linnaeus
(アムステルダム, 1736)

　『植物学文献』はリンネがスウェーデンにおいて原稿を準備し，オランダで印刷したもの．1736年までに出版された1000以上の植物学上の文献を集成し，その批判を行っています．

　リンネの自然の体系が，単なる思いつきではなく，過去の文献の詳細な検討の上に成り立っていることを示す証拠です．本書は多くの場合『植物学の基礎』(1736)と合本の形で刊行されたものと考えられ，単独のものは稀であるといいます．『植物学文献』(Bibliotheca Botanica)(14)+153+(14). 148mm.（Soulsby 250）．『植物学の基礎』(Fundamenta Botanica. Amsterdam) 35+(1).

18. **植物属誌（植物の属）（初版）** Genera Plantarum（1st ed.）.
カール・リンネ　Carolus Linnaeus
（ライデン，1737）

　リンネは生物の分類に科を用いず，綱，目，属，種の単位を使いましたが，本書は当時知られていた植物の属935を網羅解説したもので，このうち686属はリンネ自身が生きた植物の花を観察して記述したといわれます．24綱の図1葉が折り込まれています．現在用いられている植物の属の概念は，基本的には本書に見られるもの，あるいはそれを細分化したものといえます．リンネの著作のうちでも極めて重要な位置をしめるものです．本書はスウェーデン，オランダ，フランス，ドイツ，イギリスなどで版が重ねられ，第6版では1239属が記載されています．進化論で有名なチャールズ・ダーウィンの父エラズムス・ダーウィンもこの植物の属を英訳して出版しています．(14)+(2)+384+(20)., 194 mm. (Soulsby 296). 巻末に次の2編を合本する．

カール・リンネ：『植物属誌の贈り物』
Carolus Linnaeus : Corollarium Generum Plantarum. 1737. 24 p.

カール・リンネ：『性の体系による植物の属』
Carolus Linnaeus : Methodus Sexualis sistens Genera Plantarum. 23 p.

19. **植物属誌（植物の属）（第2版）** Genera Plantarum （2nd ed.）.
カール・リンネ　Carolus Linnaeus
（ライデン，1742）
(42)+(2)+527+(1)+(23)., 207 mm. (Soulsby 297).
　24綱の図1葉を付す．1021属．

20. **植物属誌（植物の属）（第6版）** Genera Plantarum (6th ed.).
カール・リンネ　Carolus Linnaeus
（ストックホルム，1764）
　リンネのオリジナル版では最後の版で1239属が記載されています．また巻頭には若き日のリンネの肖像(p.194)が折込の銅版画で挿入されています．(1)+(4)+(20)+580+(22)., 203 mm. (Soulsby 305).

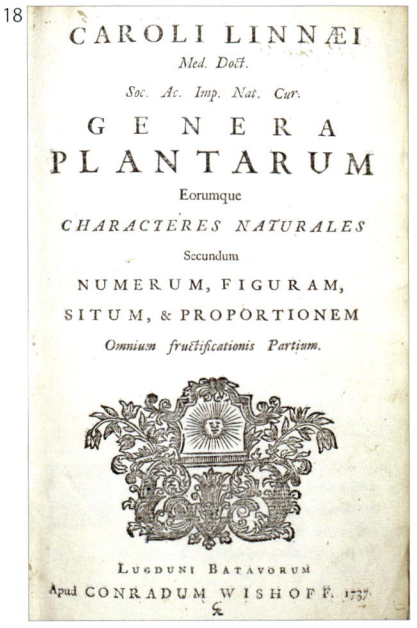

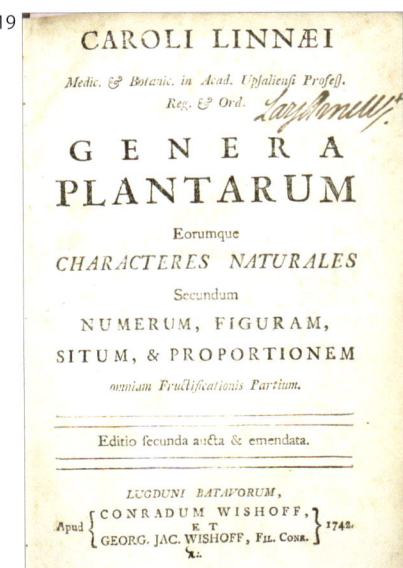

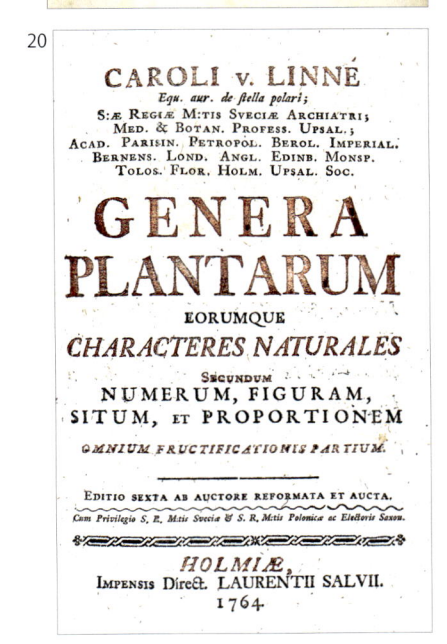

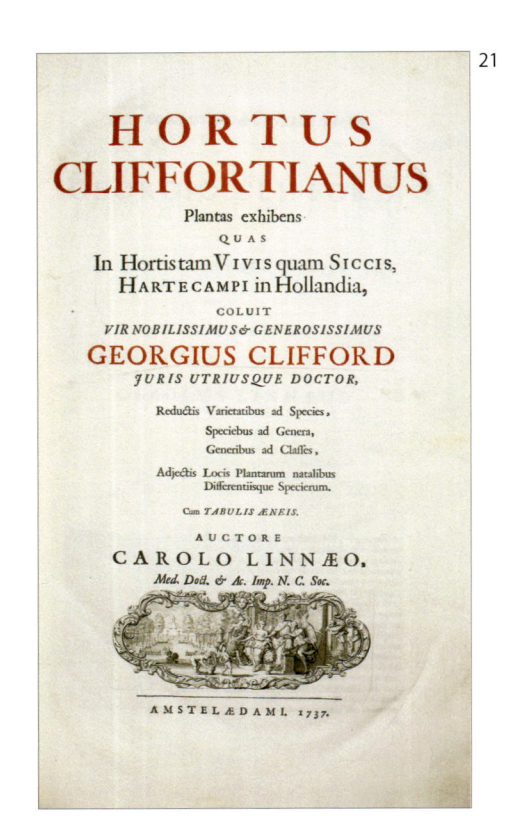

21. クリフォード庭園誌（植物園誌/邸植物誌） Hortus Cliffortianus.
（アムステルダム，1737）

カール・リンネ　Carolus Linnaeus

　リンネはオランダ滞在中，オランダの銀行家ジョージ・クリフォードと知り合い，1735年9月にライデンとハールレムの中間に位置するハルテカンプのクリフォード庭園の園長を引き受けました．クリフォードはオランダの東インド会社の総督をつとめたこともある資産家で，園内には4棟の温室をもち，世界中から珍しい動植物を収集し，文献も整っていました．リンネは1737年10月までここにとどまり，クリフォード庭園誌を完成させました．これはリンネの著作中最も豪華な本です．

　内容はクリフォード庭園の植物目録ですが，生きた植物と共に乾燥標本も含まれています．記録されている植物は199属2500種以上におよび，バナナ，コーヒー，ココアなどの熱帯の植物が多く記録されています．東アジアの植物は少なく，北アメリカ，南アメリカの植物の多いことが目を引きます．挿入されているページ大の36枚の図（p.119-154）はドイツの植物画家エーレットと，オランダのワンデラールの描いたものをワンデラールが彫版したもので，特にエーレットの図は優れています．

　本書は変種，種，属，綱の概念を初めて植物学に取り入れた著作であるとされています．

　本書の出版は扉によると1737年となっていますが，巻頭の寓意画の下には"ワンデラールの描画，彫版1738"とあり，完成したのは1738年であったと考えられます．(2)+(1)+(40)+501+(1)+(14)+(36 pl.)., 421 mm. (Soulsby 328).

22. クリフォード庭園のバナナ　Musa Cliffortiana florens Hartecampi 1736 prope Harlemum.

カール・リンネ　Carolus Linnaeus

（ライデン，1736）

　ハルテカンプのクリフォード庭園の温室で咲いたバナナの図と解説．当時ヨーロッパではバナナは極めて稀なものであり，さらにその開花は大きな話題となったことは想像に難くありません．リンネはバナナの開花当時クリフォード庭園の園長であり，その詳細な記録を残しました．本書には大判のバナナの全体図と，花の部分の図が挿入され，本館所蔵のものには彩色が施されています．図は M. Hoffman が描き A. vander Laan が彫版しました．本書ではリンネはバナナをヤシ類綱としていますが，後には Polygamia（雌雄雑性綱）に編入しました（Species Plantarum）．またバナナ類の分布地域を文献から抽出し31カ所をあげていますが，その中にはケンペルの著書を基礎として日本の名を挙げています．これはケンペルの『廻国奇観』p.905 に記録されているバショウによるものと考えられます．(2)+(46)+(2)+(2)., 255 mm. (Soulsby 275).

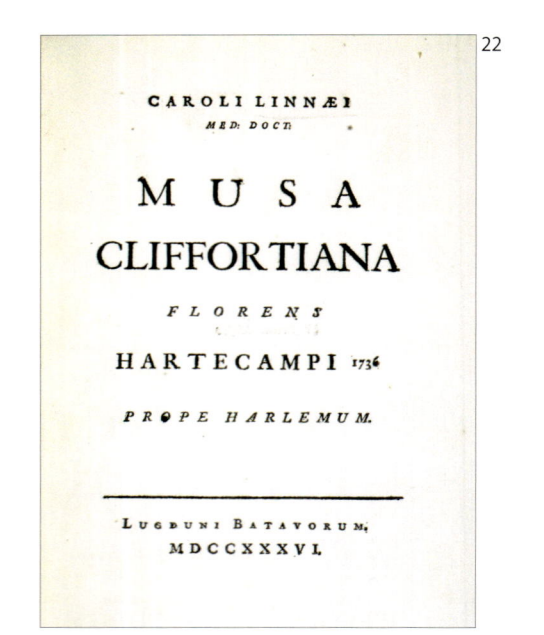

23. ウプサラ庭園誌―ウプサラ庭園に展示されている異国の植物― 第1巻 Hortus Upsaliensis.

カール・リンネ　Carolus Linnaeus

（ストックホルム，1748）

　ウプサラ大学の植物園に植えられている植物の解説つき目録．リンネは植物の栽培技術についても造詣が深く，オランダ滞在中もいろいろな植物園をたずね，またクリフォード庭園の園長をつとめたこともあって，ウプサラ大学の植物園の拡大充実につとめました．本書の巻末には，目録に登載した植物を，気候別，地域別のリストにまとめています．その大要をしめすと次のようになっています．

Frigidae 冷地域

　1. Alpinae, 2. Sibiricae, 3. Germanicae, 4. Virginicae

Temperatae 温地域

　5. Australes, 6. Narbonensis, 7. Lusitanicae, 8. Hispanicae,

　9. Italicae, 10. Mediterraneae, 11. Syricae

Calidae 熱地域

　12. Capens, 13. Mexicanae, 14. Indicae occidentales,

　15. Indicae orientalis, 16. Canarienses, 17. Aegyptiae

　これを見るとリンネは植物地理学の草分けでもあることがわかります（p.234 も参照）．第1巻となっていますが第2巻は出版されませんでした．(8)＋306＋(40)., 195mm.（Soulsby 424）．

24. ウプサラ植物園の稀少植物　Plantarum Rariorum Horti Upsaliensis, Fasciculus Primus sistens Descriptiones et Figuras Plantarum minus cognitarum.

カール・リンネ（小リンネ）　Carolus Linnaeus fil.

（ライプチッヒ，1767）

　リンネの息子（小リンネ）著でストックホルムで1762年から1763年に出版された同名の本と同じ体裁で，ページ大の10図が収められています．第1図（p.54）はアラビアで病死したフォシュスコールを記念して命名したフォルスコレアです．クリフォード庭園誌の図などと比較すると絵が稚拙で，銅版の彫りも悪く，また紙も粗雑です．20＋(10)., 342mm.（Soulsby 3822）．

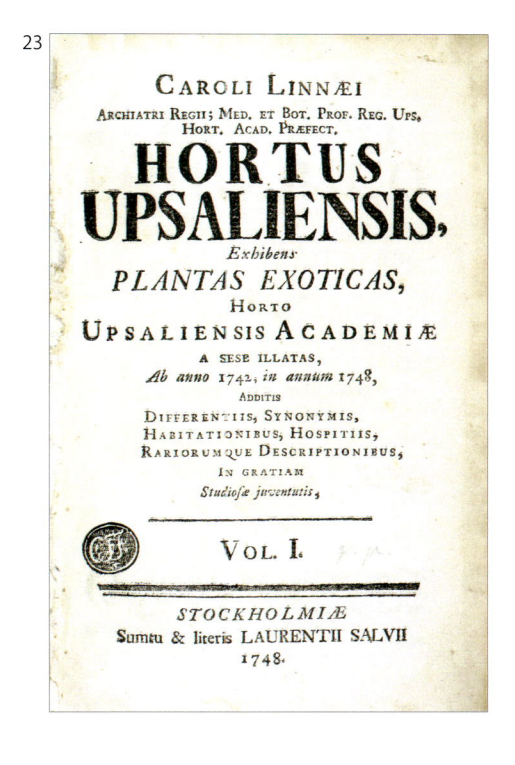

24. カール・リンネ（小リンネ）：ウプサラ植物園の稀少植物．Carolus Linnaeus fil.: Plantarum Rariorum Horti Upsaliensis. (1767)

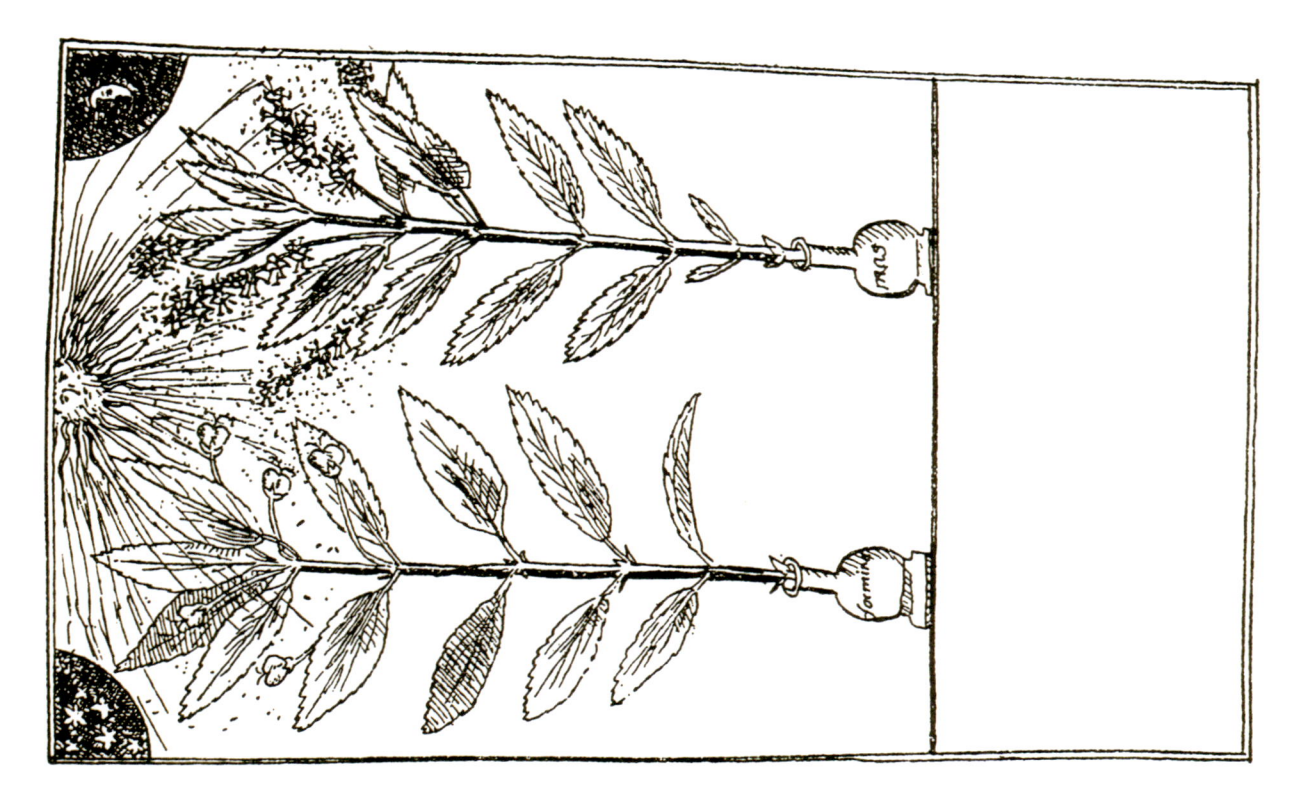

25. カール・リンネ：植物の婚礼序説．Carolus Linnaeus : Praludia Sponsalia Plantarum. (1730) 原本はウプサラ大学図書館に収蔵．

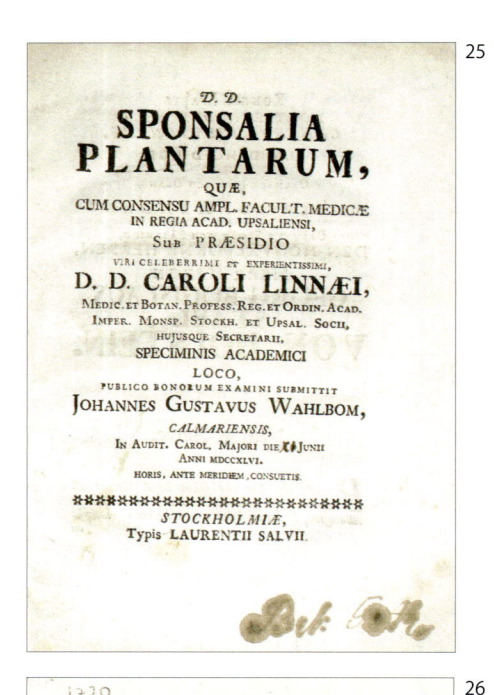

25. **植物の結婚（学位・口述論文）** Sponsalia Plantarum.
カール・リンネ／ヨハン・グスタフ・ヴァールボム
Carolus Linnaeus / Johan Gustav Wahlbom
（1750）

　リンネが大学生の時に植物の雌雄とその受精を小論文にまとめてオーロフ・セルシウスに捧げました．この論文はその時の『植物の婚礼序説』の主旨を書き改めたものといえます．雌雄異株のヨーロッパヤマアイ（トウダイグサ科）の花粉が風で雌株に送られる様を示した図が添えられ"植物の愛の結合"という題がつけられています．p.55 の図は，リンネがセルシウスに捧げた原本と考えられます．(6)+60+(1 pl.)+(2)., 210 mm. (Soulsby 1454).

26. **エリカ属（学位・口述論文）** Erica.
カール・リンネ／ジョーハン・アードルフ・ダールグレン
Carolus Linnaeus / Johan Adolph Dahlgren
（1770）

　アフリカ南端のケープ地方は特殊な植物相を持つことで有名ですが，リンネの時代には，東アジアへの船がケープを経由しましたので，多くの船がこの地域に立ち寄り，多数の植物をヨーロッパに持ち帰りました．リンネはこの地域の植物の多くに命名しています．ケープ地方は特にエリカの類が多く 400 種以上が知られています．この論文はその当時知られていたエリカ属植物を 3 個のグループにわけて 63 種を記述しています．(4)+15+(1)+(1 pl.)., 215 mm. (Soulsby 2399).

27. **マメカンバ（学位・口述論文）** Betula Nana.
カール・リンネ／ラウレンチウス・マグヌス・クラース
Carolus Linnaeus / Laurentius Mag. Klase
（1743）

　北極地方に生える高さ 20 cm ほどの小さなカンバ類について，分類，形態，研究史，用途，語源などについて記しています．
　リンネが弟子に与えた多数の学位・口述論文の最初のものです．(4)+20+(1 pl.)., 195 mm. (Soulsby 1370).

28. 高山植物（学位・口述論文） Flora Alpina.
カール・リンネ／ニコラス・エーマン
Carolus Linnaeus / Nicolaus N. Åmann
(1756)
　高山をラップランド，スイス，イタリア，ピレネーなどの13の地域にわけるとともに，高山植物の分類目録を載せています．この目録は今日の水準から見ても立派なものです．(4)+27+(1)., 193mm. (Soulsby 1891).

29. 植物の睡眠（学位・口述論文） Somnus Plantarum.
カール・リンネ／ペトロ・ブレーマー
Carolus Linnaeus / Petro Bremer
(1755)
　植物の葉の睡眠現象に関する論文．主にマメ科植物の葉の睡眠について，睡眠の形を区分し，花の睡眠現象についてもふれています．22+(1pl.)., 200mm. (Soulsby 1864).

30. 花のカレンダー（学位・口述論文） Calendarium Florae
カール・リンネ／アレキサンダー・ベルガー
Carolus Linnaeus / Alexander Mal. Berger
(1756)
　有名なリンネの花暦です．各月ごとにどのような花が見られるかを記してありますが，植物だけにとどまらず季節による自然現象のさまざまを記録した興味深い論文です．(4)+5+(19)., 188mm. (Soulsby 1897)

2. リンネのしごと2

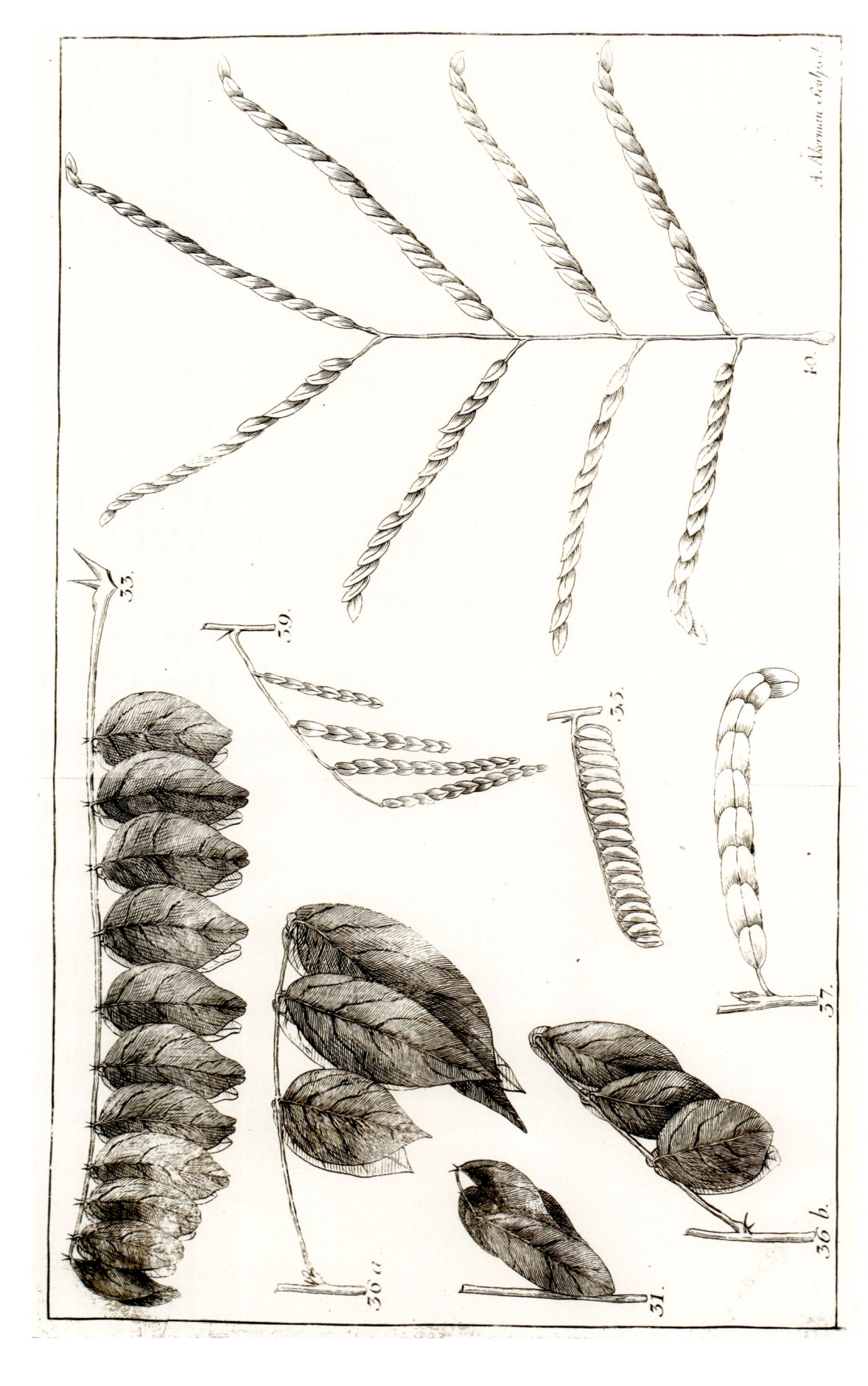

29. ペトロ・ブレーマー／カール・リンネ：植物の睡眠（学位・口述論文）．Carolus Linnaeus/Petro Bremer : Somnus Plantarum. (1755)

TABULA.

Fig. I. *SPLACHNUM* flavum.
n.1. Muscus nuper enatus ante expansionem umbraculi.
2. Ubi utabraculum incipit intumescere.
3. Umbraculum incepit dilatari.
4. Idem adhuc magis expandi
5. Cujus Anthera *aucta* antequam dehiscat.
  a. Anthera *aucta* ore dehiscere incipiens,
  b. Anthera *aucta* oris denticulis naturaliter reflexis, remanente in medio columna.
  Umbraculum auctum indicans reflexum situm,
6. Femina hujus musci terminata stellula,
7. Muscus mas superne visus,
7. Naturali magnitudine.

Fig. II. *SPLACHNUM* rubrum.
1. Muscus adhuc tener.
2. idem adultior antequam anthera dehiscat,
3. idem ætate matura, anthera dehiscente.
4. idem rarius duplici pedunculo, & naturali magnitudine.
4. idem microscopio visus umbraculo campanulato f. hemisphærico.
5. idem a Dillenio mutuatus, umbraculo inferne fimo f. repando, minus accurate delineato.

Fig. III. *JUNCUS* g'uma biflora terminali.
1, 2. Planta naturali magnitudine,
 a. Corolla.
 b. Petala.
 c. Glumæ universalis valvula exterior.
 d. Genitalia.
 e. Stamina.   E. E. aucta magnitudine.
 f. Pistillum. F. idem auctum.

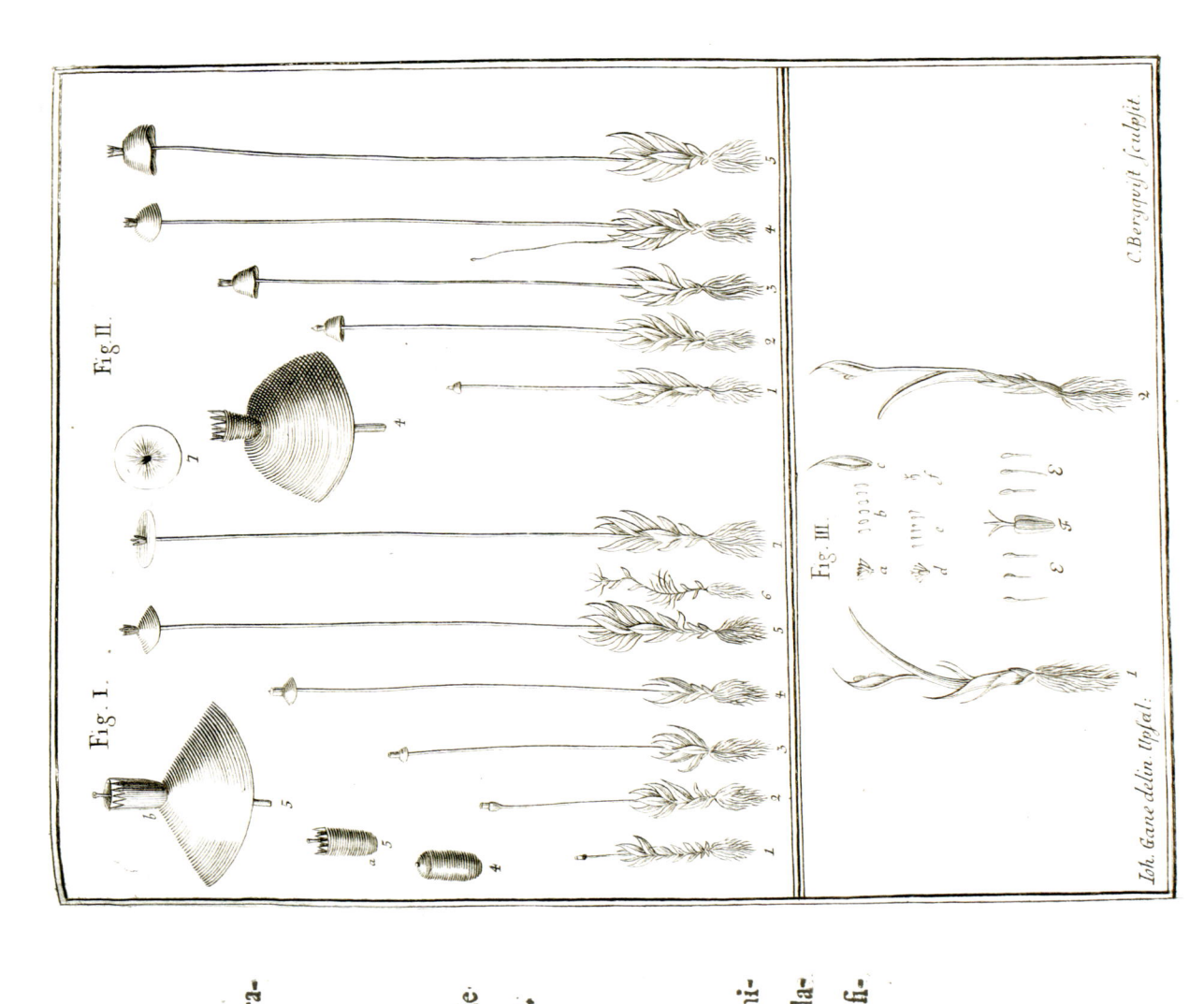

32. カール・リンネ／ラウール・モンティン：ジンガサゴケ属（学位・口述論文）. Carolus Linnaeus/Jonae Laur Montin fil.: *Splachnum*. (1750)

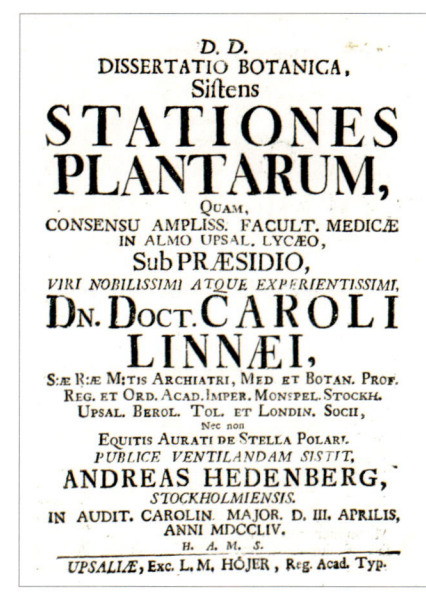

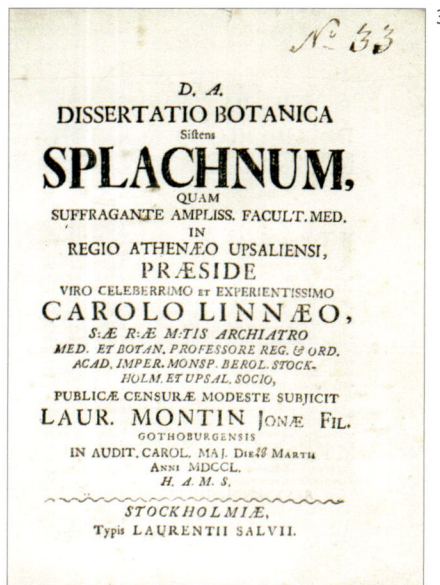

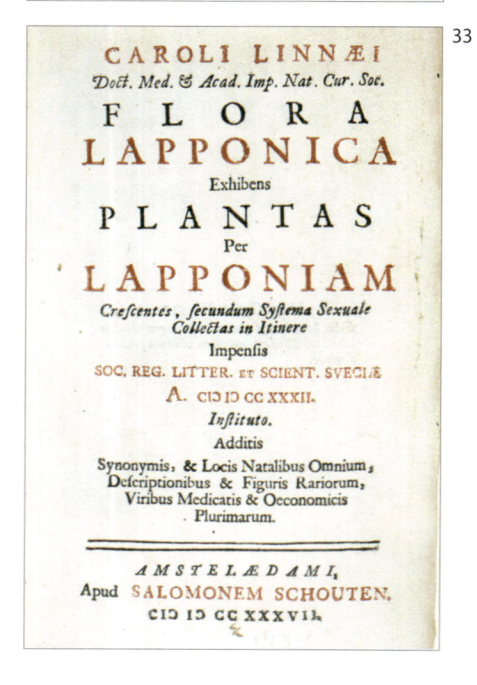

31. 植物の立地（学位・口述論文）　Stationes Plantarum.
カール・リンネ／アンドレアス・ヘデンベリ
Carolus Linnaeus / Andreas Hedenberg
（1754）
植物の生える場所を区分した論文です．まさに植物生態学の原点といえましょう．

Ⅰ．水生 -Aquaticae
　1. 海中 -Marinae, 2. 海岸 -Maritimae, 湖水 -Lacustres,
　3. 沼地 -Palustres, 4. 氾濫原 -Inundatae, 5. 湿地 -Uliginosae,
　6. Cespitosae

Ⅱ．高山 -Alpinae
　1. 多年生草本 -Perennes, 2. 一年生草本 -Annuae,
　3. イネ科草本 -Graminae, 4. 森林性の -Nomorosae

Ⅲ．陰地 -Umbrosae
　1. 森 -Nemorosae, 2. 林 -Sylvaticae

Ⅳ．平原 -Campestres
　1. 牧野 -Arvenses, 2. 耕地 -Cultae, 3. 雑草地 -Ruderales,
　4. 草原 -Pratenses, 5. 砂地 -Arenariae, 6. 粘土地 -Argillaceae

Ⅴ．山地 -Montanae
　1. 裸地 -Glabretosae, 2. 丘陵 -Collinae, 3. 岩地 -Rupestres

Ⅵ．寄生 -Parasiticae
　1. Frutex, 2. Herbae

(4)＋23＋(1)., 193 mm. (Soulsby 1799).

32. ジンガサゴケ属（学位・口述論文）　*Splachnum*.
カール・リンネ／ラウール・モンティン
Carolus Linnaeus / Jonae Laur Montin fil.
（1750）
動物の遺体上などに生える特殊な習性を持っているジンガサゴケ属のモノグラフ．(4)＋15＋(1)＋(1pl)., 198 mm. (Soulsby 1589).

●リンネのしごと　－植物学－　地域植物誌

33. ラップランド植物誌　Flora Lapponica.
カール・リンネ　Carolus Linnaeus
（アムステルダム，1737）
リンネは1732年の5月から9月にかけて，当時まだ未開であったラップランドの調査におもむき多くの資料を得ました．リンネはその原稿をオランダに持参し，ハルテカンプ滞在中に完成させ，アムステルダムのサロモン・ショウテン書店から刊行します．この植物誌はラップランドの植物をリンネのシステムによってとりまとめたもので，種子植物はもちろん，蘚苔類，地衣類，菌類，海藻にまで及んでいます．扉絵にはリンネとともにラップ人やトナカイが描かれ，クリフォード氏への献辞があります．巻末には12枚の折り込みの図があって，ここにはリンネのシンボルとなったリンネソウの図が見られます．リンネの初期の地域植物誌として重要なもので，この本で新しく記載された属は100に上ります．(37)＋372＋(15)＋(12)＋(12)., 199 mm. (Soulsby 279).

34. ラップランド植物誌(スミス版)　Flora Lapponica.
カール・リンネ／ヤコブ・エドアルド・スミス
Carolus Linnaeus ／ Jacobi Eduardi Smith（ed.）
（ロンドン，1792）

　リンネの死後，イギリスのエドアルド・スミスがラップランド植物誌を増訂して出版したものです．本文はオリジナルが372ページであるのに対して390ページに増えています．図版はリンネのオリジナルの銅版を用いています．(50)+390+(16)+(24)+(12).，208mm．(Soulsby 281)．

35. スウェーデン植物誌　Flora Svecica.
カール・リンネ　Carolus Linnaeus
（ストックホルム，1745）

　スウェーデンの植物をリンネの24綱の体系にしたがって配列解説したもので,1303種類があげられています.この中には蘚苔類,地衣類,藻類，菌類が含まれており，それらを除いた，維管束植物は1140種になります．これは現在の知見からしてみてもかなり程度の高い植物誌で，リンネがラップランドなどへの探検を通じて，スウェーデンの植物に精通していたことがうかがえます．なかにはリンネソウの図が1枚折り畳みで挿入されており，リンネのリンネソウに対する，特別な思い入れがここにも現れています．本書は1755年にストックホルムから再版が出版されています．(16)+420+(1).，187mm．(Soulsby 407)．

36. セイロン植物誌　Flora Zeylanica.
カール・リンネ　Carolus Linnaeus
（ストックホルム，1747）

　リンネはオランダ人の医師，パウロ・ヘルマンが1670年から1677年にセイロンで収集した植物標本を入手しましたが，本書はそれをまとめたものです．あげられている植物は全部で657種です．分類は24綱に従っていますが，ヤシ類という綱を24綱の外に記し，フェニックス，ココヤシ，アレカヤシ，ソテツなどをそれに含めています．ヤシ類綱というのはクリフォード庭園誌にも見られますが，リンネはヤシ類の分類について資料が足らず，結論をだせなかったように思われます．巻末に4枚の図があります．

　巻末に"セイロンの植物の新属"という論文がつけくわえられていますが，これはダッソウ（C. M. Dassow）の学位・口述論文と同じ内容で，43の新属が記載されています．240+(20)+(4).，196mm．(Soulsby 420)．

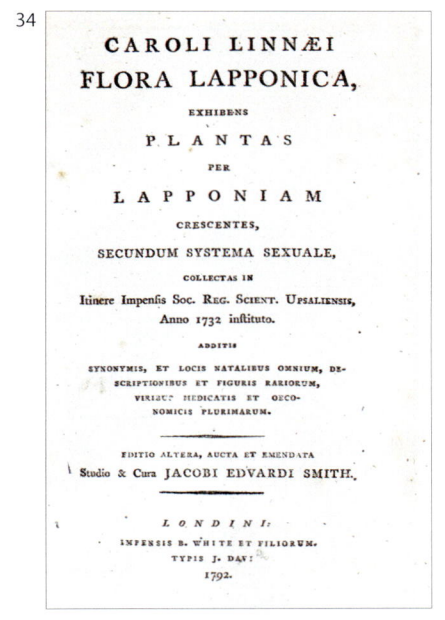

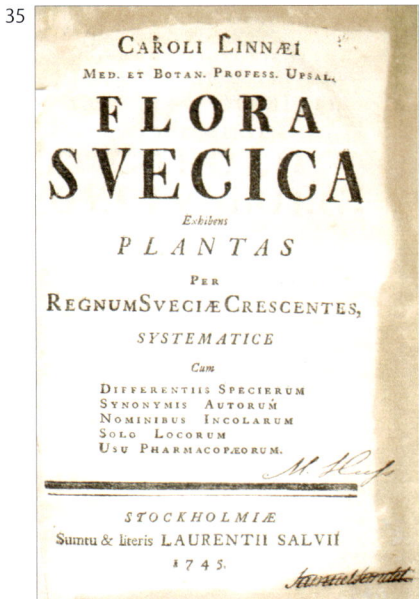

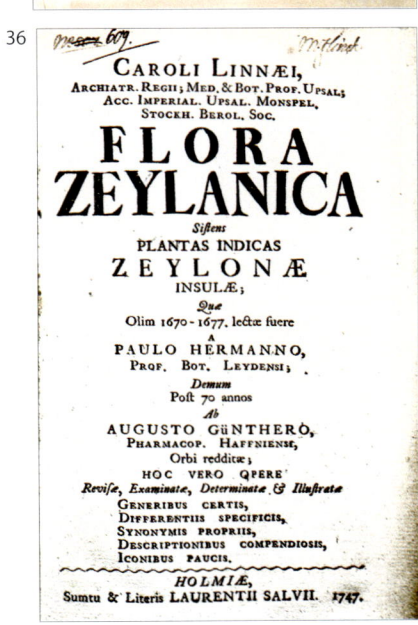

2. リンネのしごと 2

Tab. V.

38. カール・リンネ／ヤーコブ・アルム：スリナムの植物（学位・口述論文）. Carolus Linnaeus/Jocob Alm: Plantae Surinamenses. (1775)
Gustavia angusta.

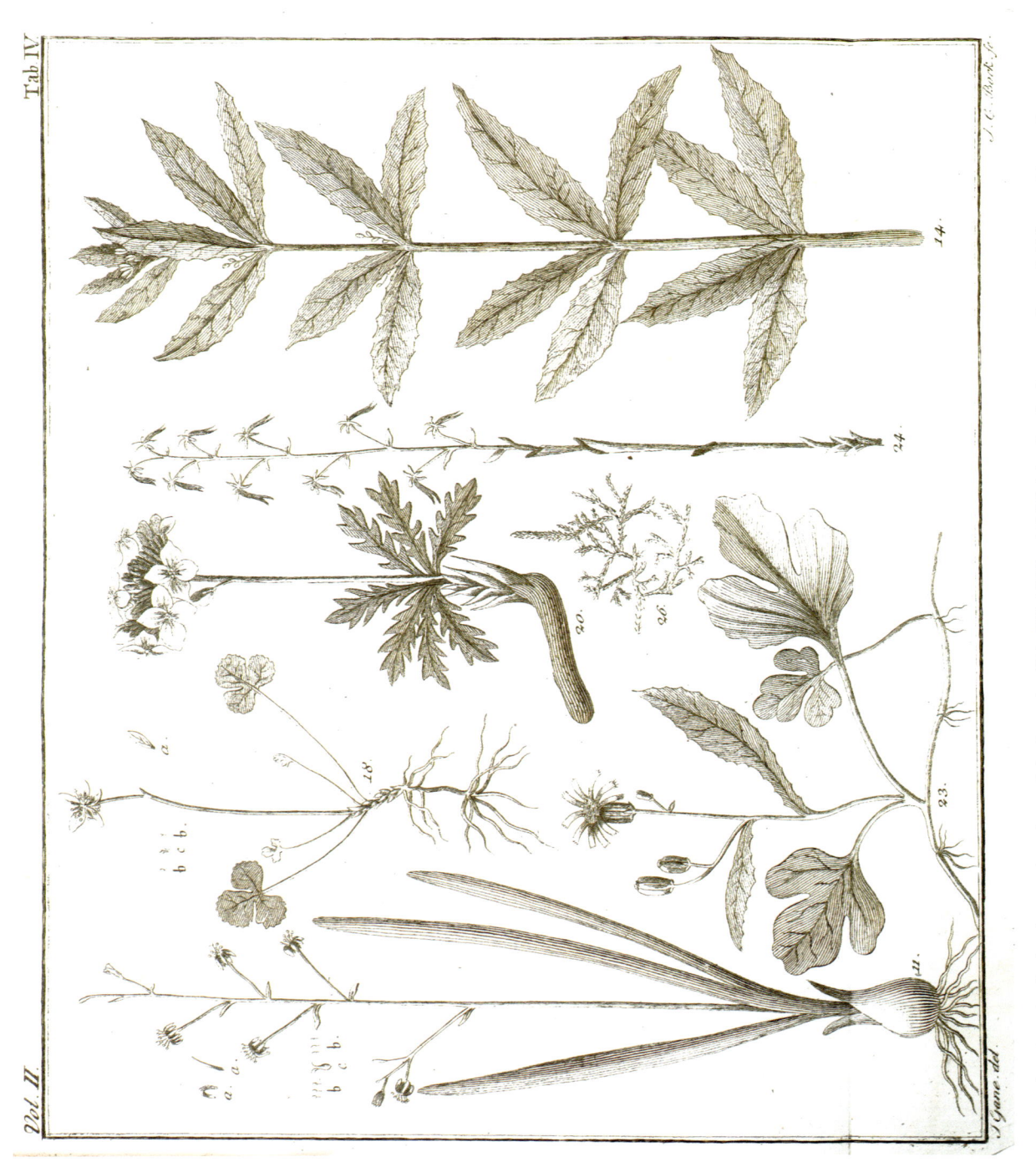

39. カール・リンネ／ヨナス・ハレニウス：カムチャッカの稀な植物（学位・口述論文）．Carolus Linnaeus/Jonas P. Halenius: Plantae Rariores Camschatcenses. (1750)

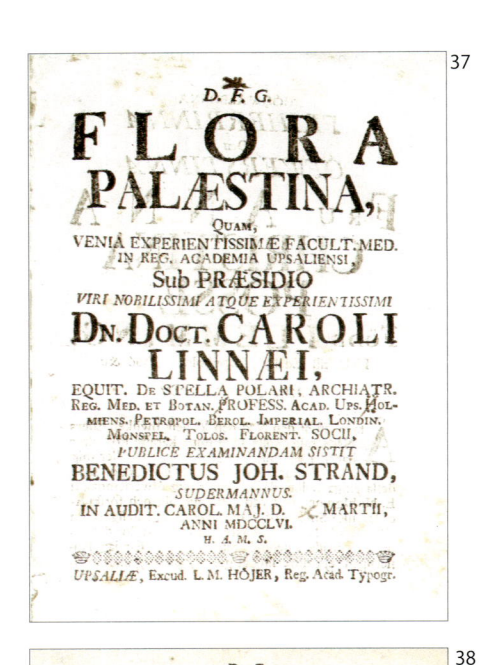

37. パレスチナ植物誌（学位・口述論文） Flora Palaestina.
カール・リンネ／ベネディクト・ヨハン・ストランド
Carolus Linnaeus/Johan Benedictus Strand
（1756）

　リンネの弟子ハッセルキストはパレスチナに調査におもむきましたが，病に倒れ生還できませんでした．その標本はトルコ政府に押収されましたが，スウェーデンのウルリーケ王妃はリンネの願いをいれ，大金を支払ってハッセルキストの採集品を入手しました．この論文はその王妃所蔵の標本をもとにした植物目録で600種が記録されています．32., 193 mm.（Souslby 1886）．

38. スリナムの植物（学位・口述論文） Plantae Surinamenses.
カール・リンネ／ヤーコブ・アルム　Carolus Linnaeus / Jocob Alm
（1775）

　南米スリナムの植物148種の解説つき目録で，13の新属が含まれています．そのうち図入りで記述されているグスタビア（サガリバナ科）(p.62)は，森林の高木で，温帯のモクレン属に相当するような巨大な花をつける種類です．『学問のたのしみ』に再録されたものには大判の図が添えられていますが，当館のオリジナル・コピーではそれが欠けています．18., 185 mm.（Soulsby 2438）．

39. カムチャッカの稀な植物（学位・口述論文） Plantae Rariores Camschatcenses.
カール・リンネ／ヨナス・ハレニウス
Carolus Linnaeus / Jonas P. Halenius
（1750）

　カムチャッカから採集された標本の解説つきリスト．
　p.63の図の説明
11. *Melanthium petalis fessibilibus.*
14. *Sedum foliis quartensis.*
18. *Helleborus foliis ternatis.*　ミツバオウレン
20. *Arabis caulenudo.*
23. *Prenanthes repens.*　ハマニガナ
24. *Neottia nectariilabio bifido lineari.*　サンゴネラン
26. *Lycopodium repens dichotomum.*
(4)＋30＋(1 pl.)., 205 mm.（Soulsby 1612）．

● **リンネの体系による自然誌 －植物－**

リンネのシステムの解説書，あるいはリンネの体系によって配列した地域植物誌などは，リンネの生前からヨーロッパの各地，特にイギリス，ドイツで非常に多数出版されました．リンネの著作の訳本の体裁をとっていながら大幅な増補改訂を行っているものもあり，"リンネの体系による"という表題がついていてもその内容はさまざまです．ここでは当館所蔵のものの中から代表的なものを選びました．

40. **植物界の体系（第14版）** Systema Vegetabilium.
カール・リンネ / アンドレア・マーレイ
Carolus Linnaeus/Johan Andreas Murray
（ゲッチンゲン，1784）

　自然の体系の第12版に引き続いて，植物界だけをまとめたもの．これはその第2版で，自然の体系12版から通算すると第14版になる．1436属が記述され，最後にイチョウが加えられている．(16)+822., 223mm. (Soulsby 583).

41. **植物属誌（植物の属）（全2巻）** Genera Plantarum (ed.8.).
カール・リンネ / ヨハン・クリスチャン・ダニエル・シュレーバー
Carolus Linnaeus / Johan Christian Daniel von Schreber
（フランクフルト・アム・マイン，1789）

　1769属を記述．(32)+(6)+872., 190mm. (Soulsby 301).

42. **植物の自然排列講義** Praelectionesin Ordines Naturales Plantarum.
ヨーハン・クリスチャン・ギーゼケ編
Carolus Linnaeus/Jo. Chr. Fabricii & Paulus Diet. Giseke
（1792）

　"リンネの"と表題にはありますが，内容はツルヌフォールの体系に近く，単子葉類，双子葉類，無子葉類に分け，58目を分類解説しています．イネ目の詳細な属までの検索表や，巻末のヤシ目の果実の図に特徴があります．ヤシ目の図ではソテツが入っています．さらにこの58の目をその類縁によって平面に展開した図（p.66-67）がユニークです．現在，植物の系統あるいは類縁を示すのには主に樹形図が用いられますが，本書の図は植物の類縁の地図表現としては最も早い例の一つでしょう．662+(4)+(5)., 199mm. (Soulsby 620).

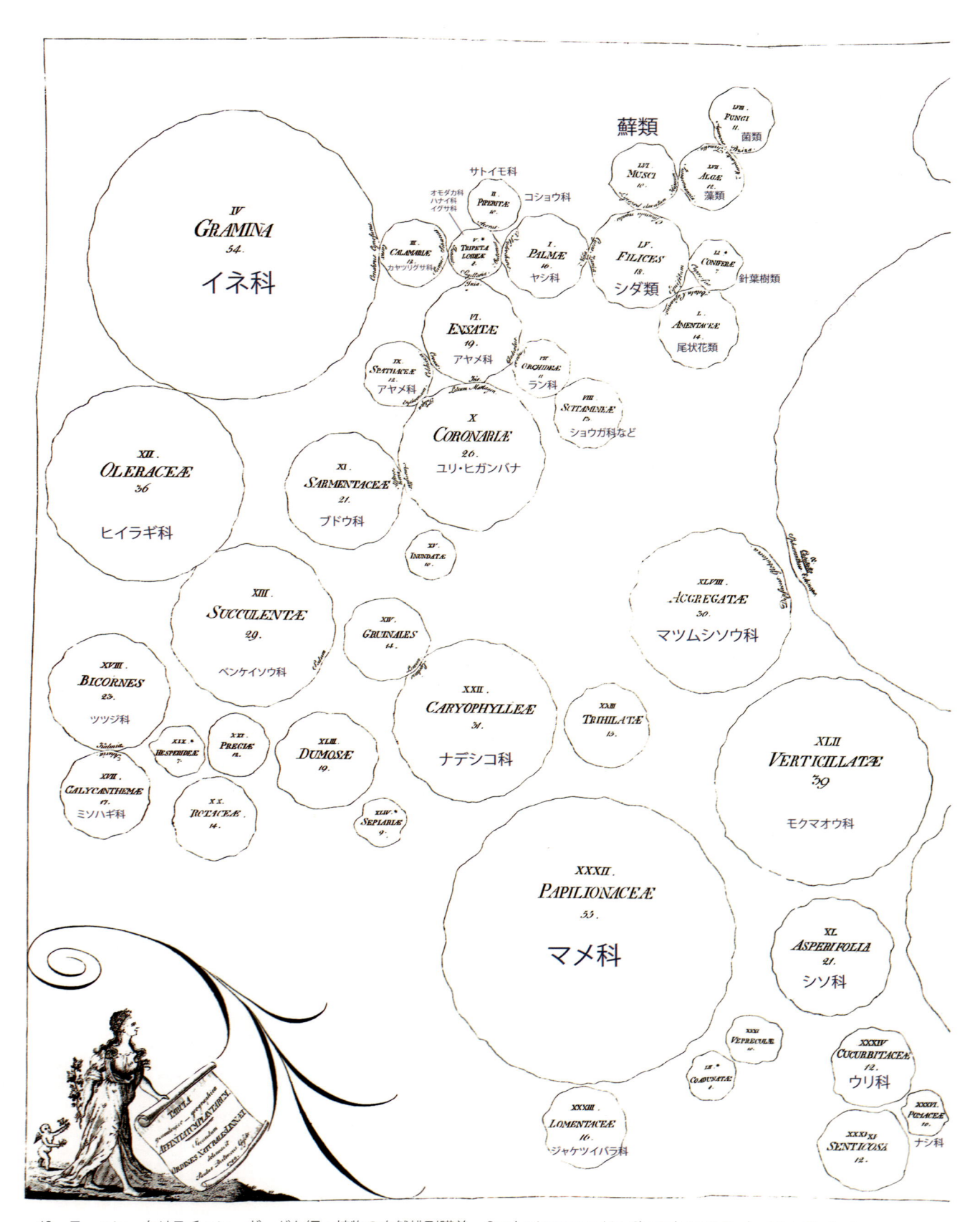

42. ヨーハン・クリスチャン・ギーゼケ編：植物の自然排列講義. Carolus Linnaeus / Jo. Chr. Fabricii & Paulus Diet. Giseke：

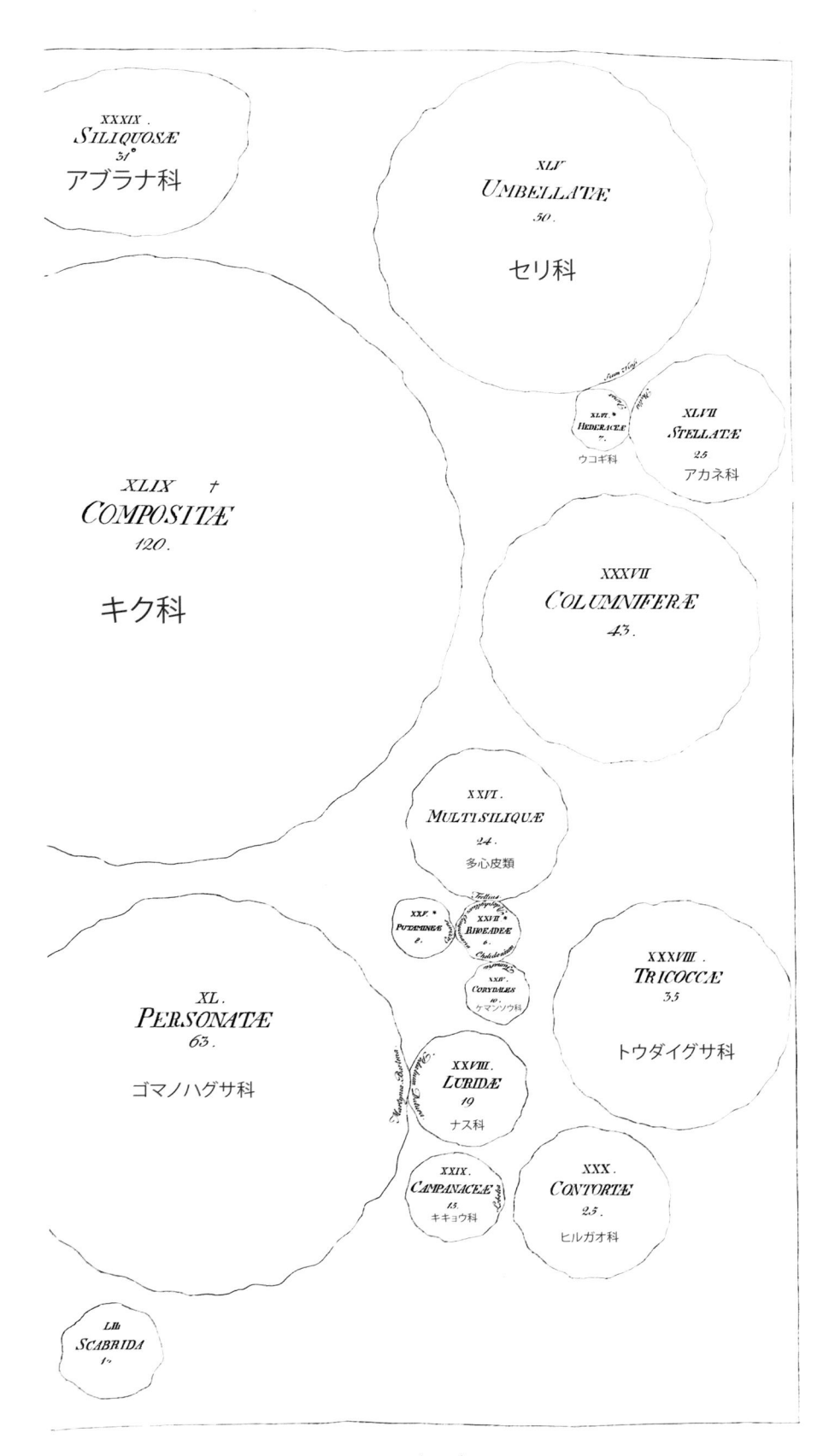

リンネの分類が機械的で極めて似た種類が別の綱に分類されてしまうという例が多く見られる．リンネは当初からこの問題を意識していて，『植物哲学』(1751)の中で自然分類の試案を記している（木村，本書p.191）．

また植物の自然分類群を世界地図を見るように一覧的に示したいという意志を表明している（木村，本書p.191）．

ギーゼケによるこの図は，まさにリンネの意図を具体化したものといえる．

丸で囲まれた植物のグループは，ほぼ現在用いられる科に相当するので，判明する限り対応する現在の科名を記入した．

現在の視点でこの図を見ると，誰でもダルグレン（Dhalgren,1982）の，いわゆるダルグレノグラムを想起するであろう．最も近代的な系統表示のアイデアが18世紀にすでに芽生えていたことを示す資料として興味深い．

参考文献
Dahlgren, R.M.T and Clifford, H.T.. 1982. The Monocotyledons: A Comparative Study. 378 pp. Academic Press, London.
Dahlgren, G. 1989. The last dahlgrenogram. System of classification of the Dicotyledons. in Kit Tan(ed.) Plant taxonomy, Phytogeography and related subjects. The Davis and Hedge festschrift. 249-260. Edingburgh.

Praelectionesin Ordines Naturales Plantarum. (1792)

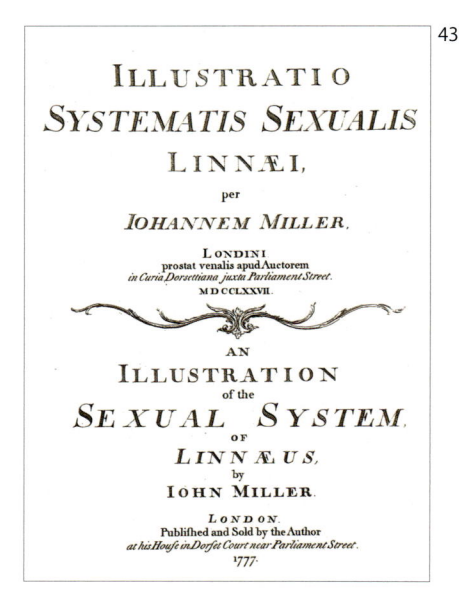

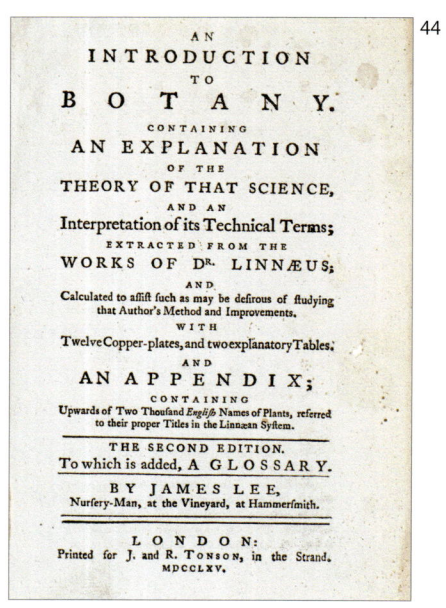

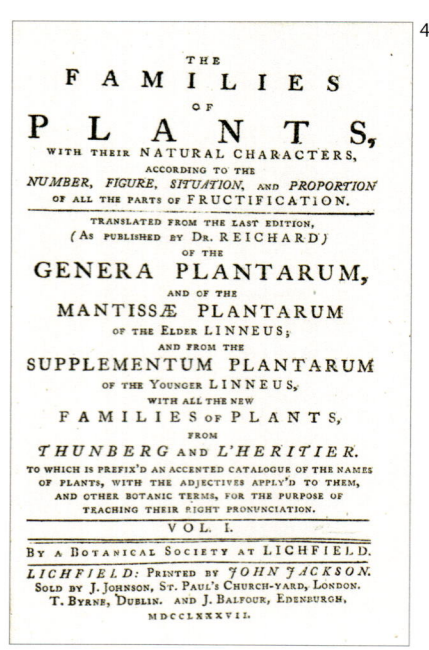

43. リンネの性の体系　An Illustration of the Sexual System of Linnaeus.
ジョン・ミラー　John Miller
（ロンドン，1777）

　リンネの性の体系を，各分類群の代表種の精細な図解で示したものです．図はミラーの描画と彫版によるもので，自作し自ら販売しました．扉に Publisherd and Sold by the Author とあります．巻頭に予約購読者の名簿がありイギリス王室が2部予約していたことがわかります．1770年ころから20分冊で刊行され1777年に完成しました．図版は銅版手彩色が108枚，各図版ごとに別に墨一色の同じ図が重複してあり，墨版の方には記号が刻まれていて説明文と対照できるようになっています．図解されている植物はヨーロッパ産のものが多いですが西インド諸島，北アメリカなどの植物も含まれます．1794年にロンドンで小形の廉価版が刊行され，1792年にはフランクフルトでも刊行されています．ジョン・ミラー（1715-1790）はドイツのニュルンベルグで生まれた植物画家兼彫版家で Johan Sebastian Müller といったが，後にイギリスに移住し John Miller と名乗りました Ⅰ：1-51 pl，Ⅱ：52-104 pl.，525 mm．(Soulsby 667)．

44. 植物学入門，リンネの植物学のセオリーの解説と術語の説明
　An Introduction to Botany.
カール・リンネ／ジェームス・レー　Carolus Linnaeus / James Lee
（ロンドン，1765）

　蔵書票はリンネ研究で有名なクヌート・ハーベリーのもの．479＋(12).，206 mm．

45. 自然の特徴による植物の科　The Families of Plants.
カール・リンネ／エラズムス・ダーウィン（訳）
Carolus Linnaeus / Erasmus Darwin（tr.）
（1807）

　進化論で有名なチャールズ・ダーウィンの祖父エラズムス・ダーウィンによるリンネの『植物の属』『植物学補遺』などの英訳．エラズムス．ダーウィンはこのほかリンネの植物の雌雄性についての仕事を詩の形で紹介しています．2 vols. (80)＋(4)＋840.，205 mm．(Soulsby 24，321)．

46. **リンネの体系による植物学**　Linnaeus's System of Botany, so far as relates to his Classes and Orders of Plants.

カール・リンネ／ウィリアム・カーチス

Carolus Linnaeus / William Curtis

（ロンドン，1777）

　カーチス植物学雑誌で有名なカーチスによる自然の体系の解説．彩色されたオリジナルの24綱の図2葉があり，それと同じ銅版に記号を付加した単色版各1枚をつける．（4）+15＋（4）.，270mm.（Soulsby 677）

47. **自然哲学的および体系的植物学序説（第2版）**　Introduction to Physiologicial and Systematical Botany.

カール・リンネ／ジェームス・エドワード・スミス

Carolus Linnaeus / James Edward Smith

（ロンドン，1809）

　ジェームス・エドワード・スミス（1759-1828）はノーウィッチ生まれで植物の図説を数冊出版している．本書は植物の各部分の解説で精緻な銅版画15枚をいれる．533＋（15）.，220mm.（Soulsby 786 d）.

48. **基礎植物学の手紙（トーマス・マーチン英訳）**　Letters on the Elements of Botany. Addressed to a Lady.

カール・リンネ／ジャン・ジャック・ルソー

Carolus Linnaeus / J. J. Rousseau

（ロンドン，1785）

　ジャン・ジャック・ルソーはその革命的な著書によって迫害され，スイスの山奥に隠れ住みましたが，その間植物学に親しみ，特にリンネの本を愛読しました．後年スイスで世話になった家の孫娘に植物学の基礎を手紙で説明しました．この手紙はルソーの植物学として手写本が流布されましたが，ケンブリッジ大学のトーマス・マーチン教授が英訳し，リンネの24綱の説明をつけ加えて出版しました．（29）＋503＋（28）.，213mm.（Soulsby 701）.

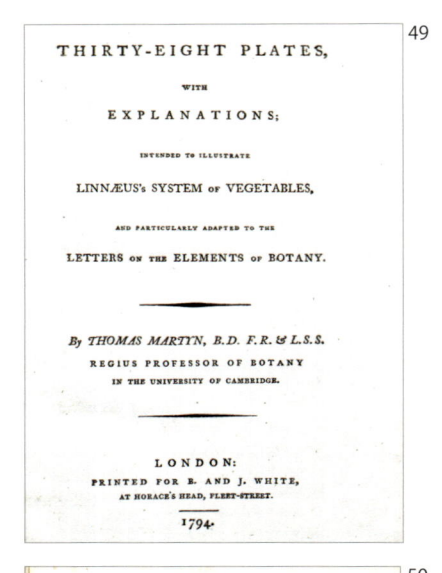

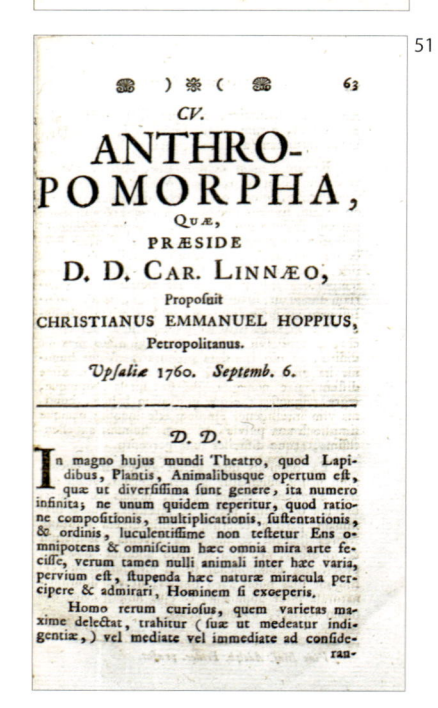

49. リンネのシステムによる38種の植物　Thirty-eight plants, with explanations ; instead to illustrate Linnaeus's System of Vegetables, and particularly adapted to the Letters on the Elements of Botany.
カール・リンネ／トーマス・マーチン
Carolus Linnaeus / Thomas Martyn
（ロンドン，1794）
　ルソーの基礎植物学の図説にあたるもので銅版手彩色の図38枚に解説が加えられています．(6)＋72＋38 pl., 209 mm. (Soulsby 593).

●リンネのしごと　－動物学－
　リンネの動物学に関する著述は，植物学ほど多くはありませんが，初期の『スウェーデン動物誌』をはじめ，『自然の体系』の中の動物の部分など，その量は決して少なくはなく，後の動物学に与えた影響も大きなものがあります．特に『自然の体系』第10版が，現在の動物命名規約で学名の出発点と定められていることは，リンネが動物分類学の源流に位置することを如実に物語っています．

50. スウェーデン動物誌（初版）　Fauna Svecica.
カール・リンネ　Carolus Linnaeus
（ストックホルム，1746）
　スウェーデンの動物相を二語名法によりまとめた大著で，初版（1746，411ページ）はリンネ著『自然の体系』（第10版，1758-1759）に先駆する重要な著作です．再版（1761，578ページ）は，大幅に増補されています（とくに昆虫）．哺乳類，鳥類，両生類，魚類，昆虫類および蠕虫類について綱・目・属・種の順序で配列し，学名および簡単な記載を付す．多数の新種の命名をふくむとともにシノニム（同物異名）を整理しました．地方名（俗名）や原産地も併記されています．（小西）．(1)＋(28)＋411＋(2 pl.)., 191 mm. (Soulsby 1151).

51. 類人猿（学位・口述論文）　Anthropomorpha.（Amoenitates Academicae）
カール・リンネ／クリスチャン・エマニュエル・ホッピウス
Carolus Linnaeus / Christianus Emmanuel Hoppius
（1760）
　類人猿を *Pygmaeus*, *Satyrus*, *Lucifer*, *Trogrodyta* の4属に区分していますが，これはリンネが自然の体系で行った霊長類の分類と異なっています．挿入された図（p.72）を見てもわかるように，リンネの時代には類人猿については情報が不足していたものと考えられます．以下に自然の体系における霊長類の分類を抽出しておきます．
　　自然の体系（初版，1735）
　　　Anthropomorpha
　　　　1. *Homo*, 2. *Simia*, 3. *Bradypus*
　　自然の体系（4版）
　　　Anthropomorpha
　　　　1. *Homo*, 2. *Simia*, 3. *Bradypus*, 4. *Myrmecophaga*
　　自然の体系（10版，1757）
　　　Primates（霊長類）

1. *Homo*, 2. *Simia*, 3. *Lemur*
自然の体系（12版）
　　Primates（霊長類）
　　　1. *Homo*, 2. *Simia*, 3. *Lemur*, 4. *Vespertilio*

52. **鳥類学の基礎（学位・口述論文）**　Fundamenta Ornithologica.
カール・リンネ／アンドレアス・ペーター・ベックマン
Carolus Linnaeus／Andreas Petr. Baeckman
（1765）

　鳥類を記載するための項目を列挙しています．鳥類の体の各部分の形状について記述し，ついで輪郭，生息環境，地域，渡り，交尾，営巣，卵，抱卵，教育，生活などの項目を挙げ，属，目さらには有用性についてもふれています（p.73）．28＋（1 pl.），190 mm．（Soulsby 2285）

53. **鳥の渡り（学位・口述論文）**　Migrationes Avium.
カール・リンネ／カルロス・ダニエル・エクマルク
Carolus Linnaeus／Carolus Dan. Ekmarck
（1757）

　鳥の渡りに関するそれまでの研究者の仕事をレビューするとともに，外国へ渡る鳥と，国内で渡りをする鳥に分けて，種類ごとにその渡りの実際を記述しています．18．，190 mm．（Soulsby 1936）

54. **シレン（学位・口述論文）**　Siren lacertina.
カール・リンネ／アブラハム・オステルダム
Carolus Linnaeus／Abrahamus Osterdam
（1766）

　シレン（サイレン）は北アメリカに分布する両生類です．もともとシレンはヨーロッパの伝説上の人魚ですが，リンネはこの両生類を外見上の類似からシレンと命名しました．これはオステルダムの提出論文ですが後に『学問のたのしみ』に再録されました．初版の図は外鰓のない成体を描いていますが，『学問のたのしみ』の方では幼体の外鰓のある図に変えられています．図（p.72）にあるのが伝説上の人魚シレンです．（4）＋15＋（1）＋（1 pl.），200 mm．（Soulsby 2335）

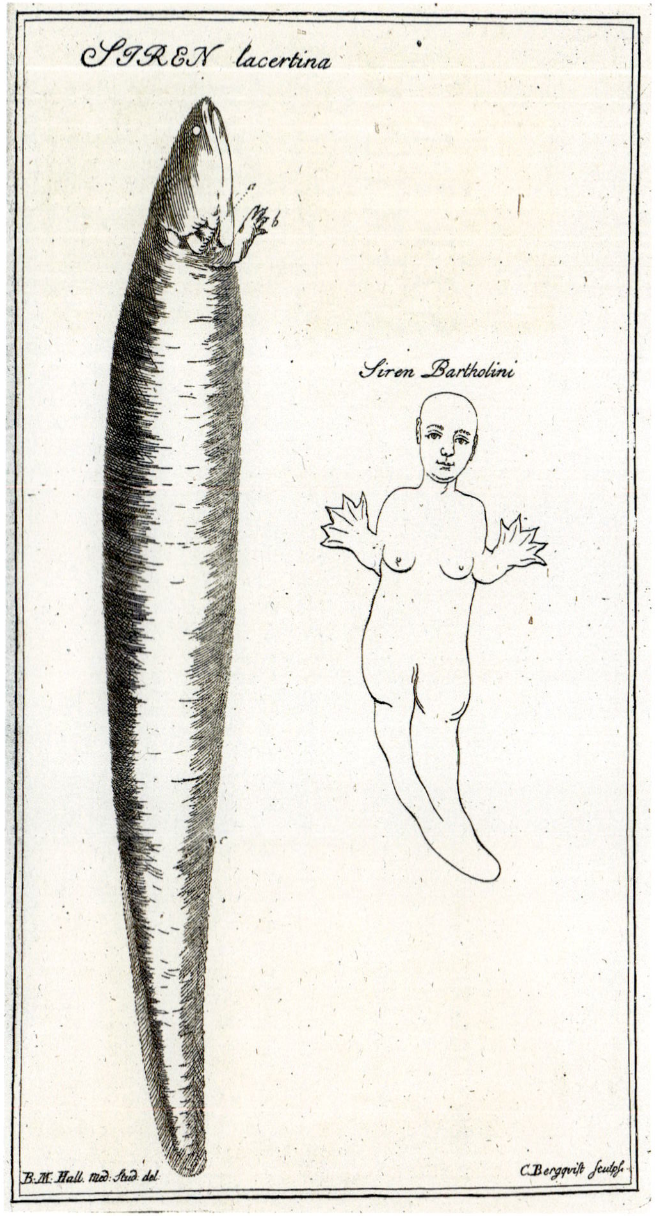

2. リンネのしごと 2

51. カール・リンネ/クリスチャン・エマニュエル・ホッピウス：類人猿. Carolus Linnaeus/ Christianus Emmanuel Hoppius：Anthropomorpha. –Amoenitates Academicae–（初版）

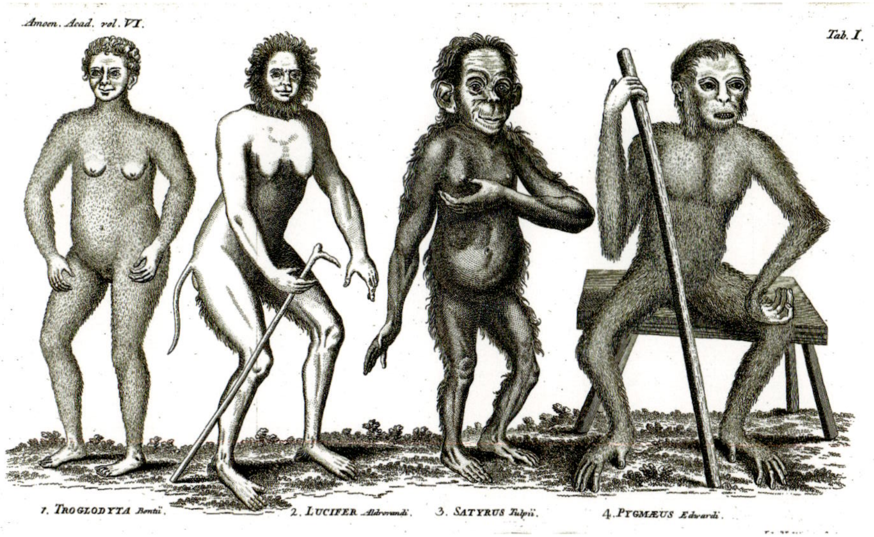

51. カール・リンネ/クリスチャン・エマニュエル・ホッピウス：類人猿. Carolus Linnaeus/ Christianus Emmanuel Hoppius：Anthropomorpha. –Amoenitates Academicae–（第2版）

54. カール・リンネ/アブラハム・オステルダム：シレン. Carolus Linnaeus/Abrahamus Osterdam：Siren lacertina. (1766)

72

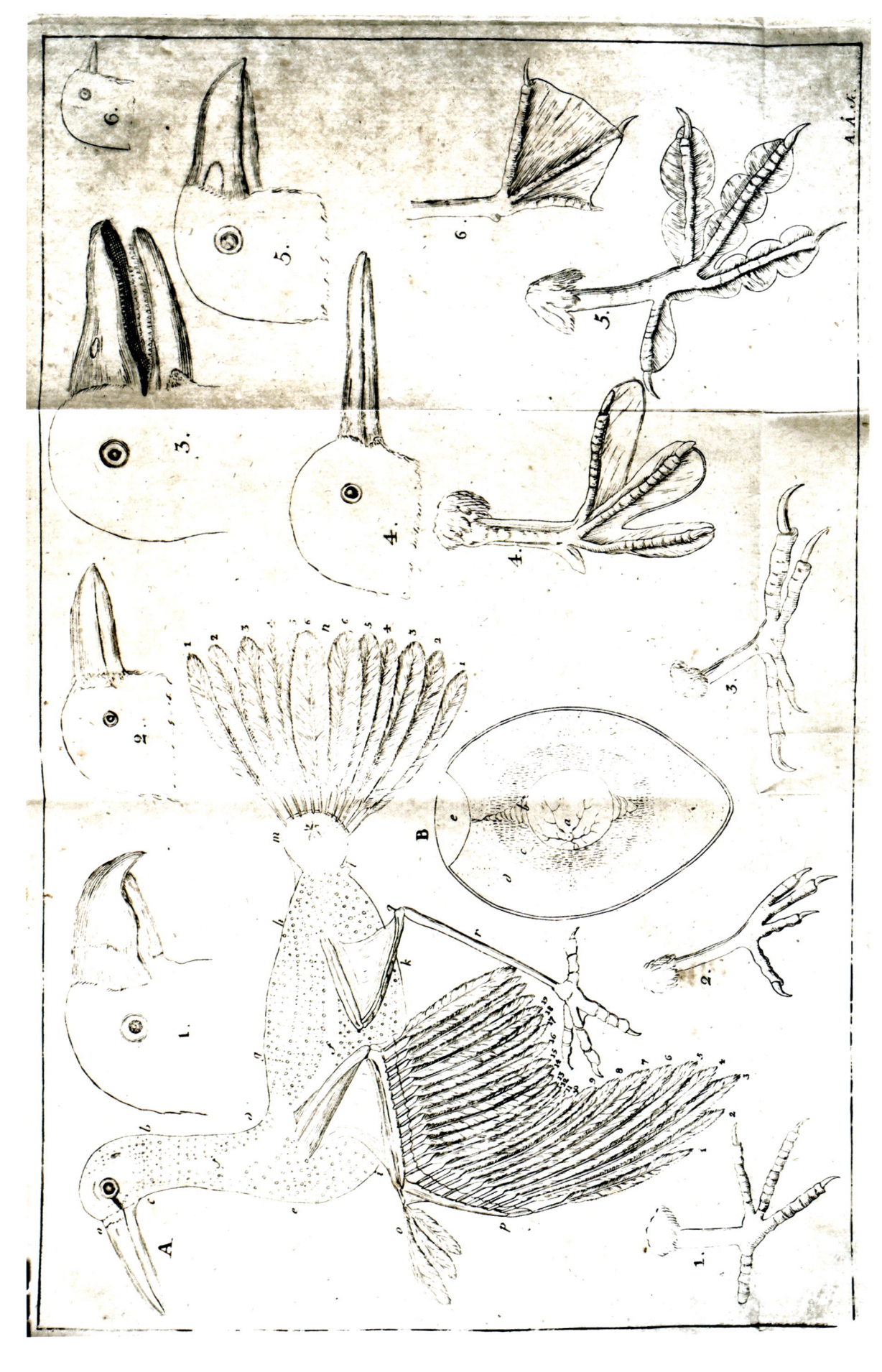

52. カール・リンネ/アンドレアス・ペーター・ベックマン：鳥類学の基礎（学位・口述論文）．Carolus Linnaeus/Andreas Petr. Baeckman : Fundamenta Ornithologica. (1765)

2. リンネのしごと 2

55. 昆虫学の基礎(学位・口述論文) Fundamenta Entomologiae.
カール・リンネ／アンドレアス・ヨハン・ブラッド
Carolus Linnaeus／Andreas Johann Bladh
(1767)

昆虫の記載の要領を述べたものです．34., 180mm.（Soulsby 2362).

56. 介殻学(貝類学)の基礎(学位・口述論文) Fundamenta Testaceologiae.
カール・リンネ／アドルフ・マーレイ
Carolus Linnaeus／Adolphus Murray
(1771)

政治的，宗教的な理由から，当時スコットランドからスウェーデンに移住する一家が多かったといわれています．アドルフ・マーレイ(1751-1803)もスコットランド系の人で解剖学を専攻し，後に解剖学の教授となった人です．

この介殻学(貝類学)の基礎は，貝類を巻貝と二枚貝に分け，その分類を述べたものです．『自然の体系』初版では，貝類 Testacea を Nautilus など8類を並立させていたのに比べ大きな進歩が認められます．巻末におさめられている2葉の図版(p.76-77)もすぐれています．(2)+43+(2pl.)., 230mm.（Soulsby 2405).

●リンネの体系による自然誌 —動物—

57. リンネの体系中の昆虫の特徴 Die Kennzeichen der Insekten.
ヨーハン・ハインリッヒ・ズルツァー　Johan Heinrich Sulzer
(チューリヒ, 1761)

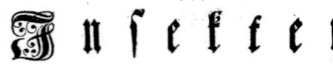

リンネが『自然の体系』(第10版, 1758)に記載した昆虫の属のうち，主要なものの特徴について図説したもの．本文は独文204ページで，昆虫の生態についても記載しています．図版は銅版画が24枚で，手彩色(p.110-111)．スイスの医師で博物学者ヨハネス・ゲスナーの序文があります．著者J. H. ズルツァー(1735-1813)はスイス人，同国ヴィンタートゥールの医師で，著書はほかに『リンネの体系中の昆虫の略解』(1776)があります．（小西）．(28)+203+(67)+(24)., 208mm.
(Soulsby 1221)

58. リンネによる昆虫の属　Les Genres des Insectes de Linné.
ジェイムズ・バーブット　James Barbut
(1781)

　リンネが『自然の体系』に記載した昆虫の属を英国産の昆虫標本に基づいて図説したもの．図(p.112)は著者が実物を写生し，自刊しました．本文371ページ，図版は銅版手彩色20枚，折込図表2枚から成り，扉および本文は同ページに英文(左欄)と仏文(右欄)で書かれています．1783年に再版されています．著者 J. バーブットは英国人で生没年や経歴などは不詳．著書は，ほかに『リンネの蠕虫の属』I，II(1783, 1788)および『ポルトガルの寄生虫学』(1799)があります．(小西)．(17)+371+(20)+(2)., 266mm. (Soulsby 116a).

●リンネのしごと　－医学－

　リンネの当時，ヨーロッパでは大学で自然科学を学ぶとすれば医学部しかありませんでした．長崎のオランダ商館に来たケンペル，ツュンベリー，シーボルトなどは，自然科学者として高く評価されていますが，本来は医者でした．リンネはウプサラ大学の医学部に学び，オランダで医学博士の学位を得た後，母校の医学部の教授として一生を全うしました．リンネは医学に関する論文を多く書き，病気や薬物の分類をも試みましたが，現代の医学の目からするとリンネの医学に関する論文は，生物学の論文のようには高く評価されないようです．しかし独創的な考えは少なくなく，現在の衛生学の範疇に入るような分野でも多くの仕事を成し，養生論も執筆しています．

59. 間歇熱の原因についての新仮説　Dissertatio Medica Inauguralis in qua exhibetur Hypothesis Nova de Febrium Intermittentium Causa.
カール・リンネ／ヨハン・ゴルター
Carolus Linnaeus / Johannis de Gorter
(ハルダーワイク，1735)

　リンネがオランダ・ハルダーワイク大学に提出した学位論文．リンネはスウェーデンにおいてこの論文を準備し，1735年6月12日に行われた論文審査討論会で合格し医学博士の称号を得ました．全部で24ページ．間歇熱とは当時スウェーデン南部にも見られた三日熱マラリアのことであるということです．リンネもリンネの家族もこの間歇熱にかかったことがあるということです．リンネはここで間歇熱の原因は土壌に粘土質が多いと，細かい粘土粒子が細血管を詰まらせ，熱を発生させるのだと説きました．もとより現在の知識からすればこの考えは全くの誤りです．(4)+24., 260mm. (Soulsby 1336).

60. 病気の属　Genera Morborum.
カール・リンネ　Carolus Linnaeus
(ウプサラ，1763)

　病気を熱病と平熱に大別し11の類型に分けています(詳細はp.228参照)．32+(7)., 181mm. (Soulsby 979).

2. リンネのしごと 2

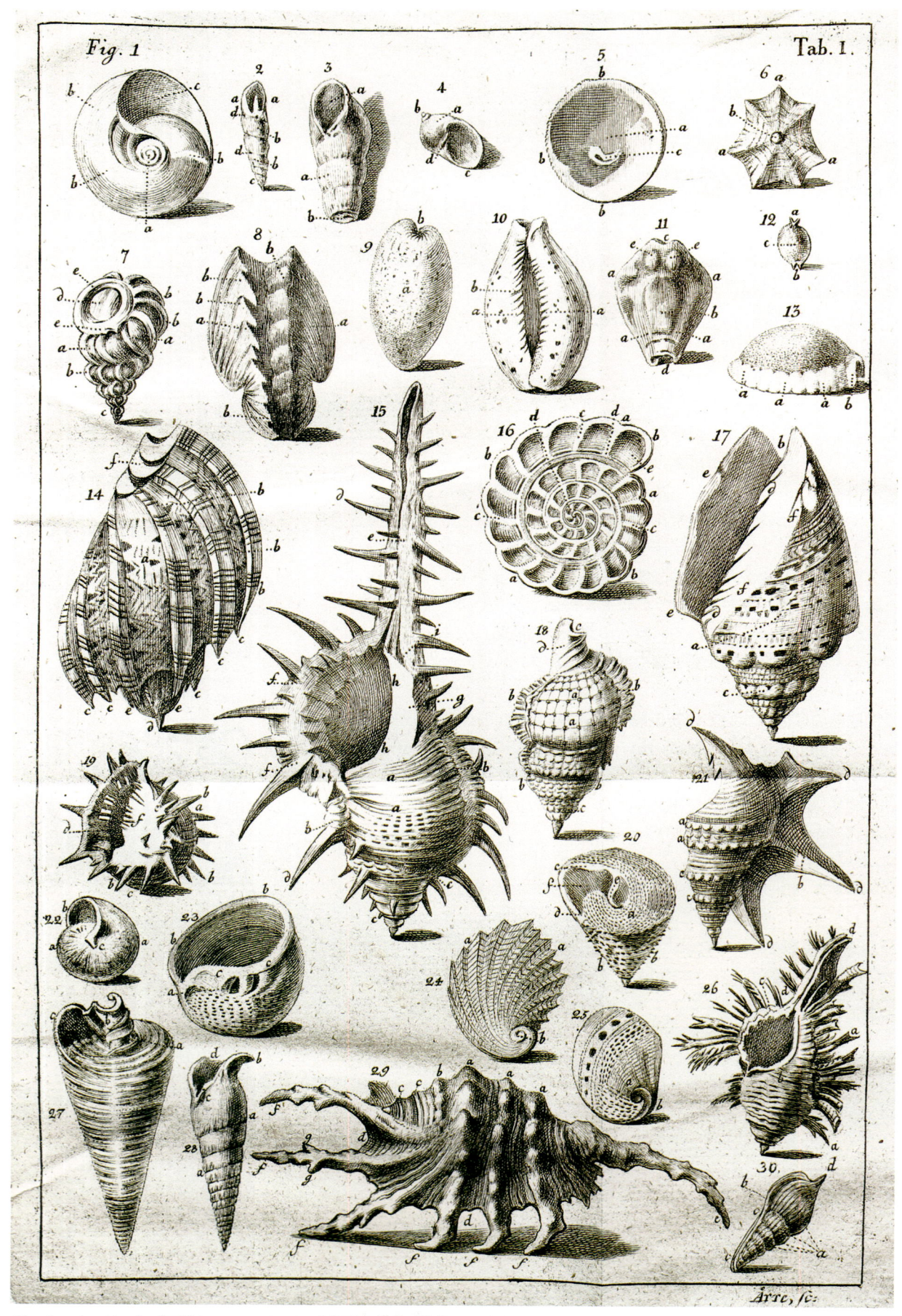

56. カール・リンネ／アドルフ・マーレイ：介殻学の基礎（学位・口述論文）．Carolus Linnaeus/Adolphus Murray : Fundamenta Testaceologiae.（1771）

56. カール・リンネ／アドルフ・マーレイ：介殻学の基礎（学位・口述論文）．Carolus Linnaeus/Adolphus Murray: Fundamenta Testaceologiae.（1771）

2. リンネのしごと 2

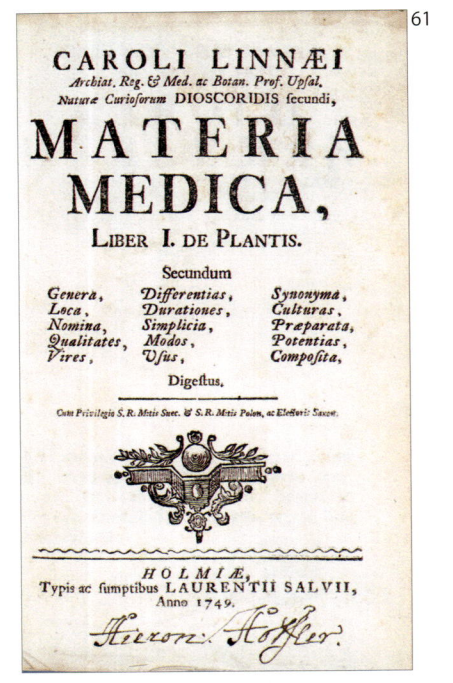

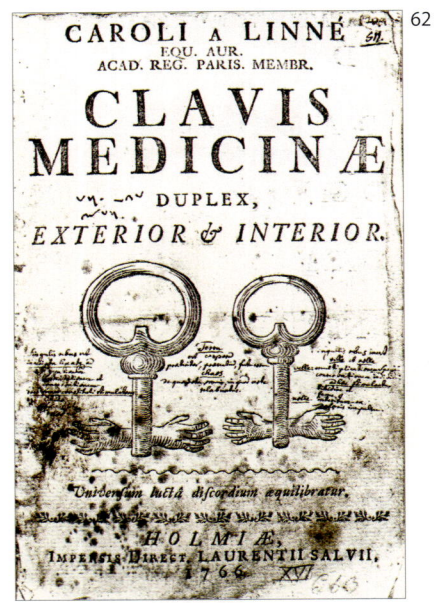

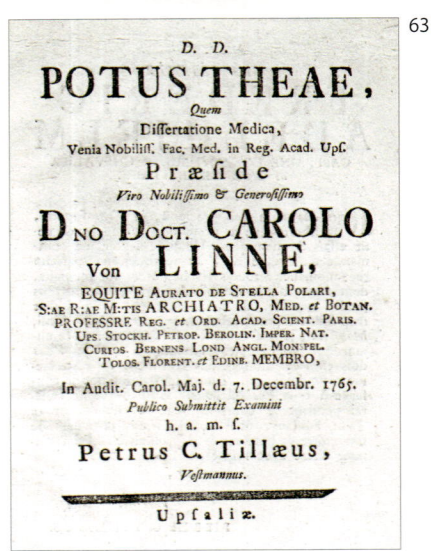

61. 薬物誌 Materia Medica.
カール・リンネ Carolus Linnaeus
(ストックホルム, 1749)

現在の薬局方に当たるもので、薬用植物をリンネの分類システムに配列し、名称、異名、産地、作用、用法、処方を表形式に整理したものです。コブラの蛇毒に効果のあるとされる *Ophiorrhiza*(サツマイナモリ属)については生植物の図を入れています。(1)+(16)+252., 194 mm. (Soulsby 968).

62. 医学の鍵 Clavis Medicinae.
カール・リンネ Carolus Linnaeus
(ストックホルム, 1766)

リンネによる病気の体系のうち、最も改良されたもの。10章にわたって外的な病気と内的な病気に大別して病気の体系を表形式で述べ、最後に病気を30のグループに分けて記述してあります。当館所蔵のものは非常に細かな書き込みがあります。30+(1)., 185 mm. (Soulsby 980).

63. 喫茶(学位・口述論文) Potus Theae.
カール・リンネ/ペーター・ティレウス
Carolus Linnaeus / Petrus C. Tillaeus
(1765)

リンネがこの論文を指導した当時(1765年)盛んになっていた喫茶の習慣に関連して、茶について様々な情報がまとめられています。まず、最初にチャの種類とチャの形態上の特徴について書かれていて、異名が列挙されています。次にお茶の産地について述べており、お茶の製法については、来日の経験のあるケンペルの『廻国奇観』(1712年)を引用しています。さらにお茶の入れ方、お茶の取り引きについても書かれています。チャの図版は、ケンペルの上記の本の図版の一部をそのまま銅版画に写したもので、原図と比べると左右が逆転しています(p.80-81).

リンネは、植物学の持つ経済的な意義も理解しており、『経済植物』という著書も記しています。当時、人気のある嗜好品としてお茶を輸入するために大量の銀貨が払われていました。スウェーデンでお茶の栽培ができれば、非常に経済的に有利であると考え、リンネは生きたチャの木をスウェーデンに持ち込む努力をし、何度かの失敗の末、とうとう手に入れることができました。残念ながら、長く栽培し続けることができず、スウェーデンでお茶を作る試みは失敗に終わりましたが、この当時、資源生物学的な発想をしたことはリンネの先進性を示すエピソードと言えるでしょう。(天野). (4)+16+(1 pl.)., 182 mm. (Soulsby 2310).

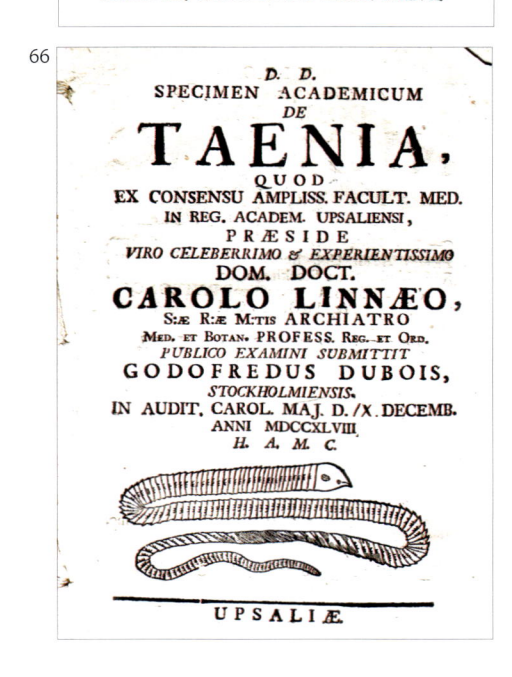

64. コーヒーの飲用（学位・口述論文）　Potus Coffeae.
カール・リンネ／ハインリッヒ・スパールシューフ
Carolus Linnaeus / Hinricus Sparschuch
（1761）

　リンネがこの論文を書いた当時（1761年）すでに盛んになっていたコーヒーの飲用に関連した様々な情報がまとめられています．コーヒーの貿易，産地の情報，コーヒーノキの形態上の特徴と種類について書かれていて，異名が列挙されています．さらにコーヒーの入れ方についても細かに書かれています．論文の後半では，コーヒーの飲用の医学的効能について細かに記されていて，医学者としてのリンネの側面が，植物学的記述と交えて見られ，独特な博物学的雰囲気のする論文です．論文の最初のページにはコーヒーノキ（*Coffea arabia* L.）の図版が入れられています（p.82）．（天野）．18＋（1pl.）., 191 mm. (Soulsby 2162).

65. チョコレートの飲用（学位・口述論文）　Potu Chocolatae
カール・リンネ／アントニウス・ホフマン
Carolus Linnaeus / Antonius Hoffman
（1765）

　リンネが飲物について書いた論文の一つです．ここで述べられているチョコレートは，今の日本でいうココアに当るものです．チョコレートについて様々な情報がまとめられていますが，内容的に見るとチャやコーヒーの論文と比べると植物体に関する情報は少なく，医学的効能に重点が置かれています．まず，チョコレートに加える香料についての情報が記されています．現在と同様にバニラと砂糖が加えられていますが，シナモンや丁子が含まれている処方も載せられています．リンネは，チョコレートを滋養のある飲物としてだけでなく，病気の分類の中の消耗病の治療薬としても高く評価していました．（天野）．(2)＋10., 187 mm. (Soulsby 2301).

66. 条虫（学位・口述論文）　Taenia.
カール・リンネ／ゴッドフリート・デュボア
Carolus Linnaeus / Godofredus Dubois
（1748）

　肉食のヨーロッパ人の間には条虫の寄生が多かったものと思われます．この論文は4種の条虫を記述しています．(4)＋36＋(1)., 196 mm. (Soulsby 1507).

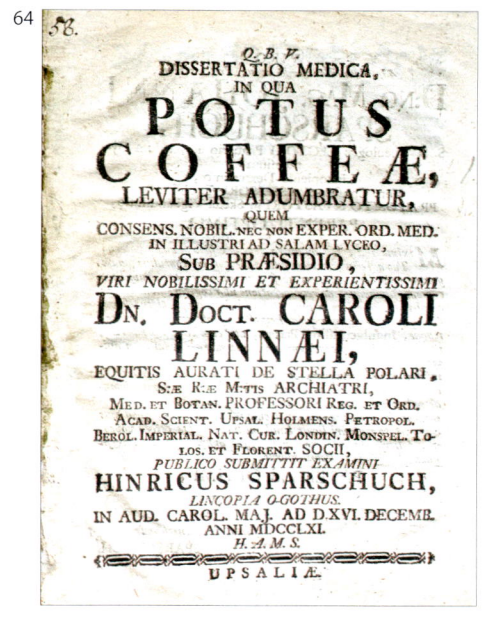

7. エンゲルベルト・ケンペル：廻国奇観. Engelbert Kaempfer：Amoenitatum Exoticarum. (1712) チャノキ

63. カール・リンネ／ペーター・ティレウス：喫茶（学位・口述論文）．Carolus Linnaeus/Petrus C. Tillaeus : Potus Theae.（1765）

2. リンネのしごと 2

64. カール・リンネ／ハインリッヒ・スパールシューフ：コーヒーの飲用（学位・口述論文）．Carolus Linnaeus/Hinricus Sparschuch : Potus Coffeae. (1761). コーヒーノキ

●リンネのしごと　―博物館・植物園―

　リンネは研究に用いた資料の整理保存，展示などについても独自の考えを持っていました．リンネの徹底的な体系主義，分類主義からすれば，あるいは当然なことですが，博物館における資料の整理については，自らウルリーケ王妃の博物館などいくつもの実地体験があり，はっきりとした考えを持っていました．リンネの自然の体系が，世界中から集められた多様な自然物を分類，整理し，理解するのに有用であったがために，世の中に受け入れられたことを考えれば，リンネの仕事が博物館の仕事と密接不離であることは当然ともいえます．そういった観点からすると，リンネの『自然博物館における展示』という論文は，そのエッセンスともいえます．

　リンネはハルテカンプのクリフォード庭園の園長をつとめ，庭園の管理にあたりましたが，植物の性質に応じた巧みな栽培・管理を行い，バナナの結実に成功するなど，園芸に関する手腕も並々ならぬものがあり，現在の園芸学からみても高く評価されています．

67．**ロヴィサ（ルイーセ）・ウルリーケ王妃の博物館**　Museum S. R. M. Ludovicae Ulricae Reginae.
　カール・リンネ　Carolus Linnaeus
（ストックホルム，1764）

　スウェーデンのウルリーケ王妃の，ドロットニングホルムの王宮に集められた自然物の収集をリンネが整理した目録．ウルリーケ王妃は当時の上流知識人に流行していた珍物収集の趣味に染まり，特に昆虫と貝は外国のコレクションを購入し膨大な収集物を持っていました．王妃は自分の流産した胎児の標本をこのコレクションに加えていたといわれます．リンネは王妃の依頼により1751年と1752年に十数週間，ドロットニングホルムの王宮に住み込んで資料の整理に従事しました．この目録は昆虫と貝を扱い720ページになります．たとえばアゲハチョウ属（*Papilio*）は158種，スカラベ属（*Scarabaeus*）には32種が挙げられています．(4)＋720＋(110)., 224 mm. (Soulsby 1095a).

68．**アードルフ・フレーデリク国王の博物館（学位・口述論文）**
　Museum Adolpho-Fridericianum.
　カール・リンネ／ラウレンティス・バルク
　Carolus Linnaeus / Laurentius Balk fil.
（ストックホルム，1746）

　アードルフ・フレーデリク国王は1744年ウプサラ大学を訪問しましたが，そのときに王宮のコレクションの一部を大学に寄贈しました．リンネがその内容を目録にまとめたのが本書です．四足類，鳥類，両生類，魚類，昆虫，蠕虫類にわけて合計64種類が説明付きで記述されています．中国から到来したキジの類，サル，サソリなど様々なものが見られます．(8)＋48＋(2pl.)., 200 mm. (Soulsby 1443).

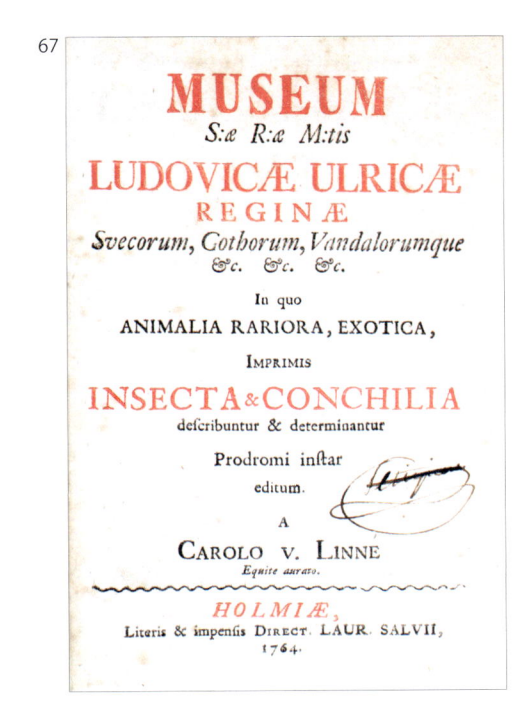

2. リンネのしごと 2

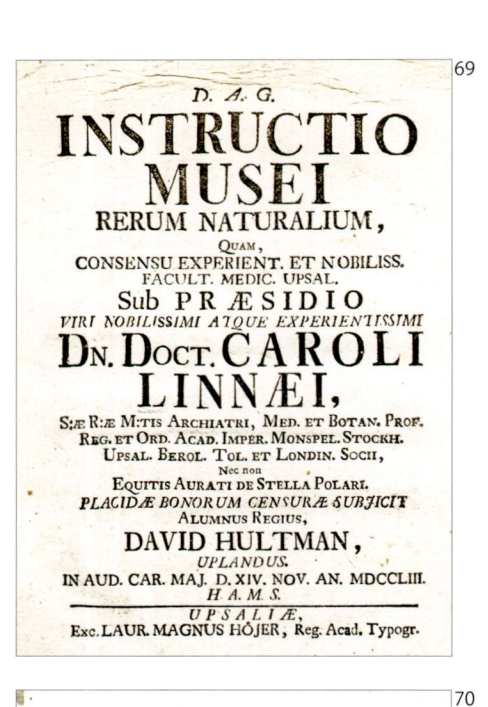

69. **自然博物館における展示（学位・口述論文）** Instructio Musei rerum Naturalium.
カール・リンネ／ダヴィド・ハルトマン
Carolus Linnaeus / David Hultman
（1753）
リンネはオランダのクリフォード庭園の園長をつとめたこともあり，また国王，王妃あるいはテッシン伯爵の自然物の収集を整理したことがあり，資料の収集，整理，保管，展示について深い知識をもっていました．この論文は博物館学の原典ともいえるもので，動物園，植物園，博物館などにおける展示について述べたものです．ビバリア（ゾウ，サイ，トラ，ライオンなどの展示施設）にはじまって鳥類，両生類，魚類，昆虫，岩石などの展示について述べています．(2)+19+(1)．215mm．(Soulsby 1770)．

70. **ウプサラ植物園の概要（学位・口述論文）** Descriptio Hortus Upsaliensis.
カール・リンネ／サミュエル・ナウクレール
Carolus Linnaeus / Samuel Naucleri
（1745）
リンネが充実につとめたウプサラ大学植物園の概要．サボテンや南アフリカ産の多肉植物を多く集めていたことなどがわかります．植物園の見取り図，平面図のほか温室の構造図も添えられています．見取り図によれば家禽が飼われていたことがわかります．(2)+45+(3)+(4pl.)．187mm．(Soulsby 1427)．

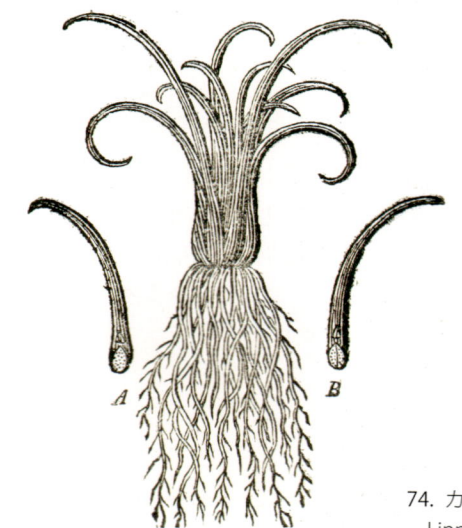

74. カール・リンネ：スコーネ紀行．Carolus Linnaeus : Skånska Resa．(1751)．ミズニラ

●リンネのしごと　－岩石・鉱物学－

スウェーデンは鉱産物に恵まれたところで現在でも優秀な鉄鉱石を産出することで知られていますが，リンネの時代にも鉱業は盛んでした．特にダーラナ地方のファルーンには当時世界最大の銅鉱山があり，リンネはここを何回か訪ねて，坑道の底にも潜っています．またいくつかの旅行記でも地形，地質，水理に関する記述を残しています．

岩石・鉱物についてのリンネの知識は，当時の知識人一般の水準とあまり変わらなかったようで，自然の体系における岩石界の体系には特に独創的なものはありません．岩石・鉱物に関するリンネの論文は，動物や植物に関するものに比べると数が少ないのですが，次のようなものがあります．

71. 結晶の種類（学位・口述論文）　Crystallorum Generatione.
カール・リンネ／マルチニ・ケーラー
Carolus Linnaeus / Martini Kähler
（1747）

鉱物の結晶の分類体系．
第1章　結晶の種類
第2章　石英
第3章　鉱物の母材，色，透明感，形態，独自性，産地
第4章　結晶の分類
第5章　ソーダ，石膏，硝石，塩汁，明礬，硫酸塩
（高橋）．(4)+(1pl.)+30+(2)., 192mm. (Soulsby 1476).

72. テッシン伯爵の博物館　Museum Tessinianum.
カール・リンネ　Carolus Linnaeus
（ストックホルム，1753）

カール・グスタヴ・テッシン伯爵（1695-1770）はスウェーデン国軍の元帥で大蔵大臣，フレーデリク国王の侍従長もつとめ，政治的な力も抜群でした．リンネは1739年このテッシン伯爵と知り合いました．テッシン伯爵はリンネの庇護者として大きな役割を果たしました．この本は1753年にテッシンがオーケロ（Akero）で収集した鉱物・化石コレクションのカタログで，リンネが記載と図版作成を合わせて編集したもの．各ページ見開きで，ラテン語とスウェーデン語が併記されています．巻末には，銅版画による精緻な図版が添付されており（本来12枚あるはずだが，本書には9枚しかない），特に水晶の群晶の図はみごとです．そのほか，アンモナイトや三葉虫，腕足類の化石，桂化木なども見られます．（高橋）．(8)+123+(9)+(9pl.). (Soulsby 1081).

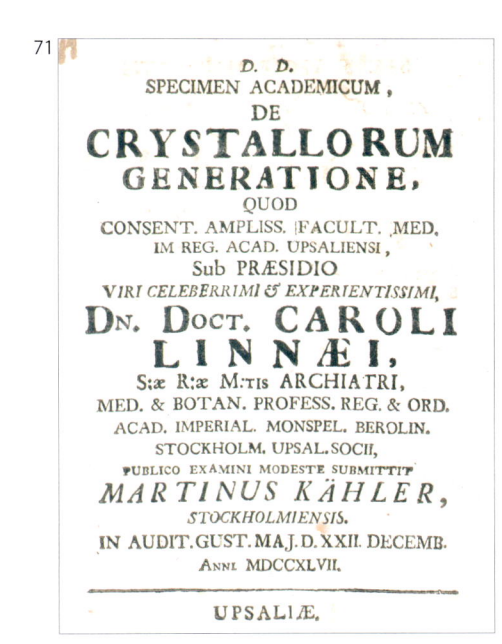

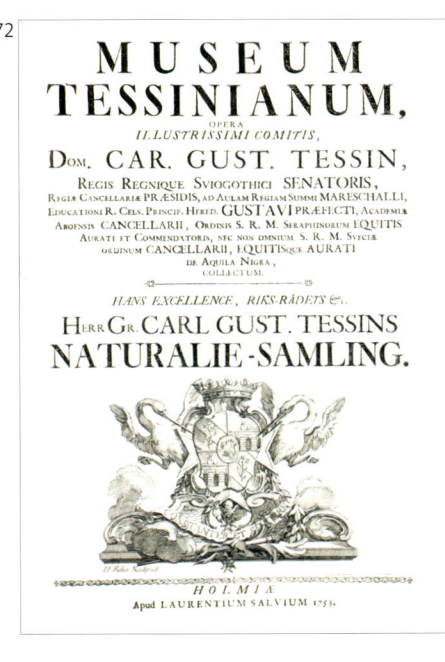

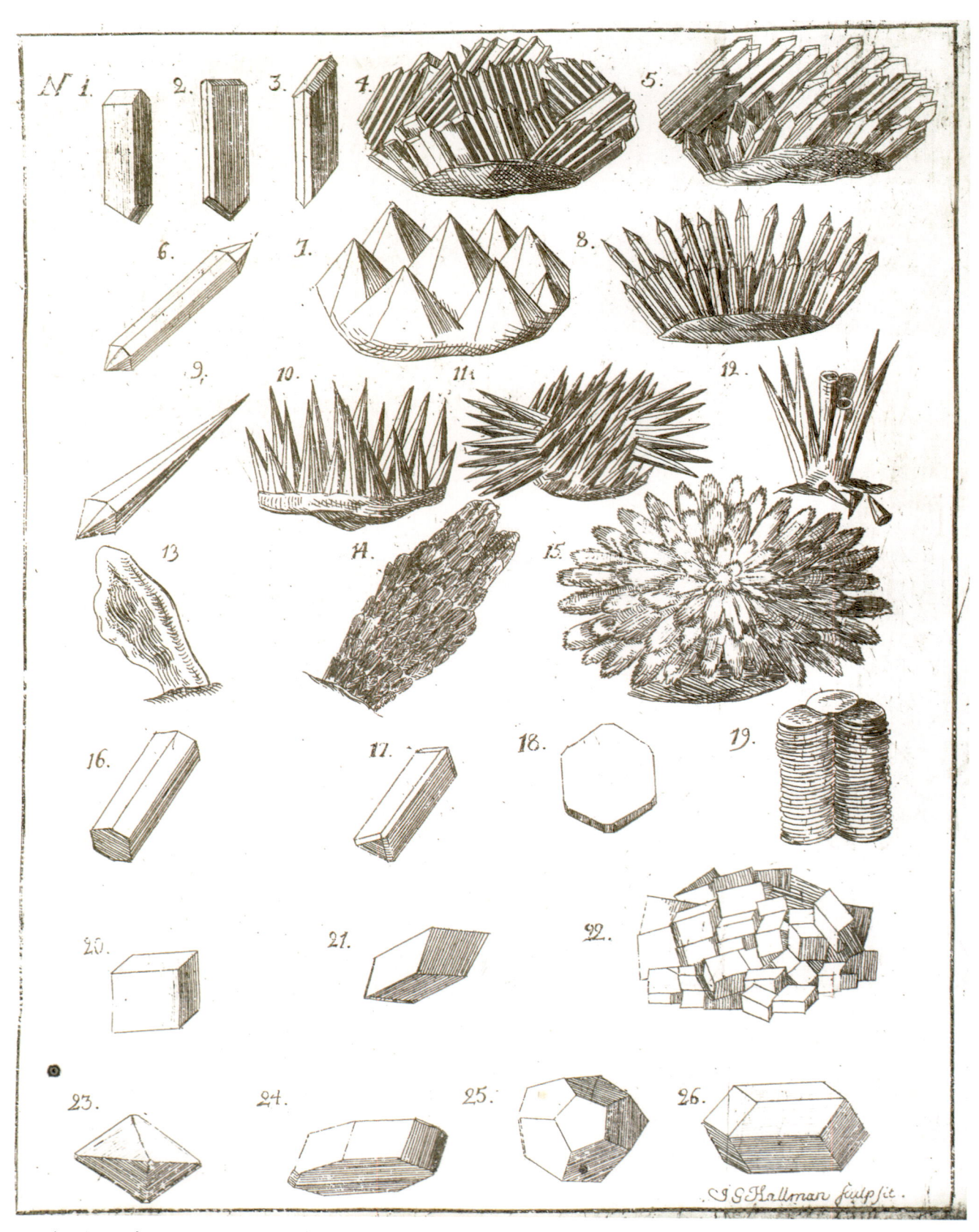

71. カール・リンネ / マルチニ・ケーラー：結晶の種類（学位・口述論文）. Carolus Linnaeus / Martini Kähler：Crystallorum Generatione.（1747）

●リンネの旅行記

リンネは，スウェーデンの様々な地域を旅して，200年以上も前の自然や風土，民俗などを詳細に記録した人としても知られています．ちょうど江戸時代に日本を広く旅して風土や民衆の生活の記録を残した菅江真澄にも似た役割を果たしたと言われています．リンネの主要なスウェーデン国内の旅行は次のようになります．

1732年　ラップランド
1733年　ダーラナ地方
1741年　エーランド，ゴトランド
1746年　西イェートランド
1749年　スコーネ

これらは政府，議会などの要請，あるいは命令で行われたもので，その旅行の目的は産業振興の方策を得るためであったとされています．また旅行記はいずれもスウェーデン語で書かれています．

73. ラップランド紀行　Lachesis Lapponica, or A Tour in Lapland.
カール・リンネ（ジェームス・エドワード・スミス編）
Carolus Linnaeus/James Edward Smith
（ロンドン，1811）

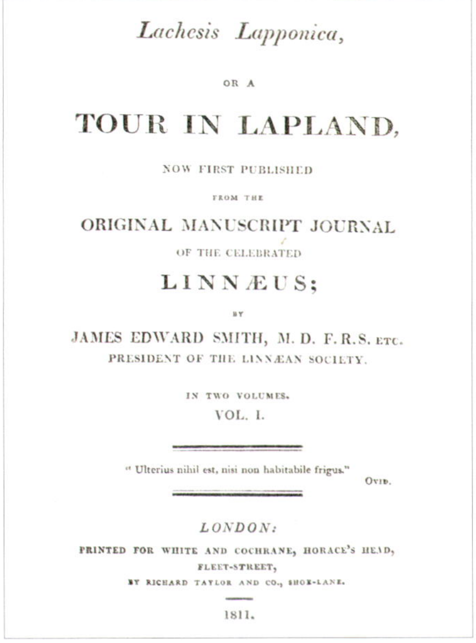

1731年リンネはウプサラの科学協会にラップランド調査の資金援助を申請します．1732年4月にそれが認められ，5月にはラップランドへ出発し10月にウプサラへ戻りました．行程はウプサラからボスニア湾沿いに北上し，リューレオから内陸に向かいヨックモックを経てノルウェーの国境を越えレルスタで海岸に出て往路を引き返すというものです．この地域はトナカイの放牧をするラップ人が住み，特異な民俗をもっていますが，リンネは多くのスケッチでそれを紹介しています．残念ながらリンネにはあまり画才がなかったとみえ挿絵はかなり稚拙なものです．リンネのラップランド紀行は生前に印刷される機会にめぐまれず，1811年にロンドン・リンネ協会会長のスミスの編纂により英訳がロンドンで初めて発行されました．Ⅰ：(16)+366，Ⅱ：(2)+306., 215mm. (Soulsby 192).

74. スコーネ紀行　Skånska Resa.
カール・リンネ　Carolus Linnaeus
（ストックホルム，1751）

議会の命令で旅した1749年のスコーネ地方旅行記．スコーネ地方はスウェーデンの南西端にあたる地方です．民家や農具についての詳しい観察記録があります．生物としては魚2種，鳥1種，それにミズニラの図（p.84）が載せられています．(10)+(6)+434+(32)+(7 pl.). (Soulsby 209).

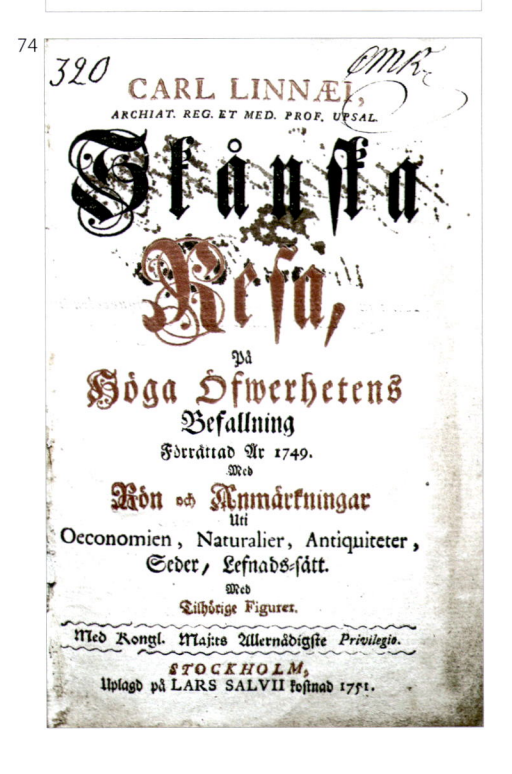

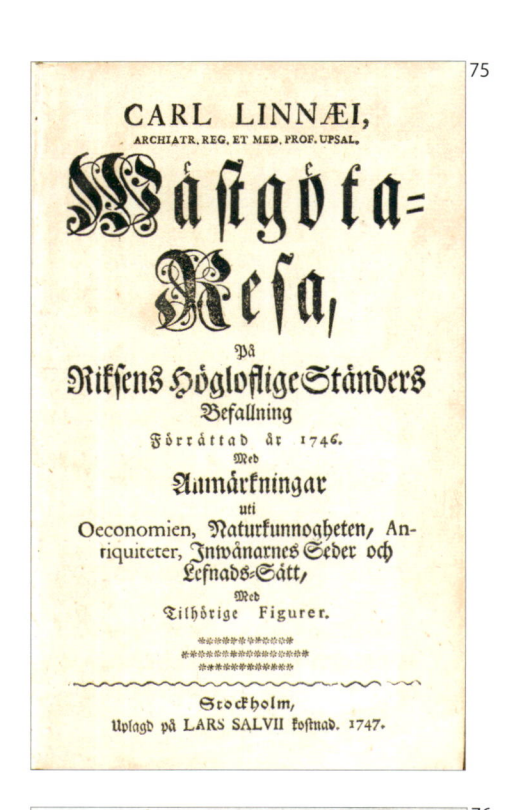

75. **西イェートランド紀行**　Wåstgöta-Resa.

カール・リンネ　Carolus Linnaeus

(ストックホルム，1747)

　西イェートランドの調査旅行記録．1746年6月12日ウプサラを出発し，8月11日に帰着しました．行程はウプサラから西に向かいオーレブローを経てスウェーデン最大の湖ヴェーネン湖の南岸を進み，イェーテボリに出て海岸沿いに北上しウッデヴァッラからヴェーネン湖の北岸沿いに戻るというものでした．内容は日記形式で，地形，農業，畜産，自然などの記述ですが，北海沿岸の生物には興味を引かれたとみえ，甲殻類，クラゲ，貝類 (p.89)，アマモなどの図 (p.90) を載せています．(12)+284+(19)+(5 pl.)., 189 mm. (Soulsby 218).

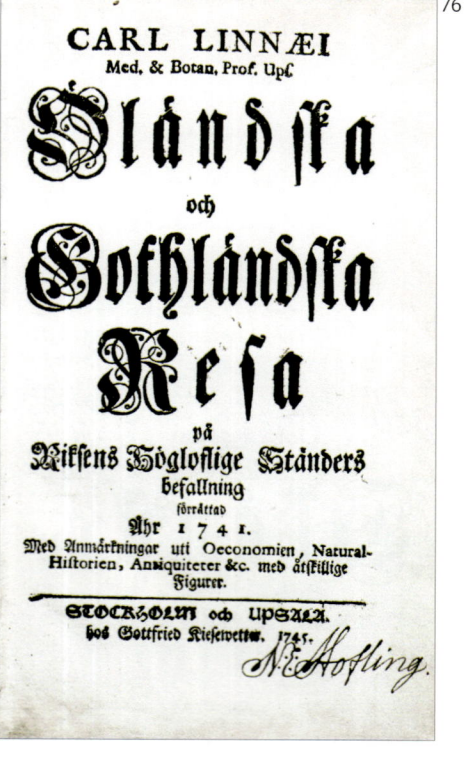

76. **エーランドおよびゴトランド紀行**　Öländska och Gothländska Resa.

カール・リンネ　Carolus Linnaeus

(ストックホルム・ウプサラ，1745)

　日記形式で，1941年5月15日にストックホルムを出発．8月28日に帰着しています．エーランドとゴトランドはスウェーデン南東部のバルト海に浮かぶ細長い島で，石灰岩の地域が広く，海流の影響で暖かく，植物の種類が豊富なことで知られ (1150種)，特にランの種類が多いことでも有名です．リンネは動物，植物，化石などのほか，考古学的な遺跡についても記述しています．(14)+344+(30)+(2 pl.)., 194 mm. (Soulsby 202).

●**リンネの弟子たち**

　リンネに直接教えを受け，あるいはその影響を受けてリンネの学説をひろめた学者の数は極めて多い．リンネは弟子たちに未知の世界を探検して自然を調べ，標本を持ち帰ることを積極的にすすめました．その中には成功裏に多くの収穫を得て帰った者もいますが，異国で病に倒れた弟子たちも多くいました．リンネのもとには弟子たちが世界から集めた標本と知識が集まり，当時のウプサラ大学は名実ともに世界の自然誌の研究のセンターでありました．このように多数の弟子を海外に送り出すことができたのは，スウェーデン政界の実力者テッシン伯爵とイェーテボリの東インド会社の社長マグヌス・ラーゲルストレームの援助によるものであるといわれています．

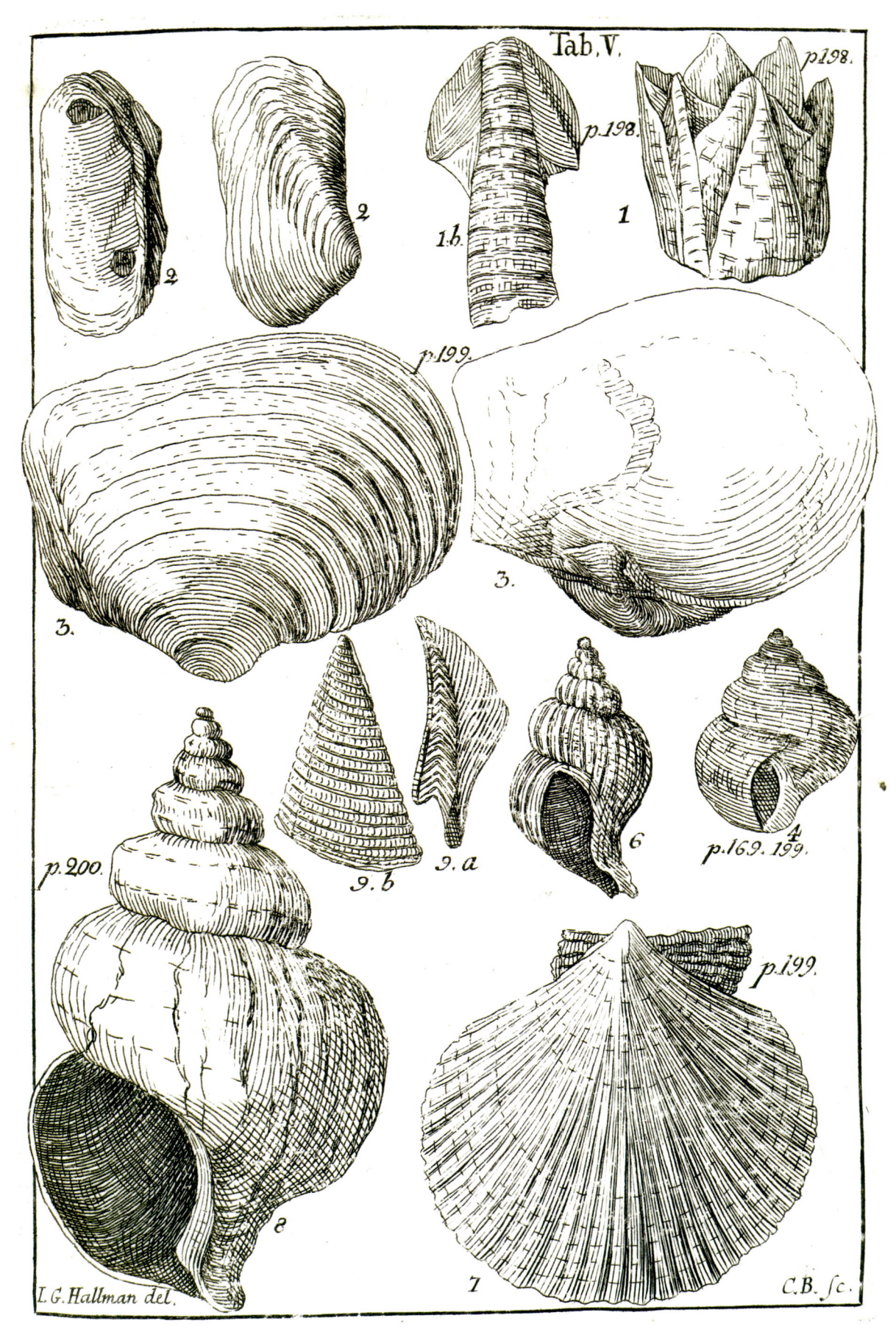

75. カール・リンネ：西イェートランド紀行. Carolus Linnaeus : Wåstgôta-Resa.（1747）

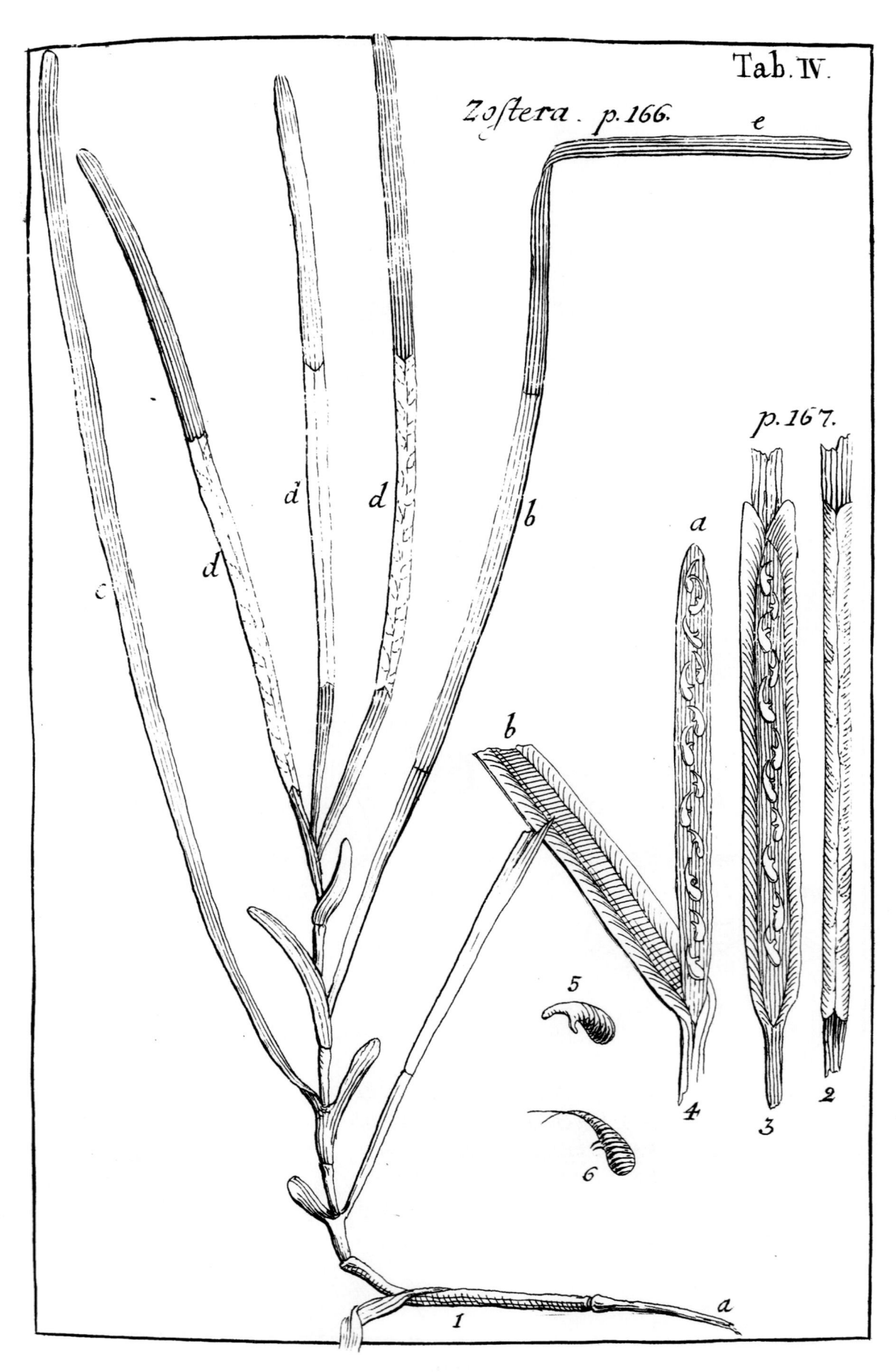

2. リンネのしごと 2

75. カール・リンネ：西イェートランド紀行．Carolus Linnaeus：Wåstgôta-Resa.（1747）アマモ

カール・ペーテル・ツュンベリー（1743-1828）

　ツュンベリーは 1743 年スウェーデン南部のスモーランドに生まれました．1770 年にウプサラ大学で座骨神経痛の研究によって医学博士の学位を得ました．1770 年パリへ留学しましたが，その際アムステルダムでビュルマン教授と知り合いました．ツュンベリーはビュルマン教授の援助でオランダ東インド会社の博物学担当としてケープタウンへおもむき，3 年ほどのあいだ各地を探検して多数の植物を採集しました．1775 年ツュンベリーはジャワに渡り，そこから長崎の出島へ向かいました．ツュンベリーはオランダ商館の医師という身分で，オランダ人であると偽っていました．当時は徳川家治の治世で鎖国が厳しく，自由に旅行できませんでしたが，中川淳庵，桂川甫周などと知り合い，西欧の医学を伝授する一方，彼らからは多くの標本の提供をうけました．1776 年商館長の江戸参府の一行に加わり，途中箱根で多くの植物を採集しています．ツュンベリーはセイロンとジャワを経由してスウェーデンに帰り，1781 年ウプサラ大学の員外教授となりました．1784 年には師リンネの占めていた植物学の教授の席についています．1784 年に『日本植物誌』を，1788 年から 1793 年にかけて『1770 年〜1779 年ヨーロッパ，アフリカ，アジア旅行記』を出版しています．ツュンベリーはケープ地方と日本の植物の研究では草分けといえる優れた研究者で，多くの植物に命名しています．しかし日本の植物については『日本植物誌』の出版の少し前にドイツ人が，それらの学名を先に出版してしまい，現在の命名規約にしたがうとツュンベリーの学名の多くは無効であるとされています．

77. 吸収静脈　Venis resorbentibus.
カール・リンネ / カール・ペーテル・ツュンベリー
Carolus Linnaeus / Carl Peter Thunberg
（1767）

　ツュンベリーは 1767 年 6 月 2 日にリンネを指導教授として論文を発表しました．その論文の表紙によれば Dissertationem Physicam となっていて，これは p.281 で記した Dispuratio pro exercitico（公開討論のための論文）であったと考えられます．

78. 座骨神経痛　Ischiade.
カール・ペーテル・ツュンベリー　Carl Peter Thunberg
（1770）

　ツュンベリーの医学博士の学位論文．審査は 1770 年 7 月 28 日．ウプサラ大学教授の J. Sidren から 1750 年に医学博士の学位を授与されています．J. Sidren はリンネ弟子で 1750 年にリンネから学位を得ています．リンネは多忙（この年は大学の学長を務めていた），あるいは健康上の理由でツュンベリーの論文の指導を Sidren に任せたと考えられます．16., 230 mm.

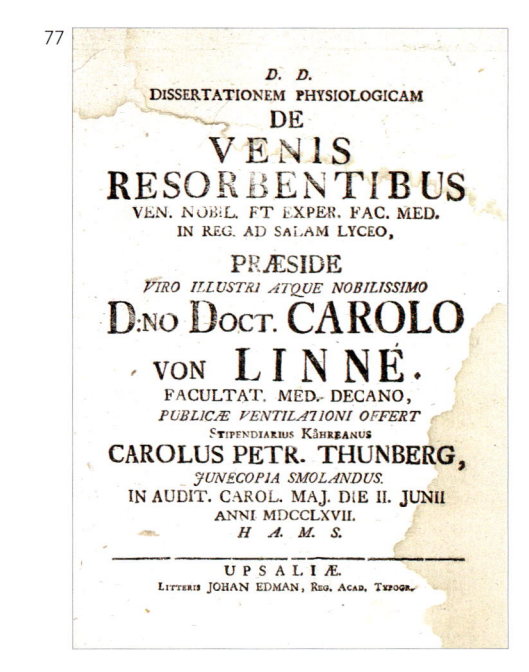

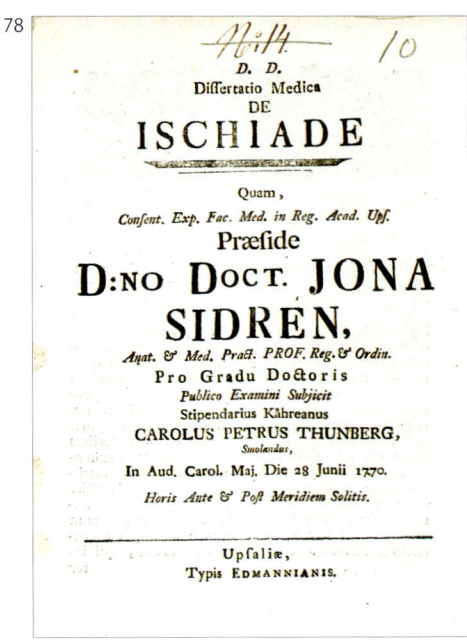

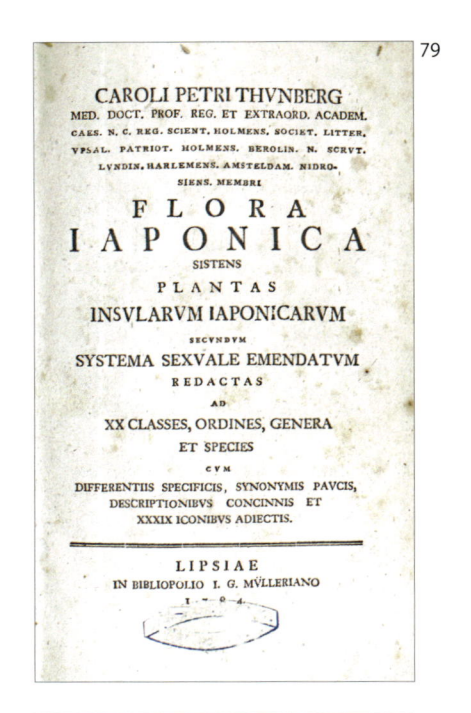

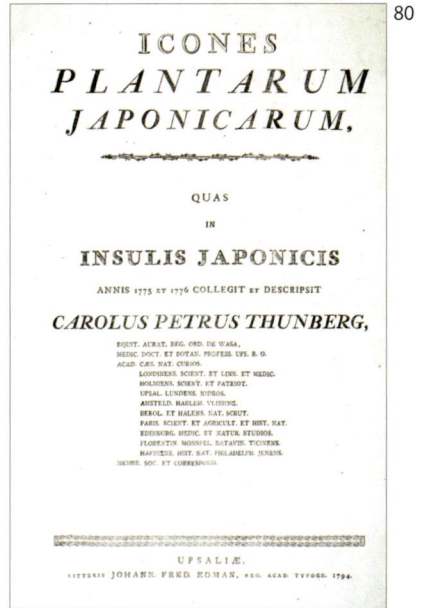

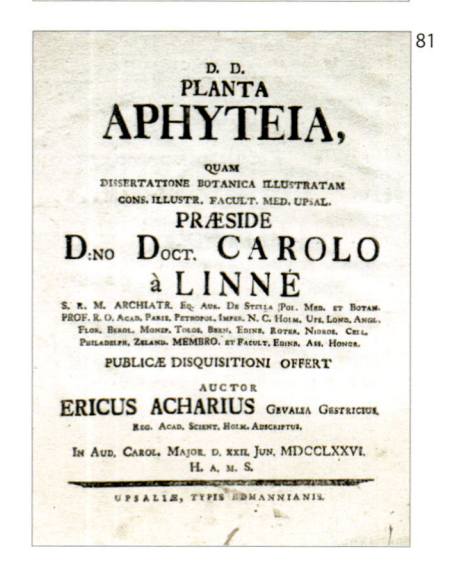

79. 日本植物誌 Flora Japonica.
カール・ペーテル・ツュンベリー Carl Peter Thunberg
(1784)

　419ページ．西欧科学の手法による初めての日本植物誌．ケンペルの『廻国奇観』にある植物の記述を大いに参考にしているほか，日本からの帰途，イギリスに立ち寄り，ハンス・スローンがケンペルの遺族から購入した標本を調査しています．ハンス・スローンのコレクションの中には植物の写生図もあり，ツュンベリーはこれらの資料をもとに『ケンペルの図説』と題する論文を書いています．この『日本植物誌』には401属768種が記述されています．(52)+418+(2)+(39pl.)., 214mm.

80. 日本植物図譜 Icones Plantarum Japonicarum.
カール・ペーテル・ツュンベリー Carl Peter Thunberg
(ウプサラ, 1794-1805)

　1巻に10図ずつ，5巻にわけて刊行された．クマガイソウ，フウラン，ハウチワカエデ，ハナイカダ，モミジイチゴなど全50図．9+(50pl.)., 350mm.

エリック・アカリウス(1757-1819)
　アカリウスはリンネの最も晩年の弟子で，地衣類を研究し，後に世界地衣類誌を編纂しました．近代的な地衣類学の元祖といえる人です．

81. 無葉性植物(学位・口述論文) Planta Aphyteia.
カール・リンネ／エリック・アカリウス
Carolus Linnaeus / Erik Acharius
(1776)

　アフリカの寄生植物ヒドノラ・アフリカナの図を付す．12+(1pl.)., 184mm. (Soulsby 2457).

82. スウェーデンの地衣誌予報　Lichenographiae Svecicae Prodromus.
エリック・アカリウス　Erik Acharius
(1798)

スウェーデンの地衣類345種を記述．手彩色による銅版画2枚が入っている．(6)+(24)+(2pl.)+264., 203mm.

フリードリック・ハッセルキスト (1722-1752)

ハッセルキストは1722年1月3日スウェーデン，西イェートランドの貧しい牧師の息子として生まれました．その後ウプサラ大学に進み1747年に『植物の効力』とういテーマで学位を得ました．リンネの奨めによりハッセルキストは聖地パレスチナの自然誌の研究のため1749年8月8日スミルナへむけて旅立ちました．1751年5月5日，エジプトからパレスチナに到着し，更にレバノン，キプロスを経てスミルナに到りましたが，病に倒れ，1752年2月9日スミルナ近郊で亡くなりました．リンネは愛弟子の死を悼み，遺稿を整理して『パレスチナ旅行記』を編纂し出版しました．

83. 植物の効力（学位・口述論文）　Vires Plantarum.
カール・リンネ／フリードリック・ハッセルキスト
Carolus Linnaeus / Frederic Hasselquist
(1747)

(Soulsby 1461).

84. パレスチナ旅行記　Iter Palaestinum.
カール・リンネ／フリードリック・ハッセルキスト
Carolus Linnaeus / Frederic Hasselquist
(1757)

リンネが編纂したハッセルキストの旅行記．スミルナ，マグネシア，アレキサンドリア，カイロ，メッカ，イェルサレム，ジェリコ，ベツレヘム，キプロスなどの各地のスウェーデン語での旅行記録があり，後半は四足獣，昆虫，植物，薬物などについてラテン語の記述となっています．(8)+619+(1)., 197mm. (Soulsby 3577)

ペール・カルム (1716-1779)

ペール・カルムはオーボ（現在のフィンランド領トルク，当時はスウェーデン領）の大学で神学を学びましたが，ビエルケ男爵の知遇を受けて，ウプサラ近郊のビエルケ男爵の庭園の管理をまかされるようになりました．ここでカルムはリンネを知り，その教えを受けるようになりました．ビエルケ男爵は外国へ資源調査の目的で学者を送ることを考えました．結局この計画はスウェーデン・アカデミーが後援して北アメリカに博物学者を派遣することになりました．ペール・カルムはこのときオーボ大学の教授になっていましたが，リンネの推薦もあって北アメリカに赴くことになりました．カルムはニューイングランドからカナダにかけての地域を詳しく調査し，3年8カ月後に帰国しました．カルムは多数の植物標本をリンネの研究にゆだねました．リンネは多くの新種を記載し，『植物の種』に載せました．その中に

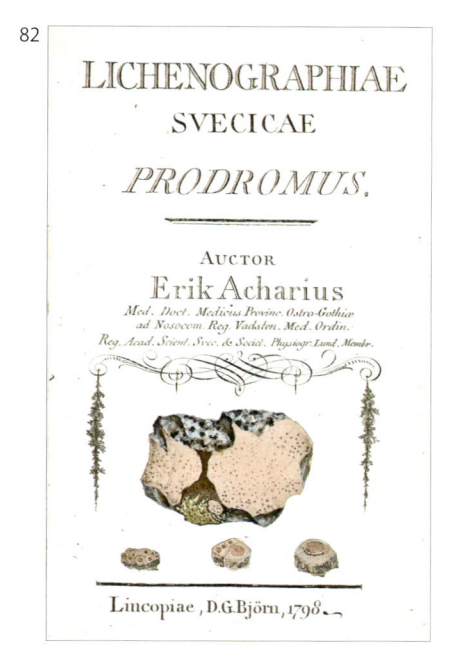

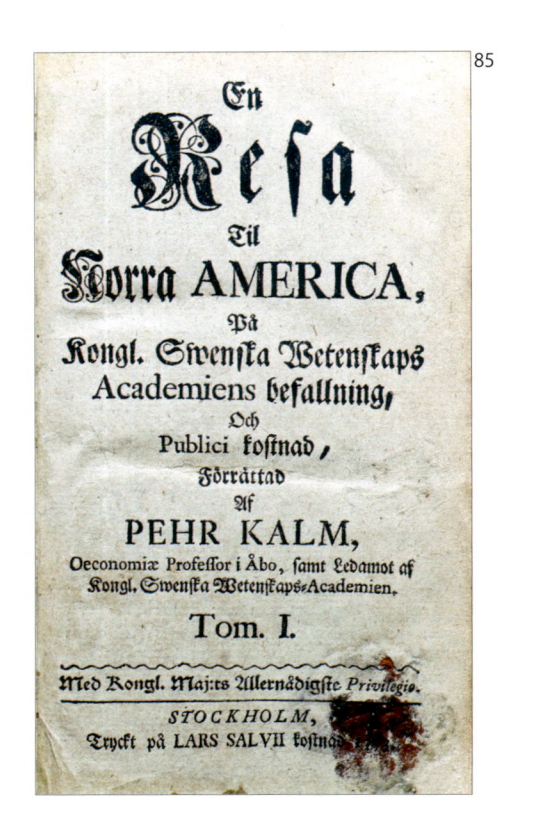

はカルムの名を記念したカルミアもあります．これらの標本は現在でもロンドンのリンネ協会に保存されています．カルムはこの旅の後オーボ大学の教授として生涯を送りました．

85. 北アメリカ旅行記（全3巻）　En Resa til Norra America.
カール・リンネ／ペール・カルム　Carolus Linnaeus / Pehr Kalm
（1753-1761）

　カルムは旅行中，細かな日記をつけていましたが，それには師のリンネの旅行記と同じく，気象，地理，生物，民俗など多方面の記録がありました．カルムはその前半をスウェーデン語でまとめて出版しました．正式な題名は『北アメリカへの旅，スウェーデン王立科学アカデミーの命により実施せられ，ペール・カルムによってとりまとめ，かつ自費出版さる』（西村三郎による）．この本はスウェーデンではあまり売れなかったようですが，ドイツ語，フランス語，英語，オランダ語などに翻訳され広く読まれました．Ⅰ：(12)+486+(20)，Ⅱ：(2)+526+(22)，Ⅲ：(2)+538+(14)., 171mm. (Soulsby 2586a).

ペール・フォシュスコール（1732-1763）

　フォシュスコールは1732年フィンランドのヘルシンキで生まれましたが，後にスウェーデンに移住し，ウプサラ大学で神学を学び，このときリンネと知り合いました．さらにドイツのゲッチンゲン大学などで学んだ後，再びスウェーデンにもどりウプサラ大学の経済学の講師を勤めていましたが，そのころゲッチンゲン大学の恩師がデンマーク王室の援助でアラビア探検を企画し，リンネの熱心な勧めもあってフォシュスコールはこれに参加しました．1760年12月，6名のアラビア探検隊はコペンハーゲンを出発しましたが，アラビアではさまざまな困難に遭遇し，隊員はマラリアに倒れ，7年後に生還したのはカールステン・ニーブールただ一人でした．フォシュスコールは1763年7月，アラビア半島のイエメンでマラリアのためになくなりました．生還したニーブールはフォシュスコールの遺稿を整理して出版し，この悲劇的な探検の科学的成果が後の世に残ることとなりました．

86. 東方旅行における稀な自然物図説　Icones Rerum Naturalium.
ペール・フォシュスコール　Petrus Forskål
（1776）

　フォシュスコールとともにアラビアへ旅行し，生還したニーブールが，おもに海洋生物の図をまとめたもの．図（p.167-172）は隊員のバウレンファイントの描いたもの．正式な全題名は『コペンハーゲンの教授ペール・フォシュスコールが東方への旅行中に監修して描かせた自然の事物の図集．著者の没後，国王の命により銅版に刻され，カールステン・ニーブールによって編纂さる．』（西村三郎による）．15+(43pl.)., 263mm.

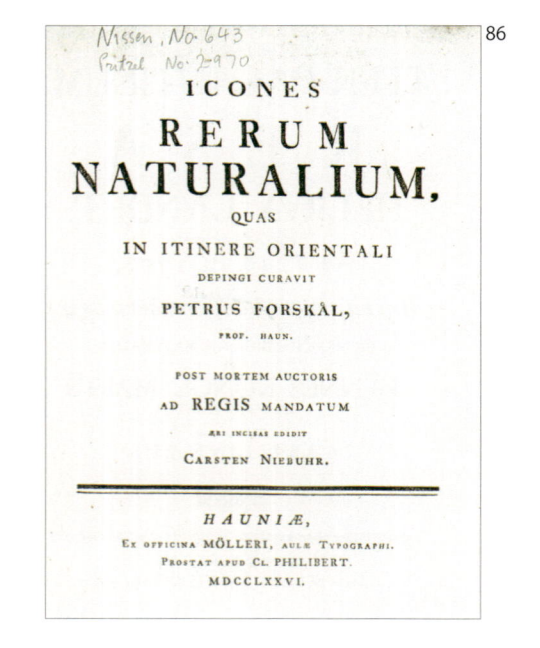

87. **フォシュスコールのオリエント旅行における動物，鳥類，両生類，魚類，昆虫，蠕虫の記載** Descriptiones Animalium, Avium, Amphibiorum, Piscium, Insectorum, Vermium.
ペール・フォシュスコール　Petrus Forskål
（1775）

　ニーブールが編纂したフォシュスコールの動物観察記録．正式な全題名は『コペンハーゲンの教授ペール・フォシュスコールによって東方への旅行中に観察された哺乳類，鳥類，両生類，魚類，昆虫類および下等動物の記載．著者の没後カールステン・ニーブールによって編纂さる．付録として，カイロの薬用草本と紅海の地図を付す』（西村三郎による）．164+（1 map）., 244mm.

アンデルス・スパルマン（1748-1820）

　スパルマンは1765年から東インド会社の船医として2年間乗船し，中国におもむきました．その記録が彼の学位論文となっています．また1772年には南アフリカのケープ地方を調査し，また1772年から1775年にはキャプテン・クックの第2回航海に同行しています．スパルマンは1790年からはストックホルム大学の教授をつとめています．

88. **中国旅行記（学位・口述論文）** Iter in Chinam.
カール・リンネ / アンデルス・スパルマン
Carolus Linnaeus / Anders Sparrman
（1768年）

　スパルマンは1765年12月28日にイェーテボリを出航しケープ，ジャワを経由して次の年の8月26日に中国の広東に到達しました．この論文はそのあいだに観察した動植物の記録です．16., 123mm.（Soulsby 2393）.

89. **スウェーデンの鳥類学** Svensk Ornithologie.
アンデルス・スパルマン　Anders Sparrman
（ストックホルム，1806）

　大判の手彩色による銅板画（p.113-115）のスウェーデン鳥類図譜．全65図．(2)+34+(65pl)., 358mm.

ダニエル・ソランダー（1733-1782）

　ソランダーはリンネの弟子の中でも優秀で，リンネも一時は跡継ぎにと考えたようですが，イギリスに出かけたまま帰らず，リンネとは仲違いをしてしまいます．ソランダーはキャプテン・クックの第1回世界周航のときにジョセフ・バンクスとともにエンデバー号に乗り込み，植物の調査に大きな成果を挙げます．ジョセフ・バンクスはこの航海のときに絵描きを伴い800枚近い植物の写生図をつくりました．その図は銅板に彫られたままプリントの機会がなく英国自然誌博物館に長く眠っていましたが，その原色によるプリントが1989年に至って完成しました．それがバンクス植物図譜（全743図版）です．

　バンクス植物図譜　Banks's Florilegium.
　ジョセフ・バンクス　Josef Banks
　（ロンドン，1980-1990）

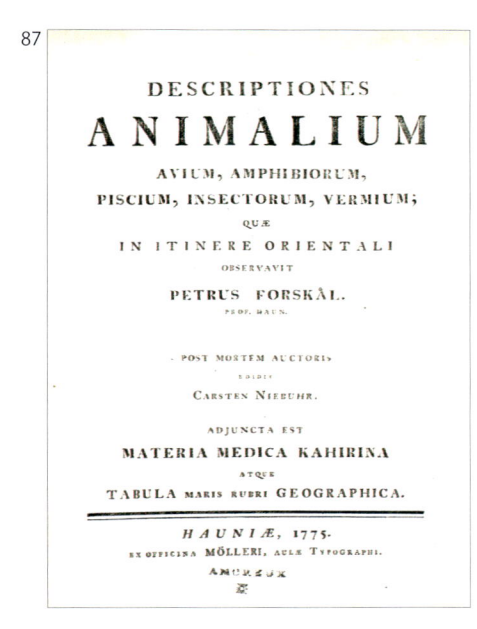

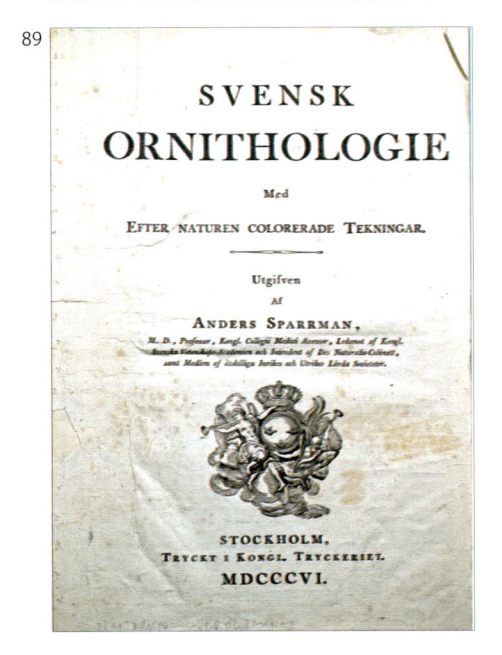

2. リンネのしごと 2

●リンネ －日本への影響－

リンネの『自然の体系』は瞬く間に世界に広まりましたが，日本に紹介されたのは，1822年（文政5年）宇田川榕菴の『菩多尼訶経』によってでした．リンネの高弟であるツュンベリーが1775年（安永4年）に日本にきているのに，リンネの体系が日本に伝わらなかったのは不思議です．宇田川榕菴は1834年（天保5年）に『植学啓原』を刊行し，また1829年（文政12年）には伊藤圭介が『泰西本草名疏』を著して，ようやくリンネの体系が日本に広く知られるにいたりました．

90. **菩多尼訶経**（ボタニカキョウ）
宇田川榕菴（1798-1846）
（1822）

　宇田川榕菴は名を榕といい江戸で生まれましたが14歳の時，蘭医の宇田川家の養子となりました．養父榛斉はフランスのショメルの日用百科事典の翻訳に携わっており，後に榕菴もその事業に参加することになりました．榕菴はこの本で西洋には植物学というものがあることを知り，その大要を仏典風にまとめたのが菩多尼訶経で，その中でリンネの性の体系を紹介しています．

91. **理学入門植学啓原**（ショクガクケイゲン）
宇田川榕菴
（1834）

　宇田川榕菴はシーボルトが江戸に滞在していたときに会い，博物学のことを質問するとともに，日本の植物の押し葉標本を贈り交流を深めました．シーボルトは別れるときにスプレンゲルの『植物学入門書－第2版』（1817）を榕菴に贈りました．この本をもとに西欧の植物学を紹介したのが本書です．本書はリンネの体系のほか，形態学，生理学も紹介しています．宇田川榕菴はさらに西欧の動物学を紹介した『動学啓原』にも手を染めましたが，これは完成せず出版されませんでした．3冊．

92. **泰西本草名疏**（タイセイホンゾウメイソ）
伊藤圭介（1803-1901）
（1829）

　伊藤圭介は尾張の出身で，長崎に留学し出島出入の許可を得てシーボルトに植物学の教えを受けました．圭介は主にツュンベリーの『日本植物誌』によってリンネの体系と，日本植物の学名を学びました．圭介が留学を終えて帰国する際にシーボルトは『日本植物誌』を圭介に与えました．圭介は本書から日本植物の学名を抽出し，それに和名をつけ加えたリストを出版しました．それが『泰西本草名疏』で，本巻は上下2冊，それに『泰西本草名疏付録』1冊がついて合計3冊．この付録にはリンネの24綱が色刷りで紹介されています（p.108-109）．

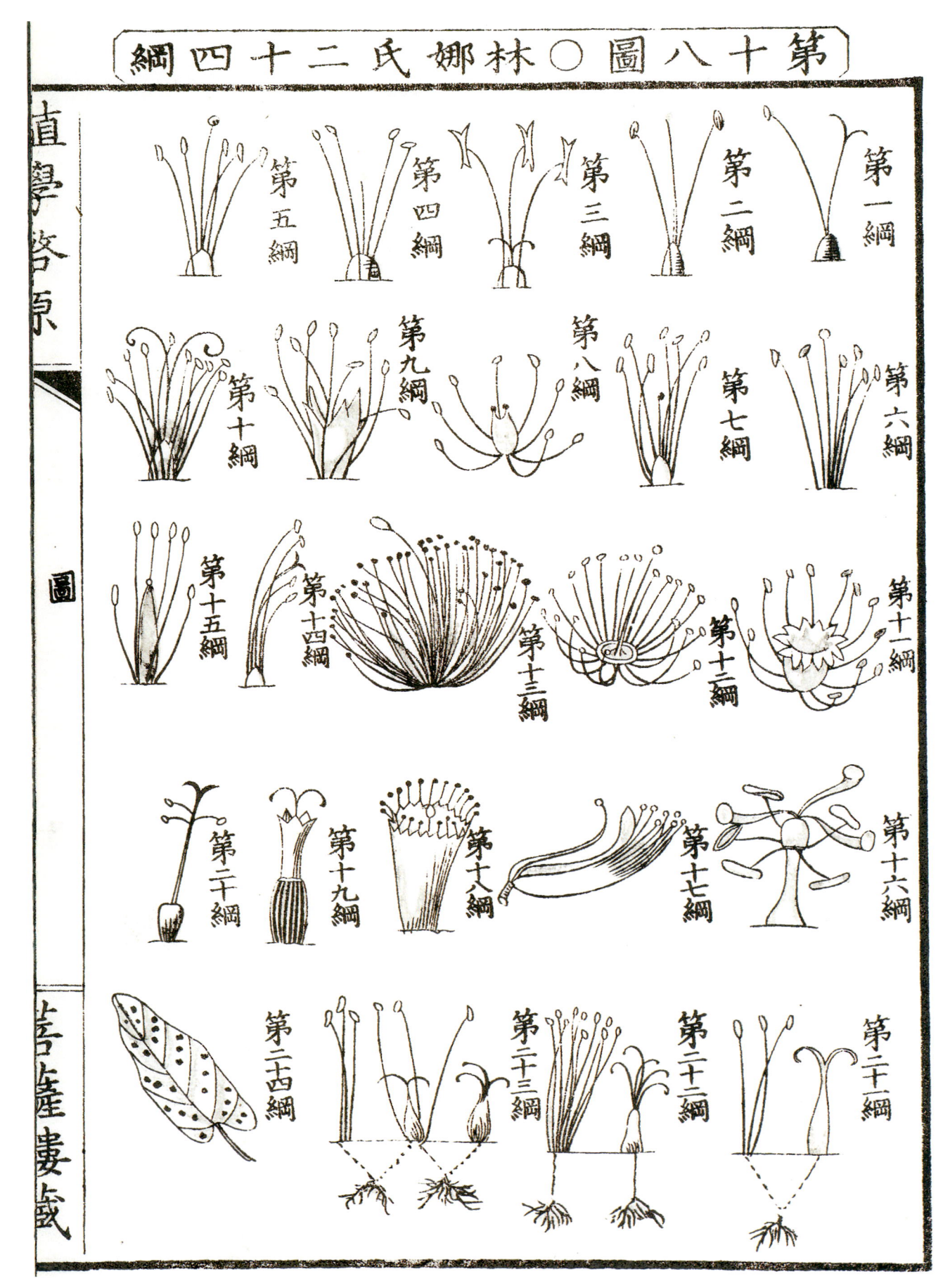

91. 宇田川榕菴：理学入門植学啓原．（1834）

2. リンネのしごと 2

解説にあたり参照した主要な参考文献．発行年次の古いものは省略した．

荒俣　宏．1982．大博物学時代．工作舎，東京．359 pp.
木村陽二郎．1983．ナチュラリストの系譜，近代生物学の成立史．中公新書 680．中央公論社，東京．240 pp.
木村陽二郎．1987．生物学史論集．八坂書房，東京．431 pp.
木村陽二郎．1988．江戸期のナチュラリスト．朝日選書　朝日新聞社，東京．249＋(3) pp.
松永俊男．1992．博物学の欲望　リンネと時代精神．講談社現代新書 1110．講談社，東京．196 pp.
西村三郎．1989．リンネとその使徒たち－探検生物学の夜明け．人文書院，京都．348 pp.
ハインツ・ゲールケ（梶田 昭訳）．1994．リンネ．医師・自然研究者・体系家．博品社，東京．250＋(31) pp.
上野益三．1989．年表日本博物学史．八坂書房，東京．470＋(68) pp.
上野益三．1991．博物学者列伝．八坂書房，東京．412＋(10) pp.
Blunt, W. 1971. The Compleate Naturalist. A Life of Linnaeus. Collins, London. 256 pp.
Jarvis, C. 2007. Order out of Chaos, Linnean Plant Names and their Types. 1016 pp. The Linnean Society of London in associated with the Natural History Museum, London.
Stafleu, F. A. 1971. Linnaeus and the Linneans. The spreading of their ideas in systematic botany, 1735-1789. A. Oosthoek's Uitgeversmaatshappij N. V. Utrecht.

スウェーデン・アカデミー紀要 (p.47) 第 3 巻 (1742) の扉絵．第 1 巻も同じ絵だが細部は異なっている．

3 リンネコレクションから
From The Linneus Corection

- クリフォード庭園のバナナ（リンネ）
- リンネの性の体系（ミラー）
- リンネの体系による植物学（カーチス）
- 泰西本草名疏付録（伊藤圭介）
- リンネによる昆虫の属（バーブット）
- リンネの体系中の昆虫の属（ズルツァー）
- スウェーデン鳥類学（スパルマン）
- クリフォード庭園誌（リンネ）
- ラップランド植物誌（リンネ）
- 東方旅行における稀な自然物図説（フォシュスコール）
- リンネと関係学者のメダル

クリフォード庭園のバナナ

クリフォード庭園の温室でリンネが花を咲かせたバナナ．カール・リンネ：クリフォード庭園のバナナ．Carolus Linnaeus : Musa Cliffortiana. (1736) 銅板手彩色．

3. リンネコレクションから

カール・リンネ：クリフォード庭園のバナナ．Carolus Linnaeus：Musa Cliffortiana.（1736）銅板手彩色．

リンネの性の体系

Clafsis XIII Ordo III.
POLYANDRIA TRIGYNIA
THEA.

チャノキ．ジョン・ミラー：リンネの性の体系．Johannem Miller: Sexual system of Linnaeus. (1777)

3. リンネコレクションから

ダイオウ．ジョン・ミラー：リンネの性の体系．Johannem Miller : Sexual system of Linnaeus.（1777）

リンネの性の体系

ハナイ．ジョン・ミラー：リンネの性の体系． Johannem Miller : Sexual system of Linnaeus. (1777)

3. リンネコレクションから

リンネの24綱，雄しべ．ウィリアム・カーチス：リンネの体系による植物学． William Curtis : Linnaeus's System of Botany. (1777)

リンネの体系による植物学

リンネの 24 綱，雌しべ．ウィリアム・カーチス：リンネの体系による植物学．William Curtis : Linnaeus's System of Botany. (1777)

3. リンネコレクションから

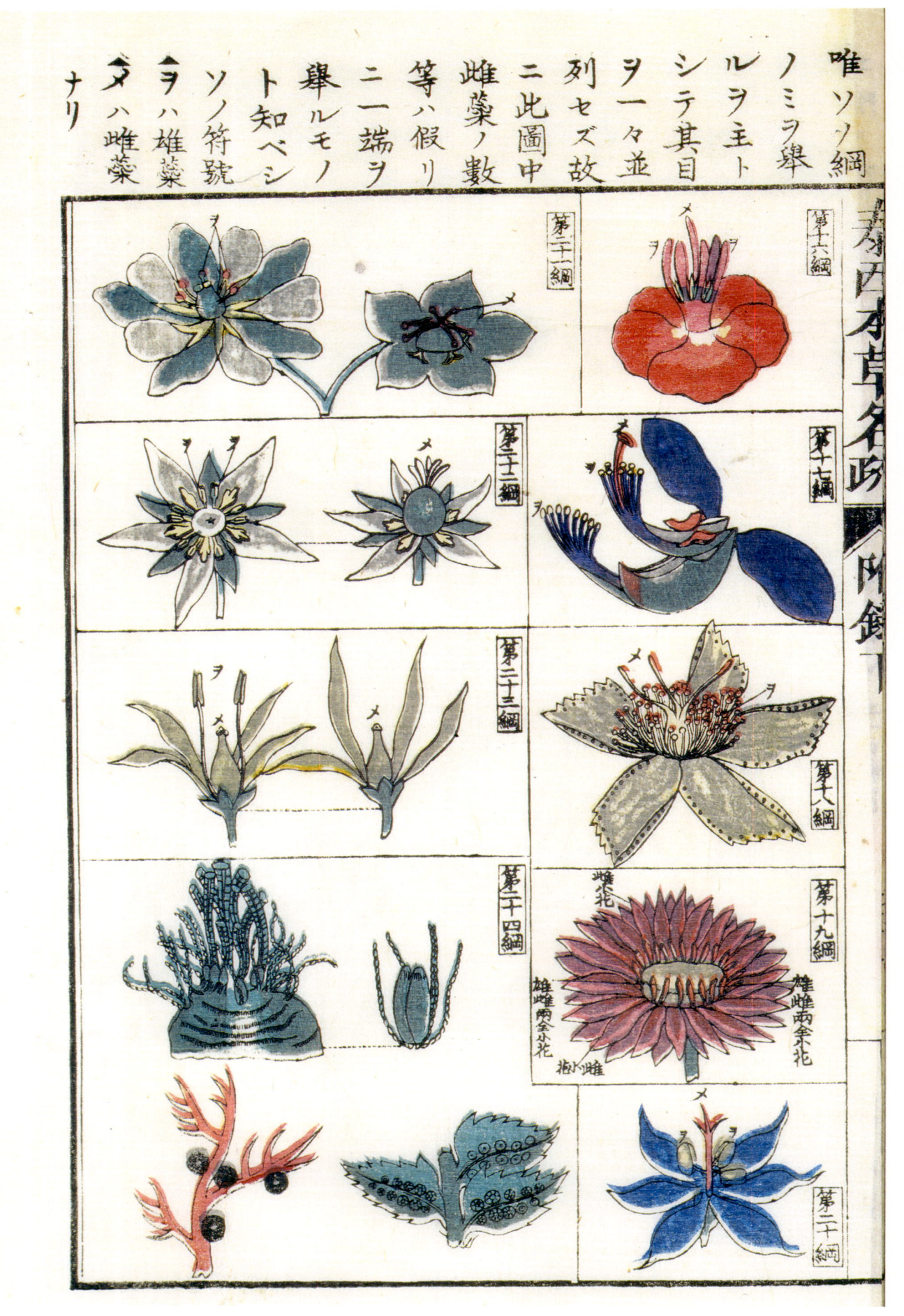

唯ソノ綱ノミヲ畢ルヲ主トシテ其目ヲ一々並列セズ故ニ此圖中雌蕊ノ數等ハ假リニ一端ヲ舉ルモノトシ知ルベシソノ符號ヲハ雄蕊メハ雌蕊ナリ

リンネの24綱，第16綱から第24綱まで．伊藤圭介：泰西本草名疏付録．(1829)

リンネの24綱, 第1綱から第15綱まで. 伊藤圭介：泰西本草名疏付録. (1829)

3. リンネコレクションから

ズルツァー：リンネの体系中の昆虫の特徴. J. H. Sulzer : Die Kennzeichen der Insekten. (1761)

    Tab. Ⅷ   Ⅲ. Lepidoptera　鱗翅目（チョウ目）
        Fig. 82　キアゲハ（アゲハチョウ科）日本にも分布する．
            原文：*Papilio Machaon*
        Fig. 83　アポロウスバシロチョウ（アゲハチョウ科）
            原文：*Papilio Apollo*
        Fig. 84　ヤマキチョウ（シロチョウ科）日本にも分布する．
            原文：*Papilio Rhamni*

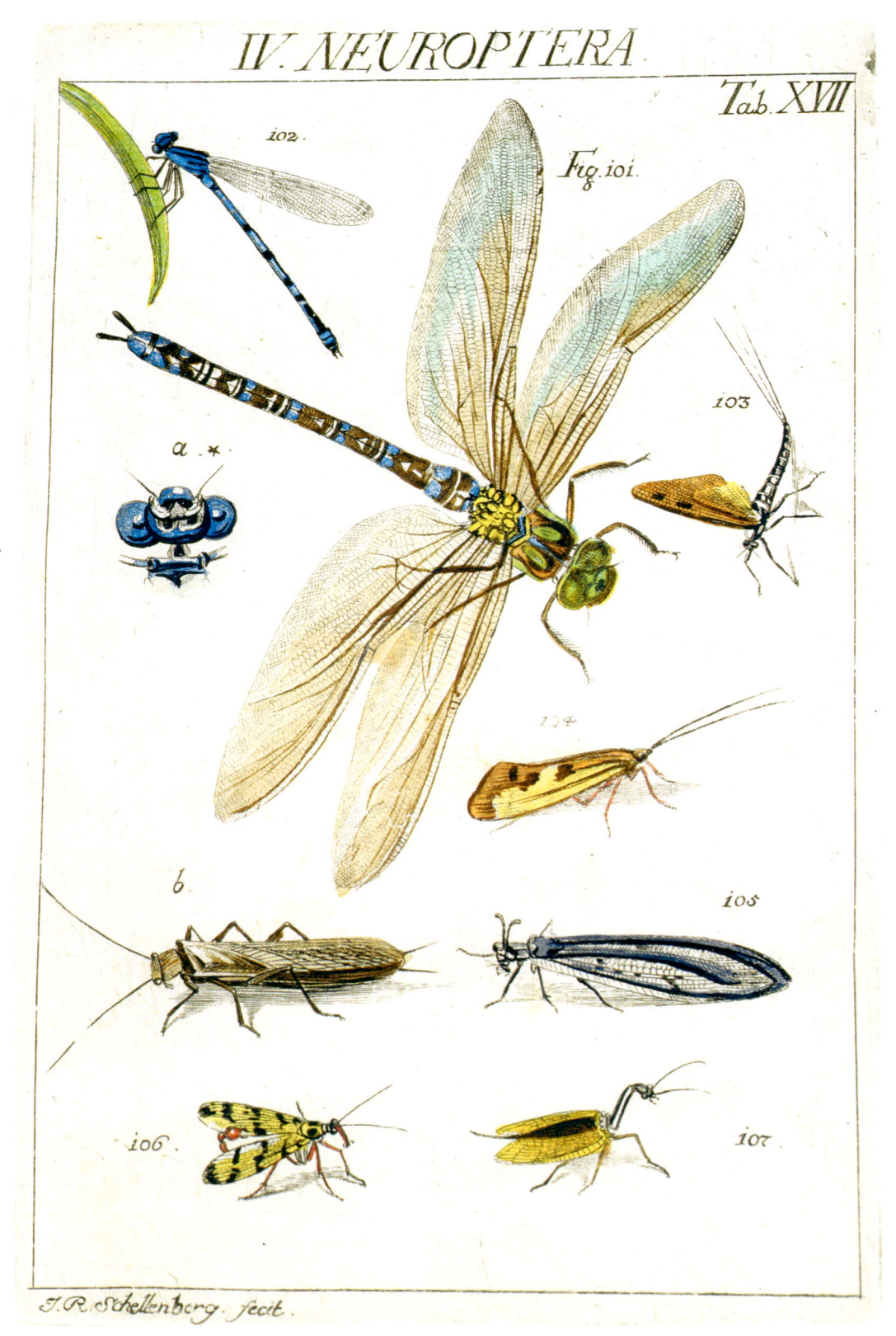

ズルツァー：リンネの体系中の昆虫の特徴． J. H. Sulzer : Die Kennzeichen der Insekten. (1761)

Tab. ⅩⅦ　Ⅳ. Neuroptera（脈翅目）
　　Fig. 101　ヤンマ類（ヤンマ科，トンボ目）
　　　　原文：*Libellula Aenea*
　　　　　a. 頭部腹面図．
　　Fig. 102　ヨーロッパエゾイトトンボ（イトトンボ科，トンボ目）
　　　　原文：*Libellula Puella*
　　Fig. 103　カゲロウ類（カゲロウ目）
　　　　原文：*Ephemera Vulgata*

3. リンネコレクションから

ジェイムズ・バーブット：リンネによる昆虫の属． J. Barbut : Les Genres des Insectes de Linné. (1781)

Hemiptera（半翅目）
 Gen. Ⅰ. *Blatta*　ゴキブリ類（現ゴキブリ目）
  図：トウヨウゴキブリ♂（左），♀（右）
   ♀は成虫も翅が短いので半翅目に入れられている（その前は鞘翅目）．
 Gen. Ⅱ. *Mantis*　カマキリ類（現カマキリ目）
  図：クビナガカマキリ（ヨウカイカマキリ科）
 Gen. Ⅲ. *Gryllus*　コオロギ類（現直翅目／バッタ目）
  3段目　左：ケラ（ケラ科）右：コオロギ類（イエコオロギ？）（コオロギ科）
  4段目　左：バッタ類（バッタ科）右：キリギリス類？（キリギリス科）

ヤツガシラ（学名 *Upupa epops*. 旧北区，東洋区にかけ広く分布する．草原や林縁に生息する）．アンデルス・スパルマン：スウェーデン鳥類学．銅版手彩色．Anders Sparrman : Svensk Ornithologie.（1806）

3. リンネコレクションから

ヒメアカゲラ（学名 *Dendrocopos medius*. 東ヨーロッパからトルコにかけて分布する）. アンデルス・スパルマン：スウェーデン鳥類学. 銅版手彩色． Anders Sparrman : Svensk Ornithologie. (1806)

Oriolus Galbula
Gul-Trast.

ニシコウライウグイス（学名 *Oriolus oriolus*. ヨーロッパから中央アジアで繁殖する. 冬期は, アフリカ, インドへ渡る）. アンデルス・スパルマン: スウェーデン鳥類学. 銅版手彩色. Anders Sparrman : Svensk Ornithologie. (1806)

HORTUS CLIFFORTIANUS

Plantas exhibens
QUAS
In Hortis tam VIVIS quam SICCIS,
HARTECAMPI in Hollandia,
COLUIT
VIR NOBILISSIMUS & GENEROSISSIMUS

GEORGIUS CLIFFORD

JURIS UTRIUSQUE DOCTOR,

Reductis Varietatibus ad Species,
Speciebus ad Genera,
Generibus ad Classes,

Adjectis Locis Plantarum natalibus
Differentiisque Specierum.

Cum *TABULIS ÆNEIS.*

AUCTORE
CAROLO LINNÆO,
Med. Doct. & Ac. Imp. N. C. Soc.

AMSTELÆDAMI. 1737.

カール・リンネ：クリフォード庭園誌. Carolus Linnaeus : Hortus Cliffortianus. (1737)

カール・リンネ：クリフォード庭園誌. Carolus Linnaeus : Hortus Cliffortianus. (1737)

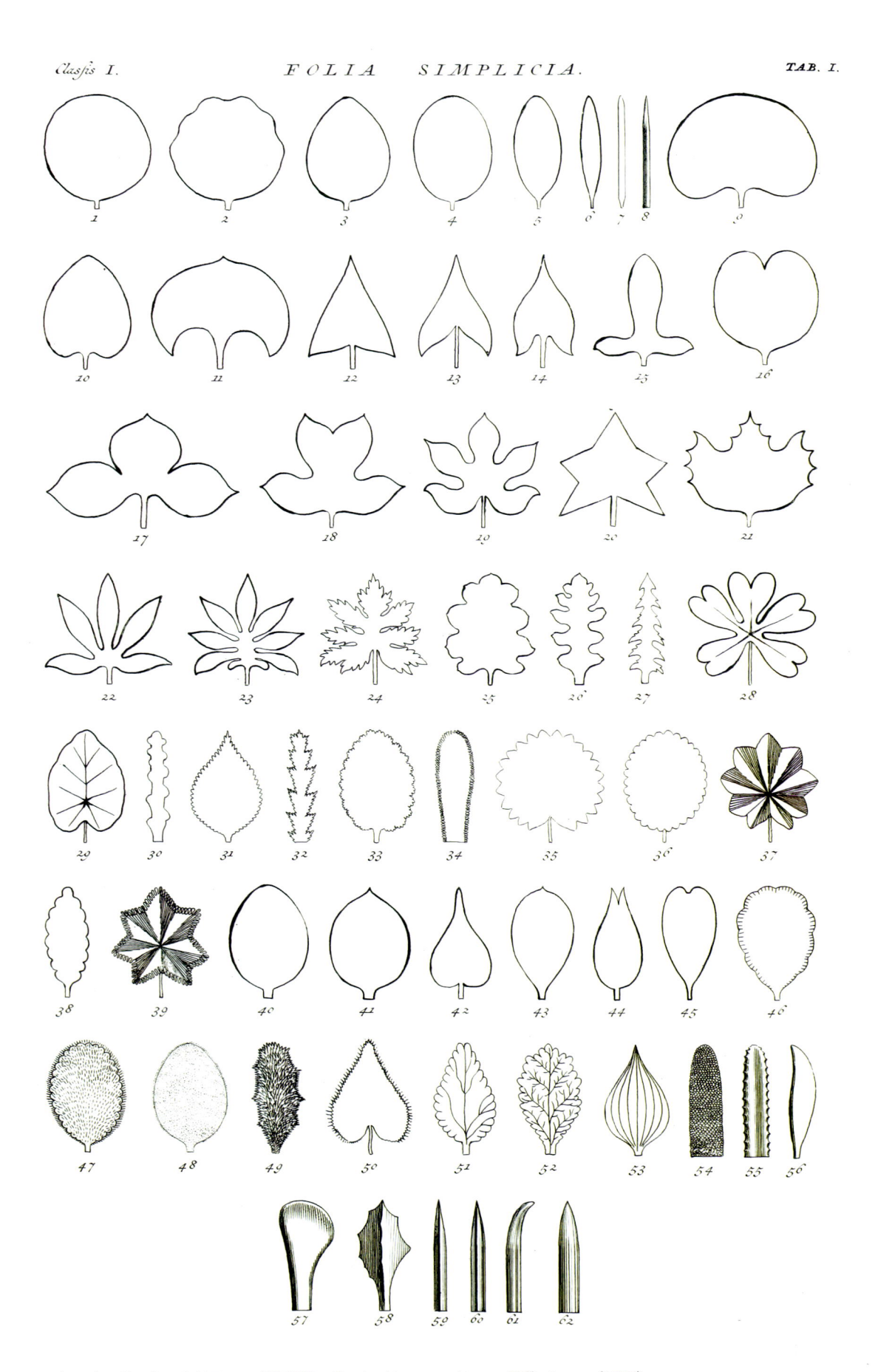

クリフォード庭園誌

Classis I.   FOLIA SIMPLICIA.   TAB. I.

カール・リンネ：クリフォード庭園誌. Carolus Linnaeus : Hortus Cliffortianus. (1737)

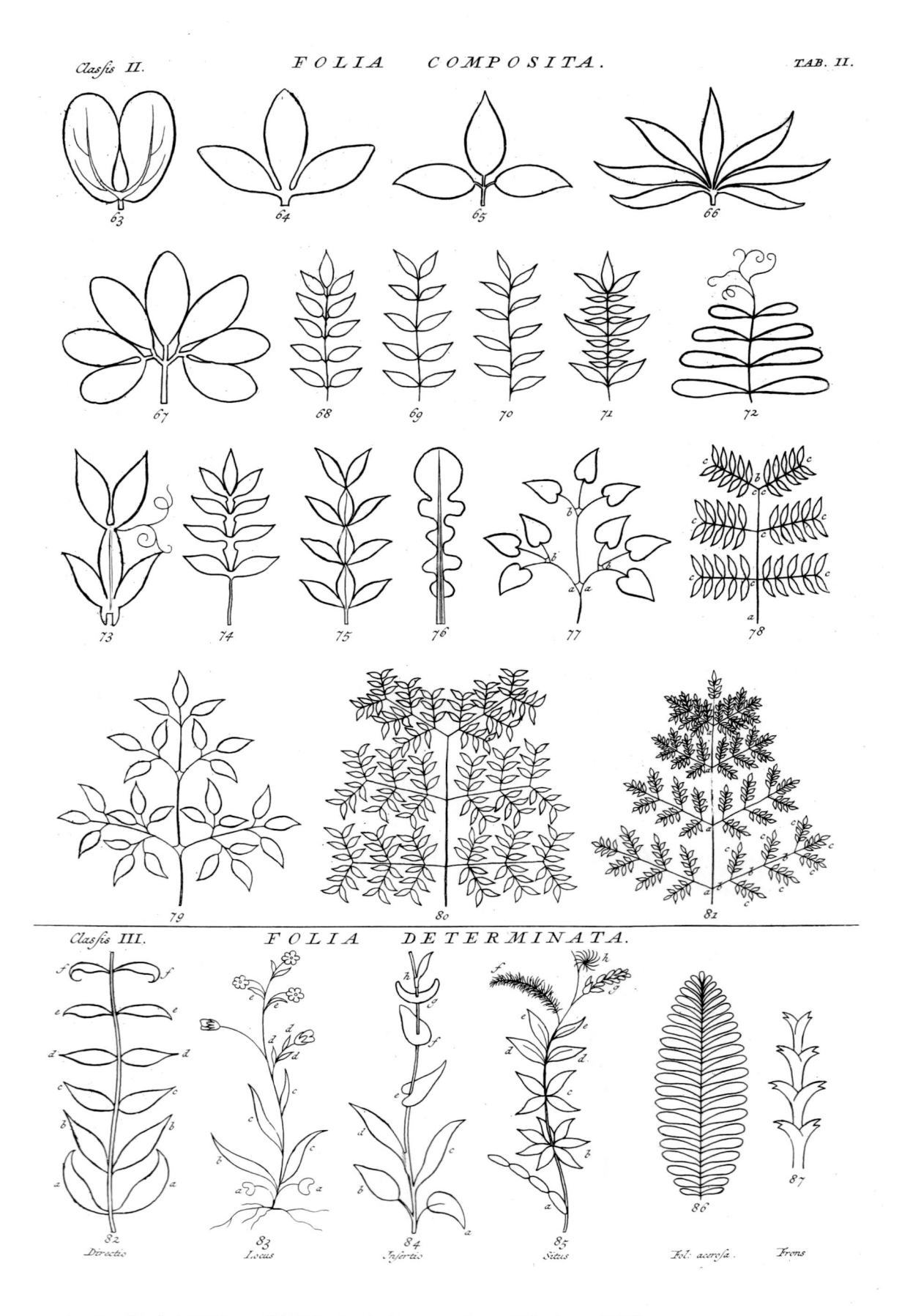

3. リンネコレクションから

カール・リンネ：クリフォード庭園誌. Carolus Linnaeus : Hortus Cliffortianus. (1737)

クリフォード庭園誌

TAB: III.

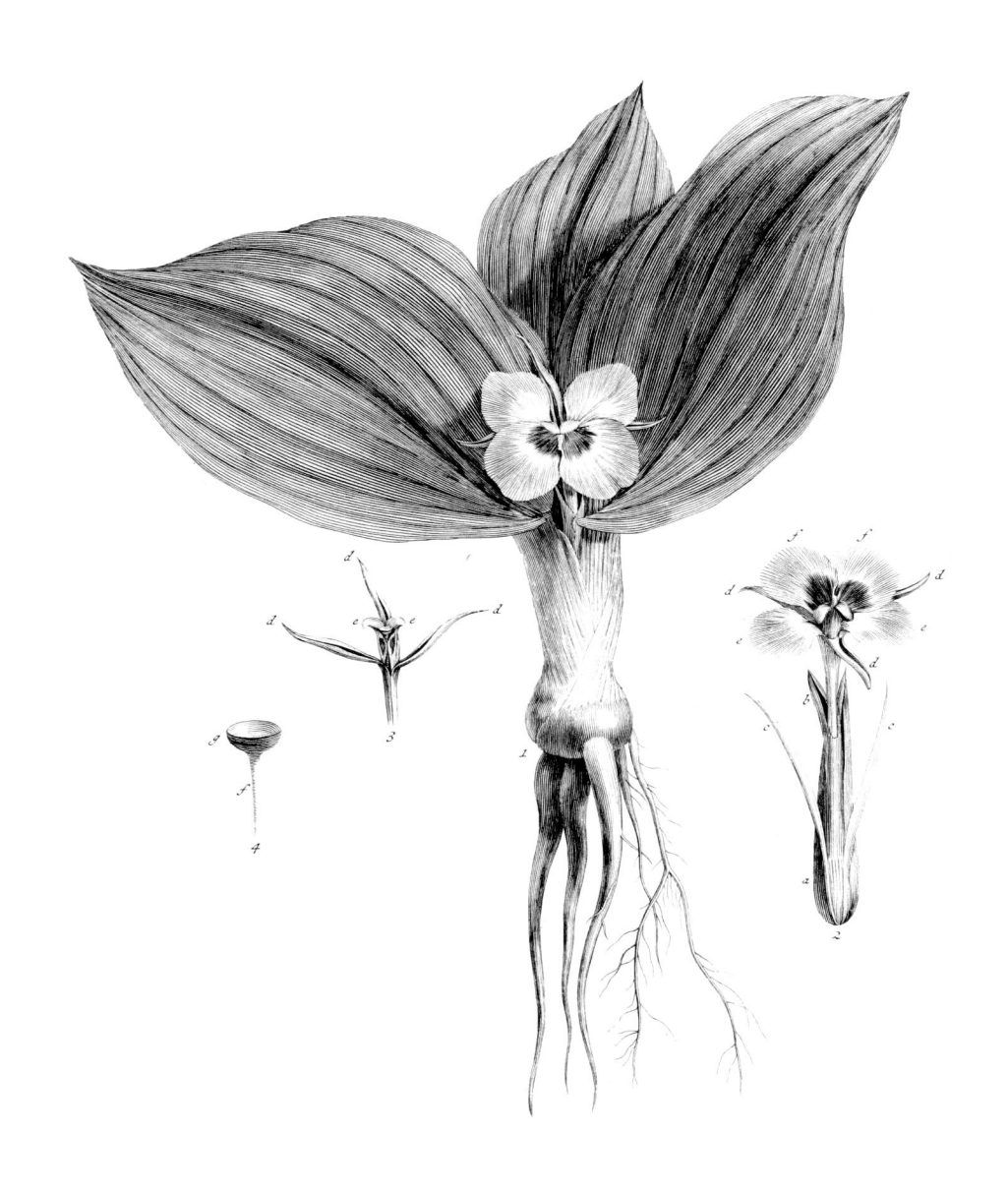

KÆMPFERIA. *Hort. Cliff. p. 2. sp. 1.*
1. *Planta integra naturali magnitudine.*
2. *Flos.* a. *Spatha exterior univalvis.* b. *Spatha interior apice bifido.* c.c. *Gluma bivalvis admodum tenuis.* d.d.d. *Perianthium.* e.e. *Pelata duo uniformia.* f.f. *Petalum tertium majus bifidum labium inferius constituens.*
3. *Perianthium cum* d.d. *laciniis suis tribus &* e.e. *Filamento bicorni membranaceo, stylum involvente, duabus anteris lateralibus instructo.*
4. *Pistilli* f. *Stylus &* g. *Stigma, microscopio visa.*

J. WANDELAAR delineavit & fecit.

カール・リンネ：クリフォード庭園誌. Carolus Linnaeus : Hortus Cliffortianus.（1737）

3. リンネコレクションから

TAB: IV.

PIPER foliis cordatis, caule procumbente. *Hort. Cliff.* 6. *sp.* 1.
 a Flos lente visus cum Antheris duabus ad latera germinis.

J. WANDELAAR fecit.

カール・リンネ：クリフォード庭園誌． Carolus Linnaeus : Hortus Cliffortianus. (1737)

クリフォード庭園誌

TAB: V.

COLLINSONIA. *Hort. Cliff.* 14. *Sp.* 1.
  a. *Flos magnitudine naturali.*   b. *Idem a tergo visus.*
  c. *Calyx sub florescentia constitutus.*   d. *Idem fructu prægnans.*
  e. *Germen.*

G. D. EHRET del.

J. WANDELAAR fecit.

カール・リンネ：クリフォード庭園誌. Carolus Linnaeus : Hortus Cliffortianus. (1737)

3. リンネコレクションから

TAB: VI.

GLADIOLUS foliis linearibus. *Hort. Cliff. p. 20. sp. 2.*
  a *Bulbus.*
  b *Caulis.*
  c *Folium infimum caulis.*
  d *Corolla longitudinaliter dissecta.*
  e *Pistillum.*

カール・リンネ：クリフォード庭園誌. Carolus Linnaeus : Hortus Cliffortianus.（1737）

TAB: VII.

DIERVILLA. *Hort. Cliff.* 63 *sp.* 1.
  a *Caulis truncatus unico ramo depictus.*
  b *Racemi oppositi, dichotomi, nutantes, cum Calycibus & Corollis irregularibus ac fere bilabiatis. Fructus bilocularis & carnosus est. Hinc planta Loniceris admodum affinis.*

J. WANDELAAR del. & fecit.

カール・リンネ：クリフォード庭園誌． Carolus Linnaeus : Hortus Cliffortianus. (1737)

3. リンネコレクションから

TAB: VIII.

CAMPANULA foliis haſtatis dentatis, caule determinate folioſo. *Hort.Cliff.65.ſp.10.*
 Ramulus cum Flore. Folia oppoſita ſunt.

G. D. EHRET del.　　　　　　　　　　　　　　　　　　　J. WANDELAAR fecit.

カール・リンネ：クリフォード庭園誌. Carolus Linnaeus : Hortus Cliffortianus. (1737)

クリフォード庭園誌

TAB: IX.

RAUVOLFIA. *Hort. Cliff.* 75. *sp.* 1.
  a *Flos.*
  b *Limbus corollæ.*
  c *Corolla explicata cum Pistillo & Staminibus.*
  d *Calyx cum Pistillo.*
  e *Pistillum.*

G. D. Ehret del.   J. Wandelaar fecit.

カール・リンネ：クリフォード庭園誌. Carolus Linnaeus : Hortus Cliffortianus. (1737)

3. リンネコレクションから

TAB: X.

TURNERA e petiolo florens, foliis serratis. *Hort. Cliff.* 112. *sp* 1.
   1. *Ramus.*
   2. *Folium ad cujus basin duæ glandulæ. Pedunculus e petiolo enatus cum calyce fructus, semine, stylis, stigmatibus.*

G. D. EHRET del.   J. WANDELAAR fecit.

カール・リンネ：クリフォード庭園誌. Carolus Linnaeus : Hortus Cliffortianus. (1737)

TAB: XI.

PASSERINA foliis linearibus. *Hort. Cliff.* 146. *Sp.* 1.
  a *Ramus.*
  b *Flos.*
  c *Folium florale.*
  d *Flos folio obvolutus.*

A *Sinistris eædem partes, sed acta modo e magnitudine.*

G. D. EHRET del.　　　　　　　　　　　　　　　　　J. WANDELAAR fecit.

カール・リンネ：クリフォード庭園誌．Carolus Linnaeus : Hortus Cliffortianus. (1737)

3. リンネコレクションから

T.A.B: XII.

HELXINE caule erecto, aculeis reflexis exasperato. *Hort. Cliff.* 151. *sp.* 2.

カール・リンネ：クリフォード庭園誌．Carolus Linnaeus : Hortus Cliffortianus. (1737)

TAB: XIII.

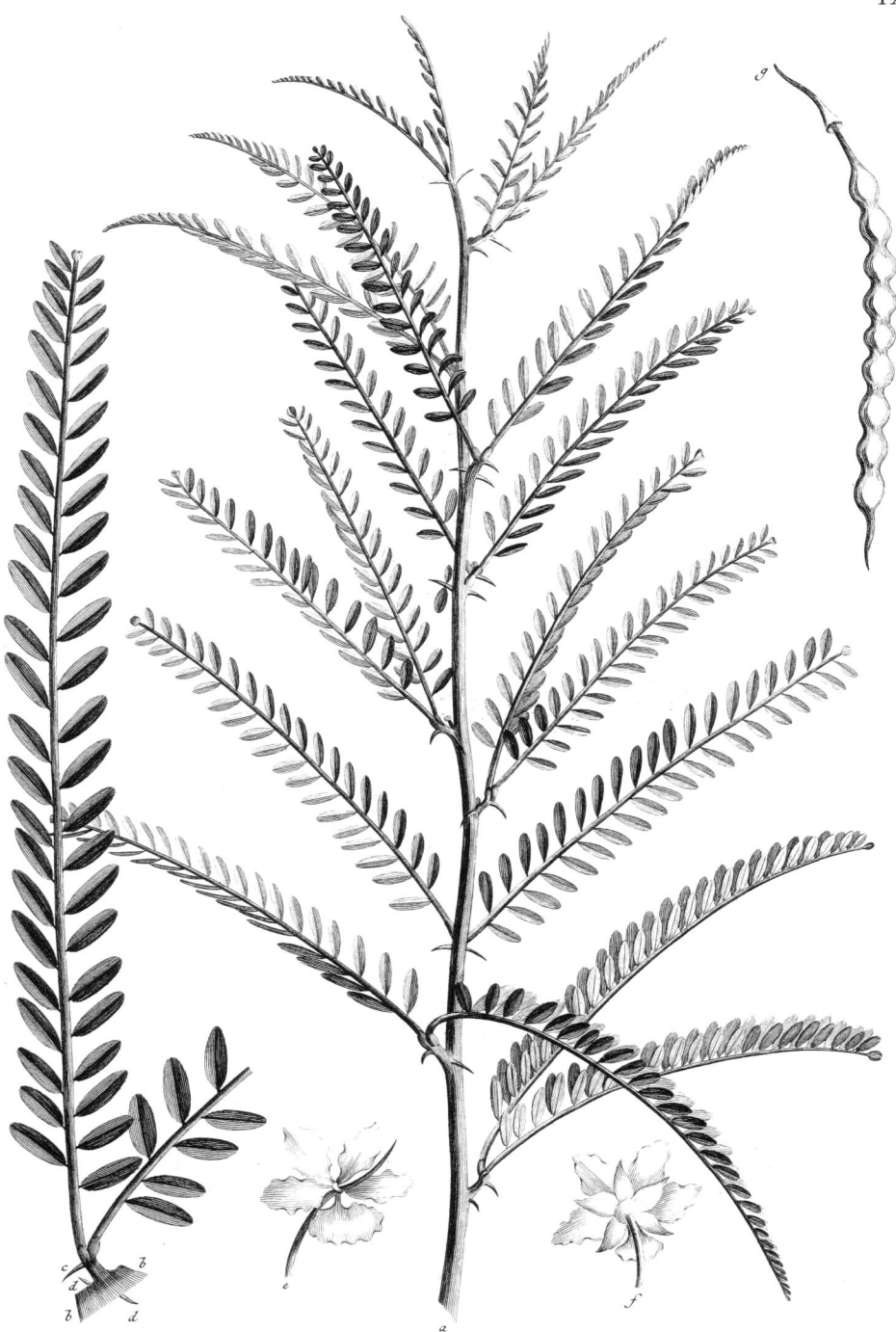

PARKINSONIA. *Hort. Cliff.* 157. *sp.* 1.
  a *Ramus.*
  b *Caulis utrinque truncatus cum unico folio decomposito, cujus alterum partiale folium* truncatum *est.*
  c *Aculeus solitarius ad combinationem foliorum partialium.*
  dd *Aculei caulis oppositi ad sinus foliorum.*
  e *Flos a Plumiero mutuatus.* f *Idem a tergo visus cum calyce.*
  g *Legumen.*

G. D. Ehret del.   J. Wandelaar fecit.

カール・リンネ：クリフォード庭園誌．Carolus Linnaeus : Hortus Cliffortianus. (1737)

3. リンネコレクションから

TAB: XIV.

BAUHINIA caule aculeato. *Hort. Cliff.* 156. *sp.* 1.
  a *Planta tenella, ætatis vix dimidii anni.*
  b *Folia Seminalia.*
  c *Aculei oppositi.*
  d *Stipulæ oppositæ.*
  Florem hujus delineavit Plumier in generibus, uti docuit frutex vix unius anni florens.

G. D. EHRET del.　　　　　　　　　　　　　　　　　J. WANDELAAR fecit.

カール・リンネ：クリフォード庭園誌.　Carolus Linnaeus：Hortus Cliffortianus. (1737)

クリフォード庭園誌

TAB: XV

BAUHINIA foliis quinquenerviis: lobis acuminatis remotissimis. *Hort.Cliff.* 156.*sp.*2.
   a *Ramus florens.*
   b *Flos integer.*
   c *Stamina novem superiora coalita*
   d *Stamen infimum liberum longissimum.*
   e *Pistillum supra basin germen ferens*
   f *Calyx uti retroflectitur postquam per diem unum alterumve floruerit.*

J. WANDELAAR del. & fecit.

カール・リンネ：クリフォード庭園誌. Carolus Linnaeus : Hortus Cliffortianus.（1737）

3. リンネコレクションから

TAB: XVI.

HELIOCARPOS. *Hort. Cliff.* 211. *sp.* 1.
  * *Ramulus arboris.*
  a *Flos naturali magnitudine & figura.*
  bb *Calycis foliola.*
  cc *Petala.*
  d *Fructus a Ph. Millero communicatus.*

G. D. EHRET del.

J. WANDELAAR fecit.

カール・リンネ：クリフォード庭園誌．Carolus Linnaeus : Hortus Cliffortianus. (1737)

TAB: XVII

BROWALLIA. *Hort. Cliff.* 319. *sp.* 1.
  a *Planta justa magnitudine.*
  b *Ramulus cum flore.*
  c *Calyx.*
  d *Fructus immaturus calyce involutus.*
  e *Capsula matura.*
  f *Pericarpium horizontaliter dissectum uniloculare.*
  g *Semina.*

G. D. Ehret del.   J. **Wandelaar** fecit.

カール・リンネ：クリフォード庭園誌. Carolus Linnaeus : Hortus Cliffortianus. (1737)

3. リンネコレクションから

TAB: XVIII.

MARTYNIA. foliis serratis. *Hort. Cliff.* 322. *sp.* 1.
 a *Flos in situ naturali, insidens ramo.*
 b *Calyx cum Staminibus & Pistillo.*

J. WANDELAAR del. & fecit.

カール・リンネ：クリフォード庭園誌. Carolus Linnaeus : Hortus Cliffortianus. (1737)

クリフォード庭園誌

TAB: XIX.

AMORPHA. *Hort. Cliff.* 353. *sp.* 1.
  a *Ramuli suprema pars.*
  b *Flos cum suo unico petalo.*
  c *Periantium.*
  d *Stamina filamentis inferne coalita in brevem vaginam.*
  e *Pistillum.*

G. D. EHRET del.

J. WANDELAAR fecit.

カール・リンネ：クリフォード庭園誌. Carolus Linnaeus : Hortus Cliffortianus.（1737）

3. リンネコレクションから

TAB: XX.

DOLICHOS caule perenni lignoso. *Hort. Cliff.* 360. *sp.* 2.
   a *Caulis truncatus cum unico ramo.*
   b *Flos integer.*
   c *Calyx cum Corollæ carina.*
   d *Corollæ Vexillum resupinatum.*
   e *Filamenta novem coalita in vaginam.*
   f *Filamentum decimum basi arcum constituens ut nectario locum det.*

G. D. EHRET del.   J. WANDELAAR fecit.

カール・リンネ：クリフォード庭園誌． Carolus Linnaeus : Hortus Cliffortianus. (1737)

TAB: XXI.

DOLICHOS minimus, floribus luteus. *Hort. Cliff.* 360. *sp.* 3.
- a *Caulis utinque truncatus, cum Stipulis oppositis & folio.*
- b *Calyx.*
- cc *Corollæ duo petala quæ Alæ dicuntur.*
- dd *Corollæ alia duo petala carinam constituentia.*
- e *Stamina decem diadelpha.*
- f *Pistillum.*
- g *Legumen justa magnitudine.*
- h *Semen.*

G. D. EHRET del. 　　　　　　　　　　　　　　　　　　　J. WANDELAAR fecit.

カール・リンネ：クリフォード庭園誌. Carolus Linnaeus : Hortus Cliffortianus. (1737)

3. リンネコレクションから

TAB: XXII.

DALEA. *Hort. Cliff.* 363. *sp.* 1.
  a *Caulis paulo supra basin detruncatus.*
  b *Flos justa magnitudine, bractea exceptus.*
  c *Bractea.*
  d *Calyx dissectus & axplicatus.*
  e *Corollæ Carina.*
  f *Stamina in vaginam definentia.*
  g *Petalum unum ex quatuor uniformibus.*
  h *Pistillum.*

G. D. EHRET del.　　　　　　　　　　　J. WANDELAAR fecit.

カール・リンネ：クリフォード庭園誌. Carolus Linnaeus : Hortus Cliffortianus.（1737）

クリフォード庭園誌

TAB: XXIII.

SIGESBECKIA. *Hort. Cliff.* 412. *sp.* 1.
  a *Ramulus cum flore.*
  b *Flos lente inspectus.*

J. WANDELAAR del. & fecit.

カール・リンネ：クリフォード庭園誌. Carolus Linnaeus : Hortus Cliffortianus.（1737）

3. リンネコレクションから

TAB: XXIV.

BUPHTHALMUM caule decomposita, calycibus ramiferis. *Hort. Cliff.* 413. *sp.* 1
  Asteriscus annuus trianthophorus Crassus arabibus est dictus Schaw. p. 58.
  a *Caulis erectus delineatus, qui demum diffunditur.*
  b *Rami ex ipsis calycibus enati.*
  c *Receptaculum commune fructificationis perpendiculariter dissectum, cum Paleis.*
  d *Calycis squama.*
  e *Flosculus femineus radii.*
  f *Flosculus masculus disci.*
  g *Stamina antheris coalita.*   i *Stylus cum stigmate.*

G. D. EHRET del.   J. WANDELAAR fecit.

カール・リンネ：クリフォード庭園誌．Carolus Linnaeus：Hortus Cliffortianus．(1737)

MILLERIA foliis ovatis, pedunculis simplicibus. *Hort. Cliff.* 425. *sp.* 2.
  a *Calyx communis a tergo visus.*
  b *Calyx idem cum tribus suis flosculis.*
  c *Calyx aucta magnitudine.*
  d *Flosculus femineus.* e *Idem aucta magnitudine.*
  f *Flosculus hermaphroditus.* g *Idem auctus magnitudine.*

G. D. EHRET del.   J. WANDELAAR fecit.

カール・リンネ：クリフォード庭園誌. Carolus Linnaeus : Hortus Cliffortianus.（1737）

3. リンネコレクションから

TAB: XXVI.

LOBELIA caule erecto, foliis cordatis obsolete dentatis petiolatis, corymbo terminatrice. *Hort. Cliff.* 426. *sp.* 3.
    a *Corolla.*
    b *Pistillum.*
    c *Stamina.*
    d *Calyx.*

G. D. EHRET del.   J. WANDELAAR fecit.

カール・リンネ：クリフォード庭園誌. Carolus Linnaeus : Hortus Cliffortianus. (1737)

クリフォード庭園誌

TAB: XXVII.

ANTHOSPERMUM. mas. *Hort. Cliff.* 455 *sp.* 1.
  a *Ramus arboris.*
  b *Ramulus utrinque truncatus, cum unico verticillo foliorum.*
  c *Folia tria basi connexa.*
  d *Folia conjugata in sinu folii præcedentis.*
  e *Flos in ala folii.*   f *Idem lente visus.*
  g *Flos nudus.*   h *Idem lente visus.*
  h *Stamen.*   i *Idem lente visum.*

G. D. EHRET del.   J. WANDELAAR fecit.

カール・リンネ：クリフォード庭園誌. Carolus Linnaeus : Hortus Cliffortianus.（1737）

3. リンネコレクションから

TAB: XXVIII.

OSCOREA foliis cordatis, caule lævi. *Hort. Cliff.* 459. *sp.* 1.
　a *Caulis volubilis.*
　b *Ramuli.*
　c *Racemus fructuum.*

G. D. EHRET del.　　　　　　　　　　　　　　　　J. WANDELAAR fecit.

カール・リンネ：クリフォード庭園誌. Carolus Linnaeus : Hortus Cliffortianus. (1737)

クリフォード庭園誌

TAB: XXIX.

KIGGELARIA: mas. *Hort. Cliff.* 462. *Sp.* 1.
* *Ramulus.*
a *Flores in fasciculum nutantes.*
b *Cicatrices ramuli a casu foliorum tempore florescentiæ.*
c *Flos explicatus.* d *Idem a tergo visus.*
e *Nectarium.* f *Nectarium cum staminibus.*
g *Stamen.* i *Idem lente visum.*
i *Fructus feminæ scaber.* k *Fructus dehiscens. Sterbeckii.*

G. D. Ehret del.   J. Wandelaar fecit.

カール・リンネ：クリフォード庭園誌. Carolus Linnaeus : Hortus Cliffortianus. (1737)

3. リンネコレクションから

TAB: XXX.

CLIFFORTIA foliis dentatis: mas. *Hort. Cliff.* 463. *sp.* 1.
   a *Ramus arboris.*
   b *Flos masculus.*   c *Idem aucta parum magnitudine.*
   d *Folium a latere visum.*
   e *Folium explicatum supinum.*   f *Folium idem pronum.*
   g *Vaginæ foliorum persistentes.*

J. WANDELAAR del. & fecit.

カール・リンネ：クリフォード庭園誌．Carolus Linnaeus : Hortus Cliffortianus. (1737)

クリフォード庭園誌

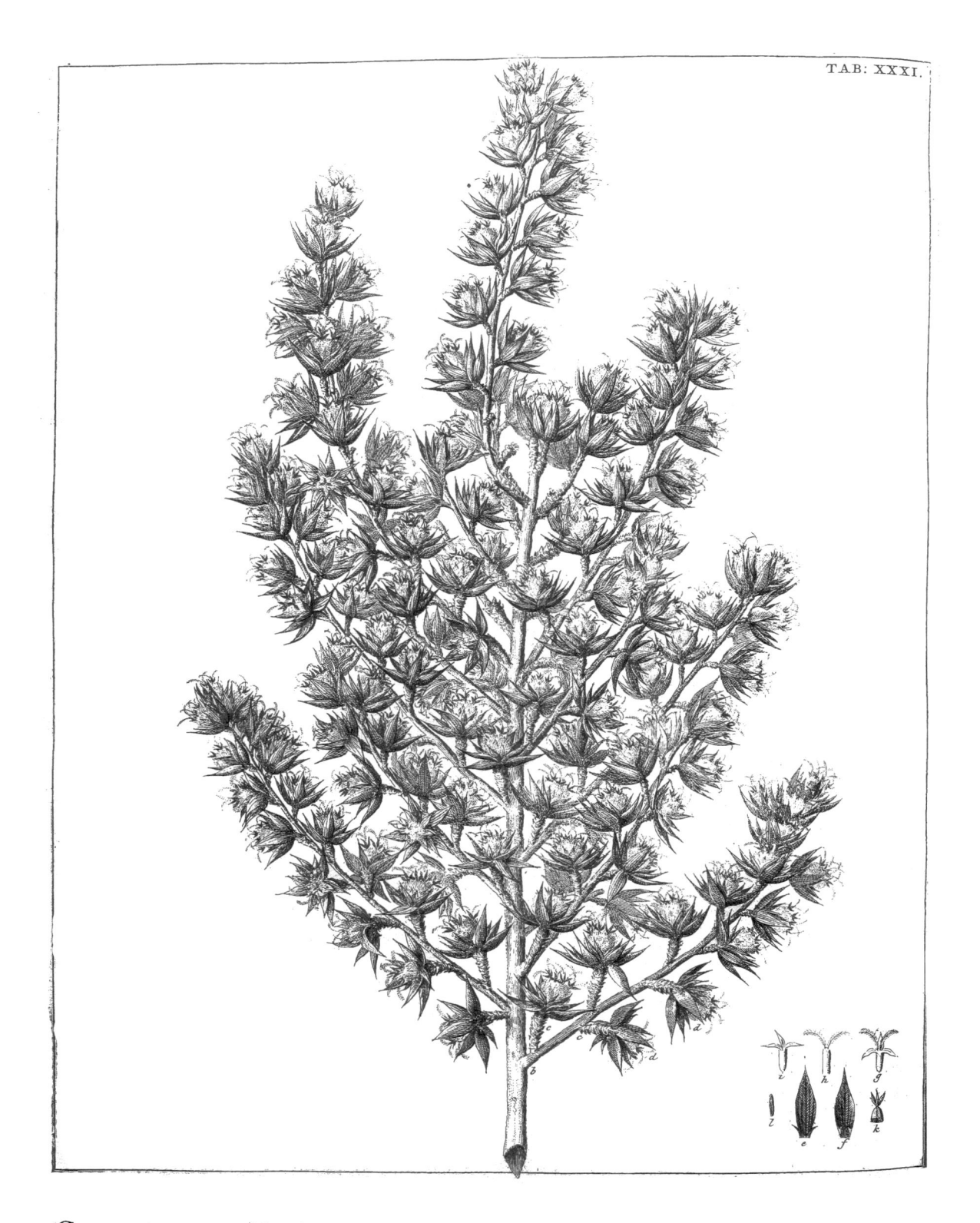

CLIFFORTIA foliis lanceolatis integerrimis: Femina. *Hort. Cliff.* 463. *sp.* 2.
 a *Ramus.*
 b *Flos integer.*
 c *Pistillum cujus germen infra receptaculum.*
 d *Calyx germini insidens.*
 e *Capsulæ superior pars calyce coronata.*
 g *Folium.*   h *Idem a tergo visum.*
 f *Semen.*

カール・リンネ：クリフォード庭園誌. Carolus Linnaeus : Hortus Cliffortianus. (1737)

3. リンネコレクションから

TAB: XXXII.

CLIFFORTIA foliis linearibus pilosis: Femina. *Hort. Cliff.* 501. *sp.* 3.
Hujus generis etiam est, uti ex speciminibus perfectioribus constitit, CLIFFORTIA *foliis ternatis, foliolo intermedio tridentato.* * *Myricæ Species* 4, *cujus icon habetur in* Pluk phyt. 319. f. 4.

カール・リンネ：クリフォード庭園誌. Carolus Linnaeus : Hortus Cliffortianus. (1737)

TAB: XXXIII.

HERNANDIA. *Hort. Cliff.* 485. *sp.* 1.
  a *Caulis summa pars quadruplo tenerior quam in ipsa arbore.*
  b *Umbilicus purpurascens foliorum peltatorum.*
  c *Ramulus.*

J. WANDELAAR del. & fecit.

カール・リンネ：クリフォード庭園誌　Carolus Linnaeus : Hortus Cliffortianus.（1737）

3. リンネコレクションから

TAB: XXXIV.

HURA. *Hort. Cliff.* 486. *sp.* 1.
  a *Arbor sex pedum.*
  b *Caulis inferior pars aculeis horrens.*
  c *Caulis superior pars foliosa.*
  d *Apex arboris florens* 1737 *mense Octobri, sed flores tamen imperfecti decidere.*
  e *Folium magnitudine fere naturali.*
  f *Pedunculus cum Calyce.*
  g *Pedunculus, Calyx, Corolla.*
  h *Corolla longitudinater dissecta, stamina tamen vel Pistilla adhuc non excrevere.*
  i *Limbus corollæ.*

J. WANDELAAR fecit.

カール・リンネ：クリフォード庭園誌. Carolus Linnaeus : Hortus Cliffortianus. (1737)

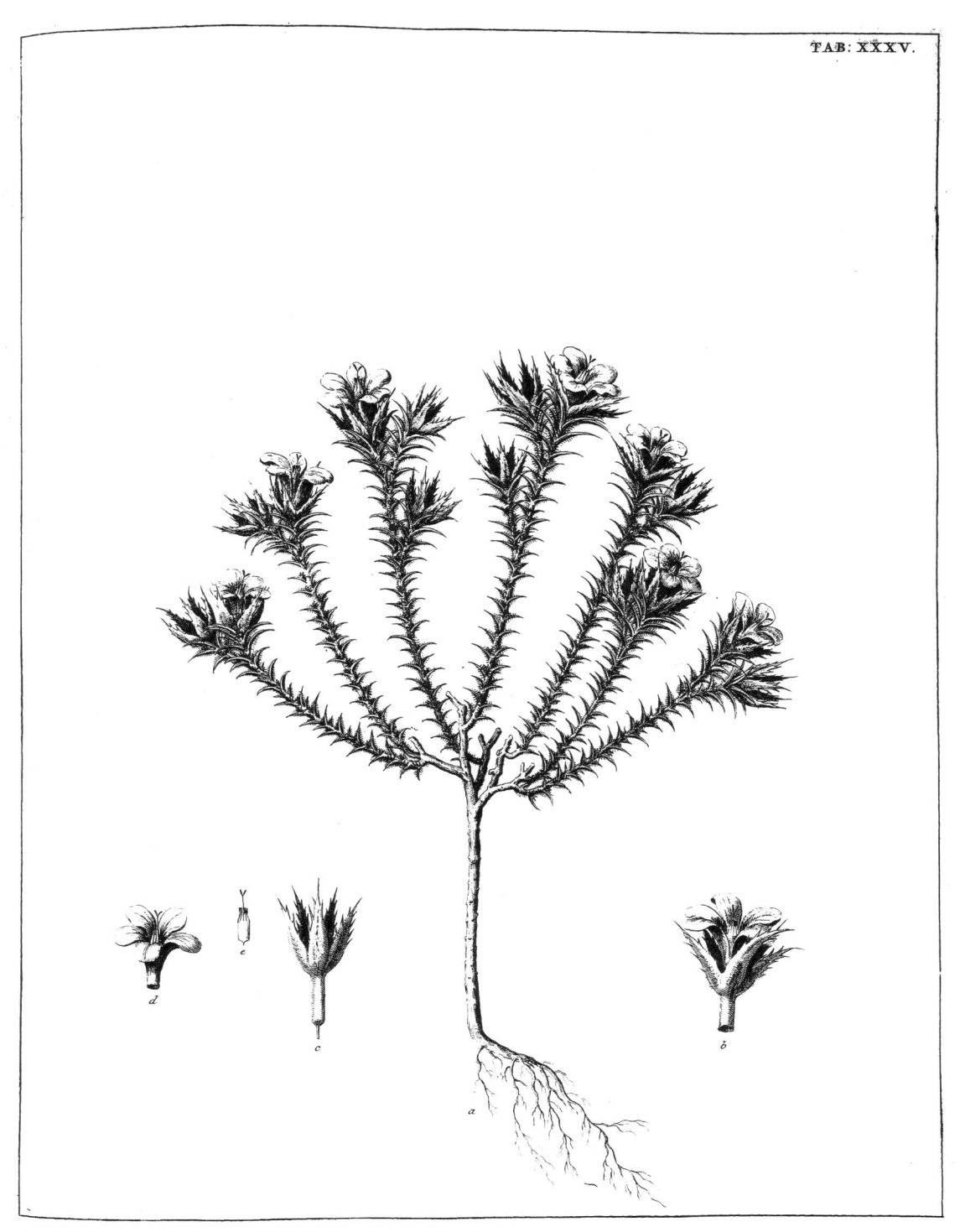

ROELLIA. *Hort. Cliff.* 492. *sp.* 1.
  a *Planta magnitudine naturali, in Æthiopia lecta.*
  b *Flos cum fructu biloculari & calyce dentato.*
  c *Calyx fructum coronans.*
  d *Corolla.*   e *Tubus corollæ cum staminibus.*
  Huic *Affines sunt. Campanula africana frutescens aculeasa, flore violaceo. Comm. hort.* 2. p 77. t. 30.
    Campanula africana humilis pilosa, flore ex albido languide purpureo. Seb. thes. 1. p. 25. t.16. f. 5.
    vide & *Pluk. phyt.* 252. f. 4.

カール・リンネ：クリフォード庭園誌．Carolus Linnaeus : Hortus Cliffortianus. (1737)

3. リンネコレクションから

TAB: XXXVI.

CASSIA calycibus acutis, floribus pentandris. *Hort. Cliff.* 497. *sp.* 13.
  a *Planta magnitudine fere naturali.*
  b *Flores in situ naturali.*
  c *Flos explicatus.*
  d *Glandulæ petiolorum.*
  e *Stipulæ.*
  f *Calyx acutus cum staminibus omnibus & pistillo.*
  g *Petalum infimum, majus, labium inferius constituens.*
  h *Petalum unum ex quatuor minoribus conniventibus.*

カール・リンネ：クリフォード庭園誌． Carolus Linnaeus : Hortus Cliffortianus. (1737)

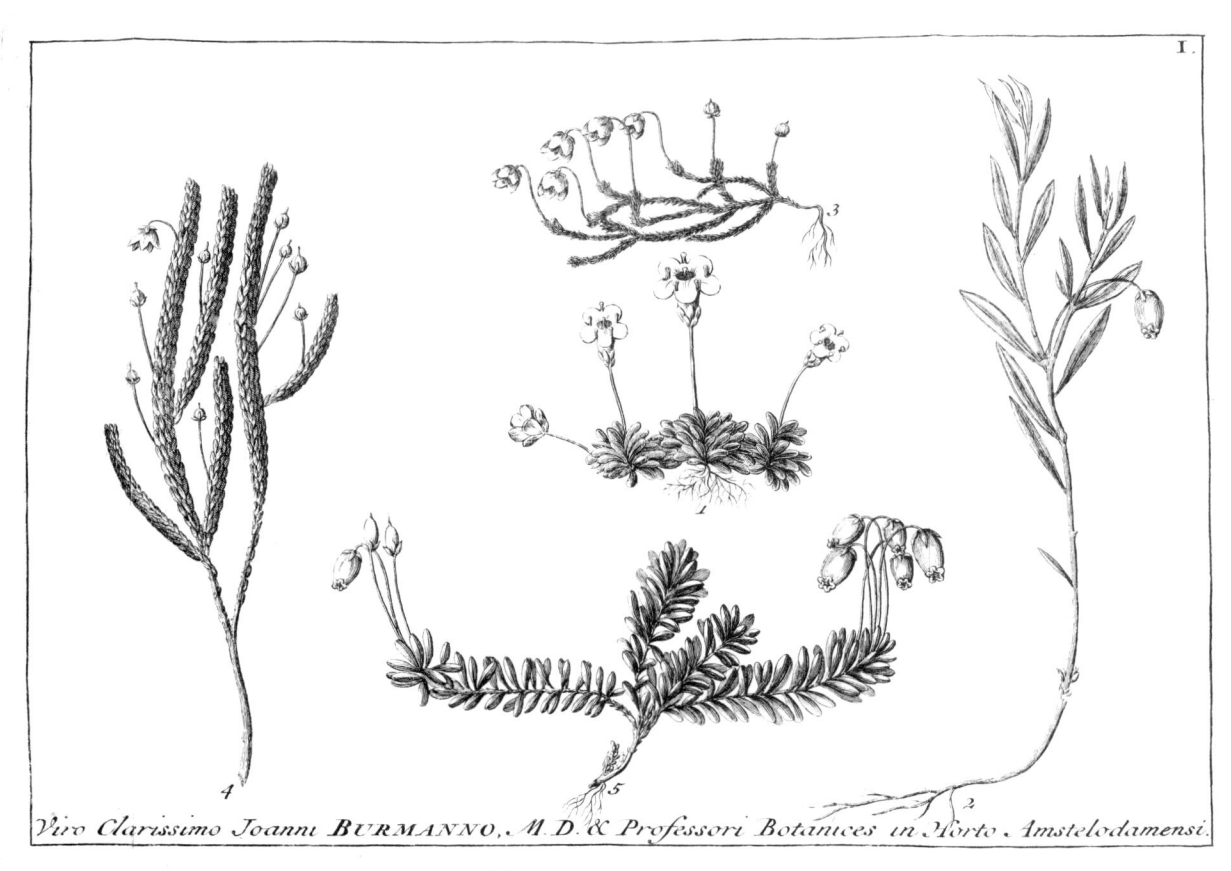

TABULA I.

1. DIAPENSIA §. 88. p. 55.

2. ANDROMEDA foliis alternis lanceolatis, margine reflexis. §. 163. p. 125.

3. ANDROMEDA foliis aciformibus confertis. §. 165. p. 128.

4. ANDROMEDA foliis triquetre imbricatis obtusis, ex alis florens. §. 166. p. 129.

5. ANDROMEDA foliis linearibus obtusis sparsis. §. 164. p. 127.

カール・リンネ：ラップランド植物誌. Carolus Linnaeus : Flora Lapponica.（1737）

3. リンネコレクションから

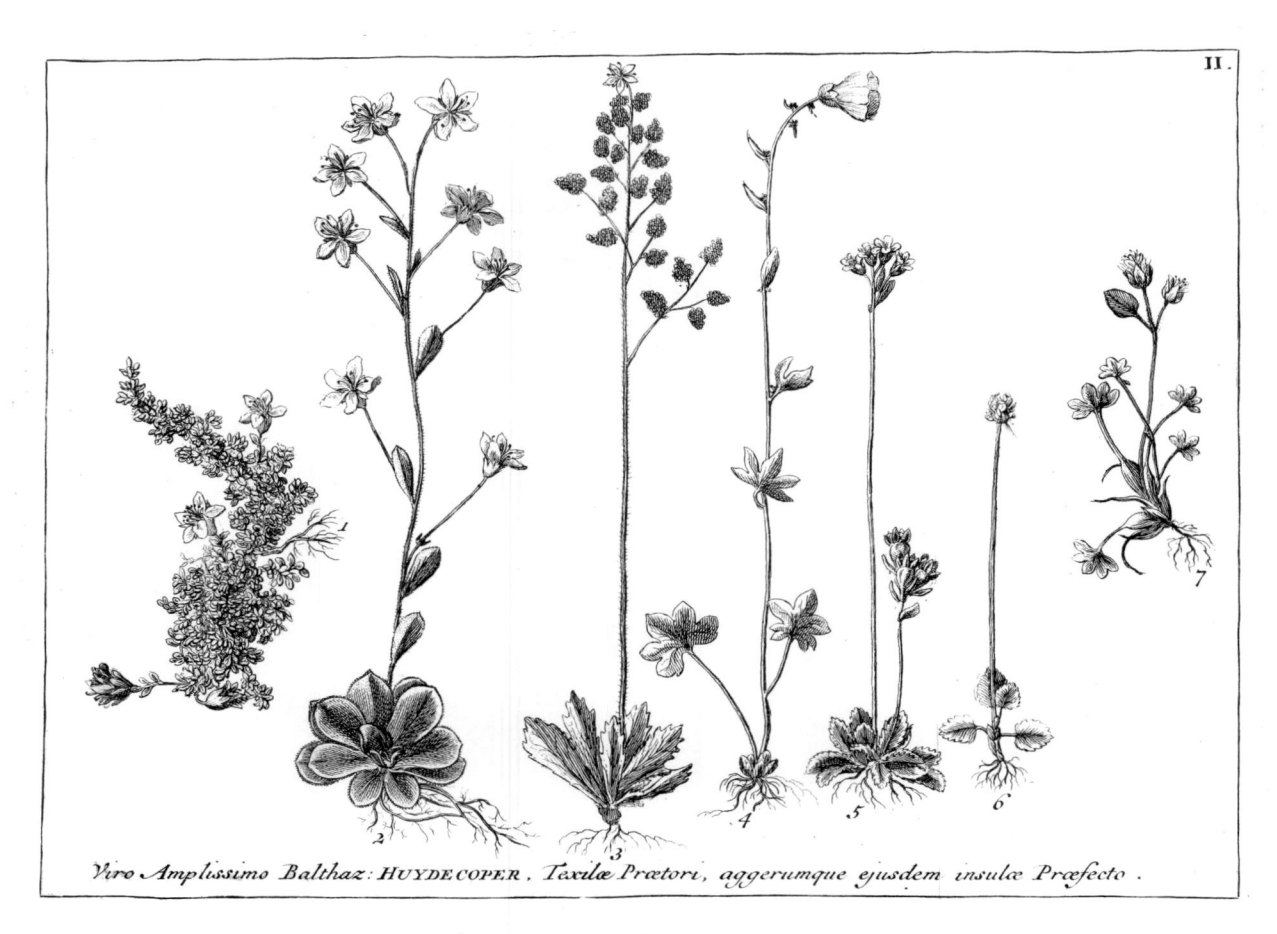

Viro Amplissimo Balthaz: HUYDECOPER, Texilæ Prætori, aggerumque ejusdem insulæ Præfecto.

TABULA II.

1. SAXIFRAGA foliis ouatis quadrangulato-imbricatis, ramis procumbentibus; *apicibus foliorum cartilagineis.* §. 179. ε. p. 142.

2. SAXIFRAGA foliis radicalibus in orbem positis, serraturis cartilaginosis. §. 177. p. 140.

3. SAXIFRAGA caule nudo simplici, foliis lanceolatis dentatis; *coma foliolosa.* §. 175. γ. p. 137.

4. SAXIFRAGA foliis palmatis, caule simplici vnifloro. §. 172. p. 134.

5. SAXIFRAGA caule nudo simplici, foliis elliptico-subrotundis crenatis, floribus capitatis. §. 176. *varietas* 4. p. 139.

6. SAXIFRAGÆ antecedentis (5.) *varietas* 1. §. 176. γ. n. 1. p. 138.

7. SAXIFRAGA foliis radicalibus quinquelobis, florali ouato. §. 174. p. 136.

TA-

カール・リンネ：ラップランド植物誌． Carolus Linnaeus : Flora Lapponica. (1737)

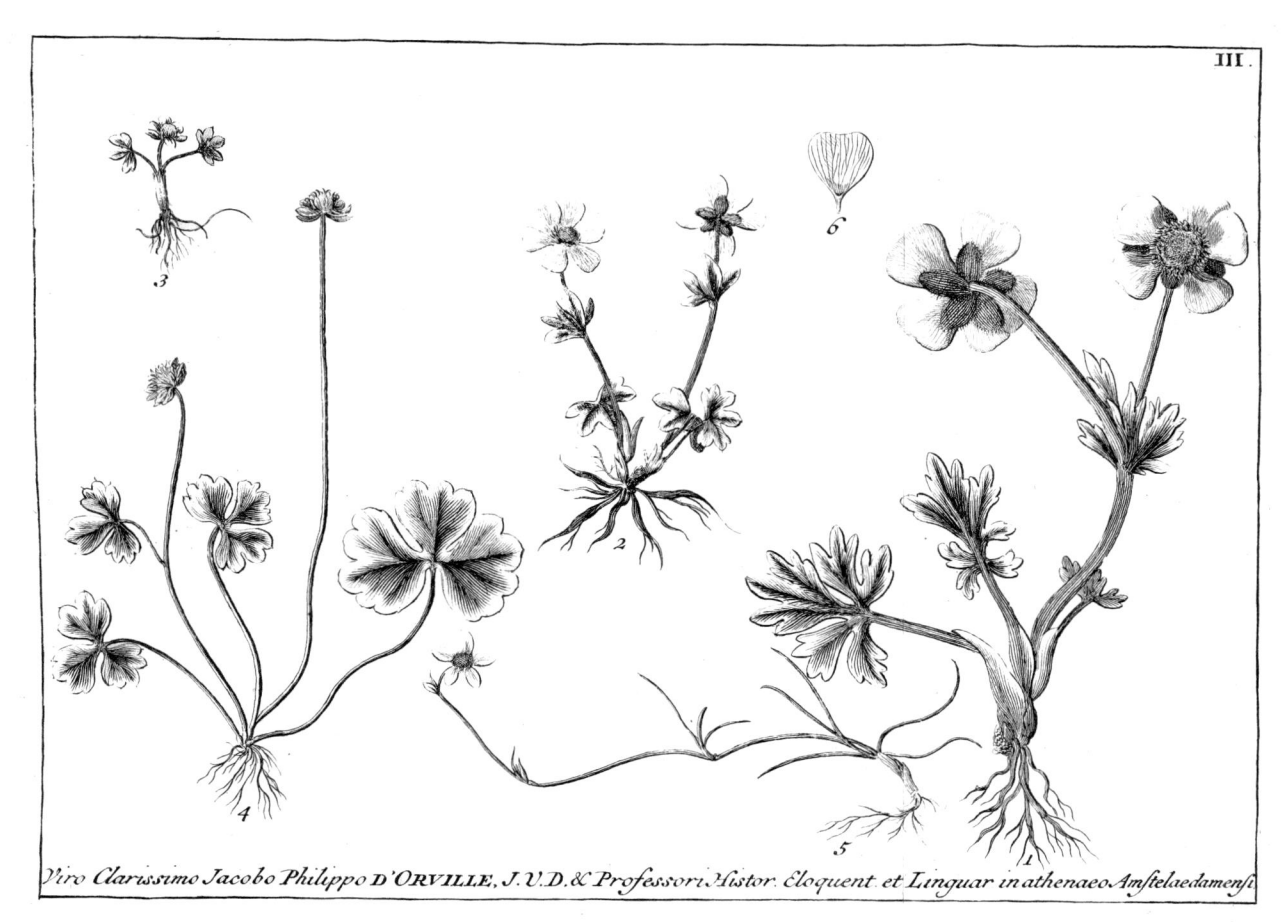

TABULA III.

1. **RANUNCULUS** caule bifloro, calice hirsuto §. 233. p. 188.

2. **RANUNCULUS** caule unifloro, foliis radicalibus palmatis, caulinis multipartitis sessilibus. §. 232. p. 187.

3. **RANUNCULUS** pygmæus, antecedentis (fig. 2.) varietas. §. 232. γ. p. 187.

4. **RANUNCULUS** caule unifolio, & unifloro, foliis tripartitis. §. 231. p. 186.

5. **RANUNCULUS** foliis linearibus, caule repente. §. 236. p. 190.

6. **RANUNCULI** generis nectarium ad unguem petali §. 228. p. 185.

カール・リンネ：ラップランド植物誌. Carolus Linnaeus: Flora Lapponica. (1737)

3. リンネコレクションから

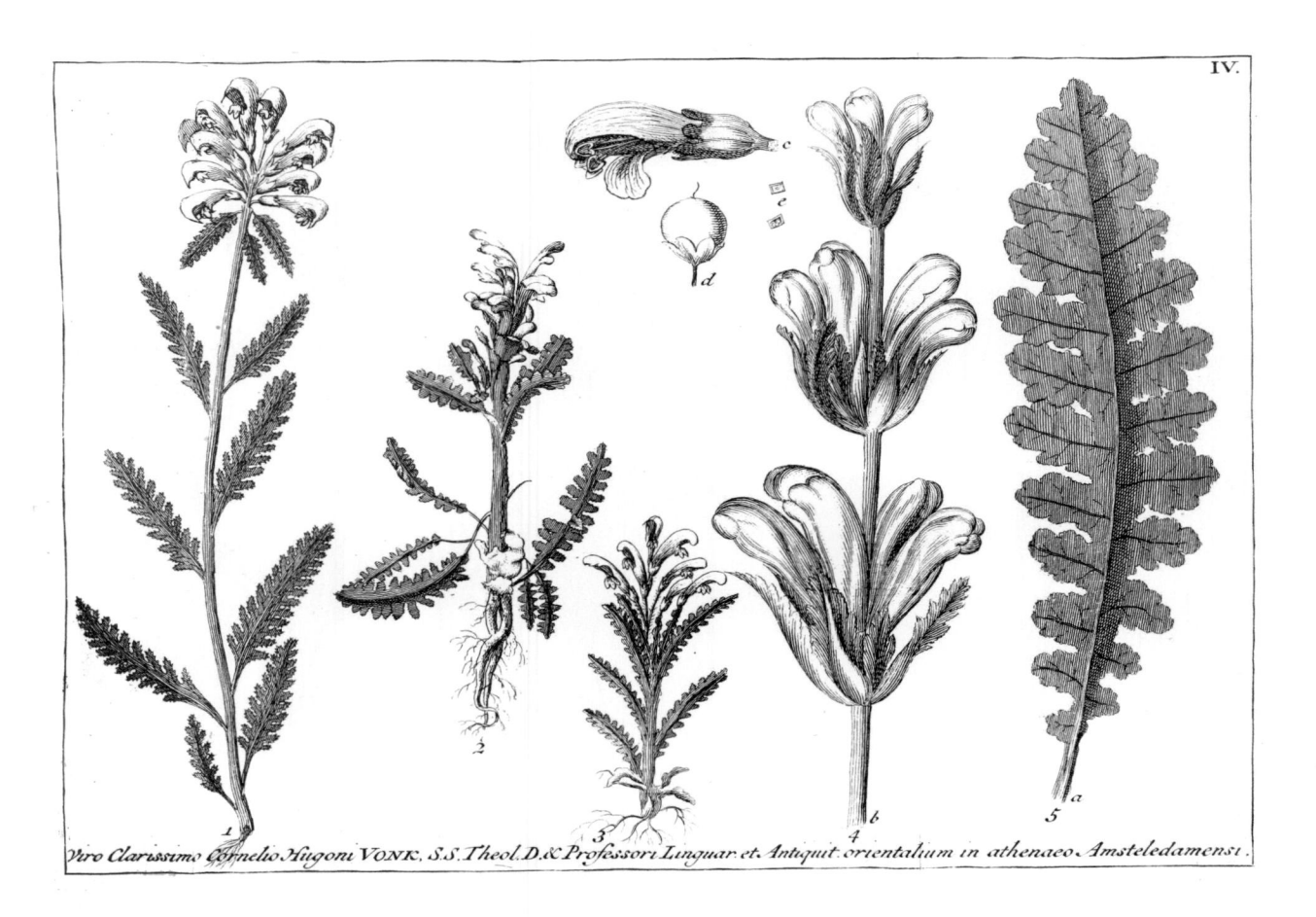

TABULA IV.

1. PEDICULARIS caule simplici, foliis lanceolatis semipinnatis serratis acutis. §. 242. p. 197.

2. PEDICULARIS caule simplici, foliis semipinnatis obtusis, laciniis imbricatis crenatis. §. 244. p. 202.

3. PEDICULARIS caule simplici, calicibus villosis, foliis linearibus dentatis crenatis. §. 245. p. 203.

4. & 5. SCEPTRUM CAROLINUM Rudbeckii. §. 243. p. 197.
   a. folium radicale.
   b. summa pars caulis.
   c. Flos.
   d. Fructus.
   e. semina.

カール・リンネ：ラップランド植物誌．Carolus Linnaeus : Flora Lapponica. (1737)

ラップランド植物誌

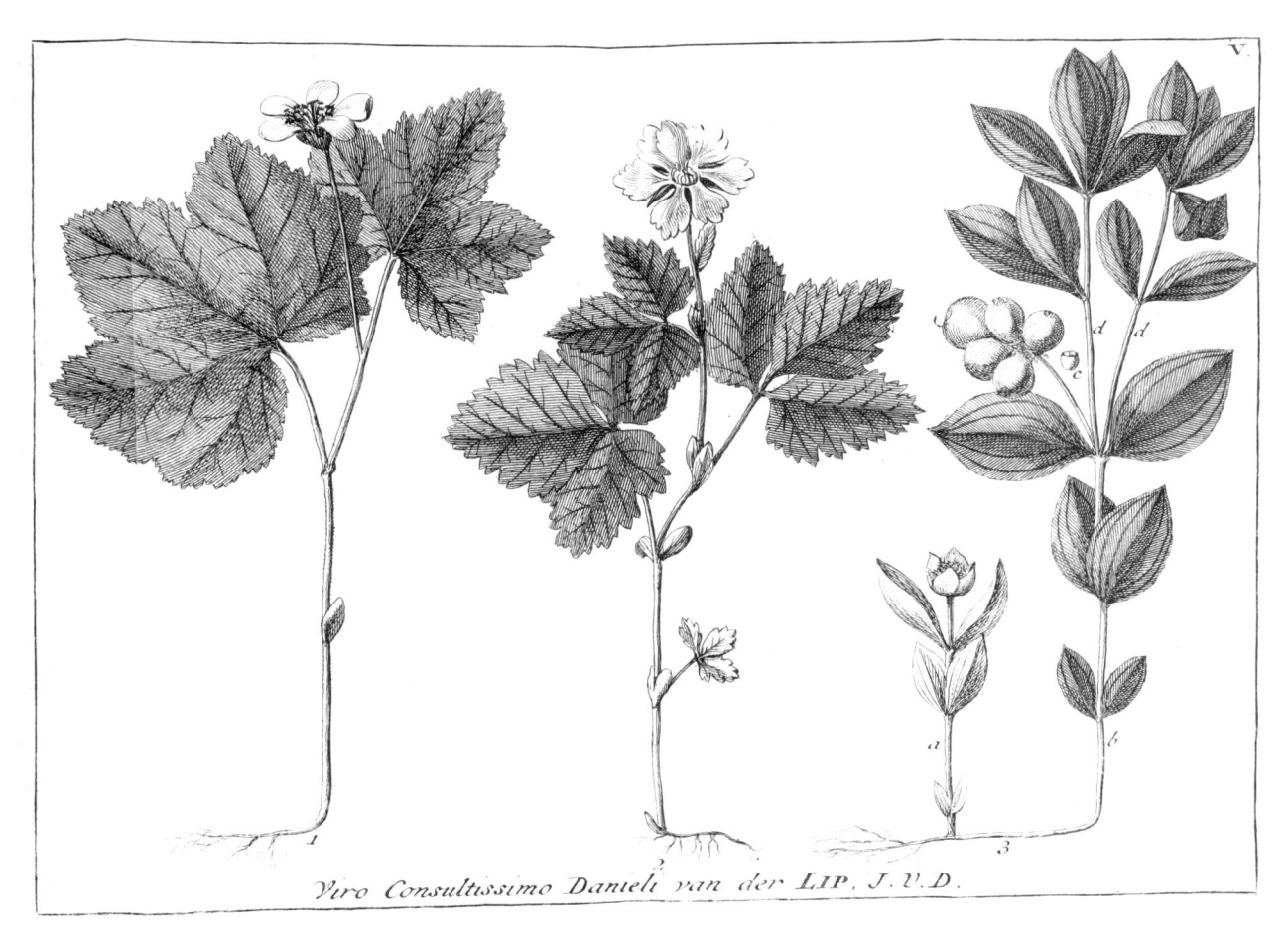

Viro Consultissimo Danieli van der LIP, J.V.D.

TABULA V.

1. RUBUS caule bifolio & vnifloro, foliis simplicibus. §. 208. p. 165.

2. RUBUS caule vnifloro, foliis ternatis. §. 207. p. 162.

3. CORNUS herbacea. §. 65. p. 36.
    a. planta florens.
    b. planta fructum ferens.
    c. Semen transverſim diſſectum.
    d.d. Rami.

カール・リンネ：ラップランド植物誌. Carolus Linnaeus : Flora Lapponica.（1737）

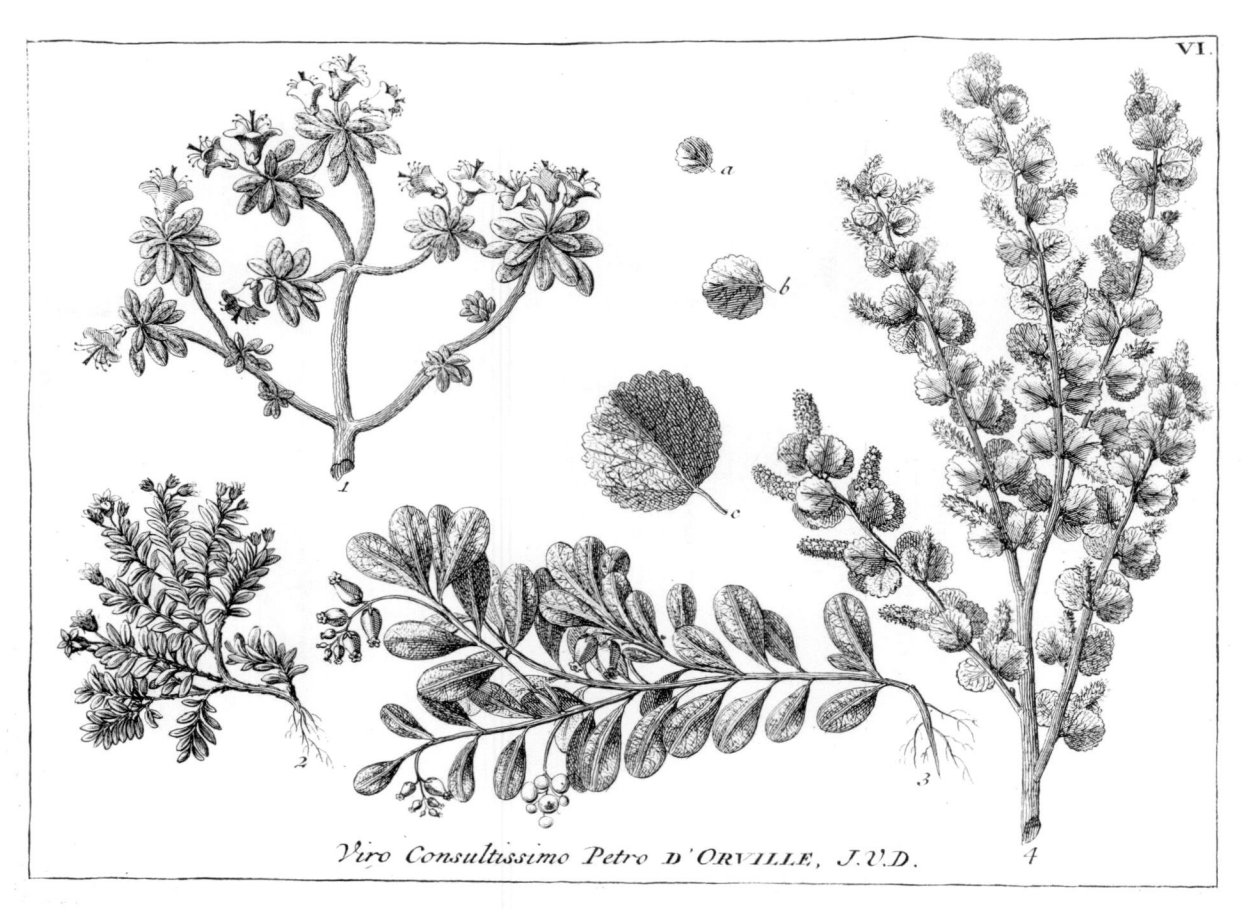

TABULA VI.

1. AZALEA maculis ferrugineis subtus adspersa. §. 89. p. 56.

2. AZALEA ramis diffusis procumbentibus. §. 90. p. 58.

3. ARBUTUS caulibus procumbentibus, foliis integerrimis. §. 162. p. 123.
   Uva vrsi Cluf. hift. 63. Tournef. inft. 599. De synonymis nullum dubium post hac erit; contuli enim nuper Suecicam cum fpeciminibus ex Anglia, Gallia & Heluetia miffis.

4. BETULA foliis orbiculatis crenatis. §. 342. p. 266.
   a. Folium naturali magnitudine ex alpibus.
   b. Folium naturali magnitudine ex deferto.
   c. Folium naturali magnitudine ex horto.

TA-

カール・リンネ：ラップランド植物誌. Carolus Linnaeus : Flora Lapponica. (1737)

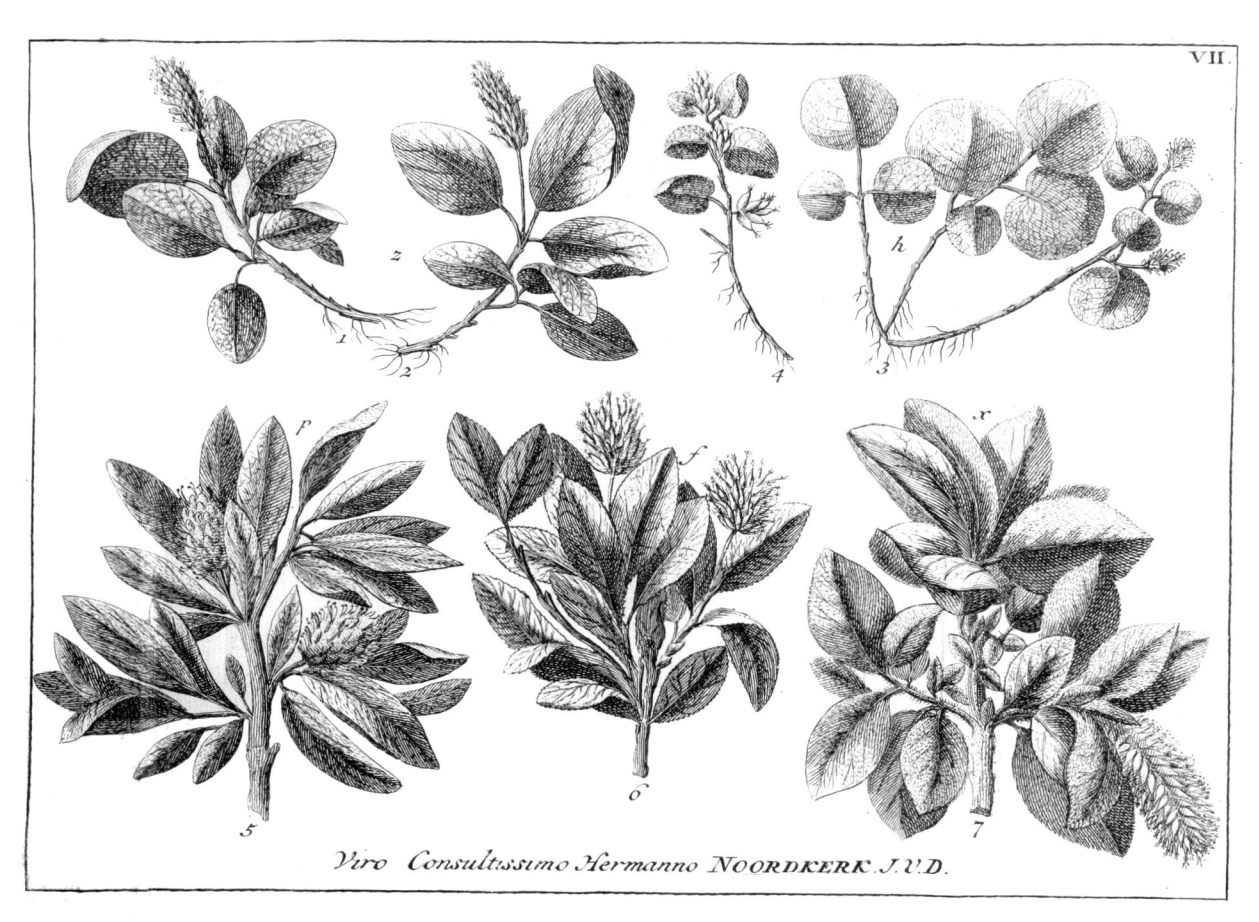

TABULA VII.

1. SALIX foliis integris glabris ouatis subtus reticulatis *mas*. §. 359. p. 288.

2. SALIX antecedentis *femina*.

3. SALIX foliis serratis glabris orbiculatis. *mas*. §. 355. p. 286.

4. SALIX antecedentis *femina*.

5. SALIX foliis integris, subtus tenuissime villosis ouatis. §. 363. p. 290.

6. SALIX foliis serratis glabris ouatis. §. 353. p. 285.

7. SALIX foliis integris vtrimque lanatis sub rotundis acutis. §. 368. p. 293.

Plan-

カール・リンネ：ラップランド植物誌．Carolus Linnaeus：Flora Lapponica．(1737)

3. リンネコレクションから

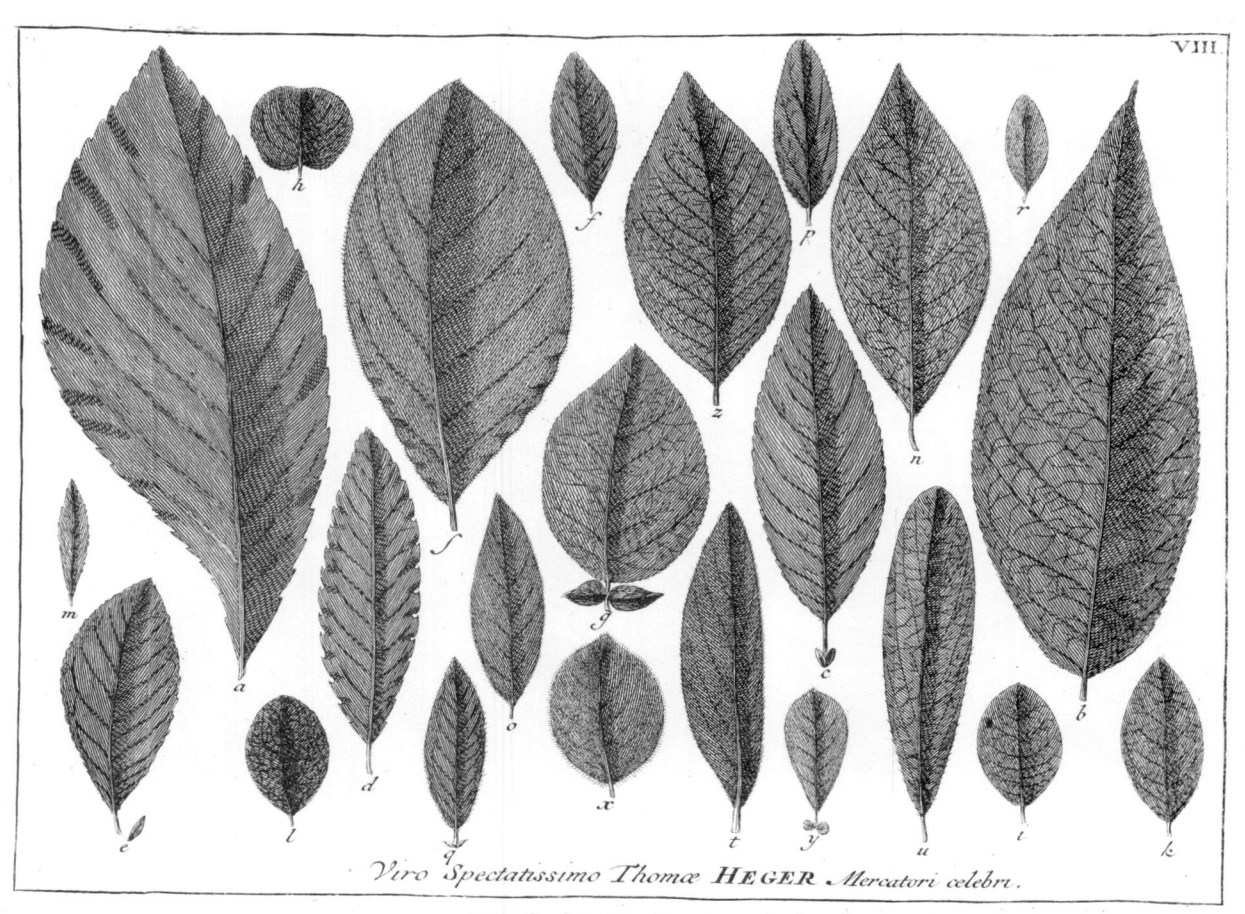

TABULA VIII.

Viro Spectatissimo Thomæ HEGER Mercatori celebri.

a. SALIX §. 348. p. 281.
b. SALIX §. 349. p. 282.
c. SALIX §. 350. p. 283.
d. SALIX §. 351. p. 283.
e. SALIX §. 352. p. 284.
f. SALIX §. 353. p. 285.
g. SALIX §. 354. p. 285.
h. SALIX §. 355. p. 286.
i. SALIX §. 357. p. 287.
k. SALIX §. 357. p. 287.
l. SALIX §. 359. p. 288.
m. SALIX §. 360. p. 289.
n. SALIX §. 361. p. 289.
o. SALIX §. 362. p. 290.
p. SALIX §. 363. p. 290.
q. SALIX §. 362. p. 290.
r. SALIX §. 364. p. 291.
s. SALIX §. 365. p. 291.
t. SALIX §. 366. p 292.
u. SALIX §. 367. p. 293.
x. SALIX §. 368. p. 293.
y. SALIX §. 369. p. 294.
z. SALIX §. 370. p. 295.

Itine-

カール・リンネ：ラップランド植物誌．Carolus Linnaeus : Flora Lapponica. (1737)

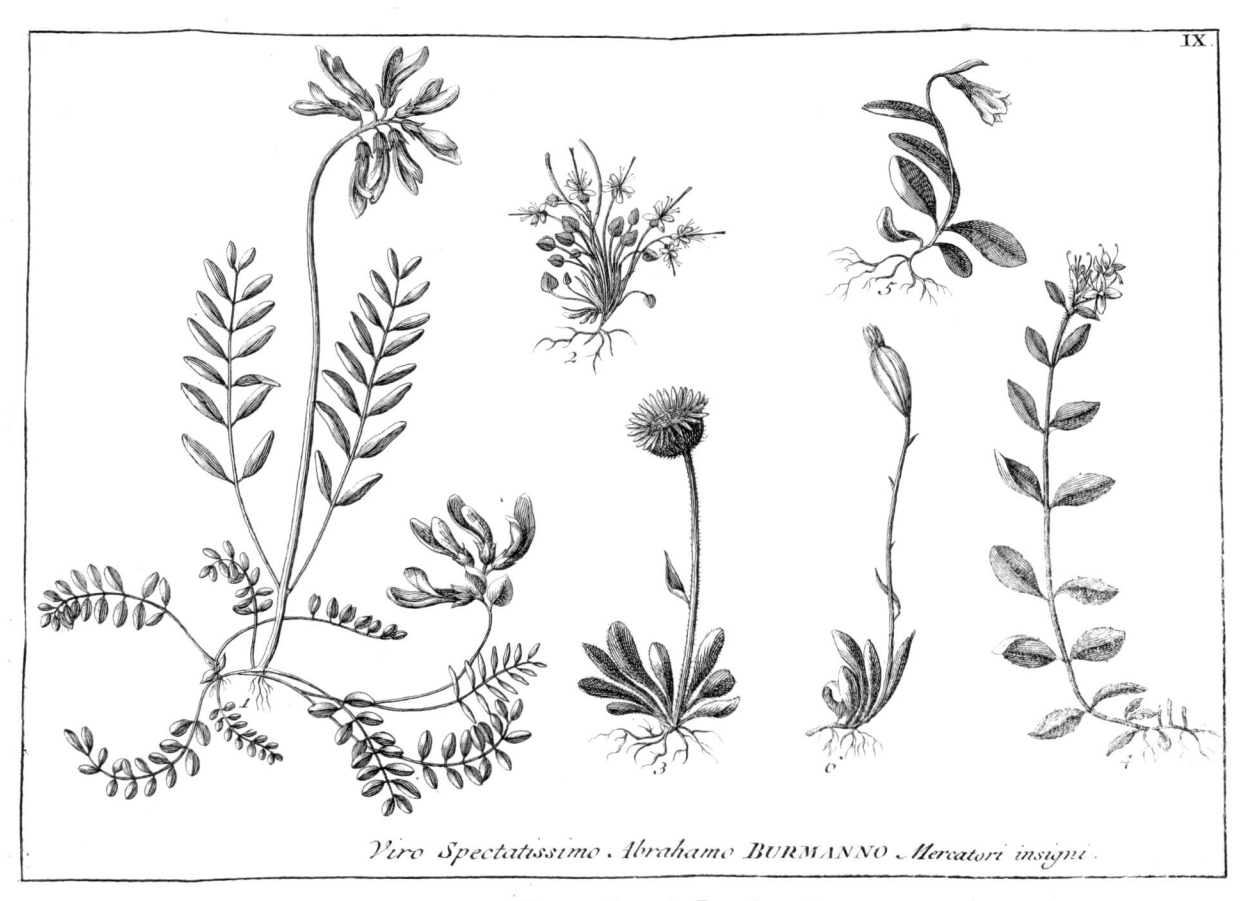

TABULA IX.

1. **ASTRAGALUS** alpinus minimus. §. 267. p. 218.

2. **CARDAMINE** foliis simplicibus ouatis, petiolis longissimis. §. 260. p. 214.

3. **ASTER** caule vnifloro, foliis integerrimis, calice villoso subrotundo. §. 307. p. 242.

4. **VERONICA** caule floribus terminato, foliis ouatis crenatis. §. 7. p. 7.

5. **CAMPANULA** caule vnifloro. §. 85 p. 53. *florens*.

6. **CAMPANULA** eadem (5) *fructum ferens*.

Alpi-

カール・リンネ：ラップランド植物誌. Carolus Linnaeus : Flora Lapponica. (1737)

3. リンネコレクションから

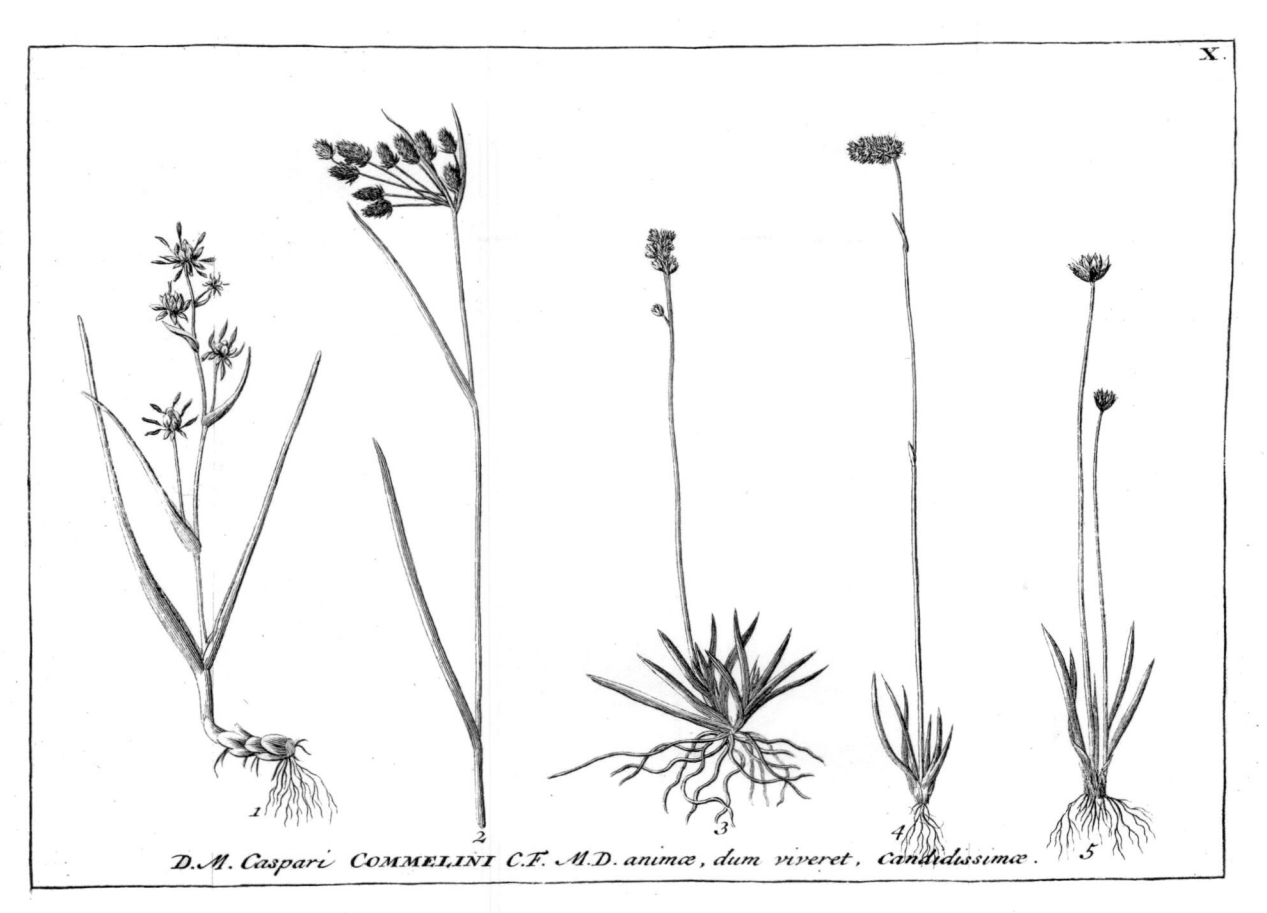

TABULA X.

1. SCHEUCHZERIA. §. 133. p. 96.

2. JUNCUS foliis planis, culmo paniculato, spicis ouatis. §. 127. p. 90.

3. ANTHERICUM scapo nudo capitato, filamentis glabris. §. 137. p. 100.

4. JUNCUS foliis planis, culmo spica racemosa nutante terminato. §. 125. p. 89.

5. JUNCUS gluma triflora culmum terminante. §. 115. p. 83.

Hye-

カール・リンネ：ラップランド植物誌. Carolus Linnaeus : Flora Lapponica. (1737)

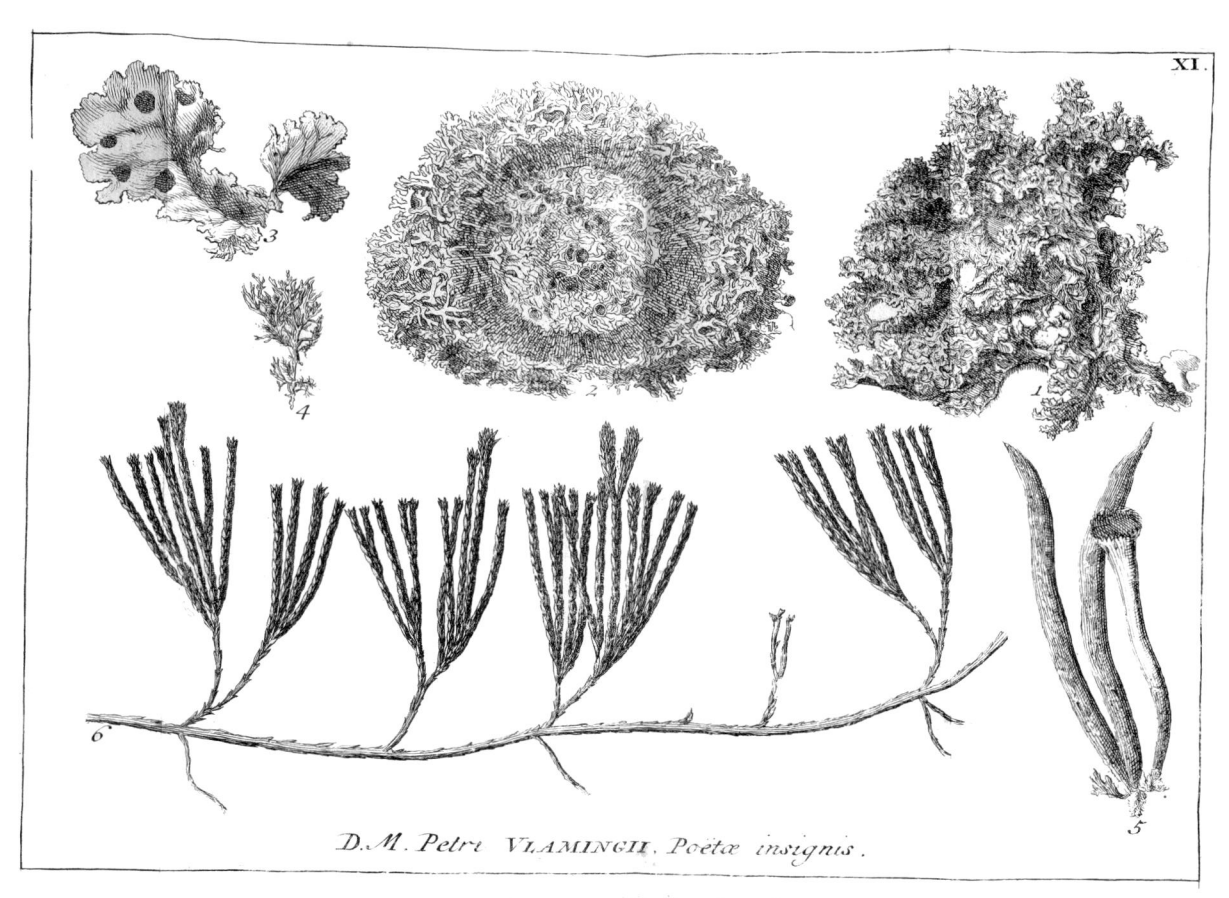

D. M. Petri VLAMINGII, Poëtæ insignis.

TABULA XI.

1. LICHEN niueus, finibus dædalis laciniatus, ramis erectis, calice orbiculato. §. 446. p. 341.

2. LICHEN foliis planis multifidis obtusis, laciniis linearibus, calicibus concauis. §. 448. p. 343.

3. LICHEN foliis subrotundis planis, leuissime incisis, calicibus orbiculatis disco folii adnatis planis. §. 443. p. 338.

4. LICHEN erectus ramosissimus, ramis teretibus nudis filiformibus obtusis. §. 440. p. 337.

5. LICHEN caule simplici apice acuto aut calice turbinato terminato. §. 433. p. 330.

6. LYCOPODIUM caule repente, ramis tetragonis. §. 417. p. 324.

Ter-

カール・リンネ：ラップランド植物誌． Carolus Linnaeus : Flora Lapponica.（1737）

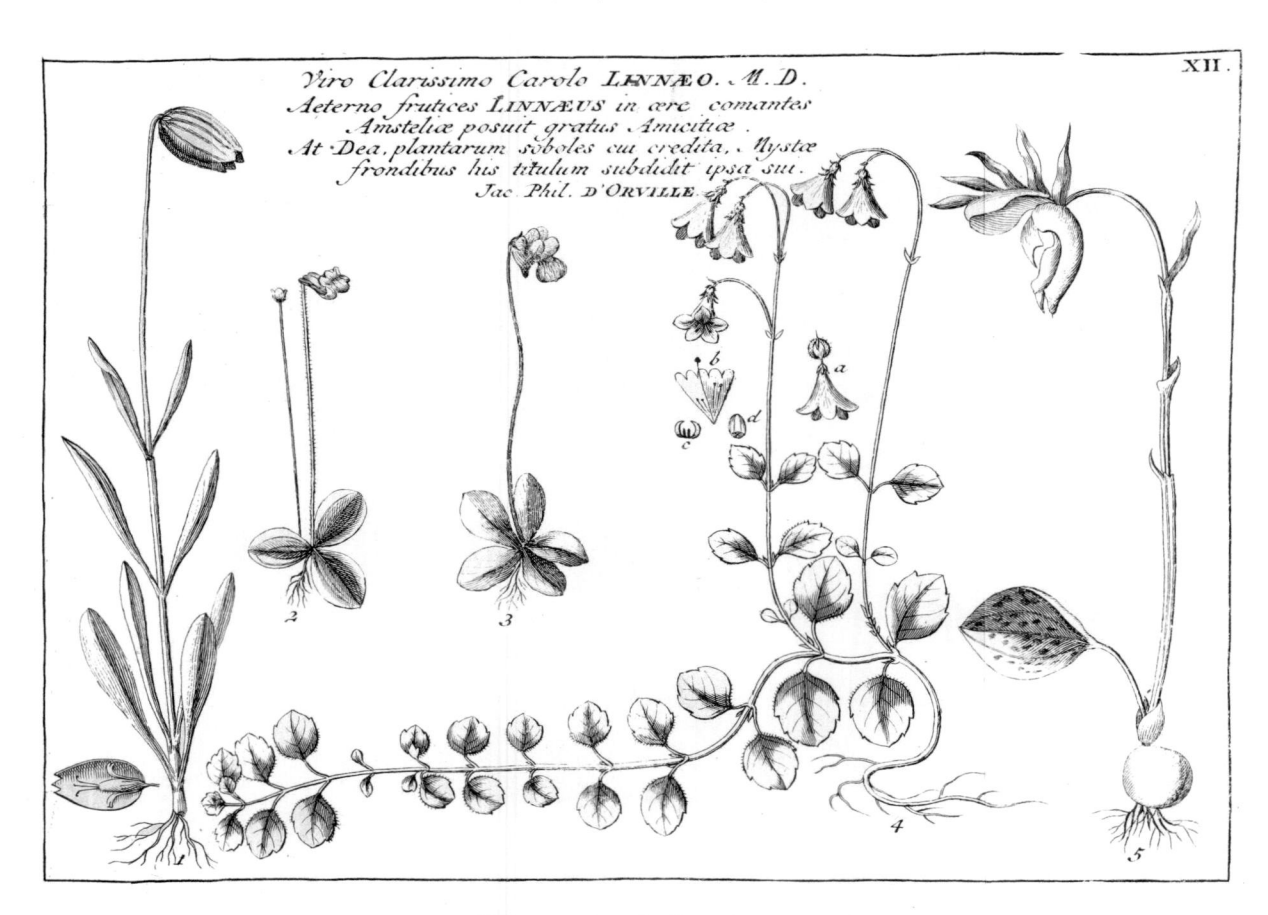

TABULA XII.

1. CUCUBALUS caule simplicissimo vnifloro corolla inclusa. §. 181. p. 143.

2. PINGUICULA scapo villoso. §. 13. p. 12.

3. PINGUICULA nectario conico petalo breuiore. §. 12. p. 11.

4. LINNÆA floribus geminatis. *Gronovii.* §. 250. p. 206.
   a. Flos.
   b. Corolla aperta cum staminibus & pistillo.
   c. Calix germinis seu fructus calix.
   d. Capsula.
   Figura ex Rudbeckianis.

5. CYPRIPEDIUM folio subrotundo. §. 319. p. 248.

カール・リンネ：ラップランド植物誌. Carolus Linnaeus : Flora Lapponica. (1737)

ペール・フォシュスコール（カルステン・ニーブール編）：東方旅行における稀な自然物図説. Petrus Forskål : Icones Rerum Naturalium.（1776）
Tab. VII *Stapelia fubulata*.

3. リンネコレクションから

Tab. XIV.

M. Haas. Sc.

ペール・フォシュスコール（カルステン・ニーブール編）：東方旅行における稀な自然物図説. Petrus Forskål : Icones Rerum Naturalium. (1776)
Tab. XIV *Glinus crystallins*.

ペール・フォシュスコール（カルステン・ニーブール編）：東方旅行における稀な自然物図説. Petrus Forskål : Icones Rerum Naturalium. (1776)
Tab. XX *Kosaria*.

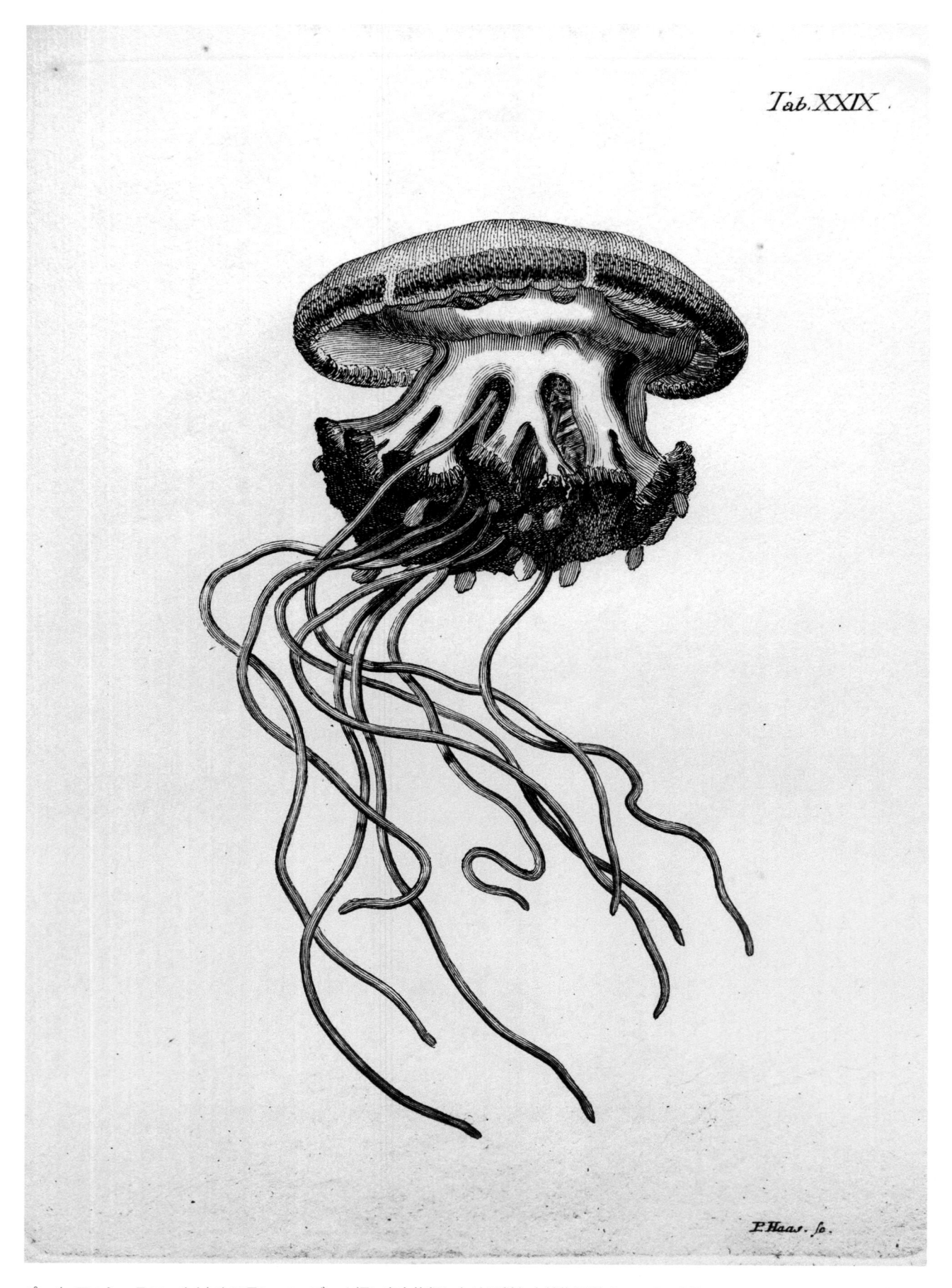

3. リンネコレクションから

ペール・フォシュスコール（カルステン・ニーブール編）：東方旅行における稀な自然物図説. Petrus Forskål : Icones Rerum Naturalium. (1776)
Tab. XXIX *Medusa Cephea*.

東方旅行における稀な自然物図説

Tab.XXX

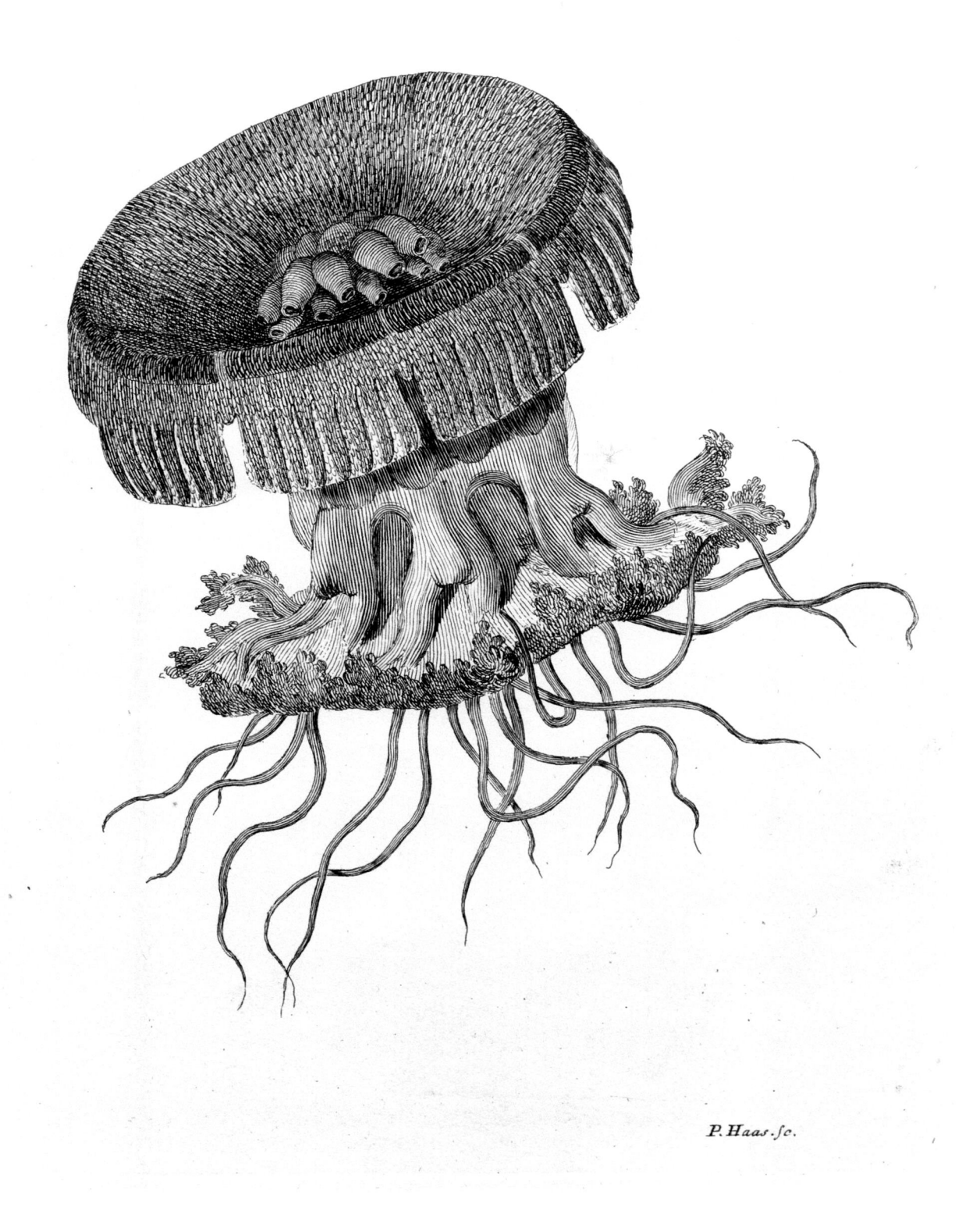

P. Haas. sc.

ペール・フォシュスコール（カルステン・ニーブール編）：東方旅行における稀な自然物図説. Petrus Forskål : Icones Rerum Naturalium.（1776）
Tab. XXX *Medusa octostyla*.

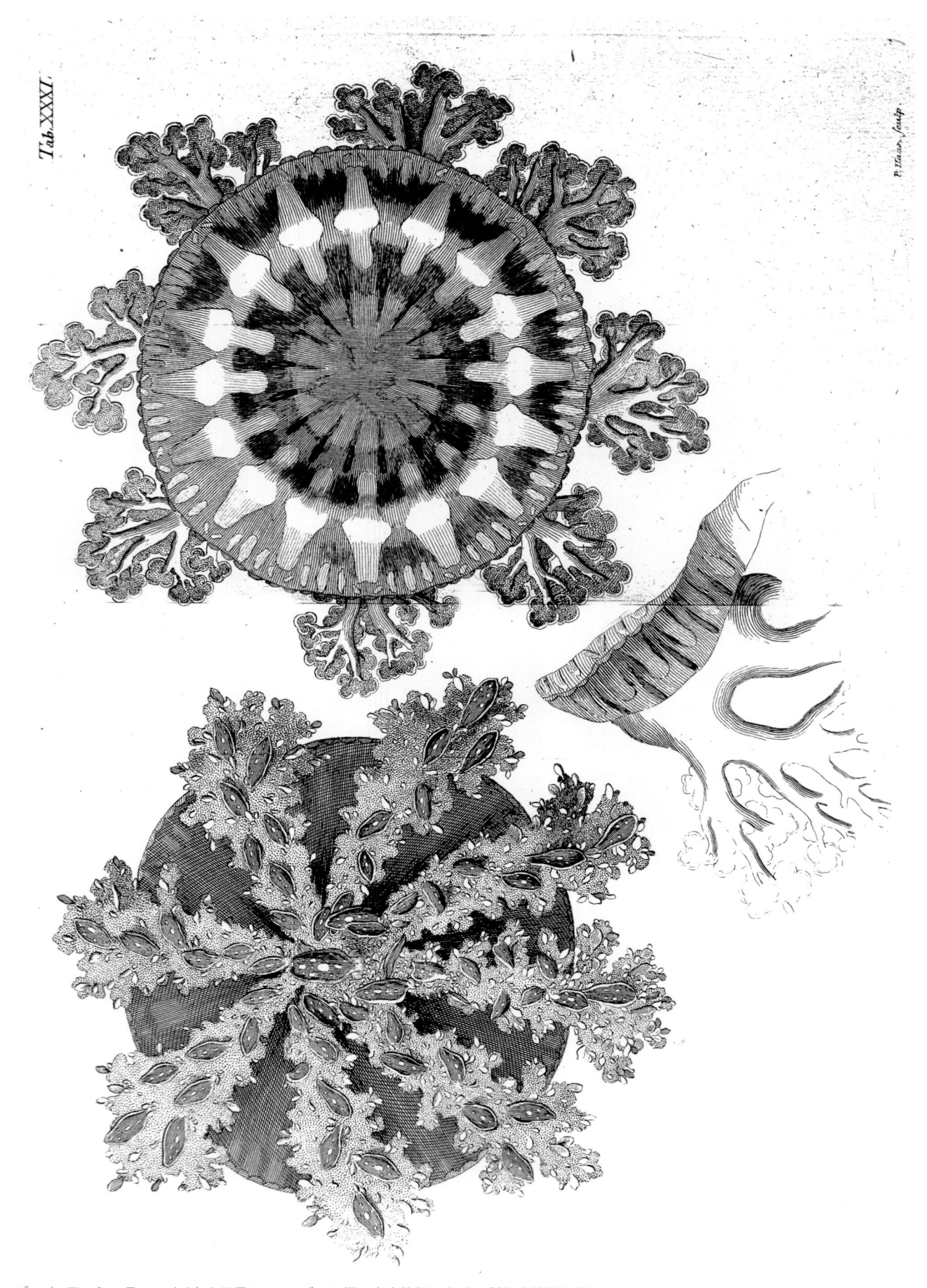

3. リンネコレクションから

ペール・フォシュスコール（カルステン・ニーブール編）：東方旅行における稀な自然物図説. Petrus Forskål : Icones Rerum Naturalium. (1776)
Tab. XXXI *Medusa Andromeda*.

リンネと関係学者のメダル

大場達之

　欧米では肖像画やメダルを専門に収集する博物館があるほどですが，日本では収集や研究が著しくたちおくれています．当館のリンネ関係コレクションには多数のメダルが含まれています．その主要なものをリンネ風に分類してみました．（　）内はメダルの作者名．寸法は直径．[　]内は下記Klackenbergカタログの番号．

文献
Henrick Klackenberg 1978. Medals with Linnaean portraits. Linnaeus in medal art. 23-42. The Society of Friends of the Royal Coin Cabinet, Stockholm.

◆リンネ綱 - リンネのメダル
　●円形目 - メダルは円形

　　　◎左顔属 - 左を向いている

1. リンネ一人
　2. 裏面に文字・模様なし ……………(1) 表面CAROLUS LINNAEUS．肩口にDUROIS F．の陽刻．41 mm．
　2. 裏面文字のみ
　　3. 胸にリンネソウ ………………(2) ブリュッセル王立リンネ協会1847年．（WURDEN F. BRUX.）50 mm．
　　3. 胸には十字勲章のみ …………(3) 表面：CAROLUS LINNAEUS（DUBPIS F.）．42 mm．2個蔵．
　2. 裏面は花輪のみ ……………………(4) 表面：CAROLUS LINNAEUS．下部に（DUBOIS F.）の陽刻．41 mm．
　2. 裏面に花輪と文字
　　3. 花輪は円形
　　　4. 花輪内に陽刻文字あり ……(5) 陽刻文字はPRIZE MEDAL（HALLIDAY. F.）．46 mm．
　　　4. 花輪内は平滑 ………………(6) 裏面外周；SOCIETE LINNEENNE DE LYON（DUBOIS F.）．42 mm．[Klackenberg 34]．
　　　4. 花輪内に2重隆線円あり …(7) 裏面外周；SOC. LINNAEANA BURDIGALENSIS．（DUBOIS F.）．42 mm．[Klackenberg 35]．
　　3. 花輪は長円形で中央部は隆起
　　　4. 裏面鏡部に文字あり ………(8) DECERNE G. G. MIENES 1861と陰刻．王立農業および園芸リンネ協会．（WURDEN F. BRUX.）．50 mm．
　　　4. 中央鏡部は平滑
　　　　5. 表面外周に細点飾りあり …(9) （WURDEN F. BRUX.）．50 mm．2個蔵．
　　　　5. 表面外周に細点飾りなし …(10) （WURDEN F. BRUX.）．50 mm．
　2. 裏面は交差する2個の花束 ………(11) リバプール植物園．50 mm．
　2. 両面24綱図．中央に小さくリンネ肖像…(12) 49 mm．[Klackenberg 28]．
1. リンネとキュビエ ……………………(13) アイルランド動物学協会．裏にジラフ．31 mm．
1. キューピットとリンネ ………………(14) リージュ・園芸会議協会．（H. DISTEXHE）[Klackenberg 43]．

　　　◎右顔属 - 右を向いている

1. 表面：外周は文字も隆線もない
　2. 表面：胸像とCAROULUS LINNAEUS ……(15) 裏面：花輪，外周にMELLIFLUA PANDIT NATURAE

3. リンネコレクションから

```
    2. 表面：左手に花，右手にペン ……………(16) 裏面：リンネソウ，下に TANTUS AMOR FLORUM. 43 mm.
                                                ARCANA LOOUELA. (E. LINDBERG 1907) 61 mm. 2個蔵.
    2. 表面：像は偏心，LINNAEUS の抽象文字 …(17) 裏面：樹木抽象模様と UPPSALA. 65 mm.
 1. 表面：外周は陽刻文字で囲まれる
    2. 像は中心にある ………………………………(18) 表面：CARL VON LINNÉ．裏面：中央にリンネソウ．1957年．56 mm.
    2. 像は上部に偏心した円中にある …………(19) スウェーデン・科学アカデミー，リンネ生誕200年記念．
                                                裏面に花を調べるリンネの全身像．(ERIK LINDBERG) 65 mm．3個蔵．
                                                [ Klackenberg 59 ]
 1. 表面：外周は文字と隆線で囲まれる
    2. 外周文字は2重 ……………………………(20) 第一回国際薬剤師会議，ストックホルム，1961年．40 mm.
                                                [ Klackenberg 30 ].
    2. 外周文字は1重
       3. 表面：外周は隆点円で囲まれる
          4. 表面は隆点縁
             5. 裏面文字のみ …………………………(21) 1807年5月24日．34 mm．2個蔵．
             5. 裏面王冠陽刻．
                6. 王冠4個．中央に5稜星，中央より放射光．
                   ……………………………………(22) 王立科学アカデミー．33 mm．3個蔵．[ Klackenberg 3 ].
                6. 王冠3個．上方より下方へ放射光(23) 裏面に ILUSTRAT．の文字．32 mm．4個蔵．[ Klackenberg 2 ].
          4. 表面は平坦縁 ………………………………(24) 裏面花輪中に文字（NATUS MDCCVII DENATUS MDCCLXXVIII）．56 mm.
                                                2個蔵．
       3. 表面外周に隆点円がない
          4. 胸にリンネソウがある
             5. 肩は裁落とし
                裏面平滑 ………………………(25) 37 mm.
             5. 肩は切られていない ……………(26) 裏面に女神と動物．(LIUNGBERGER) 53 mm．2個蔵．[ Klackenberg 5 ].
          4. 胸にリンネソウがない
             5. 裏面は花輪 ……………………(27) CHICAGO D．23．MAJ．1891．38 mm．[ Klackenberg 12 ].
             5. 裏面不明 ……………………(28) 46 mm.

    ◎上半身属 ………………………………(29) 表面ラップ人の服装のリンネ，裏面に花の断面と SYSTEMA NATURAE 1735.
                                                (Caltie)．68 mm．[Klackenberg 61].

    ◎女人像属 ………………………………(30) 表面：王冠下に王冠をつけた女人正面向き胸像．ストックホルムにおいて
                                                リンネ銅像建立記念．50 mm.

    ◎抽象属 …………………………………(31) 表面：3界にわかれた抽象模様．裏面：LINNÉ 1707 1778 1978．70 mm.

  ●長方形目 - メダルは長方形 ……………(32) Z．200 JAHR FEIER 1907 / 1707 1778 / KARL v．LINNÉ．50×39 mm.

◆使徒綱 －使徒達のメダル－
  ●ツュンベリー目
    1. 周縁は平坦で文字のみ ……………(33) 表面：右向き胸像(ELINDBERG 1906)．裏面：ツンベルギア花輪．31 mm.
                                                2個蔵．
    1. 周縁に隆点紋 ………………………(34) 表面：右向き胸像．裏面：オリーブ果枝の輪．34 mm.
    1. 周縁は隆平縁 ………………………(35) 表面：右向き胸像．裏面：女神像．SUIS LATE REGINA TRIUMPHIS．31 mm.
  ●カルム目 ……………………………(36) 表面：カルミア・ラティフォリア．方形区画中に PEHR・KALM PROF・
                                                OECON・ABOENSIS N・MDCCXVI OB・MDCCLXXIX．31 mm.
  ●フォシュスコール目 …………………(37) 表面：左から正面向き胸像．裏面：ナツメヤシと墓標．
                                                INVESTIGATOR ARABIA IUVENSIS MORTE・ABREPTUS MDCCLXIII．45 mm.
  ●アカリウス目 ………………………(38) 表面：左向き胸像．ER/・ACHALIUS・M・D．PROF・EQU・AUR・
                                                裏面：TEREFERENT TENERI FRAGILEAQUE LICHENES．31 mm.
  ●ソランダー目 ………………………(39) 表面：右向き胸像．裏面：文字と *Solandra* の花枝．31 mm.
  ●アルストロメール目 …………………(40) 表面：右向き胸像．(CGFF. HARMAN)．35 mm.
```

◆関係学者綱
　●バンクス目……………………………………(41)　表面：右向き胸像．SIR JOSEPH BANKS BT. P. R. S. B ORN 1745 DIED 1820．
　　　　　　　　　　　　　　　　　　　　　　　裏面：THE ROYAL HORTICULTURAL SOCIETY. 38mm.
　●アダンソン目…………………………………(42)　表面右向き胸像．MICHEL ADANSON DE L'ACADEMIE ROYALE
　　　　　　　　　　　　　　　　　　　　　　　DES SCIENCES/1782　1806/GEORGES GUIRAUD．裏面アダンソニア．
　　　　　　　　　　　　　　　　　　　　　　　パリ，エックス・アン・プロヴァンス，ピッツバーグ共同発行．72mm.
　●ルドベック目…………………………………(43)　右向き胸像．(?. I. WINKMAN)．裏面北斗七星．33mm.

175

3. リンネコレクションから

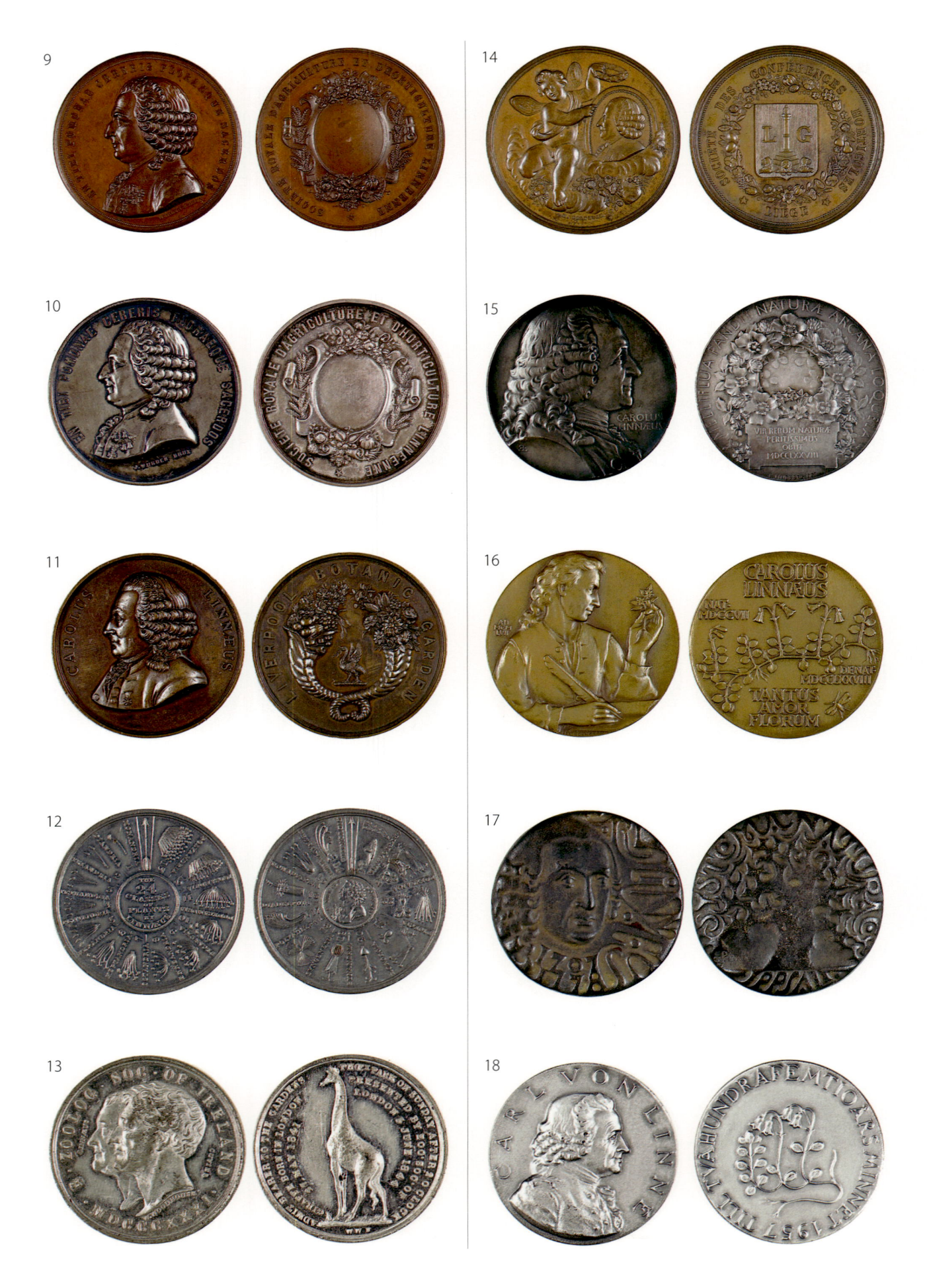

リンネと関係学者のメダル

19

20

21

22

23

24

25

26

27

28

3. リンネコレクションから

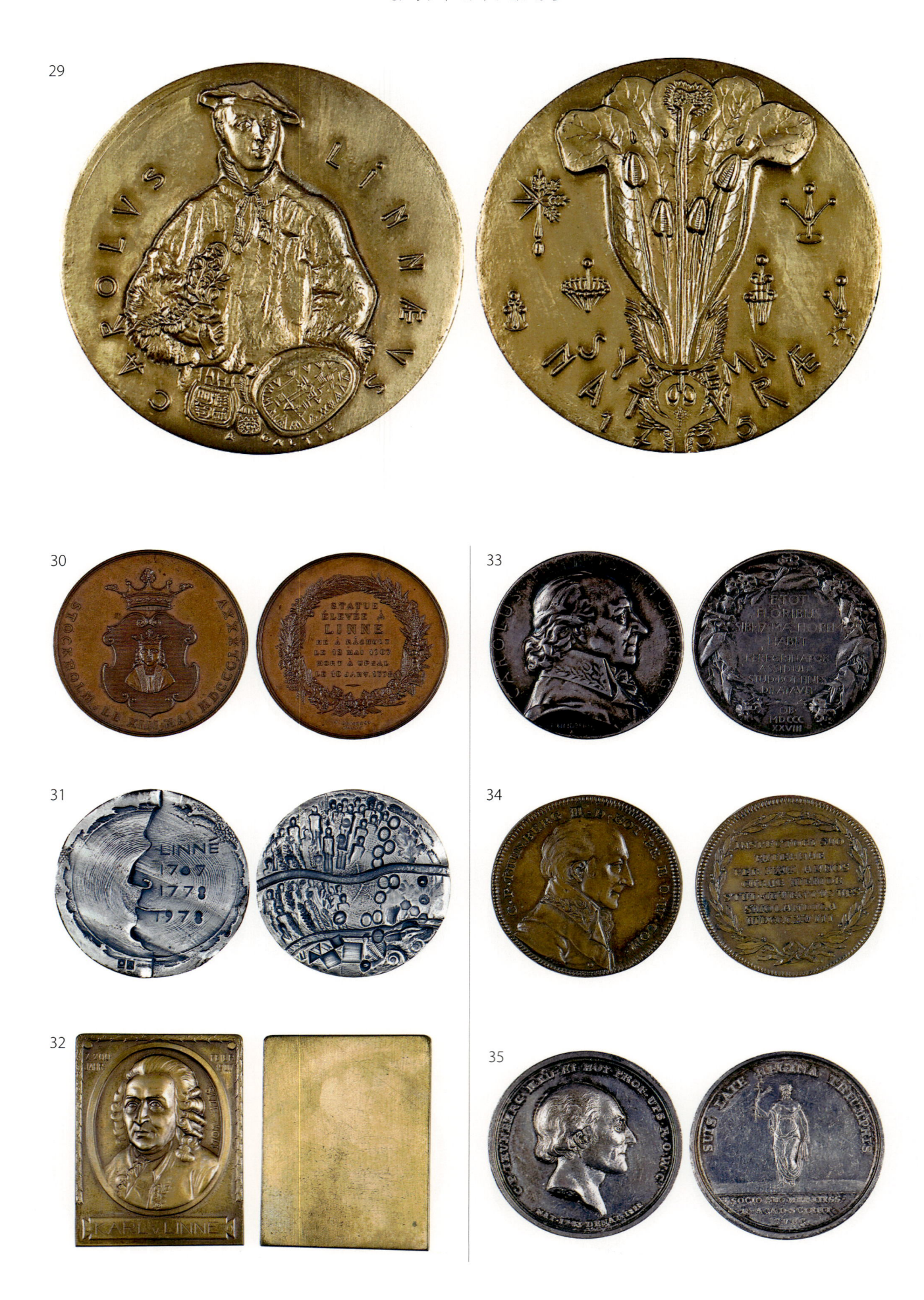

29

30

31

32

33

34

35

36

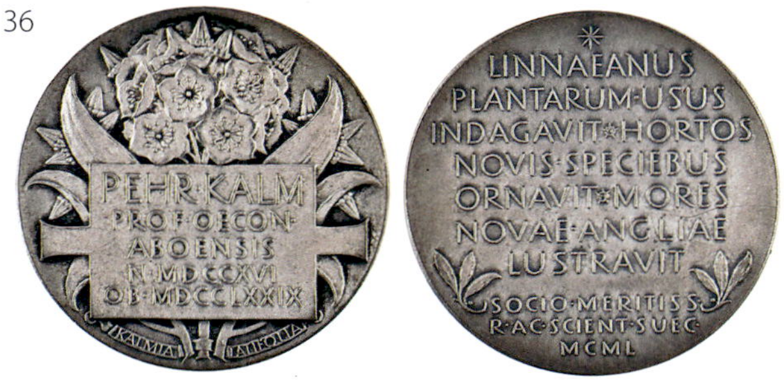

37

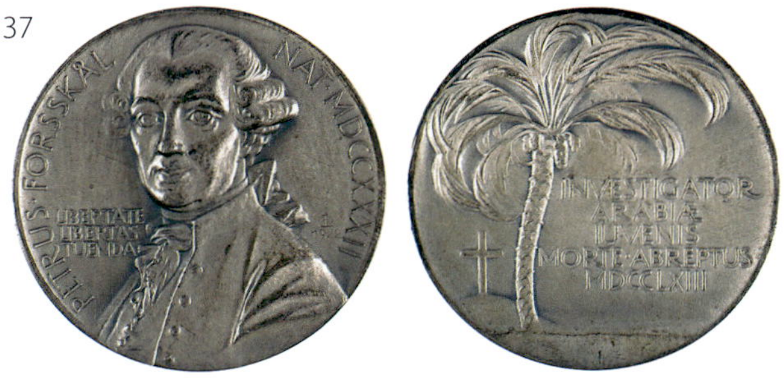

38

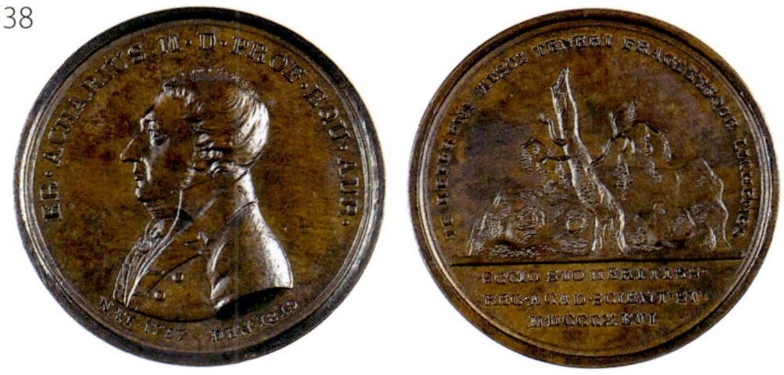

39

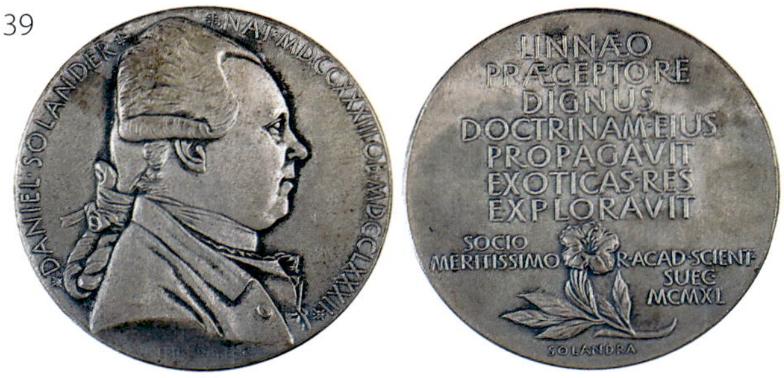

40

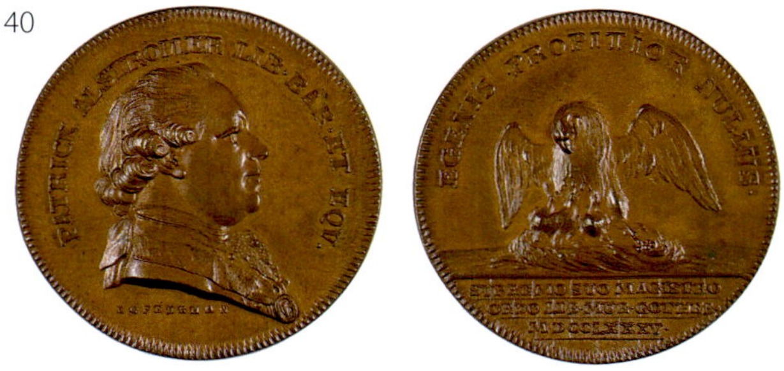

41

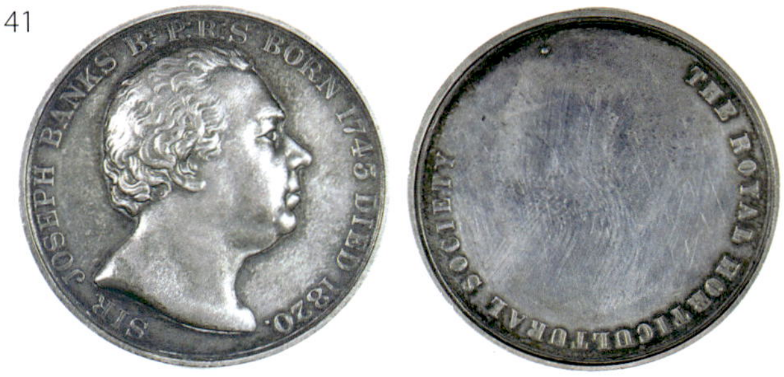

42

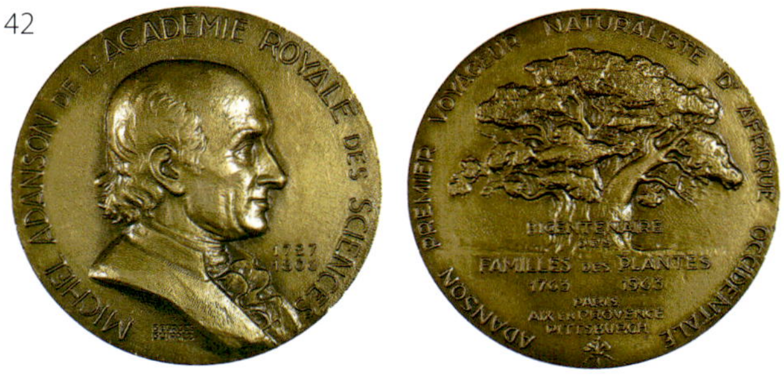

43

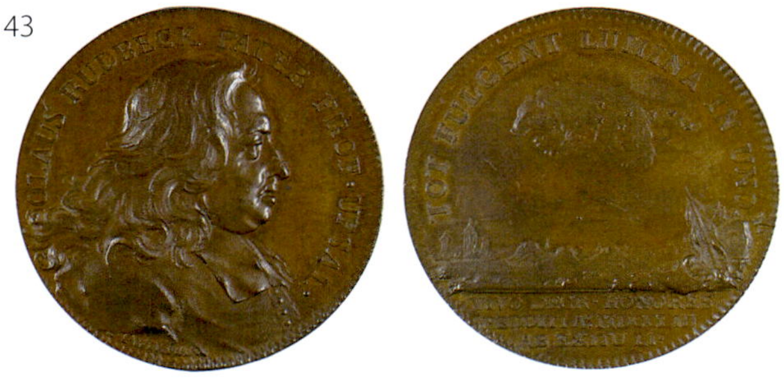

3. リンネコレクションから

ウプサラにあるリンネゆかりの地

撮影／安間　了

ウプサラ大学植物園.

ウプサラ大学植物園.

リンネ記念植物園．ウプサラ.

ウプサラ大大聖堂.

ストックホルムのリンネ公園にあるリンネの銅像.

リンネ胸像．ウプサラ.

4 自然誌科学の源流, リンネ

Linné as the Root of Natural Histry

- ■最高のナチュラリスト, リンネ
- ■分類学の黎明期における生物分類と種概念
- ■植物分類学の始祖としてのリンネと種名のタイプ
- ■植物と動物の学名について
- ■リンネと医学
- ■リンネと生態学
- ■リンネと昆虫学
- ■リンネと鳥類学
- ■リンネと藻類学
- ■リネーとロシアの博物学者
- ■リンネゆかりの旧クリフォート邸を訪ねる
- ■ロンドン・リネアン・ソサエティー：その歴史と現状
- ■ロンドン・リネアン・ソサエティー訪問記

最高のナチュラリスト，リンネ
―その最大の寄与，植物分類体系と学名の確立―

木村陽二郎

1．ナチュラリストの父・リンネ

　リンネはナチュラリストの父である．自然のふところにいだかれるとき，人はこの世にあるもの，特に生きるものの多種多様さに気づくだろう．まして自然に関心のあるナチュラリストは，野山でさまざまな動植物にとりまかれていることを知り興味をいだくに相違ない．ふとテレビをつけて見ると，異国の野山の鳥や虫，熱帯の海に群れる魚や貝，その形，その色，そのふるまいに驚かされる．毎日の世の中の雑踏のなかでは，自然のいとなみとは無縁と思ってしまいがちになる．この世は人々で満ちあふれている，と言ってもヒトは生物の一種にすぎない．この世界には何千何万という違った生物の種が存在する．

　わたしたちの先祖は誰でも，野山に食べられそうな草や木の実をとり，薬となる草根木皮を探る．鹿や猪や兎を追い，海辺に貝を拾い，海中の魚をなんとか取ろうと工夫する．現在これらの仕事は人まかせ，あるいは分業となって，自ら作物をつくり家畜を飼うこともしない．植物がなければこの世に酸素もなく呼吸もできなくなると知りながら，都市から緑が消えていく．食物の源は生産者の植物によるのみと知りながら，その恩恵を忘れがちである．

　ひとびとは自然を離れ，自然のめぐみを忘れ，災害のときのみ自然の大きな力を知る始末である．今やルソーが叫んだように「自然に帰れ」という言葉は，ヒトの本性に帰れというだけではないだろう．最大のナチュラリストといえるリンネは18世紀の代表的な学者である．彼は知る限りの動植鉱物の学名を定め，それに体系を与えて分類した．

2．神が創造し，リンネが配列する

　「神が創造し，リンネが配列する」と昔の人はリンネを評したが，牧師の子に生まれた彼は，神の財産しらべのつもりですべての動植鉱物を平等に扱った．当時動物の物語りが興味中心に話され，薬草を主とした有用植物のみ記述される本草学が説かれている時代にあって，彼は知る限りの動植物の学名を定め，それに分類体系を与えたのであった．彼は18世紀の代表的な最大のナチュラリストといえよう．

　彼の信条はその著書『植物哲学』に述べられている．この序論の4条を記すと，

(1) この世に存在する総ては原素と自然物である．
(2) 自然物は鉱物界，植物界，動物界に分かれる．
(3) 鉱物は生じる．植物は生じ生きる．動物は生じ，生き，感じる．
(4) 植物学は自然の科学であり，それは植物の知識を与えるものである．

　第1条の原素というのは今でいえば化学室に掛けてある水素で始まる元素表を思えばよいが，当時ではギリシア時代から考えられていた地，水，火，風であろう．

　第2条で自然物を三界にわけているが，鉱物は現在，その組成が化学の発達ではっきりされている．ラマルクは生まれはリンネより48年後の人だが，植物学と動物学をあわせて生物学と名づけた．最近になって，生物自体の種もDNAの分析によって物質的に次第に明らかになってきたが，今はこの問題にふれない．私たちは目にふれないDNAよりも目にふれ，手でさわれる動植物を相手にしよう．『植物哲学』365条を述べた最後にリンネはいう．

　「自然の科学では真実の学理は観察によってたしかめられねばならない」

　また分類の必要性についてリンネはいう．

　「分類体系は植物学にとってアリアドネの糸である．それなしではこの学は混沌としている」（156条）

　ギリシア神話によると，地中海のクレタ島にミノス王はクノッソス宮殿をたて迷宮をつくり，そこに牛頭人身の怪物ミノタウロスを閉じこめていた．毎年アテネの7人の少年7人の少女がその人身御供となっていた．この怪物を退治するため英雄テセウスはクレタ島に渡る．ミノス王の王女アリアドネはテセウスに一目惚れしてテセウスに与えた糸巻の糸をたらして，テセウスは迷宮に入り怪物を退治して糸をたどって無事迷宮を脱し，アリアドネを妻として，アテネに帰ることができた．

　話が少し飛ぶが迷宮（ラビリント）は昔から庭園につくられ，最近でも箱根の公園などにもある．入口から出口までは岐路ばかりで迷い路が多く，子供たちは競争で早

くぬけ出す遊びに興じる．ツルヌフォールの頃からパリ王立植物園にはその一隅に丘をつくり，頂上に行く道がラビリントにつくられている．王立植物園が革命後，現在の国立博物館となった今もこのラビリントは残り，私も登った経験がある．

リンネの最も精読した本はツルヌフォールの『基礎植物学』だが，その扉絵には4人の天使が『基礎植物学』第1巻と書いた大きな紙を空中にひろげ，その下に当時の王立植物園を空から見おろした図が画かれているが，図の奥の右方の隅にラビリントの丘が画かれている．私の想像に過ぎないが，これを思いだしてリンネがアリアドネの糸に言及したのだろうと思う．

アリアドネの糸の条の次の157条は，
「始めから創造されただけのさまざまの異なった形の植物があった．それだけの数の種がかぞえられる」

これがいわゆるリンネの「種の創造説」とよばれるものである．これに対して，種は進化によって生じるという進化論をはじめてとなえたのはラマルクの『動物哲学』で，リンネの『植物哲学』出版後58年たってからである．哲学は原論ともいうべきもので，ニュートンの万有引力を説いた書物は『自然哲学の数学的原理』(1687)であったことを思い出していただきたい．

3．ナチュラリストの先祖アリストテレス

西欧の自然科学，特に生物学の源をたどっていくと，日本の縄文時代に活躍したアリストテレスにさかのぼることができる．リンネを生物学の父とすると，アリストテレスは生物学の先祖といわねばならない．プラトンが死ぬとその最高の弟子，アリストテレスはアテネを離れ，プラトンの学園アカデメイアで共に学んだことのある小アジアのアッソスの支配者となっているヘルメイアスに招かれて講義をしていたが，ヘルメイアスの横死で，その姪ピュチアエと結婚していたアリストテレスはレスボス島に逃れ，その都のミュチレイネに住んだ．この海岸は多くの動物，海獣，海鳥，魚はもとより，タコ，イカ，ヤドカリ，ウニ，イソギンチャク，カイメンに至るまでの海産動物に富んでいた．彼はその生活を克明に記し，それは『動物誌』として残った．彼の研究は海産物の振興のためではなく，自身の興味のため，おそらく彼にきけば，それら動物が美しいゆえの研究であり，全くナチュラリストの立場である．残念ながら彼の『植物誌』は今に残らず，植物に関するものはアリストテレスの最高の弟子といわれたレスボス島出身のテオフラストスの『植物誌』によらねばならない．アリストテレスが動物学の父，テオフラストスが植物学の父と時にいわれるわけである．

アリストテレスは個々の動物の生活を克明に記しているが，その分類においてもすぐれている．アリストテレスの文を読んで，その分類をわかりやすく表にしてみる．

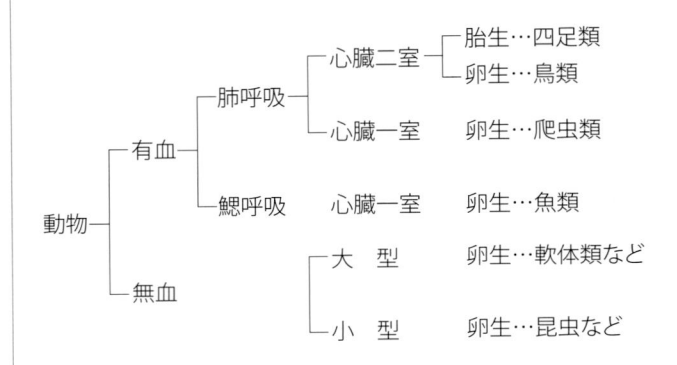

```
                    ┌肺呼吸┬心臓二室┬胎生…四足類
               ┌有血┤      │        └卵生…鳥類
               │    │      └心臓一室 卵生…爬虫類
動物─┤    └鰓呼吸  心臓一室 卵生…魚類
               │    ┌大 型          卵生…軟体類など
               └無血┤
                    └小 型          卵生…昆虫など
```

なお四足獣は，足の指と歯の形質で細分される．

リンネは『自然の体系』の第1版から第9版まで，動物界を外観の特徴で分けている．すなわち，四足類は毛皮につつまれ四足で歩き，雌は胎児を産み授乳する．鳥類は羽毛に覆われ，二足で歩み，くちばしを持ち，卵を産む．両生類は裸であるか鱗でおおわれた皮膚で，歯を持つが臼歯はなく，鰭を持たない．魚類は足がなく，それに相当する鰭を持つ．昆虫類は皮膚の代りに外皮骨格を持ち，頭に触角をもつ．蠕虫類は筋肉からなり，先端部のみ硬い．これらは昔からの考え方によるものだが，第10版からこれを一新して，むしろアリストテレスにもどっている．表であらわすと，

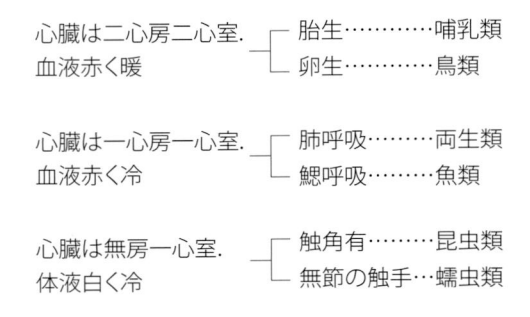

```
心臓は二心房二心室．┬胎生…………哺乳類
血液赤く暖          └卵生…………鳥類

心臓は一心房一心室．┬肺呼吸………両生類
血液赤く冷          └鰓呼吸………魚類

心臓は無房一心室．  ┬触角有………昆虫類
体液白く冷          └無節の触手…蠕虫類
```

リンネは動物を6綱に分けた後に各綱をさらに目に分類する．たとえば哺乳類綱をわけて霊長目，猛獣目，野獣目，弱獣目，齧歯目，反芻目，馬形目，鯨目とする．そして各目をすべて属に分け種に分ける．そして彼の知る限りの動物をあげるのである．綱Classis，目Ordo，属Genus，種Speciesと分けていくことは植物分類法と同じである．

リンネはヒトを哺乳類の霊長類に入れる．アリストテレスはヒトは生じ，生き，感じる，これらの性質に加えて，考える，をつけ加えて特別視した．リンネはヒトの学名を，*Homo sapiens* 考えるヒト，としたが，オランウータンも *Homo* に属させ，この点，アリストテレスとも一般の人とも違った考えである．

184

4．本草と植物学

テオフラストスの植物学はアリストテレスの伝統をつぐものであった．それとは別に発達した西欧本草学の始祖となったのは，1世紀の人，ディオスコリデスで，その著『薬物誌』が西欧本草の出発点である．彼は小アジア，キリキア国のアナザルバの人である．もちろんエジプトに発達した薬について書かれたパピルスの記事や，ギリシアの医学の父ヒポクラテス文書など，ディオスコリデスに影響を与えているであろう．ディオスコリデスの現在まで残っている写本のなかで最も古いのは「アニキア・ユリアナ本」といわれ，512年までにつくられていた写本で，そのなかの幾つかの絵はミトリダデス王に仕えたクラテウアスの原図に由来するとされる．今はウィーン古文書館に保存されていて幸い私も見ることができたが，現在は立派な複製本が色彩版で実物大に作られているから，日本でもそっくりのものを見ることができる．

キリスト教が西欧に広まると各地に修道院ができた．修道僧は各地で民衆の心をいやすのみでなく，体をいやすことを心がけたから，僧院内に薬草園をつくり，ディオスコリデスの書は写されて保存されていた．しかし，僧によって手写されるごとに，図は極度に簡略化され，図案化されていった．14世紀後半につくられ現在バーゼル大学図書館にある『薬剤について』の複製版（1961）をみると，あまりにも簡略化された植物図はむしろ微笑をさそうものとなっている．

ルネサンスに栄えたニュルンベルグで，オットー・ブルンフェルスの『生植物図説』（1530）は立派な植物写生図を伴い，ついでレオンハルト・フックスの『植物誌』（1542）は多数の美しい植物図を伴い，後の多くの本草書の植物図のもととなった．この頃，印刷術の発展で書物が欧州全土にひろまったのである．当時の学問と図書の見ごとさは，1543年ヴェサリウス『人体構造についての七つの書』，同年のコペルニクス『天球の回転』の出版の例をみても明らかである．16世紀，17世紀と欧州各地で多くの本草書が出版され，なかでもオランダ，ライデン大学教授となったレンベルト・ドドエンス（ドドネウス，1517-88）の本草書は，日本にも多くの部数が入って西欧本草書の代表となった．

ガスパール・ボーアン（ラテン名カスパリウス・バウヒヌス，1560-1624）によって，西洋本草書は完成の段階に入ったと見られよう．『植物要覧』（1623）は彼の代表作である．

一方，アリストテレス，テオフラストスの植物学の発達があるが，これはルネサンスのアリストテレス研究の復興をまたねばならなかった．アラビアでの研究はここに略すこととする．北イタリアのパドヴァとピサに，医療のためではないただ学問のための初めての植物園が開かれた．ピサの植物園長はアンドレア・チェザルピノ（1519-1603）で，彼は哲学の法皇と呼ばれたアリストテレス学者だった．

アリストテレスによれば，生物の働きは自己の体を完成化することであり保存することである．それが目的であり，生物の行動はこの方向に向かって動く．しかし，完成した体の目的は何か．生きとし生けるものは死なねばならない．自己保存には限度がある．それは子孫を残す種族保存につながり，それが次の目的となる．生殖によって子孫を残すことが目的となる．これが種の保存であり，永遠の生命をもつということである．

チェザルピノがこのことを考えたとき，植物で大切なのは果実，種子であると判断した．彼の分類体系は，果実と種子の性質と数による分類であった．

しかし多くの人々は次第に果実，種子の前に，植物は必ず花を咲かすことを知っていった．見ばえのない果実，種子よりも，美しく変化に富む花で分類してはどうであろうと思うようになった．ライプチッヒ大学アウグスト・キリヌス・バッハマン通称リヴィヌス（1652-1723）は，果実，種子に花が先行するから，完成体である花の形質をとり，花弁の数で植物を18綱に分けた．分類体系に花と果実を使うことは，多くの学者のみとめるところになっていた．

5．フランス植物学者の父ツルヌフォール

南フランスの古都エクス・アン・プロヴァンスは美しい町であり，南フランスのアテネとよばれた学問の都市だった．ここに二人の偉大な植物学者ジョセフ・ピットン・ド・ツルヌフォール（1656-1708）とミシェル・アダンソン（1727-1806）とが出ており，今も市の誇りとなっている．ツルヌフォール城主の次男であるツルヌフォールも，大司教に仕える父を持ったアダンソンも，僧職につくためギリシア語ラテン語を習ってそれに精通していた．しかし二人とも熱心に植物を採集して植物学を目ざし，植物学の古典と実際の植物にくわしかった．

ツルヌフォールは23歳でフランス最古の医科大学モンペリエに行き，ピエール・マニョル（1638-1715）の講義をきいた．モンペリエ近郊は，当時はブドウ畑でなく植物の生い繁る谷や森に富み，彼は片はしからする植物採集に熱中した．マニョルはその著書『一般植物誌試論』（1689）で，植物を76科に分けたことから科の創設者ともいわれるが，ここでは科の性質を述べていないので，科の創設はアダンソンの『植物諸科』2巻（1763-64）とすることにしたい．

ツルヌフォールはピレネーを越えてイベリア半島各地で採集し，標本整理のため1682年エックスに帰った．彼の名声はパリのルイ13世の侍医ファゴンに知られ，

招かれて王に謁見し，王立植物園の助教授に任ぜられた．その後，講義のかたわらオランダ，英国にも旅行して植物学に熱中し，創設された王立科学アカデミーの会員となり，1699年にはルイ14世により科学アカデミー年金受給植物学者となった．この年の暮，近東諸国への採集旅行でクレタ島から多くの島をめぐり，コンスタンチノーブルから黒海沿いに旅行し，ノアの箱船が頂上にあったというアララット山に登ってから，小アジア半島の方をまわって帰国した．彼は1708年正式に教授となったが，この年に植物園近くの路で馬車との間にはさまれ，それが原因で亡くなった．

彼の主著『基礎植物学』3巻（1694）はフランス語で書かれ，自身のラテン語訳本は1700年に出版された．この本はリンネが最も精読した植物学書であると思う．この書にツルヌフォールの新しい分類体系と属の記述があり，植物の属の創設者といわれた（表1）．

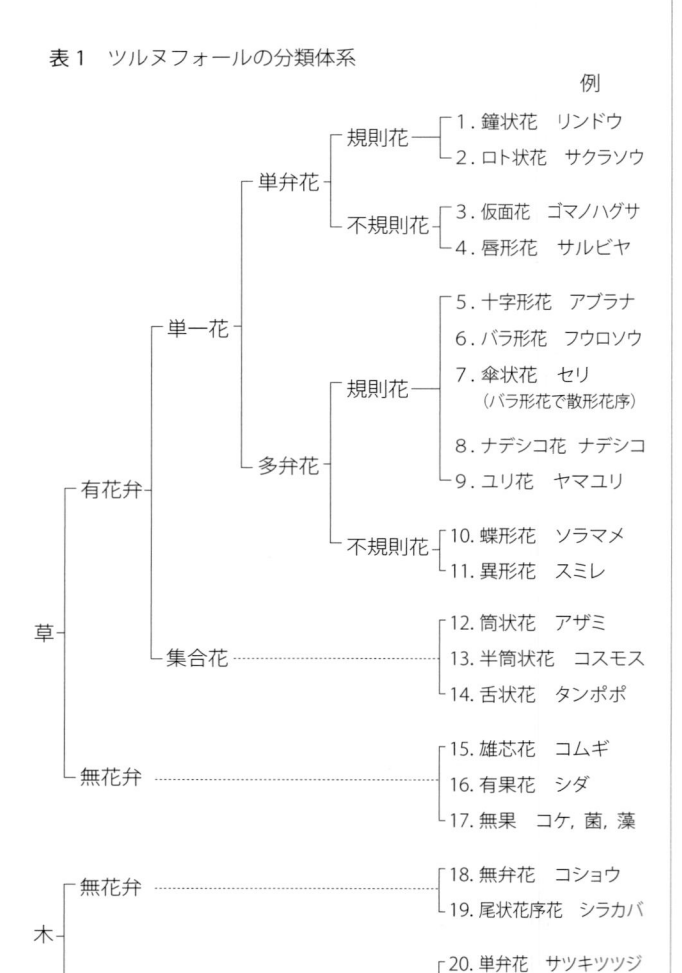

表1 ツルヌフォールの分類体系

```
                                               例
                        ┌規則花┬1. 鐘状花  リンドウ
                 ┌単弁花┤     └2. ロト状花 サクラソウ
                 │      └不規則花┬3. 仮面花  ゴマノハグサ
                 │              └4. 唇形花  サルビヤ
                 │              ┌5. 十字形花 アブラナ
                 │              │6. バラ形花 フウロソウ
          ┌単一花┤        ┌規則花┤7. 傘状花  セリ
          │      │        │    │ （バラ形花で散形花序）
          │      │        │    │8. ナデシコ花 ナデシコ
          │      │多弁花 ┤    └9. ユリ花  ヤマユリ
   ┌有花弁┤      │        └不規則花┬10. 蝶形花 ソラマメ
   │      │      │                └11. 異形花 スミレ
   │      │      ┌12. 筒状花 アザミ
草┤      └集合花┤13. 半筒状花 コスモス
   │              └14. 舌状花 タンポポ
   │              ┌15. 雄芯花 コムギ
   └無花弁        │16. 有果花 シダ
                  └17. 無果  コケ,菌,藻

      ┌無花弁┬18. 無弁花 コショウ
      │      └19. 尾状花序花 シラカバ
木 ┤        ┌20. 単弁花 サツキツツジ
      └有花弁┤21. バラ形花 リンゴ
              └22. 蝶形花 ニセアカシア
```

ツルヌフォールは花が咲くのはどうしてかと考えた．種子をまくと子葉がでて次に茎葉がでる．しかし葉ばかりいくら茂っても果実や種子はできない．花が咲くと花弁は茎葉とは全く異る．花弁は果実や種子をつくる工場のようなものである．地下から吸った水分には養分があって葉をつくり植物は成長する．花弁に入った液体はここで浄化され精妙な液と不純物の液とに分けられる．精妙な液は花の中心の子房をふくらませ，果実をつくり，その中に種子をつくる．一方不純な液は雄しべの葯から，ほこり（現在の訳語で花粉）となって空中に放出される，とツルヌフォールは考えた．工場から出る煤などで空気が汚染されることを英語でポリューション（pollution）という．pollen（ほこり，花粉）から出た言葉である．

それまでは若い果実をつつんで保護するためのものと思われていた花弁の機能が，かくも重要であるから植物は花弁の形によってまず分類されるべきで，それによってツルヌフォールは植物を22綱に分けた．彼は，植物を草と木または灌木の二つにまず分け，花弁のあるもの無いものを分かち，花弁のあるものを単一花と集合花（キク科植物の頭状花を集合花とみたてている）とに分かち，次に単弁花（合弁花）と多弁花（離弁花）とに分け，次に規則花（放射状相称）と不規則花（左右相称），後者を仮面花と唇形花や蝶形と異形（花弁が一部袋状などになったりした異形のもの）とに分かつ．ついで各綱を果実と種子の形質で目に分けている．

ツルヌフォールはこの『基礎植物学』で，22綱目に673属，8,846種の植物を配置している．はじめて本格的な植物誌が誕生したわけで，属名をはっきり整理してその特徴をのべた．それまでは種の上の単位の属名ははっきりせず，全く異質の植物が同一の属のようにあつかわれていたものも多い．この属に属する種となると，これは従来の本草学者の種名を引用して，自身のつけた名はない．多くは最も完備したガスパール・ボーアンの本草書（初版1620，2版1671）の種をとり，時にガスパールの非常に年の多い兄ジャン・ボーアン（1541-1613）の書や，レンベルト・ドドエンスらの本草書の種名を用いている．属と種との関連や種名については，リンネの記述のあとにさらに説明することにする．

6．植物の性とリンネの性体系

リヨンはパリに次ぐフランスの大都市であるが，この地方は植物が豊富で本草好みの土地柄だった．ノエル・ショメル（1633-1712）はこの市の司祭で，日本でも知られた『家政辞典』を刊行した．日本では『厚生新編』として幕府の翻訳局でオランダ語増補版が訳されたが，宇田川榕菴（1798-1846）はリンネ後に出たこの版で，本草とは別に存在する植物学を知ったのである．

リヨンの富裕な薬種商ジュシュー家では長男が父のあとをつぎ，次男のアントワーヌ・ジュシュー（1686-1758）は14歳で宗門に入ったが，家での伝統もあって本

来の植物好きでモンペリエに行って医学を学ぶこととし，かたわらマニョルに植物学を学んだ．モンペリエでの先輩ともいえるツルヌフォールにあこがれパリに出かけたが，翌々年にツルヌフォールの事故が原因による死に遭遇した．アントワーヌ・ド・ジュシューの植物学の知識は王立植物園内で知られていたのでツルヌフォールのあとを継いで，1710年24歳で植物学教授となり終生その職にあった．

セバスチャン・ヴァイアン（1669-1722）は，パリ近くのポントワーズのそばのヴィニィの農家の生まれで，軍医としてルイ14世のアウグスブルグの戦いに参加，2年後，軍医をやめてパリに出てオテル・ディヨゥ病院に勤務しながら植物が好きだったので植物園に行き，ツルヌフォールの講義に出てツルヌフォールの認めるところとなった．やがて園長ファゴンの秘書となり，1708年ファゴンの仕事の一部をついで植物学講師として死までその任にあった．1717年，植物学の講義を始めるにあたり，『植物における性の存在，その決定的な様式について』と題した植物の生殖現象を述べたが，それをまとめて『花の構造，その構成部分と役割』(1728)と題して出版した．ツルヌフォールがもっとも蔑視した雄しべの花粉が，雌しべを果実として種子をつくらすという考えである．ツルヌフォールのコレージュ・ド・フランスの後を継いだエチェンヌ・フランソア・ジョフロアはパリの富裕な薬店の出だが，1717年にアカデミーに提出した論文「最も重要な花部の構造と役割についての報告」で，花粉が雌しべの上に落ちねば種子が稔らないことを述べているが，これは既にルドルフ・ヤーコブ・カメラリウス(1665-1721)が受粉実験で証明し，『植物の性について』の文書で述べていることであった．ただしジョフロアは自身のつくった顕微鏡で花粉を観察し，花粉が種によって定まった，種に特有の形をとることを見，20種の花粉の図までも作成し，これが生殖に関係し，ツルヌフォールの言ったような粗雑な塵でないことを知ったのである．このジョフロアの論文はヴァイアンを刺激して，ツルヌフォールの説の否定にふみきらせたものと思われる．彼の発表はフランスで衝動を与えた．というよりも，遥か遠くのウプサラのリンネを刺激したのである．

ヴァイアンの本は，出版されるとすぐにその紹介が『ライプチッヒ学術協会報』に出た．リンネはこれを読んだのだった．彼は早速論文「植物の婚礼序章」をスウェーデン語で書き，当時，新年の祝いに学生が詩をつくって教授に贈る風習があったので，その代わりにリンネはこれを世話になっているウプサラ聖堂の長で，神学教授のオロフ・セルシウス教授のテーブルの上に置いた．この1730年の元旦に机の上に置かれたリンネの手記は，早速セルシウス教授からウプサラ大学植物学教授のルドベック2世の手に渡された．貧乏なリンネはセルシウス教授の世話で植物園の園丁として金を得ていたが，ルドベック教授はこれをやめさせ，毎春，植物園でおこなう植物の実物教育を彼に任せることにした．

この年，1730年の秋から冬にかけてリンネは雄しべで綱を分かち，雌しべで目を分かつことを考え，雌雄蕊分類体系，彼のいう性体系 systema sexualis を考えた（図1，表2）．ツルヌフォールはまず草と木に分けたが，それの無理なことはどちらにも蝶形花があって花のつくりは草でも木でも変わりないこと，木の方が数が少ないためその分け方も大ざっぱであることでもわかるのである．雄しべの数だけでなく，雄しべ間の相違や集合等を入れると似た植物がまとまる利点がある．雌しべは花柱の数で分けるので，雌しべをつくる心皮数で分けるより，外見でわかりやすい．雄しべがない，つまり花の無い第24綱の隠花植物綱は，はじめは雄しべ雌しべの見えないイチヂクのようなものを考えていたが，やがてシダ類，コケ類，藻類，菌類と分けるようになった．現在では，23綱にわたる顕花植物または種子植物が一つの分野とすると，隠花植物は10より数の多い分野に分けられている．ちょうど動物界の昆虫綱蠕虫綱以外が脊椎動物にまとめられ，その他が10以上の数の分野に分けられたのに似ている．

7．種の学名

リンネの『自然の体系』第1版は1735年に初版が出版された．最大フォリオ版で，大きいとはいえ，わずか全12ページの薄い本である．これに動植鉱物の三界の綱目が記されたが，なかでも特徴があるのは植物分類の性体系である．第2版(1740)以後，版を重ねたが，特に注目すべきは第10版(1758-59)2巻本で，第2巻は植物界を扱っている．鉱，植，動の三界のうちでリンネの関心が最も強いのは当然植物で，特に植物のみあつかった『植物種誌』2巻(1753)はすべての種の記述があって，『植物属誌』第5版(1754)と共に最も注目される．なぜならこの『植物種誌』初版ではじめて二命名法の学名が記され，『自然の体系』第10版で動物にも二命名法の学名が記され，植物及び動物の学名は，この両本から出発することが国際植物学会議と国際動物学会議できめられたからである．学名は属名とそれを限定する形容詞語（エピセットという）の二つからなるから，種名は属名に関連する．それで属名は1753年に発刊されたリンネの『植物種誌』のものが採用されることとなったのである．

ここで種名について，オトギリソウという植物の例をとって述べよう．西欧でももちろん日本と同じように植物にいろいろな名がついていたが，現在のようにすべての植物に名がついていたわけではない．人間に役立つ

4. 自然誌科学の源流，リンネ

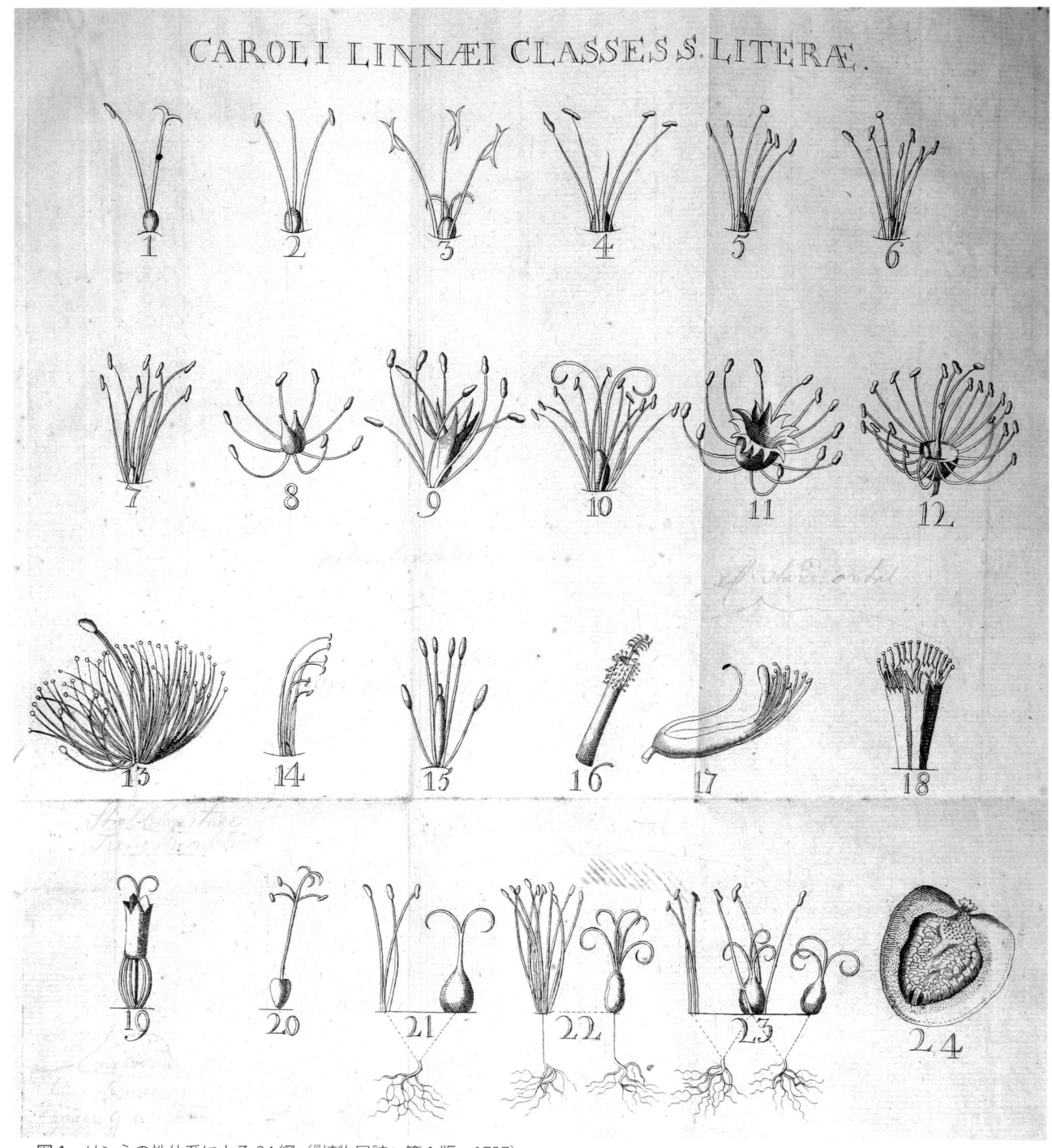

図1 リンネの性体系による24綱（『植物属誌』第1版，1737）．

植物，特に薬となる植物には，必要上古くから名がついていた．西欧では一時ローマの支配下にあった地域が多い．ローマ時代は，学問はローマ人の間ではギリシア語で論じられていたが，西欧の人たちの学者の間では次第にラテン語がはやり，学者や僧はラテン語で話を通じあった．各国の大学でも学生にラテン語で講義がなされ，書物はラテン語で書かれ出版された．オトギリソウはギリシア語でイペリコン Yperikon とよばれ，ラテン語化してヒペリクム Hypericum とよばれた．欧州でもっとも普通のオトギリソウ属植物，セイヨウオトギリの学名は *Hypericum perforatum* L. である．*Hypericum* はオトギリソウ属で，*perforatum* は「穴のあいた」という意味のラテン語の「エピセット」である．最後にL.とあるのはつけてもつけなくてもよいが，命名者リンネの略字である．この植物は英国で St. John's wort，フランスで Herb de St. Jean，ドイツで Johannis-kraut とよばれる．訳するとヨハネ草である．このヨハネは4福音書のヨハネ伝を書いたヨハネではなく，聖書に出てくる洗礼者ヨハネ，つまりキリストに洗礼を施したヨハネである．身にはラクダの毛衣を着，荒地のイナゴ（と聖書に

表2　リンネの植物分類体系（24綱）.
『植物哲学』では，陰花植物を羊歯目・蘇苔目・藻目・菌目に分けているが，『自然の体系』第1版では，「花は果実のなかに閉じ込められるか，ほとんど見えない」として，イチジクのようなものを考えていた．

	雄しべ数			例	
	1	第1綱	Monandria	一雄しべ綱	カンナ
	2	2	Diandria	二雄しべ綱	イヌノフグリ
	3	3	Triandria	三雄しべ綱	アヤメ
	4	4	Tetrandria	四雄しべ綱	ヤエムグラ
	5	5	Pentandria	五雄しべ綱	アサガオ
	6	6	Hexandria	六雄しべ綱	ヤマユリ
	7	7	Heptandria	七雄しべ綱	トチノキ
	8	8	Octandria	八雄しべ綱	イヌタデ
	9	9	Enneandria	九雄しべ綱	クスノキ
	10	10	Decandria	十雄しべ綱	カタバミ
	12	11	Dodecandria	十二雄しべ綱	スベリヒユ
萼上に	20	12	Icosandria	二十雄しべ綱	モモ
花軸上に	20〜100	13	Polyandria	多雄しべ綱	ウマノアシガタ
二強雄しべ（4雄しべで）		14	Didynamia	二強雄しべ綱	ハッカ
四強雄しべ（6雄しべで）		15	Tetradynamia	四強雄しべ綱	アブラナ
一束雄しべ		16	Monadelphia	単束雄しべ綱	アオイ
二束雄しべ		17	Diadelphia	二束雄しべ綱	エンドウ
多束雄しべ		18	Polyadelphia	多束雄しべ綱	オトギリソウ
集葯雄しべ		19	Syngenesia	集葯雄しべ綱	キク
雄しべは雌しべと合着		20	Gynandria	雌雄合しべ綱	シュンラン
雌雄花同株		21	Monoecia	雌雄同株綱	カボチャ
雌雄花異株		22	Dioecia	雌雄異株綱	ネコヤナギ
雌雄花同株または異株同時に両全花をもつ		23	Polygamia	雌雄雑性綱	ヤマモミジ
雄しべ数	0	24	Cryptogamia	隠花植物綱	

あるがイナゴマメであろう）と蜂蜜を食べて生きていた彼は，民衆に罪を悔い洗礼を受けよと荒野でよばわっていた．サロメの願いでユダヤの王ヘロデによって首を落とされたという．欧州では夏至は聖ヨハネ祭の日とされ，その日に人々は焚火のまわりで踊る．悪魔は聖ヨハネを嫌い，この日は山奥に逃げるという．このヨハネ祭の頃，オトギリソウは焚火を思わす黄色の花を咲かせる．人々はこの草を戸口や窓にかけて悪魔よけとする．一名をラテン語で Fugademonum，またフランス語では chasse diable（悪魔退散）という名もある．オトギリソウ属植物は対生の葉で，その葉は日にすかすと透明か黒色の点があるからすぐ区別できる．この草を憎んで悪魔は針で穴をあけたという．フランスではオトギリソウをいうのに Millepertuis とか Herbe‐a‐mille‐trous（千の孔）というのもこのためである．葉の明点は油を含むためで，この草の薬用の効果をなすといわれる．日本の山に生えるサワオトギリ *Hypericum pseudopetiolatum* R. Keller も明点があるが，オトギリソウ *Hypericum erectum* Thumb. は，この明点に赤い色素ヒペリキンが入るため黒点にみえる．たしかに葉をつぶしてみると赤い色素であることがわかる．それでこの黒点を，ヨハネの血しぶきのついたものとか，キリストの槍をつかれながら出血のしたたりとすることも多い．日本の話では花山院の御代，晴頼という鷹匠が，鷹の病気の秘伝の薬がオトギリソウであるということを弟が他人に洩らしたのを怒って弟を切ったので弟切草といい，その血がとんで草の葉についたといわれている．

英国の人がセイヨウオトギリソウを見てオトギリソウと知り，次第によく見ていったとき，似ているが種のちがうオトギリソウを見て，オトギリソウの仲間の他種と区別するようなる．するとオトギリソウ属植物は数種あることを知り，たとえば毛のあるものは Hairy St. John's wort（*Hypericum hirsutum* L.），花のより美しく見えるオトギリソウの種は Beautiful St. John's wort（*H. pulchrum* L.），というようにして種を区別するようになる．すると普通のオトギリソウにも属名とは別に種の名をつけて，英名は Perforate St. Jhon's wort（学名 *H. perforatum* L.）として区別することになる．英国では，一般のオトギリソウ属植物は5種に区別できる．リンネは『植物種誌』初版に全世界から22種をあげている．

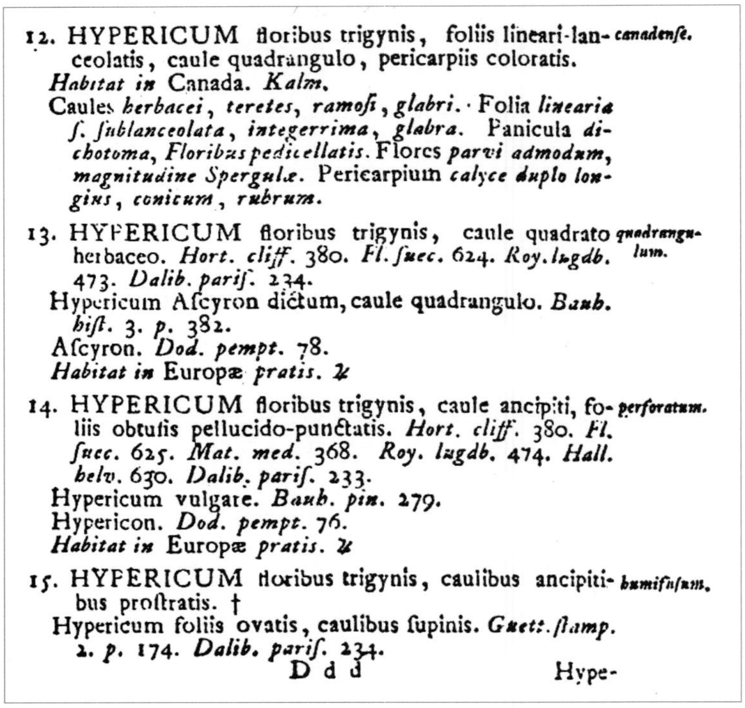

12. HYPERICUM floribus trigynis, foliis lineari-lan- *canadenſe.*
ceolatis, caule quadrangulo, pericarpiis coloratis.
Habitat in Canada. *Kalm.*
Caules *herbacei, teretes, ramoſi, glabri.* Folia *linearia ſ. ſublanceolata, integerrima, glabra.* Panicula *dichotoma, Floribus pedicellatis.* Flores *parvi admodum, magnitudine Spergulæ.* Pericarpium *calyce duplo longius, conicum, rubrum.*

13. HYPERICUM floribus trigynis, caule quadrato *quadrangulum.*
herbaceo. *Hort. cliff.* 380. *Fl. ſuec.* 624. *Roy. lugdb.* 473. *Dalib. pariſ.* 234.
Hypericum Aſcyron dictum, caule quadrangulo. *Bauh. hiſt.* 3. *p.* 382.
Aſcyron. *Dod. pempt.* 78.
Habitat in Europæ *pratis.* ♃

14. HYPERICUM floribus trigynis, caule ancipiti, fo- *perforatum.*
liis obtuſis pellucido-punctatis. *Hort. cliff.* 380. *Fl. ſuec.* 625. *Mat. med.* 368. *Roy. lugdb.* 474. *Hall. helv.* 630. *Dalib. pariſ.* 233.
Hypericum vulgare. *Bauh. pin.* 279.
Hypericon. *Dod. pempt.* 76.
Habitat in Europæ *pratis.* ♃

15. HYPERICUM floribus trigynis, caulibus ancipiti- *humifuſum.*
bus proſtratis. †
Hypericum foliis ovatis, caulibus ſupinis. *Guett. ſtamp.* 2. *p.* 174. *Dalib. pariſ.* 234.
D d d Hype-

図２　リンネの『植物種誌』第２巻 785 ページの下部，Hypericum 種．

しかしリンネの時代で植物の正名というものは，一般に数語からなる長いものであった．その例を『植物種誌』で見てみよう（図２）．すべてラテン語だがそれを訳すと，オトギリソウ属14番目のセイヨウオトギリの正名は「三花柱の花，隆起線ある茎，鈍頭，明点ある葉のオトギリソウ」で，その名はリンネ著『クリフォード植物図』（1737）で発表し『スウェーデン植物誌』（1745），他にも記したことを示し，異名（同種で異なった名）としてHypericum vulgare というボーアンの書，*Hypericon* というドドエンスの書にある名をあげている．これによってみると二名からなる名と一名からなる名が，既にリンネ以前の本草学者でも使われていることがわかる．彼のあたえた俗名（nomen triviale）*Hypericum perforatum* は欄外に書いてあり，これが現在の学名である（図２）．

オトギリソウ属の第12番目の種は学名，*Hypericum canadense* L. で，正名は「三花柱をもち，線状披針形の葉，四角の茎をもち未熟の果皮は有色のオトギリソウ」というもので，この書で初めて発表するものである．これはアメリカでリンネの弟子ペーター・カルム（1716–79）の採集品によることが記され，植物の記述が次にイタリックで５行にわたって述べられている．アメリカに植物採集に赴いたカルムを記念して，リンネは新属*Kalmia* をつくった．ツツジ科の植物カルミア*Kalmia latifolia* L.は，今では日本でアメリカシャクナゲとよばれ庭園にも植えられている．

第15番目の，英語で Creeping St. John's wort というオトギリソウの正名は「三花柱の花で茎は横に倒れたようになっているオトギリソウ」で，学名は *H. humifusum* L.（地上に広がるオトギリソウの意）であって，これは日本のサワオトギリに似ている．リンネはこの種に異名，つまり同種で異なる名をあげている．リンネの正名のように，一般的に本草学の植物名も数語からなるものであった．長い名は引用のとき不便であり，むしろ一般人が使う姓名のように，属名とあとそれを限定する一語で種名を表わす方がよい．それでリンネは長い正名の代わりに本の欄外に小名（nomen triviale）を記し，これで本文の長い種名である正名（nomen legitimum）を代表させることにした．

このリンネの小名に似た２語からなる名は，リンネ以前の本草家の書物にも出てくるが，一つの生物には一つの名でなければ混乱する．世界中の植物学者は 1867年のパリで行なわれた第１回国際植物学会議で，また動物学者はベルリンで行なわれた 1901年の第５回国際動物学会議で，植物はリンネの『植物種誌』第１版（1753）から，動物はリンネの『自然の体系』第10版（1758）から，小名を学名として定めることに定めた．両書ともはじめて小名が統一的につくられ用いられているからである．『植物種誌』には属の記述はないので，属名はリンネの『植物属誌』第５版（1754）から採用されることになった．もちろんこれは『植物種誌』の１年後に出版され，しかも第５版だから属名をふくんだ学名は，『植物種誌』の第１版から用いられるわけである．

『植物属誌』第５版には 1,105属があり，そのなかで333属はツルヌフォールの定めたもの，次に多いのはツルヌフォールに学びアメリカの植物を研究したシャルル・プルミエ師（1646–1709）の 53属，ギーセンに次い

で英国のオックスフォード教授をしたヨハン・ヤコブ・ディルレニウス（1687-1747）のが34属あった．しかし国際会議で出発点はリンネとしたために，これまでのすべての学名の名づけ親はリンネとなってしまった．それで属名や種名に著者名をつけるときには欧州産のもの，リンネが知っていたものはほとんど，最後にリンネの略字L.がつくのである．

以後は，最初に学名をつけた人の名が命名者となる．リンネは現在よりも属を大きくとっているので学名の変わったものも多い．たとえばセイヨウオキナグサは *Pulsatilla vulgaris* (L.) Mill. とあるのは，リンネが *Anemone pulsatilla* L. としているのをアネモネ属からフィリップ・ミラーがオキナグサ属として分けたことを意味する．

学名，リンネの小名だけに注目して，リンネの正名の功績を忘れてはならない．これはいわばその植物の種の定義であり，属の中の諸種のなかからその種の特徴を簡潔に記しているのである．彼は，『植物種誌』で新種を記すときは正名のあとにもっとくわしく特徴を記しているが，しかしなぜ新種かということは正名だけをみてもわかるのである．当時知られる全鉱，動，植物の種の正名，つまり定義づけをしたリンネの努力に驚嘆せざるを得ない．

江戸時代においてもっともリンネ（林那）の思想を理解していた蘭学者，宇田川榕菴は，『植学独語』を記しているが，その「至聖にあらざれば，三有に兼通ずる事あたわずというに仔細する事」の章の一部をかなづかいを変えて次に記す．

「ヨーロッパ諸州にては，あまねく世界に航海して，万国の産物を見聞し，親しくその実体を目撃す．しかれども林那聖人ひとり衆群に卓出するとす．故に至聖にあらざれば能わずという．ただし，信じてこれを好み，日夜研精するの久しければ，本邦所産の三有（木村註：動物，植物，山物，今いう鉱物）に達するに難からず．往時，四大州の草木のみを算計して二万五千種とす．今，ほとんどこれに五倍せりという．しかれば十二万五千種に近し．オランダの草木のみすでに千二百種余ありという．これに動物山物を加え算すれば幾十万なるも知るべからず．本草綱目にのる三有をもってわずかにオランダ一州の草木に敵すべし．西洋にてかくのごとく古より集めて大成せんとして，まさに年々歳々に新種を発明すという．……」と．

リンネの『自然の体系』は評判がよく，特に植物界を分類した彼のいわゆる性体系は，学会のみならず一般の人たちの間でも好評だった．それは植物を見て雄しべの数を数えて綱を決め，次に雌しべの花柱数を数えて目を決め，それに書かれた簡明な記述で属を知り，その定義のような記述の種の名を見れば種が決められるからである．第12綱以下は雄しべの位置や性質，雄しべと雌しべの関係で第24綱までも理解しやすい分け方なので，リンネの本によって植物愛好家，植物採集家が急激に増えたが，それは今までの薬草薬木を求める採根者や本草家と異なり趣味や学問に生きる人であり，ナチュラリストでもあった．

たとえばジャン・ジャック・ルソー（1712-78）は，リンネより5歳若く同年にこの世を去ったが，彼の最も尊敬する人物はリンネだと1771年リンネ自身に伝えている．ルソーは，植物を学んでから最も楽しい生活をしたスイスのビエンヌ湖の小さな島サン・ピエール島での1765年の孤独な生活について，次のように記している．「私はサン・ピエール島植物誌をつくり島の全植物を一つも残さず，私の残りの時間を十分に費やして記述することを計画した」，「このすてきな計画のため私達が共にする朝食の後に毎朝，私は手にルーペを持ち私の『自然の体系』を腕にかかえ，季節ごとに順序にめぐり歩く目的で各小区域に分けておいた割りあての場所へ行くのであった」（『孤独な散歩者の夢想』の第五章）．しかし彼のこの島の滞在も，当局の退去命令で不可能となった．彼は，リンネの『自然の体系』を手本に「サン・ピエール島植物誌」を完成させたかったであろう．おそらくルソーは内容は第2版と同じだが，ベルナール・ジュシュー（1699-1777）によりフランスの植物名が加えられた『自然の体系』，パリで発行された第4版（1744）を手本としていたのであろう．

リンネの体系は英国では広く紹介された．ルソーの8通の手紙で植物を説明した「ルソーの植物学」とよばれたものがあるが，ケンブリッジ大学植物学教授トマス・マーチン（1735-1825）は，この手紙を英訳すると同時にルソーの文体をもとにリンネ24綱を1綱ずつ説明した『基礎植物学の手紙』（1785）を出版した．また，それに相当する図版集を3年後に出版している．

リンネは自身の植物体系がある程度人工的な分類，いわゆる人為分類であることを知っていた．近い植物属が異なった綱に入り，非常に異なった属が同一綱に入ったりする．彼は24綱とは別に，近い属をまとめた植物分類体系，彼の自然分類体系というものを作っていた．

リンネの『植物哲学』の第77条に，「自然分類法の断片は最大の配慮で研究されねばならない」とあり，その説明に「これは植物学者の最初にして最後の願望である」，「自然は飛躍しない」，「すべての植物は世界地図の各地域のように互いに接している」，「私がここに提供する断片は次のようである」，として植物群の名，今でいうと科（Familia）ともいうべき名と，それに属する属とを示している．第1は *Piperitae*（コショウ群）にはじま

表3 アントワーヌ・ロラン・ド・ジュシューの分類体系．植物例を入れた．

			目の数	目の例（数字は目の通し番号）
無子葉類 Acotyledones		第1綱	6	1 菌，2 藻，3 苔，4 蘚，5 羊歯，6 イバラモ
単子葉類 Monocoty				
雄しべは子房の下位		第2綱	4	7 サトイモ，9 スゲ，10 イネ
周位		第3綱	8	11 ヤシ，14 ユリ，18 アヤメ
上位		第4綱	4	19 バナナ，20 カンナ，21 ラン
双子葉類 Dicotyledones				
無花弁 Apetalae				
雄しべは子房の上位		第5綱	1	23 ウマノスズクサ
周位		第6綱	6	24 グミ，27 クスノキ，28 タデ
下位		第7綱	4	30 ヒユ，31 オオバコ
単花弁 Monopetalae				
花弁は子房の下位		第8綱	15	34 サクラソウ，39 シソ，41 ナス
周位		第9綱	4	50 ツツジ，52 キキョウ
上位				
	葯合着	第10綱	3	53 アザミ，54 ニガナ，55 キク
	葯離生	第11綱	3	56 アカネ，58 スイカズラ
多花弁 Polypetalae				
雄しべは子房の上位		第12綱	2	59 ウコギ，60 セリ
下位		第13綱	22	61 ウマノアシガタ，63 ナズナ
周位		第14綱	13	81 ユキノシタ，92 バラ，93 マメ
不規則の雌雄異花		第15綱	5	98 イラクサ，99 カンバ，100 マツ

り，最後の第67はFungi（菌類）である．第68は不明群Vagaeで，これに入れた属が数多いため，リンネは自分の記した自然分類法を断片としかいえなかったし，いわば植物の自然群も，分類すべき基準も見出だせないのでこれを将来に託すしかなかった．この「自然分類法断片」はすでに『植物綱誌』（1738）に発表されたものである．

この1738年にリンネは，パリの王立植物園を訪れている．教授のアントワーヌ・ド・ジュシューは自分の分類体系はたてず，前任者のツルヌフォールの体系によって講義し，この書を改訂増補している．彼は医師としていそがしいので1714年弟のベルナール（1699-1777）をリヨンからよんだ．ベルナールは1722年セバスチャン・ヴァイアンをついで野外植物担当教授となった．リンネはベルナールに会って，共に植物採集をし，互いに学ぶことができた．ベルナールがリンネの『自然分類法断片』をみてつくったノートが今も残っている．1758年ルイ15世がヴェルサイユ宮のトリアノンの庭園に，当時「植物学校」とよばれた分類花壇を作ることをベルナールに命じた．ベルナールはリンネの『断片』を頭において，植える植物を64群に分けて植物園に配置し，絶えずその分類を改良していった．彼の長兄リヨンの富裕な薬種商クリストフの息子アントワーヌ・ロラン・ド・ジュシュー（1748-1836）は，1768年ベルナールによばれてパリに出て，1772年ベルナールの席をゆずられ野外植物教授となった．アントワーヌ・ロランはベルナールの教えをうけて植物分類体系を示し，『植物属誌』（1789）として発表された（表3）．彼は，英国のジョン・レーの分類体系の形質，単子葉，双子葉をまずとり，ツルヌフォールの重視した合弁と離弁を重要形質にとったが，特徴的なのは雄しべと子房との位置関係（子房上位，周囲，下位）を重視したことである．この分類は似たものが近くくることで自然分類体系といわれ，現在の種子植物の分類のもととなった．

リンネの時代以来，顕微鏡の発達があって隠花植物の研究が盛んになった．動物も，リンネのはじめの哺乳類から魚類をラマルクは脊椎動物とし，昆虫類と蠕虫類を整理して多くの分野に分かったが，現在は脊椎動物門に対し，無脊椎動物は10を越える門になっている．植物が種子植物門に対して他に10を越える門があるのに似ている．ラマルク，ダーウィンの活躍により19世紀は進化論の時代といわれる．リンネは晩年，種が雑種によって新しく生じることをみたが，果して，雑種が進化のもととなるかどうかを実験したメンデルによって，20世紀は遺伝学の時代となった．種を確立したリンネの業績によって進化論も遺伝学も発達したのである．

おわりに

カール・リンネ（リネー）はもとの名はリネウス（Linnaeus）で，学問によって爵位を得てフォン・リンネ（von Linné）という．1707年にワランスのパリ王立植

物園長となったビュッフォンと同年の生まれだから，18世紀の代表的人物である．亡くなったのは1778年，ジャン・ジャック・ルソーと同じ年である．医学者で臨床家としても一時活躍したが，動物植物鉱物の三界にわたって研究し最高のナチュラリストであった．そのうち，ここでは主として植物の彼の有名な体系と学名の確立について語った．

リンネの標本，図書は死後，そのあとをついだ息子の小リンネも早く亡くなったので，イギリスのジョセフ・バンクス卿の指示でサラ・リサ夫人から英国に売られ，現在はロンドンのリンネ協会に大切に保存されている．このたびこれにつぐと思われるリンネ関係の図書，肖像画，記念メダルの類を集めたレンスコーク氏のコレクションが千葉県立中央博物館に収められた．* 世界最高のナチュラリスト，リンネの原資料を常に目のあたりに接することができるとは，ただに千葉県の人たちばかりでなく全日本，否，全東洋のナチュラリストのメッカとなるであろう．この幸福を皆さんと共に味わいたい．

＊編註：1994年当時．

LINNÆUS
Ætatis 25.
in his Lapland Dress.

CAROLUS LINNÆUS

MEDIC. & BOTAN. PROF. UPSAL; HORTI. ACADEMICI PRÆFECT; ACAD. IMPERIAL:
MONSPELIENS: STOCKHOLM: UPSAL: SOC; HUJUSQUE SECRETAR;

リンネ肖像．リンネが自著『植物属誌』（第6版, 1764）に挿入したもの

分類学の黎明期における生物分類と種概念
―リンネとアダンソンの分類理論を中心に―

直海俊一郎

はじめに

カール・フォン・リンネ（Carl von Linné, 1707-1778）は18世紀の分類学者である．彼は主著『自然の体系（Systema Naturae）』などで動植物の分類を集大成し，また，生物の学名に関する二語名法を確立した．現在の動植物の学名は，リンネの定めた方式にしたがって決定されなければならず，有効学名は時代的にリンネの著作を出発点としている．このようなことから，リンネは分類学の父と呼ばれている．

リンネは分類学の黎明期に生きた分類学者である．本稿ではリンネの分類法や種の概念を論じることが主目的である．ただ，18世紀の科学や世界観が今日的なものと大きく異なっているし，分類学自体が高度に思想的であり，かつ哲学的であるので，リンネの時代の分類学を知るためには，彼の分類の技術的な側面（たとえば，二語名法や階層分類など）にだけ目を向けては不十分である．そこで，本稿ではリンネの分類の起源やリンネの分類が誕生した思想的背景についても論じた．リンネは分類の方法を研究したばかりでなく，実際の分類も精力的にこなした．だから，優秀な実践分類学者という側面をもつリンネにも一言触れてみた．他方，18世紀にはリンネと勝るとも劣らないくらい重要な分類理論を展開した分類学者がいる．観察と経験に基づく分類法を主張したアダンソン（M. Adanson）がそうである．18世紀の分類学を理解するためには，アダンソン流の自然分類を論じないわけにはいかない．そこで，リンネのライバルともいえるアダンソンの自然分類についても説明を加えたい．最後に，18世紀の自然分類はアダンソンよりあとの生物分類学の中でどのように展開していったかについて簡単に論じたい．

1．リンネより前の分類

リンネの時代は不統一になっていた人為分類――それは当時のある人々によって自然分類ともみなされていた――が整理された時代である．その人為分類はリンネよりはるか前のアリストテレス（Aristoteles, 紀元前384-322）の時代から行われてきたものである．リンネの分類について述べる前に，その前の時代から続いてきた人為分類について簡単に触れておきたい．

リンネより前の時代において，動植物が人為的に区別されて，その名称は人々の生活の会話の中に登場していた．この人為分類とはある特徴に基づく単純二分割法である．たとえば，昆虫を初めに'翅のない昆虫'と'翅のある昆虫'に分ける．そして，次に'翅のある昆虫'を'折り畳めない翅をもつ昆虫'と'折り畳める翅をもつ昆虫'にわける，という分類法である．これは下方[への]分類とも呼ばれている（第6節で後述）．血液の有無によって動物界を有血動物と無血動物に二分したアリストテレスの分類や，植物界を木本と草本に二分したテオフラストス（Theophrastos, 紀元前372-288）の分類はまさにこの方法によるものである．アリストテレスからリンネに至るまでこの下方分類がなされていることから，リンネより前のおよそ2,000年という長久の年月にわたり分類学は実質的に発展しなかったのである．

リンネより前の時代には，認識される動植物のグループはそれらのグループを知るために書物に書き留められただけではなく，説法のためであることがしばしばあった．動物は勇敢や勤勉などの美徳，あるいは不愉快な行為のシンボルと見なされていたのである．また，鳥，貝，魚などの動物は民間伝承によって言伝えられてきた．ここで魚とは水域に棲むすべての動物を意味していた．

16世紀の動物学者にはターナー W. Turner（1508-1568），ブロン P. Belon（1517-1564），ロンドレ G. Rondelet（1507-1566）などがいる．また，17世紀の鳥の研究者としては Willoughby（1635-1672）が，昆虫の研究者としては，レオミュル R. -A. F. de Réaumur（1683-1757）があげられる．16世紀から18世紀にかけて植物分類学は盛んで，ケサルピーノ A. Cesalpino（1519-1603）をはじめ，マニョル P. Magnol，ツルヌフォール J. P. de Tournefort，リヴィヌス Rivinus，ボーアン G. Bauhin やレイ J. Ray などの植物学者が輩出した．とくに，ケサルピーノはリンネの研究の前段階に当たるような研究を行った

2．スコラ哲学とリンネ

リンネの時代の分類学を理解するためには，当時のス

コラ哲学の思想に戻る必要がある．その思想である本質主義はリンネの分類にとって基本的なものだったからである．聖トマス・アキナス(St. Thomas Aquinas)は中世スコラ哲学者の代表者であることから，彼の名前をとってその思想を聖トマス主義と呼ぶことがある[注1]．スコラ哲学(本質主義)を基本とする分類学を一言で言えば，「ある動物群」を決定する「本質(essence)」を発見し，定義するということである．ここで，「本質」とは「真の属性」あるいは「それがなんであるかを明らかに示すもの」といえる(Sneath and Sokal, 1973 も参照)．この「本質」を発見するという作業が，スコラ派の分類理論の中核を形成していたのである．

スコラ的な用法によれば，「種(species)」と「類(genus)」は現代の動物学におけるよりもはるかに一般化された概念であり，現在，種や属と呼ばれている特定のカテゴリー間よりもさらに一般的な関係をもっていた(Cain, 1958)．「種」は同一の「本質」をもつものの集まりである．他方，「類」は本来いくつかの「種」の間に共有されている「本質」のことであったが，それが転じて，いかなるカテゴリーのレベルにせよ，ある属性を共有しているような「種」の集まりを意味するようになった．この「種」および「類」はスコラ派の分類で最も一般的な関係を示す概念の2つである(Simpson, 1961)．ここで，「種」にしろ「類」にしろ，その全構成員が「本質」を共有するグループをクラスと呼ぶ．前述した「ある動物群」とはこのような性質のものであった．

また，スコラ流の分類では「種」に関して以下に述べるような3つの重要な属性があった．「種差(differentia)」，「固有性(property)」および「偶有性(accident)」である．「種差」とは「種」に特有な「本質」の部分であり，これによって他の「種」から区別がつく．「固有性」とは「種」のすべての構成員に共有されてはいるが，その「本質」の部分をなすものではなく，したがって，「種」を規定するために不可欠ではないような属性のことである．最後に，「偶有性」とは「種」のすべての構成員に共有されていなく，また，必然的にその「本質」ともならないような属性のことである(Simpson, 1961)．

彼らの理論体系によれば，「種」にしろ「類」にしろスコラ的な意味での「本質」をもっていなければならない．そのとき，「種」と「類」は後に述べるような階層的分類のなかで，適切に位置づけられるという．ただし，そうなるのは「種」と「類」のあいだ，およびある「類」のなかの「種」のあいだに特殊な「論理的関係」が成立しているときだけである(Cain, 1958)．そのために分類は「区分けの基礎(fundamentum divisionis)」を用いて行われなければならない．有名な例として三角形を取り上げたものがある．つまり，三角形という「属(類)」は全等辺三角形(正三角形)，二等辺三角形，不等辺三角形にわけられる．これは辺について特定の「区分けの基礎」がもちいられており，その点で三角形のあらゆる可能性を網羅している．三角形という「属(類)」は別に角に注目して鋭角三角形，直角三角形，鈍角三角形の三つに分けることができるが，これもまた別の「区分けの基礎」を用いたことによる．ここで大切なことは，上の二つの例を考えればわかるように，一つの分類体系において複数の「区分けの基礎」を用いることは論理的に不可能であるという点である(Simpson, 1961)．したがって，分類の対象となる「属(類)」の構成員は，同一の「区分けの基礎」で例外なく分割されなければならないということである．

この厳密な論理的体系(logical system)こそ，スコラ流の分類の本質である．そして，この厳密な分類は「論理的分割(logical division)」と呼ばれている．その根底には生物界における実体は厳密に解析されるものであるという思想が横たわっていた．それでこの理論的体系は「解析された実体の体系(system of analyzed entities)」と呼ばれる(Sneath and Sokal, 1973)．ところが，このような「論理体系」で生物を分類して行くと，これがどんなに非現実的なものかがすぐにわかってくる(後述)．しかし，この方法は回顧的にみて生物分類の最初のものであったことには違いない．そして，この「論理的体系」からなるスコラ的分類体系は，現代のヒエラルキー分類に横たわる問題，たとえば，いかにしてタクサが定義され，いかにして判別規準の優位性や同価性が認められるのかという問題の源流を形成する意味で，歴史的にみて重要な意義をもっているのである(Simpson, 1961)．

リンネの時代にこの厳密な生物分類の理論が受け入れられていたかというと，そういうことでは必ずしもないらしい．分類学者はその分類法の欠点に気づいていたのである．ところが，欠点に気づきながらも，スコラ流の人為分類をやっていたというか，他にやりようがなかったというのが実際の姿であったのだろう．スコラ哲学流の分類学は次のような点で生物分類に適用しがたい．

まず，「種」や「属(類)」の属性の問題である．つまり，実際の生物において「本質」と「固有性」はおろか，「本質」と「偶有性」を区別することも困難な場合が少なくない．また，スコラ流分類の方法論である「区分けの基礎」にも問題がある．ある「基礎」でまとめられた「属」に含まれる個体が，別の「基礎」を用いると論理的に別の「属」に入ってしまうことがあるという問題である．このとき，どちらが正しい「基礎」なのか判断がつかない場合が出てくるのである．これは通常の分類学においては許されないことである．さらに，ある「属」内の種に対し

て単一の「基礎」を用いることが正当化されたとしても，その「基礎」で「種差」を決定することは実際の分類では困難であるか，場合によっては不可能である(Simpson, 1961)．単純な例をあげてみよう．昆虫のある「属」に含まれる種について，目の色彩(赤，青，黄色，…)という一つの「基礎」を用いて分類しようとしてもそれは難しいか，できたとしても不適当なものになるであろう．この目の色彩という「基礎」を脚の節(たとえば，ふ節)の形態という「基礎」や溝やくぼみの構造という「基礎」に置き変えても同じことである．

　このような問題があることを考えると，生物は「解析された実体」であるという命題を念頭においたスコラ流の分類は，現代の動植物の分類学的基盤にはならない．実際の動植物の世界では，形質は種内あるいは種間において不連続的なこともあれば，連続的なこともある．つまり我々の世界の動植物は，「解析されない実体(unanalyzed entities)」というふうに理解するのが適当であるから，もし分類理論を構えるなら，このような実体を対象にする必要があるのである．それでは，もし，生物の世界を「解析されない実体」であると認めた上で，スコラ的な「論理体系」を適用していくとどうなるであろうか．その結果は単に形質の分類に留まり，生物全体の分類には至らないのである．したがって，スコラ流の分類はやはり現代の分類学の基礎としては大きな欠点をもっている(Simpson, 1961 も参照)．

3．リンネの階層分類

　もし，動物の分類体系がアルファベット順に一列に並べられたリスト形式のものであるならば，それは情報検索が困難で，実質的に使いものにならなかったであろう(Warburton, 1967)．しかし，人々はそのような分類体系は作らなかった．またもし，作ったとしても，それは生物界の実情に当てはまらない．というのは，生物界はお互いに同じぐらい異なった種から構成されていないので，一列に配列されるようにはなっていないからである．むしろ，種は関連した種が集まって一つのグループ(あるいは属)の中に含めることが可能であるし，また，そのようなグループ(あるいは属)はより高次のグループ(たとえば科)にまとめられる．別言すると，種は入れ子式のカテゴリーからなるヒエラルキー(階層)の中に位置づけられる．この階層がリンネ式の階層である(Mayr and Ashlock, 1991)．

　動物界で用いられている最も高いカテゴリーは通常門(phylum)であり，最も低いカテゴリーは種(species)である．これらのカテゴリーにおいて低次のカテゴリー(たとえば属)を高次のカテゴリー(たとえば科)に従属させるという規則の元に，タクソン(動物群)に特定のカテゴリーのランク(たとえば科)を当てはめることによって階層は作り出される．リンネ式の階層はつまり異なったカテゴリーのランクをもつタクサを入れ子式に配列したものである．たとえば，アゲハチョウとその仲間をまとめてアゲハチョウ属にしたり，蝶や蛾の仲間をまとめて鱗翅目Lepidopteraにするというやり方である(Mayr and Ashlock, 1991)．

　リンネは分類学的カテゴリーを用いた明瞭な階層を確立した最初の分類学者である．彼は動物については綱(*classis*)，目(*ordo*)，属(*genus*)，種(*species*)，変種(*varietas*)という5つのカテゴリーを認めた．しかし，種数が増えるにつれて，後の時代により細密に分類する必要性が出てきた．そこで，目と属の間に科(family)および綱の上に門(phylum)という新たな2つのカテゴリーができた．一方，リンネによって設けられた変種のカテゴリーは，後に放棄されて亜種に置き換えられた(Mayr and Ashlock, 1991)．

　動物のすべての種は命名規約上，種，属，科，目，綱，門，界という7つのカテゴリーに含められなければならない．それで，この7つを義務カテゴリー(obligatory category)と呼ぶ．下に一つ例をあげてみる．

カテゴリー　モンシロチョウ
　界　　　　Animalia　(動物界)
　　門　　　　Arthropoda　(節足動物門)
　　　綱　　　　Insecta　(昆虫綱)
　　　　目　　　　Lepidoptera　(鱗翅目)
　　　　　科　　　　Pieridae　(シロチョウ科)
　　　　　　属　　　　*Pieris*　(シロチョウ属)
　　　　　　　種　　　　*rapae*　(モンシロチョウ)

　ここで，属名と種名はイタリック体で表記するのが普通である．さらに生物を細分する場合に，次の2つのやり方でカテゴリーを増やす．第一番目は，新しいカテゴリーを設けるやりかたである．具体的には，綱と目の間に区(cohort)が，科と属の間に族(tribe)が設けられる．第二番目は義務カテゴリーに上(super-)，亜(sub-)，下(infra-)などの接頭辞をつけて，そのカテゴリーをさらに細分するやり方である．通常よく使われるカテゴリーは以下の通りである．

界　Kingdom
門　phylum
　亜門　subphylum
　　上綱　superclass
　　　綱　class
　　　　亜綱　subclass

```
区      cohort
上目    superorder
目      order
亜目    suborder
上科    superfamily
科      family
亜科    subfamily
族      tribe
亜族    subtribe
属      genus
亜属    subgenus
[上種   superspecies]
種      species
亜種    subspecies
```

これらのうち，族は昆虫学でよく用いられ，区は脊椎動物の古生物学で利用される．リンネ式の分類ではタクソンのランクは3つのルールによって示される．第一に，タクソンが置かれるカテゴリー（たとえば，科）による．第二にタクソンの語尾である．たとえば，動物では上科は -oidea，科は -idae，亜科は -inae，族は -ini，亜族は -ina で終わるのが普通になっている．第三は，上記のようにリスト中に段差をつけるというものである（Mayr and Ashlock, 1991 も参照）．

ある動物群（たとえばコガネムシ）をあるランク（たとえば，科のランク）に位置づけるというような客観的基準はないので，リンネ式の階層分類は主観的である．だが，他方で対象生物群の分類学的な情報も不完全であるので，この階層分類は実情に対して柔軟性のある対応能力をもっているともいえる．つまり，階層分類は異なった分類体系を提唱する場を与える母体になる．その分類体系は異なった分類学者によって批判的にテストされる．結果として，階層分類は，バランスのとれた分類体系や，情報を引き出しやすい分類体系を我々にもたらすのである．他の科学的理論と同様に，分類体系もまた暫定的なものである（Mayr and Ashlock, 1991 も参照）．

4．リンネの時代の種

リンネの時代には生物が進化するということはわかっていなかった．それで生物の種がどの様にして誕生したかについては，現代とまったく異なる見解がいきわたっていた．それぞれの種は天地創造のときに神の手によってつくられ，以来今日まで存在してきたという説は，一般に特殊創造説として知られている．ヘール M. Hale は，いろいろの動物の原型が創造された後に，動物の諸種が生じたと17世紀に説いている（八杉，1969）．

アリストテレスの時代から言い伝えられてきた説には自然発生説がある．この説によると一定の条件のもとで無機物が生物に変わる．微生物から哺乳動物に至るまで，親なしに発生できるのである．湿った場所にはナメクジが這いまわっていたり，塵くずのなかにネズミがわくというような表現は，この説を表したものである（日本においても，米に虫がわくというような表現をするときがあるが，同じ意味あいのものであろう）．中世ヨーロッパにおいて，錬金術と結び付き，いろいろの動物を自然発生させる処方がつくられるほど，この説は広く受け入れられていた．ところが，17世紀になると，この説への批判も生じてきた．18世紀になると，さらに自然発生説の支持者は少なくなっていったが，微生物だけは自然発生すると考える者は依然いた．特殊創造説と自然発生説はお互いに矛盾するように感じられる．しかし，自然発生で生じる生物は既存の種であるから創造の観念と調和することができて，教会から支持されてきたという（八杉，1969）．

リンネは種の起源や変化についてどの様に考えていたのだろうか．活動の初期において，「創造」後に新種は生まれないと彼は述べ，種の変化を認めようとしなかった．しかし，後年には，1属内の種は初め1種だけだったかもしれないということや，雑種による新種の可能性についても述べている．そして，『自然の体系』のずっと後の版では，彼は種の不変説を説いた部分を削除さえしているのである．リンネの見解の変化でも明らかなことであるが，種の不変説は時代の流れの中で徐々に崩れさっていこうとしていたのである．そして，着実に C. ダーウィン（C. Darwin）の『種の起源』へと進みつつあった．

類型学的種概念

リンネの時代の「種」をよりよく理解するために，ここでは当時の分類学における種について説明しておきたい．

リンネの時代の分類学はいわば類型学（typology）であった．この類型学はプラトン（Platon）に源を発して，ダーウィンの時代にまで分類学者の間に深く浸透し，広く受け入れられていたものである．類型学では分類における自然なタクソンの構成員は，すべて一般化された「タイプ（type）」をもっているとされる．この「タイプ」は，スコラ的な意味での「本質」ともまっすぐに結び付く．なぜなら，「本質」もやはり分類群の構成員のすべてに共通のものでなければならないからである．このように，類型学はその性格からスコラ理論と整合する分類学であったが，この話題にはこれ以上触れない．類型学についてもっと知りたい読者は，Simpson（1961）[白上訳，1974] を参照されたい．ここでは，この類型学における種概念，つまり，類型学的種概念（typological species concept）に話を進める．

類型学的種概念によると，我々の世界で観察されるような多様性は，基礎となる数少ない一般概念あるいはタイプを反映している．個体はお互いに特殊な関係をもっておらず，単に同じタイプを表現したものにすぎない．そして，種の構成員は一つのクラスを形成する．変異は各々の種に内包された観念が不完全に表現された結果生じると考えられる．この種の概念は，古くプラトンにまで遡ることができるが，リンネとその弟子によっても支持されていた（Cain, 1958）．この哲学的伝統は本質主義とも呼ばれているので，種の類型学的定義はときに本質主義者の種概念（essentialist species concept）とも呼ばれる（Mayr, 1982；Mayr and Ashlock, 1991）[注2]．

この種概念には4つの基礎条件が含まれる．第一に，種は同一の「本質」を共有する類似した個体からなる．第二に，各々の種は明瞭な不連続性でもって，他のすべての種から区別がつく．第三に，各々の種は不変である．第四に，種内の変異はあるとしても厳格な限界がある．リンネより後の時代でも，しばらくはこの種概念を支持した研究者がいた．が，同種と思われていた様な表現型が別種であることが明らかになりはじめると，その支持者もこの種概念を放棄するようになった．現時点の生物学的見地からみても，この種概念に含まれる条件は明らかに実状にそぐわない．第一は，性的2型，年齢による形態的差異，多型などが同一種で見いだされるとき，その種の個体間で明らかな形態的差異がでるという点である．第二点として，同胞種の存在があげられる．つまり，形態的には非常に類似しているにもかかわらず，別種である種群が存在しているのである（Mayr and Ashlock, 1991 も参照）．

このような問題点が明らかになってしまえば，類型学的種概念は単なる生物学史上の意味しかもっていないように見える．ところが，実際はそうでもないところがおもしろい．たとえば，数量表形学者のなかには，Mayr流の生物学的種概念は操作的ではないとして退け，かわりに望ましい基本的分類単位は表形的種（phenetic species）であろうとし，その境界決定は数量分類の手法で改善されるかもしれないと考える研究者もいる（Sneath and Sokal, 1973, p.364-365）．ここで，彼らのアプローチにおける種概念は類型学的種概念と哲学的には基本的に等しいものである．なぜなら，類型分類学者にとって異なった種とは'形が異なっている'種を意味し，また，形態的（表形的）差異の程度こそ彼らの種の判断規準になるのだが，数量表形学者もまた同じ考えで種を処理するからである．たしかに，分類学者は種を判断するときに形態的証拠をもちだす．しかし，今日広く受け入れられている生物学的種概念（biological species concept）[注3] を適用しようとするときに，推論として形態的証拠をもちだすことと，類型学的アプローチにおいて形態だけに基づいて種概念を基礎づけることは，内容がまったく異なっている（Simpson, 1961；Mayr and Ashlock, 1991）．

5．二語名法と命名規約

動植物の名前は，古くから各国の言語で様々に呼ばれていた．これらを通俗名（vernacular name）という．ヨーロッパでは，たとえば，チョウは butterfly（英語），Schmetterling（独語），papillon（仏語）など国によって独自の呼び方がある．各国の言語による命名では，一名（たとえばクマ，bear），二名（たとえばホッキョクグマ，polar beer），あるいは3語以上からなる多名（たとえばナカギンコヒョウモン，small pearl-bordered fritillary）が用いられていた．ところが，このような日常言語による命名では，同じ名前が異なった地域で異なった生物に当てはめられたり，また同じ生物に対して異なった地域で異なった名前が用いられるようなことになりかねない．それで，日常言語を科学における共通の学名として用いることは大変不便なことである（Mayr et al., 1953）．

中世ヨーロッパの公用語として，ラテン語が用いられていて，18世紀頃までの科学論文の多くはラテン語で書かれていた．しかし，リンネの時代あるいはそれより前のナチュラリストは，動植物の名前にラテン語を用いることもあるが，ラテン語以外の言語を使用することもあった．ラテン語によって動植物を命名する場合，通常は，それらの名を，属名と一語の種小名からなる二語で表記したが，一語（属名だけ）や多語（属名と二つ以上の種小名）で表記する場合も少なくなかった（図1, 2, 3を参照）．彼らは，名前に厳密な名称（属名の部分）と生物の記載（種小名の部分）の機能を組み合わせようとした．それで学名の活用にしばしば都合が悪くなる場合もでてきた．たとえば，ある生物群で1種しか知られていないときは一語名ですむ（たとえば，*Musca*）が，追加種が知られるようになると，*Musca carnivora, M. canum* や *M. equina* と二語名で呼ばれるようになる．ところが，*M. carnivora* に2種混在していたことがわかると，*M. carnivora major* や *M. carnivora minor* と三語名になる．このように，名前が現在の分類における検索表の中の標徴（diagnosis）のように長くなっていった．たとえば，ミツバチでは *Apis pubescens, thorace subgriseo, abdominale fusco, pedibus posticis glabris utrinque margine ciliatis* となったのである．これでは名前としてははなはだ不便である（Mayr et al., 1953）．

そこで，リンネはツルヌフォール Tournefort（1656-1708）やプルミエ C. Plumier（1646-1704）が用いていた属

4. 自然誌科学の源流，リンネ

60 INSECTA. HEMIPTERA.	INSECTA HEMIPTERA. 61
HEMIPTERA. Mit halben Flügeldecken. *Os sub thorace inflexum.* **Ordo. 2.** 171. **CICADA.** Rostrum inflexum. Antennæ brevissimæ. Alæ IV, cruciatæ. Pedes saltatorii. Dorsum convexum. Thorax teretiusculus. 1. Laternaria americana. Fn. 643. 2. Laternaria chinensis. Fn. 690. 691. 3. Ranatra. Fn. 690. 691. 4. Locusta pulex. De Geer. Act. Stockh. 1746. 5. Cicada mannifera. 6. Cicada thorace bicorni. Fn. 644. 7. Cicada Ulmi. Fn. 644. 8. Cicada Rosæ. Fn. 645. 172. **CIMEX.** Rostrum inflexum. Antennæ IV. articulis. Alæ IV, cruciatæ. Pedes cursorii. Dorsum planum. Thorax marginatus. Wetterwanze. Schaumwurm. 1. Cimex lectularius. Fn. 646. 2. Musca cimiciformis larvata. Fn. 647. 3. Bruchus. Fn. 610. 4. Cimex cærulescens. Fn. 614. 5. Cimex nigro-maculatus. Fn. 655. 6. Cimex hyoscyami. Fn. 669. 7. Cimex populi. Fn. 669. 8. Cimex abietis. Fn. 652. 9. Cimex pini. Fn. 674. 10. Cimex cerasi. Fn. 675. 11. Cimex ulmi. Fn. 650. 12. Cimex arenaceus. Fn. 673. 13. Cimex riparius. Fn. 676. 14. Tipula aquatica. Fn. 684. lange dünne Wasserwanze. 173. **NOTONECTA.** Rostrum inflexum. Antennæ brevissimæ. Alæ IV, cruciatæ. Pedes natatorii. breite Wasserwanze. 1. Notonecta fronte alba. Fn. 688. 2. Notonecta oblonga caudata. Fn. 689. 3. Notonecta minima. Fn. 690. 174. **HEPA.** Rostrum inflexum. Antennæ cheliformes. Alæ IV, cruciatæ. Pedes IV. Wasserscorpion. 1. Scorpius palustris. Fn. 691. 2. Cimex aquatilis. Fn. 692. 175. CHER-	175. **CHERMES.** Rostrum pectorale. Abdomen pone mucronatum. Alæ IV. laterales. Pedes saltatorii. 1. Chermes Ulmi. Fn. 694. 2. Chermes Aceris. Fn. 696. 3. Chermes Betulæ. Fn. 697. 4. Chermes Alni. Fn. 698. 5. Chermes Abietis. Fn. 700. 6. Chermes Salicis. Fn. 701. 7. Chermes Fraxini. Fn. 705. 8. Chermes Cerasii. Fn. 695. (Hungsteinchen.) 9. Chermes Urticæ. Fn. 702. 176. **APHIS.** Rostrum inflexum. Abdomen pone bicorne. Alæ erectæ IV. s. O. Pedes ambulatorii. Blattlaus. 1. Aphis Ribis. Fn. 704. 2. Aphis Ulmi. Fn. 705. 3. Aphis Sambuci. Fn. 707. 4. Aphis Aceris. Fn. 709. 5. Aphis Tiliæ. Fn. 712. 6. Aphis Betulæ. Fn. 717. 7. Aphis Pini. Fn. 718. 8. Aphis Rosæ. Fn. 710. 9. Aphis Pastinacæ. Fn. 706. 10. Aphis Rumicis. Fn. 708. 11. Aphis Serratulæ. Fn. 713. 12. Aphis Cardui. Fn. 714. 13. Aphis Artemisiæ. Fn. 715. 14. Aphis Cucubali. Fn. 719. 15. Aphis Nymphæ, Fn. 711. 16. Aphis Brassicæ. 177. **COCCUS.** Rostrum pectorale. Abdomen pone setosum. Alæ II, erectæ, tantum masculis. 1. Coccus Scleranthi. Fn. 720. Coccus polonica. Act. ups. 1742. 2. Coccus pilosellæ. (653) Act. ups. 1742. 3. Coccus Phalaridis. Fn. 721. 4. Coccus Citri. Fn. 722. Pediculus clypeatus. 5. Coccus Betulæ. De Geer. Fn. 723. 6. Coccus insectorum. Fn. 724. 7. Coccus Quercis ilicis. 178. **THRIPS.** Rostrum obscurum. Abdomen lineare. Alæ IV, dorsales, incumbentes, rectæ. 1. Physapus. De Geer. Act. Stockh. 1744. **Ordo 3.**

図 1.『自然の体系』第 7 版における分類の一例．このページには昆虫の半翅目の分類が示されていて，セミ（CICADA）やアブラムシ（APHIS）などが見られる．171. CICADA には 4 属 8 種の昆虫が列記されているが，学名の一語名表記，二語名表記と三語名表記が混在している点に注意されたい．172, 173, 177 でも同様に学名表記が統一されていないが，174, 175, 176 では学名はすべて二語名表記である（出典：C. Linnaeus. 1748. *Systema Naturae*, ed. VII）．

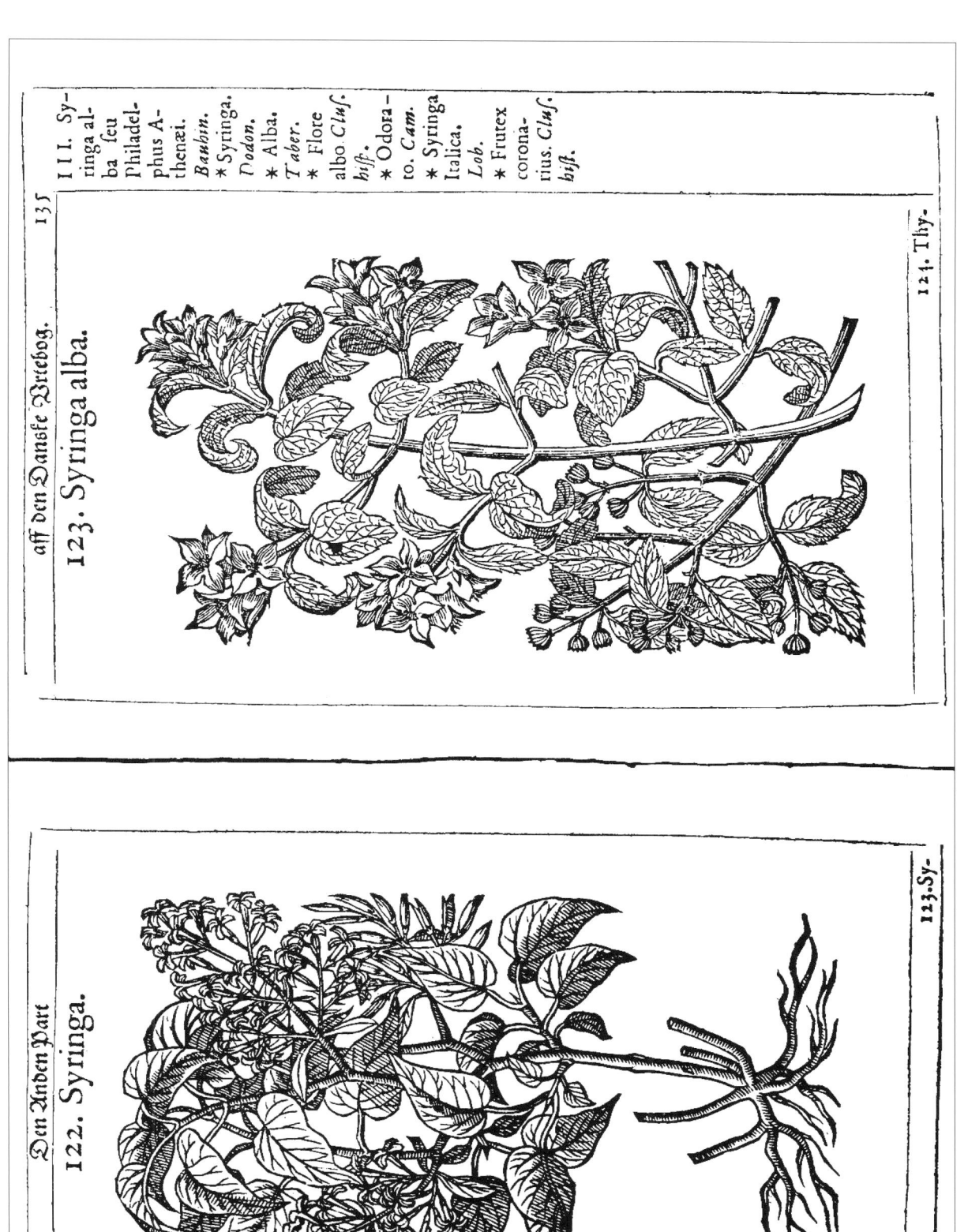

図 2. 17世紀の植物の学名の一語名表記 (p.134, *Syringa*) と二語名表記 (p.135, *Syringa alba*) (モクセイ科、ハシドイ属) (出典：S. Paulli, 1648, *Flora Danica*).

4. 自然誌科学の源流, リンネ

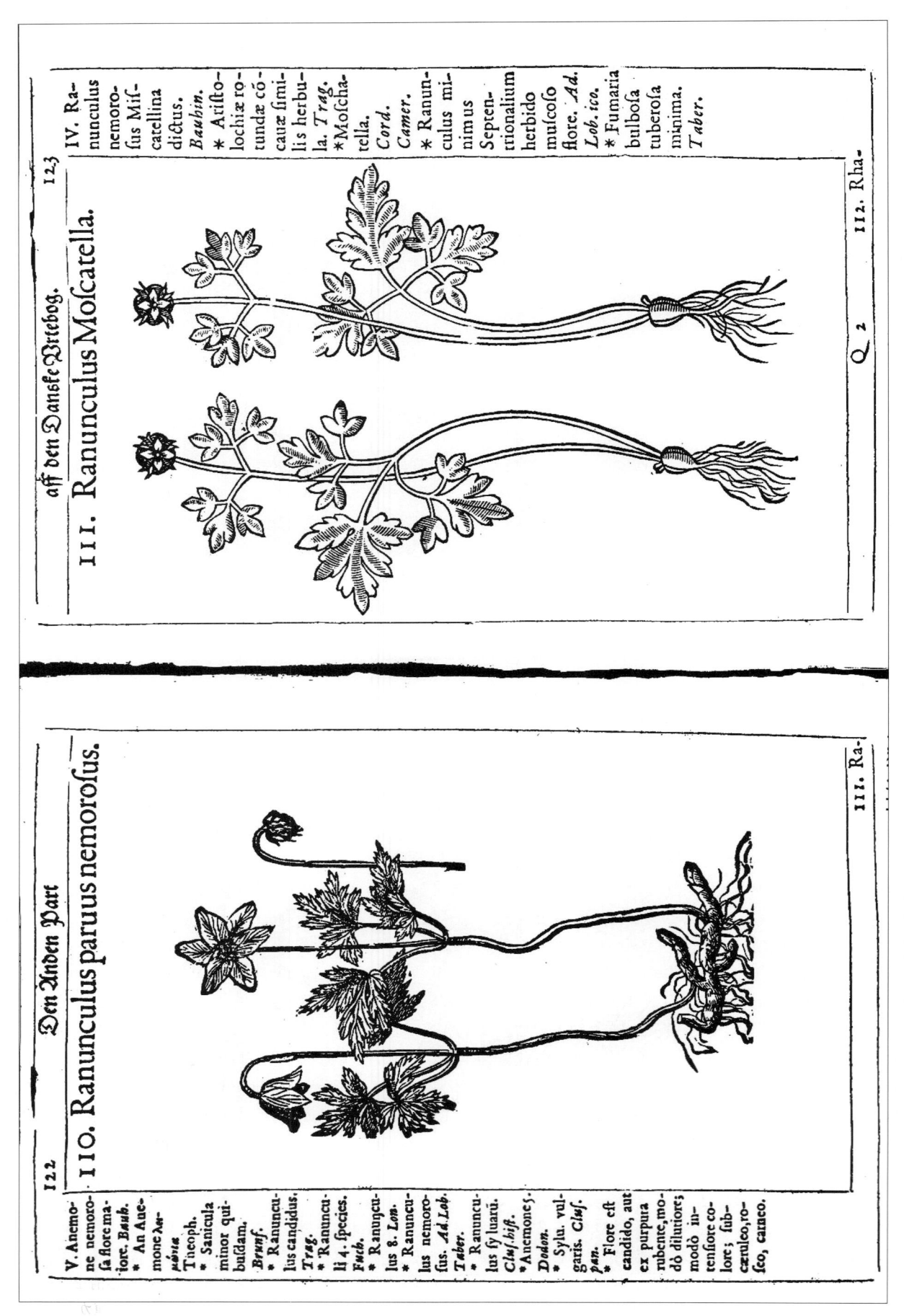

図3. 17世紀の植物の学名の三語名表記 (p. 122, キンポウゲ科, イチリンソウ属 Ranunculus paruus nemorosus) と二語名表記 (p. 123, レンプクソウ科, レンプクソウ属 Ranunculus moscatella). 現在では別科に分類される植物が, この時代同属に分類されていた点も興味深い (出典：S. Paulli, 1648, Flora Danica).

の概念を利用して，科学的な命名法の統一を試みた．まず，学名はラテン語を用いる．そして，それぞれの種について単一の単語からなる種小名（*nomen triviale*）を導入して，すべての生物名を単一の単語からなる属名と単一の単語からなる種小名の二語で命名しようと提唱したのである．この命名法がいわゆるリンネの二語名法である．この方法は単純で，非常に分かりやすく，当時のナチュラリストに急速に受け入れられていった．ちなみに，リンネがすべての植物に二語名法を適用したのは彼の代表作の一つである『Species Plantarum』（Linnaeus, 1753）においてである．また，動物に関しては『自然の体系』の第10版（Linnaeus, 1758）で学名を二語名法で二語に全面的に統一している．それで，国際命名規約では動物の命名の出発点をこの論文に指定している（Mayr et al., 1953）．

　二語名法は非常に簡潔であるので，誰もがラテン語で生物に名前をつけることができるようになった．また，この名前は同物異名（synonym）にならなければ，有効名（valid name）として永久に用いられる．リンネより後に動物を日常言語で命名した研究者もいるが，それらの名前は後続の分類学者によって，ラテン語に置き換えられていった．そして，19世紀の初頭にはすべての研究者はラテン語を用いたリンネの二語名法のシステムを採用するようになった．しかし，そうなってくると別の問題が生じてきた．ラテン語やギリシャ語の文法に正しくあっていない学名を訂正する必要性が生じたからである．また，誤った体の色彩や産地に基づく学名の訂正も行われた．たとえば，*brunneus*（褐色の）という種名をもつ動物の体は，生きているとき緑であるということがわかると，*viridis*（緑色の）という名前に変更された．'南アフリカの喜望峰（Cape）から記録された'という意味で*capensis*と命名されていた種は，それがインド（India）産のものであるとわかると*indicus*（インド産の）と変えられた．それで，安定した名前はなかなか得られなかった（Mayr et al., 1953）．

　リンネは『自然の体系』の第10版を出版する前から命名のやり方に一定の規約を設ける必要性を認めて，自分なりに一組の規則を作っていた．しかし，彼の時代は研究者によってまちまちな規約が用いられていた．たとえば，ファブリシウス Fabricius は1778年の論文でリンネとは異なる規約に従って昆虫の命名をやったし，Rudolphi は1801年の論文で寄生虫の命名でさらに別の規約に従った．ただし，命名規約のなかの重要な点，つまり，先取権については，かなり早い時期から，先に発表された名前を故意に後に発表された名前に置き換えるようなことはしない，と多くの研究者が認識していたことは幸いなことであった．だが，本格的な命名規約が体系化されるようになるのはさらに半世紀ほど後のことであった（Mayr et at., 1953）．

6．リンネの実際の分類

　リンネの時代の分類方法と種の概念は，すでに上述したようにスコラ哲学から強い影響を受けたもので，旧態依然としていた．他方，自然史の分野では，生物の新種が指数関数的に発見され，記載されていた．当時のナチュラリストが最も必要としていたものは，迅速で正確な同定とその方法であった．リンネは自分自身で膨大な量の動植物の記載分類を行うかたわら，注意深い検索表，電報のようなスタイルの標徴をもちいた厳格な記載様式，シノニムの統一，そして二語名法の確立でもって，彼らの要求に見事に応えたのである．彼の実践分類[注4]における活躍にはめざましいものがあった．さらに，リンネは権威ある地位にいたこともあって，彼の方法の流布を成し遂げ，混沌としていた生物の分類と命名に規則をもたらしたのである（Mayr and Ashlock, 1991）．

　リンネは植物の実践分類では，その生殖器官，つまり，雄しべと雌しべの数という単純明快な形質を規準にして，分類体系を組み立てた．それで，彼の植物の体系は北欧やイギリスを中心にひろく受け入れられるにいたった（西村, 1987, 1989）．リンネが精通していた昆虫などでも現在受け入れられているような優れた業績を残している．しかし，鳥，両生類や原始的な無脊椎動物の分類については，彼の体系は彼より前の研究者が築いた体系より劣っていた（Mayr and Achlock, 1991）．

　リンネが実践した分類法は，第1節でも述べた二分割法である．この二分割法では対象となる生物をまず最初に二つに大分けして，分割したものをさらに二つに小分けしていき，最後にもっとも下位の種に行き着く．上から下に向かって分割する方向性から，この方法は下方への分類（downward classification [以後，下方分類]）と呼ばれる（Mayr and Ashlock, 1991）．リンネはスコラ哲学に裏打ちされたこの下方分類を望ましいものと思っていた．しかし，後述することになる経験主義的な手法が避けられないことにも気づいていた．もし，リンネが考えていた通り，生物が不連続な形で神の手によって作り上げられているとすれば，種についてであれ高次の分類群についてであれ，生物の「本質」を捜し出すことが分類学者の仕事である．ところが，その作業がうまく行かないので，実際は一種一種調べていっては属を作り，また同様な方法で属をまとめて目を作るという上方への分類（第7節をみよ）の手法がある程度必要だと認めていたのである．「形質の集まりが属を作るのではなく，属が形質の集まりをなす」という彼の言葉は彼の心情をよく示している（Simpson, 1961）．つまり，最初，種が集めら

れて一つの属となるのだが，その作業の過程で，その属の形質がその集合の内から'経験的に'定められるというのだ．

当時の二分割法では，「区分けの基礎」となる形態は同一のレベル（たとえば科のレベル）では一つの形態を，そしてそれと異なったレベル（たとえば属のレベル）ではそれに論理的に関連のある形態を用いることが望ましいとされていた（Simpson, 1961）．たとえば，昆虫のあるレベルの仲間を'翅の有無'で分けたとすれば，その次に（下位に）くる二分割も'翅と関連した形質'を用いた方がよいのである．ここで，'翅と関連した形質'とは，たとえば，'翅が折り畳まれるかどうか'についての形質や，'翅脈の形態的差異に関する形質'のことである．そして，種まで下りてきたときその定義が，たとえば，「翅があり，折り畳みでき，翅の基部が黄色い」というように翅に関する形質でまとまっていることが望まれていた．しかし，リンネの分類はこのようになっていない場合が少なくない．たとえば，オオバン（Furica atra）の定義でスコラ派の理論によれば「種差」にあたるものを'額は滑らか，体色は黒，指は板状'としている（Simpson, 1961）．ここでは明らかに三つの異なった「区分けの基礎」が用いられている．リンネがスコラ流の理論上の分類を望ましいと考えながらも，それを必ずしも実践していなかったことを，この例は明瞭に表している．

下方分類でうまく対処できない場合があっても，リンネの時代ではその方法が安易に放棄されることはなかった．しかし，18世紀の中ごろまでにはこの方法の欠陥も積極的に認められるようになった．そして，この方法は生物の同定の方法であっても分類ではないというような厳しい批判も出てくるようになった．この方法による配列は区別するための形質を用いて並べた順列そのものであるから，それが人為分類であることは明かであるというのである．そして，多くの種からなる動物相がこの方法によって処理できなくなったときに，リンネの下方分類はついに破綻をきたしたのである（Mayr and Ashlock, 1991）．

7．アダンソンと自然分類

リンネよりも前の時代からスコラ流の「論理的分割」と性格が異なる分類方法があった．それを一言で述べるとすれば，"特定の形質（「本質」となる形質）ではなく，より多くの形質を利用して生物を分類せよ"である．16～17世紀には幾人かのナチュラリストの研究の間で，このタイプの分類がすでに行われていたことがわかっている．G. Bauhin（1560-1624），ジョン・レイ J. Ray（1627-1705）や P. Magnol（1638-1715）は明瞭な形で表現していないが，すでに何が自然群であるかということを直感的に理解していた．分類学者は自然群へのこのような理解を実践分類の過程で感じるのであるが，ド・カンドル de Candolle はこれを'模索（groping）'と呼んでいた．de Candolle によると，Magnol は科の標徴を形成する特定の（一つの）形質を指摘することなく，植物の科に関する明瞭な考えをもっていたということである．Magnol（と同様に Ray）は，自然な分類群に特定の（一つの）標徴形質（diagnostic character）を見いだすことが困難かもしれないということを最初に認めたのである．とすると，このことは現在ほとんど見逃されているが，自然分類の考え方の起源を知る上で，実はきわめて重要な点なのである（Sneath and Sokal, 1973）．

生物を有益にまた自然に分類する方法は，お互いに似ているもの同士を一つにまとめ，お互いに異なっているもの同士を分けるというものである，とビュフォン G. Buffon は述べている．この様な立場にたって分類学を体系化した研究者が植物学者のアダンソン M. Adanson（1727-1806）である（Mayr and Ashlock, 1991）．アダンソンは形質の重要性を先験的に査定することを真っ向から否定することによって，ある特定の重要な形質が「本質」を形成するというスコラ流の，したがってリンネ流の二分割法をしりぞけた．自然群は類似の概念に基づいて作り上げられるべきであり，そのときすべての形質が考慮されなければならないと考えたのである（Sneath and Sokal, 1973）．形質が重み付けられるとしても，それは生理的な重要性などを考慮することによって先験的に行われるのではなく，形質相関を経験的に査定して行われなければならないとした．だから，分類の作業は，多くの形質の観察から始まる．そして，観察を通して多くの共通する特徴をもつ個体同士を種としてまとめ，同様に類似した形質を多くもつ種同士を種群にまとめ上げ，さらにそのようにして出来上がった種群をより高次の群（属や科など）にまとめていく．生物の個体を観察するところから始まり，徐々に高次の分類群を構築するというこの方法は，方向性の特質から上方への分類（upward classification［以後，上方分類］）と呼ばれている（Mayr and Ashlock, 1991；西村, 1987, p.127 も参照）．

アダンソンは，分類の対象となる生物の'すべての'形質を，観察を通して'経験的に'評価することを主張した．'すべての'形質を分類に用いるという主張と，先験的な形質の評価を'経験'に基づく評価に置き換えるという主張は，いずれもスコラ流の分類学へのアンチテーゼである．前者は技術面に関する変更であり，後者は方法論の基本問題，つまり哲学に関する変更である．ここの文脈で両者は深く関連しているものの，今日的視点からみれば，明らかに後者が重要であると私は考える．なぜなら，生物分類は宗教的色彩が強いスコラ理論とその世界観を

通してではなく，肉眼で観察できる我々の世界で行われなければならないということを，後者は意味しているからである．そういう理由から，アダンソンは経験主義的な分類学の始祖と呼ばれている．

　もう少し詳しくアダンソンの方法論を見ていこう．彼が実践した方法はいささか面倒なものである．彼は対象となる生物群について複数の分類体系を手はじめに提出するが，おのおのの分類体系はお互いに異なった一つの形質に基づいている．そして，どういった形質が研究群を同じように分類するかを調べる．そして，最も多くの形質によって支持された分類体系を最も自然な分類と見なすのである（Sneath and Sokal, 1973；Nelson, 1979）．アダンソンによれば，この方法は「自然分類」をもたらす最大相関を示す形質群を見いだす方法である．現代風に解釈すれば，アダンソンは各々の形質を等価に重み付けしたことと同じことを行ったわけである．ただ，この点は当時の分類学者から非難を受けた点でもあるとde Candolleは言う．批判者（人為分類の実践者）は自らが行っている先験的な分類を踏まえて，アダンソンの経験的な手法を批判した．ところが，批判者がやっていた方法もアダンソンが推薦したようなやり方とあまり変わるものではなかったらしい（Cain, 1959a, b）（リンネ自体が分類において経験的な要素を認めていたということも参照；第6節）．

　いずれにせよ，アダンソンの方法は20世紀になるまで評価されなかったし，彼の方法に基づいて分類する研究者も数少なかった．その理由は，アダンソンの時代には充分に研究材料が入手できなかったからかもしれないし（Stearn, 1961），あるいは，コンピューターなしにアダンソン流の方法を実践することは困難である（Sneath and Sokal, 1973）ということかもしれない．

アダンソンの自然分類とベックナーの多型原理

　アダンソン学派の理論によると，ある生物群の構成員すべてに共通の特徴がなくても，最大相関を示す形質群を利用してその群を自然群とみなすことができる．つまり，ある自然群の構成員は，その自然群を特徴づける複数の形質のうち多くをもっていれば充分であるということである．言い換えると，すべての定義形質をもっていない（例外的な）種も自然群の一員になりえるということである．このようなやり方で，彼らは当時のスコラ的色彩の強い類型分類学の欠点をかなり避けることができた（Simpson, 1961）．

　Simpson（1961）はアダンソン流の自然分類を簡単な例でうまく説明している．形質をa〜gで，個体を1〜6で表す．このとき，上に説明した考え方によると，以下の2つの群（個体1，2，3からなる群と個体4，5，6からなる群）は正当な2つの種である．

個体	1	2	3	4	5	6
形質	a	a	b	a	a	b
	b	b	c	e	e	f
	c	d	d	f	g	g
	種Ⅰ			種Ⅱ		

　ここで，種Ⅰは形質a，b，c，dをもっていて，各々の個体はそのうち3つをもっている．他方，種Ⅱは形質a，b，e，f，gをもっていて，各々の個体はそのうち3つをもっている．種ⅠとⅡの区別は次のようにしてなされる．種Ⅰに属する各々の個体は形質cまたはdのうち少なくとも一つをもっているが，種Ⅱに属する個体にはこのいずれの形質も見あたらない．

　また同様に，種Ⅱの各々の個体は種Ⅰに現れない形質e，f，gのうち2つをもっている．したがって，これらの形質を観察すれば種が同定できるのである．ところが，定義形質がおのおのの種のすべての個体にあるわけではない．種Ⅰでは共有形質として確かにbをあげられるが，種Ⅱでは共通しているものがまったくないのである．ただし，アダンソン流の分類原理をわかりやすく前面に押し出すために，この例は実際の自然群の実体をかなり単純化したものであるという点に注意されたい．この原理はベックナーBeckner（1959）によって定式化され，「多型の（polytypic）原理」と呼ばれたものである（Simpson, 1961）．

　ここで注意すべきことは，種Ⅱはこの種の構成個体に共通のスコラ的な意味での「本質」をもっていないという点である．また，種Ⅰにおける共通の形質はbだけであるが，この形質は種Ⅱの個体6にも現れている．それで，形質bは種Ⅰにとって「種差」にならないという点である．さらに，二つの種に属する各々の個体はaとbの形質の少なくとも一つをもっているという意味で明らかに関連があるように見えるにもかかわらず，スコラ的な意味での「類（属）」を形成しない（Simpson, 1961も参照）．

　このようなタイプの原理は，進化論より前の時代に提唱されたものなので，進化によって裏打ちされたものではない．とはいえ，現代の分類学の観点からみても，実際の生物の分類群に当てはまるところもある（Simpson, 1961）．それで，この原理，ひいては，アダンソン流の分類法は，20世紀の分類学にまで大きな影響を及ぼすに至るのである．

8．アダンソンより後の自然分類

　進化論が発見される前の分類学では，「論理的分割」による入れ子式の階層的分類体系が，最も満足のいく自

然な配列をもたらすと経験的に理解されていた．そのような分類体系はごくわずかの分類形質で築き上げられることが一般的だったので，分類学者の仕事は対象群にふさわしい形質（スコラ的な意味での「本質」）を見いだし，それを用いて分類することであった．そして，結果として得られた分類体系のなかで，利用した形質と他の形質間に大きな食い違いが生じないようにすることであった．ところが，当時の研究者は自らが利用している分類法が合理的なものであるかどうか，また，適切な分類形質を選ぶ合理的な方法を見いだすことは可能であるかどうかについて，あまり理解しようとしなかった（Sneath and Sokal, 1973）．そういう時代において，アダンソンは伝統的な方法とは異なる分類の方法論の研究に積極的にかかわった数少ない分類学者であったといえよう．しかし，アダンソンより後の時代では，異なったタイプの研究者（あるいは学派）によって異なった内容の自然分類の方法が提唱されている．そこで，ここではアダンソンより後の分類学史を追っていくなかで，後続の自然分類の理論をいくつか紹介してみたい．

リンネの活動後，進化論が発見されるまでは，分類学は A. P. de Candolle (1778-1841)，A. L. de Jussieu (1748-1836) や G. Cuvier (1769-1832) などの学者の活動によりフランスで発達していった．彼らは形質群を調和の整った統一体のなかに位置づけるというテーマにもっぱら取り組んだ．その結果，キュビエのように，たった1本の骨からある動物の体を再構成する離れ技を演ずる人も出た（Simpson, 1961；Sneath and Sokal, 1973）．

進化論が C. Darwin によって確立されても，生物の実践分類はほとんど変わらなかった．しかし，分類学を支えてきた哲学的基盤は劇的に変化した．自然分類は系統と進化を考慮にいれて行われ，単系統群（monophyletic group）を基礎として構築する分類と見なされるようになった．分類学にとって進化の理論は，分類群の階層的関係を説明するための仮説とみなされていた．ここで，自然分類の概念は論理的にもそして歴史的にも系統の概念に先んじている（Sneath and Sokal, 1973；Panchen, 1982）ということに注意されたい．

進化論が提唱された後の分類学の潮流は，大きく三つに分けられる．20世紀の前半，自然選択を中心とした生物進化の機構論が数学的理論に裏打ちされて形成されていった．この進化論を背景に育った分類学が，後の進化分類学（evolutionary systematics）である．進化分類学の理論では，分岐進化や適応によってもたらされた形態的変化を分類形質として‘総合的に’取り込むという点に特徴がある．マイアー Mayr (1942) による『Systematics and the Origin of Species』はこの学派の歴史の初期における代表的な教科書の一つである．他方，

20世紀になって，ドイツでは Naef に代表されるような観念論形態学の復古がみられ，その流れは系統体系学（phylogenetic systematics）を育む知的土壌を形成した．この系統体系学は生物進化の分岐に力点をおいて生物を分類するところから，後に分岐学（cladistics）と呼ばれるようになる．代表作はヘニッヒ Hennig (1966) による『Phylogenetic Systematics』であるが，この著作を出発点として，分類学に内在していた（というより鬱積していた）様々な問題点について激しい議論が展開されるようになる．第三番目のアダンソン流の自然分類の流れは，ギルモア Gilmour (1937, 1940, 1951, 1961) に受け継がれ，ソーカル R. R. Sokal やスニース P. H. A. Sneath らに代表される数量表形学（numerical pheneticus）の中で集大成される．数量表形学者は，ときに新アダンソン主義者 Neo-Adansonians と呼ばれることもあるが，彼らの理論では，あらゆる形質に基づく全体的類似で分類群を決定するという点が特徴的である．数量表形学派の代表的な教科書には Sokal and Sneath (1963) による『Principles of Numerical Taxonomy』や Sneath and Sokal (1973) による『Numerical Taxonomy』などがある．

アダンソンの流れを形成する自然分類の理論を少し詳しく見ていきたい．欧米では，Gilmour (1937) によって論理学的観点から自然分類の概念的基礎が論じられた．彼が指摘した重要な点は，ある分類が自然分類であるためには，その分類が多くの目的に対応できなければならないというところである．研究者は生物を色々な方法で分類することが可能であるが，もし彼がある特定の方法を選ぶとしたら，その理由は彼がその方法を自分の目的に最適であると考えたからである．

もし，その目的が限定されているとしたら，その分類は人為分類と呼ばれるような特殊分類になる．そのような分類は一般的つまり自然な分類と比べて情報量が少ない．たとえば，動物を生態学の目的のために肉食獣と草食獣に分けることができるが，肉食獣という名称は彼らが食べる食物の種類を語っているに過ぎない．これに対して，自然分類は，すべての科学者によって何にでも利用されるように意図された一般的配列でなければならない（Sneath and Sokal, 1973）．

自然分類が多目的的であるということは，その分類の有用性が高いということである．そして，その有用性が高いということは，分類群から多くの情報を引き出すことが可能であることを意味する（Sneath and Sokal, 1973）．他方，構成員が多くの相関する属性を共有しているときに，情報量が高くなるということがわかっている（Sneath, 1957）．それで，自然分類とは分類群の構成員が多くの属性を共有するような分類でなければならない．分類の構成要素であるクラスについてより多くの命

題を設けることが可能であればあるほど，その分類体系はより自然分類に近いと，Gilmourは述べているが，これは自然分類について同じことを述べたものである．

　国内では，早田文藏が，アダンソン流の自然分類の手法と同じ内容のものを，彼の動的分類（または動的体系；dynamic system）という名のもとに，提唱している（早田，1931；木村，1987，第4章の10；中尾，1990，第6章）．木村（1987，p.404）によると，「多くの体系のなかで自然分類というのはすべての可能的分類を考慮し，かつこれを総合して了解できるものであるから，動的なものである．一つの形質をとっての体系は直線によってあらわされる．二つの形質をとるならば平面としてあらわされる．三つの形質をとるならば立体であらわされる．しかし更に多くの形質をとるならば，これはこの三次元空間を移動してあらわす．実際には頭の中で動かして，すなわちとりかえとりかえして，それらの全部を総合したものになる．これを動的な体系という」．早田はこの理論を1921年に英文で発表しているので，歴史的にみればGilmour論文より16年早く世に送り出している．Sokal and Sneath（1963）は早田理論を紹介して，分類上の類似に関する多次元的属性を強調した点で興味深いとしている．

　このような自然分類の方法は，SneathやSokalのような数量表形学者によって引き継がれた．というのは，より多くの属性を構成員に共有させることによって自然群を決定するという分類法は，全体的類似で分類群を決定することを前面に押しだした表形学の方法と直結するからである．さらに，この方法はコンピューターを用いて実践可能なので，データを客観的に処理し，またその結果のテストも可能だからである．

　このような自然分類は，Darwinより前の時代から分類学者が抱いてきた自然性（naturalness）に関する直感的感覚と合致していると，Sneath and Sokal（1973）は考えている．それでは，アダンソン流の流れをくむ分類を彼らの主張どおりに自然分類と見なしてよいのだろうか．これが問題なのである．というのは，自然分類はこれだというようにきちんと定義されるものではないので（Simpson, 1961），数量表形学派だけではなく，進化分類学派や分岐分類学派もこぞって自分の分類学派の分類こそ自然分類であると主張しているからである．

　数量表形学派が自分らの分類を自然な分類であると主張する理由は，上述した通りである．他方，進化分類学者であるSimpson（1961）は，数量表形学派の分類は類型学に類似しているとし，それを批判し，自然分類なるものは進化に基づいた分類でなければならないと述べている．また，分岐学派には分岐学派の言い分があり，系統分岐関係を反映させた分類こそ自然分類であると考える．分岐学派は'彼らの'共有新形質により決定される単系統群だけを分類群として認めるという点で特徴的である．ファリスFarris（1977）は，8つのタクサと14形質を用いた仮説的データマトリックスを対象に，数量表形学派によって用いられる特殊な相関係数を用いて仮想的分類を行った．そして，ある条件のもとで全体の類似によって分類するより，特殊な類似（共有新形質）によって分類した方が，Gilmour流の自然性を反映できるとして，分岐学の分類をより自然な分類であると見なしている（Farris, 1979；Panchen, 1982）．分岐学への批判もある．つまり，分岐学の方法による共有新形質で生物の系統樹を作成し，それをもとに分類体系を作っても，それは生物の進化全体を反映していないというのである（Mayr, 1974；Mayr and Ashlock, 1991）．

　国内では，木村（1957, p.18［1987, p.336］；1983も参照）は，「アダンソンの理論，自然分類は総ての形質を考慮してなすべきものということをいいきったのは偉大なことであり，総ての形質をとって考えると，そこに自然な群がおのずと浮かんでくるという考えは自然分類の名にふさわしい」と述べ，彼はアダンソンをはじめ，ジュシューA. L. de Jussieuやラマルク Lamarck らを自然分類の創始者としてあげている．他方，国内の少なからぬ進化分類学者達も彼らの分類を自然分類とみなしている（太田, 1989；鈴木, 1989；佐々治, 1989；鈴木・Furth, 1990a, b；馬渡, 1994）．太田（1989, p.192）は系統分類学の創始者として5名あげ，ダーウィンとウォーレスA. R. Wallaceをそれに含めた．太田はさらにダーウィンとウォーレスを「生物の自然分類は由来に基づくものでなければならないことを理論的に完全に明確に述べた」進化学者と積極的に形容して，ダーウィン流自然分類を肯定した．鈴木（1989, p.425）は「系統関係を反映するように分類群を設定する……そのようにして設定された群が自然群であり，自然群を認識することが自然分類…である」と述べ，また，鈴木・Furth（1990a, p.124）では，「自然分類」という語は当該生物群についてわれわれが明らかにしえた限りの「進化史を反映するように秩序づけられた分類」を指すというふうに，自然分類が解説されている．また，馬渡（1994, p.43-44）は「自然分類とは何か？」との問いに対して，「生物の進化が過去に起こった唯一無二のものであるなら，その進化史を表現するような分類はたった一つしかなく，それこそが自然分類であると答えられる」と述べている．彼らは進化を分類体系の中に積極的に取り込むという点で，一致している．

　以上のことを総合すると，国の内外を問わず，現時点で「自然分類」という用語の用い方にコンセンサスが得られていないのが現状である．要するに，どの学派の分類法が「自然」なものであるかという問題は，世界的視

おわりに

　リンネの時代では，スコラ哲学の色彩が濃い分類が行われていて，その分類はアリストテレスの時代から続いてきた二分割法による人為分類であった．リンネは『自然の体系』の書名の示す通り，自然分類をめざしはしたが，彼自身認めていたように唯一無二の自然分類の方法を発見することができなかった．しかし，時代的背景を考えると，一足飛びに彼が合理的な分類法を確立できなかったのは当然であった．リンネ流の分類は下方分類であるが，生物分類が合理的であるためには，それはとにもかくにも上方分類でなければならない．今日的な系統体系学（あるいは分岐学）的観点からみると，下方分類は結果として大変厄介な問題を現在の生物分類学にもたらしたといえるだろう．たとえば，無脊椎動物とか無翅昆虫というような分類群が，系統を反映しない形で設定されているからである．そこで，これらの適当ではないと考えられる分類群を含む分類体系に修正が必要となるわけである．その量も半端ではないだろうが，いずれにせよ，今後分類学者が地道に解決して行くべき課題である．

　生物の分類学の黎明期において，リンネは階層分類の有用性を主張し，分類の階層を確立し，さらに，種の表記法である二語名法を確立し，普及させた．そして，当時のナチュラリストが欲していた迅速な同定を可能にする検索表を作成するなど，実践分類に必要な規則や方法についての問題をかなり解決した．つまり，リンネは一方で実践分類について痒いところに手が届くような細やかな技術的配慮をほどこすことによって，ナチュラリストの気持ちを引き付けておきながら，他方で，彼が権威ある地位についていたということもあって自分の分類理論を巧みに普及させることに成功したのである．この点にリンネの非凡さをみて取ることができる．現在，分類学と言えば，まず最初にリンネの名前が上がり，リンネと言えば分類学というほど，私たちはリンネと分類学を結び付けているが，これは上述のような理由からである．リンネが分類の階層を確立して，二語名法を普及させたという業績は，分類学の歴史の中において最も輝かしい業績の一つとして，いまなお威光を放っているのである．

謝辞

　故太田邦昌氏（松戸市）と上田恭一郎氏（北九州市立自然史博物館）には，本稿を原稿の段階で批判的に読んでいただき，極めて有意義なコメントを頂いた．さらに，故太田邦昌氏からは，アリストテレス哲学に関する文献を見せて頂いた．鈴木邦雄氏（富山大学）からは邦文の文献について御教示いただき，三中信宏氏（農業環境技術研究所）には数量分類学関係の文献コピーでお世話になった．植物の学名では大場達之氏（千葉県立中央博物館）に御教示頂いた．上記5氏に対して厚くお礼を申し上げたい．とりわけ，故太田氏と上田氏による注意深いコメントのために，私自身の誤解や不注意に基づく不適切な文章をずいぶん少なくすることができた．重ねてお礼申し上げる．もちろん，文責は私自身にある．

引用文献

Adanson, M. 1763. Families des Plantes. Paris. [Reprint 1966, J. Cramer, with an introduction by F. A. Staflue]

Balme, D. M. 1980. Aristotele's biology was not essentialist. *Archiv Gesch. Philos.*, 62 : 1-12.（未見）

Beckner, M. 1959. The Biological Way of Thought. Columbia Univ. Pr., NY. 200pp.

Cain, A. J. 1958. Logic and memory in Linnaeus's system of taxonomy. *Proc. Linn. Soc. Lond.*, 169 session : 144-163.

Cain, A. J. 1959a. The post-Linnaean development of taxonomy. *Proc. Linn. Soc. Lond.*, 170 session : 234-244.

Cain, A. J. 1959b. Deductive and inductive methods in post-Linnaean taxonomy. *Proc. Linn. Soc. Lond.*, 170 session : 185-217.

Farris, J. S. 1977. On the phenetic approach to vertebrate classification. In M. K. Hecht, P. C. Goody and M. Hecht (eds.), Major Patterns in Vertebrate Evolution, pp.823-850. Plenum, NY. 908pp.

Farris, J. S. 1979. On the naturalness of phylogenetic classification. *Syst. Zool.*, 28(2) : 200-214.

Gilmour, J. S. L. 1937. A taxonomic problem. *Nature*, 139 : 1040-1042.

Gilmour, J. S. L. 1940. Taxonomy and philosophy. In J. Huxley (ed.), The New Systematics, p.461-474. Clarendon Pr., Oxford. 583pp.

Gilmour, J. S. L. 1951. The development of taxonomic theory since 1851. *Nature*, 168 : 400-402.

Gilmour, J. S. L. 1961. Taxonomy. In A. M. MacLeod and L. S. Cobley (eds.), Contemporary Botanical Thought, p.27-45. Oliver & Boyd, Edinburgh, and Quadrangle Books, Chicago. 197pp.

早田文蔵．1931．植物の動的分類に就きて．岩波講座「生物学」，14-7 : 95-111.

Hennig, W. 1966. Phylogenetic Systematics. Univ. Illinois Pr., Urbana. 263pp.

木村陽二郎．1957．Michel ADANSON（1727-1806）．科学史研究，41 : 13-19．［木村，1987，Ⅳ-1 : 325-339，に収録］

木村陽二郎．1983．ナチュラリストの系譜，近代生物学の成立史．中公新書680．中央公論社，東京．240pp.

木村陽二郎．1987．生物学史論集．八坂書房，東京．431pp.

Linnaeus, C. 1953. *Species Plantarum*. Laurentil Salvius, Holmiae. 823+(1)pp.

Linnaeus, C. 1758-dx cf 1759. *Systema Naturae*, 10th ed., Tom Ⅰ・Ⅱ. Laurentii Salvius, Holmiae. 1384pp.

馬渡峻輔．1994．動物分類学の論理——多様性を認識する方法．東京大学出版会，東京．233pp.

Mayr, E. 1942. Systematics and the Origin of Species. Columbia Univ. Pr., NY. 334pp.

Mayr, E. 1969. Principles of Systematic Zoology. McGraw-Hill Inc., NY. 428pp.

Mayr, E. 1974. Cladistic analysis or cladistic classification？ *Z. Zool. Syst. Evol. -forsch.*, 12 : 94-128.

Mayr, E. 1982. The Growth of Biological Thought. Harvard Univ. Pr., Cambridge, Massachusetts. 974pp.

Mayr, E. and P. D. Ashlock. 1991. Principles of Systematic Zoology, 2nd ed. McGraw-Hill Inc., NY. 475pp.

Mayr, E., E. G. Linsley and R. L. Usinger. 1953. Methods and Principles of Systematic Zoology. McGraw-Hill Inc., NY. 328pp.

中尾佐助．1990．分類の発想．朝日選書409．朝日新聞社，東京．331pp.

Nelson, G. 1979. Cladistic analysis and synthesis: Principles and definitions, with a historical note on Adanson's *Familles des Plantes* (1763-1764). *Syst. Zool.*, 28: 1-21.

西村三郎．1987．未知の生物を求めて——探検博物学に輝く三つの星．平凡社自然叢書1．平凡社，東京．290pp.

西村三郎．1989．リンネとその使徒たち——探検博物学の夜明け．人文書院，京都．348pp.

太田邦昌．1989．自然選択と進化：その階層論的枠組みⅡ．日本動物学会（編）現代動物学の課題7「進化学 新しい総合」，p.123-248．学会出版センター，東京．

Panchen, A. L. 1982. The use of parsimony in testing phylogenetic hypotheses. *Zool. J. Linn. Soc.*, 74: 305-328.

佐々治寛之．1989．動物分類学入門．UPバイオロジーシリーズ74．東京大学出版会，東京．124pp.

Simpson, G. G. 1961. Principles of Animal Taxonomy. Columbia Univ. Pr., NY. 247pp.［白上謙一訳 1974．動物分類学の基礎．岩波書店，東京．272pp.］

注：白上氏訳のスコラ理論の部分について，次の誤訳があったので，この機会に指摘しておきたい：p. 41, l. 22 の「固有性」→「種差」；p. 42, l. 18, l. 19 および p. 43, l. 14 の「性質」→「固有性」．

Sneath, P. H. A. 1957. Some thoughts on bacterial classification. *J. Gen. Microbiol.*, 17: 201-226.

Sneath, P. H. A. and R. R. Sokal. 1973. Numerical Taxonomy. W. H. Freeman and Company, San Francisco. 573pp.

Sokal, R. R. and P. H. A. Sneath. 1963. Principles of Numerical Taxonomy. W. H. Freeman and Company, San Francisco. 359pp.

Stearn, W.T. 1961. Botanical gardens and botanical literature in the eighteenth century. In Catalogue of Botanical Books in the Collection of R. M. M. Hunt, vol.2, pp.xli-cxl. Hunt Foundation, Pittsburgh, Penna.

鈴木邦雄．1989．動物系統学の諸問題——生物系統学基礎論の試み．日本動物学会（編）現代動物学の課題7「進化学 新しい総合」，p. 403-470．学会出版センター，東京．

鈴木邦雄・D. G. Furth．1990a．自然分類とは何か？（Ⅰ）—系統学的研究の現場から—．生物科学，42：123-133．

鈴木邦雄・D. G. Furth．1990b．自然分類とは何か？（Ⅱ）—系統学的研究の現場から—．生物科学，42：201-209．

上田恭一郎．1994．リンネの体系の体現化の場［欧州の博物館の思想］．科学朝日，1994（June）：22-25．

Warburton, F. E. 1967. The purposes of classifications. *Syst. Zool.*, 16: 241-245.

八杉竜一．1969．進化論の歴史．岩波書店，東京．192pp.

注1．スコラ派の理論にせよ聖トマス主義にせよ，その本質主義の根底に実はアリストテレスの論理学が厳然と横たわっていると，一般的には言われている（Simpson, 1961；Sneath and Sokal, 1981）．ところが，アリストテレス哲学の専門家であるBalme（1980）を引用して，アリストテレスはごくわずかな程度本質主義者であるにすぎないと，Mayr（1982）は述べている．アリストテレスの本質主義は，本質と種を同一視するような極端なスタイルのものではないらしい．それで，本稿では，リンネの時代の分類学の思想的背景（本質主義）をアリストテレスではなく，スコラ哲学に直接求めることとしたい．（Mayr[1969, p.402]では，本質主義はプラトンとアリストテレスに起源するとなっているが，Mayr and Ashlock[1991, p.415]では，それはプラトンとピタゴラス学派の人々に起源するとなっていて，アリストテレスの名前が削除されている点に注意を要する．）なお，この重要な観点は，太田邦昌氏から御教示いただいたものである．

注2．MayrやAshlockらは，類型学における種とスコラ流本質主義における種を等しいものと見なしている．おそらくこの見解は正しいものであるだろう．というのは，当時の研究者やナチュラリスト（の多く）が類型学や本質主義のどちらかの枠で研究することを強く意識していたのではなかっただろうし，また，類型学として現在からすれば一まとめにできる理論とスコラ流の論理的分割による分類法が概念的に整合的な内容をもっていたことにより，研究者やナチュラリストの頭のなかでそれらの分類法の概念が漠然と重なりあっているような状況があったと考えられるからである．しかし，類型学を支える本質主義（タイプtypeやイデアidea）とスコラ哲学の本質主義（エッセンスessence）には微妙な違いがあるようで，非常に厳密に言えば，類型学的種概念とスコラ流本質主義の種概念は異なったものと見なす方がよいのかもしれない．なお，この重要な観点は，太田邦昌氏の御示唆によって気づき，文章にしたものである．

注3．進化生物学者が生物学的種概念を用いて種を決定し，これを正確に表現しようとするときも，数量表形学者と同様に数量的あるいは数学的（統計学的）な手法を利用する場合がある．しかし，表形学と進化分類学における数学的手法の意義は種の問題をめぐってまったく異なる．つまり，表形学においては形態のデータに基づいて数学的手法で'先に'種を決定しようとこころみるのに対して，進化分類学ではある特定の交配可能な生物個体群をなんらかの生物学的属性で種と見なした'後に'，種を数学的あるいは数量的に処理する．

注4．'リンネの体系'はどのようにすれば日本で体現できるのか，という分類現場からの問題については，上田（1994）論説がためになる．

4. 自然誌科学の源流 , リンネ

植物分類学者の始祖としてのリンネと種名のタイプ

大場秀章

1．植物の学名の出発点

リンネは自然史全般について深い造詣を有していた．リンネの著した著作はぼう大であるが，植物についての著作はその中でも特に重要なものである[1]．

その理由は，種子植物，シダ植物，ミズゴケ科（コケ植物），多くの菌類と藻類では，学名の正式発表が，1753年5月1日に発行されたとする，彼の『植物の種』Species Plantarum 初版から始まる点にある[2]．

生物の分類体系は階級と分類群からなる．階級とは，種を基礎に，主なものは属，科，目，綱，門，界で，種は属に内包され，属は科に，科は目に，目は綱，綱は門，門は界というようにすべてが上位の階級に内包される関係にある．したがって，個々の種は属，科，目，綱，門，界という階級上での固有の分類群に分類され，分類群ごとに学名が与えられている．

例をあげよう．アジサイはひとつの種であり，その学名は *Hydrangea macrophylla* (Thunb.) Ser. である．(Thunb.) Ser. はこの学名の命名者である．アジサイはアジサイ属に分類されるが，その属の学名は *Hydrangea* L. である．L. はリンネの植物の学名上の著者（命名者）の省略形である．

アジサイ属はアジサイ科に分類される．命名者名を省くがその学名は Hydrangeaceae である．同様にアジサイ科は植物界（Regnum Vegetabile）の中でバラ目，バラ目は双子葉植物綱，双子葉植物綱は，被子植物門，被子植物門は植物界に分類され，種（*Hydrangea macrophylla*），属（*Hydrangea*），科（Hydrangeaceae），目（Rosales），綱（Magnoliopsida），門（Angiospermae または Magnoliophyta）のそれぞれの階級で学名が与えられている．

アジサイはユキノシタ科 Saxifragaceae に分類されると記憶されている方もいるに違いない．アジサイ科というのはまちがいか？ そうではない．これは見解の違いである．

それではアジサイ科とユキノシタ科は違うのか？ この問題に答えるためにはいくつか条件が要る．ユキノシタ科は複数の属を含んでいる．その内容は雑多であり，変異の幅が広い．その変異の幅の中にアジサイ属も含まれるとみるか，含まれないとみるかが，この問題の核といってよい．つまりアジサイ科という見解は，アジサイ属がユキノシタ科には含まれないという立場の見解ととることができる．

分類学ではその定義とその適用範囲を明確にするため，各分類群にタイプを定める，タイプ法を採用している．このタイプ法は，これまでに述べたリンネの Species Plantarum 初版を学名の出発点とすること，分類階級と分類群のことなどとともに，国際植物命名規約[3]（以下，規約と書く）によって詳しく規則と運用が定められている．

Saxifragaceae ユキノシタ科のタイプは *Saxifraga* ユキノシタ属で，*Hydrangea* アジサイ属がユキノシタ科に帰属するか否かは，タイプとされるユキノシタ属との系統関係の遠近さで判断されることになる．もしタイプが決められていなければ，比較の基準となるものが定まらず，的確な議論ができないことになってしまう．

つまり学名は命名上のタイプによってその適用の範囲が左右されるのである．そこで，規約7条に，科または科より下位の階級（属と種が基本であるが，亜科，亜属，節などの補助的階級も含む）にはタイプ法が厳密に適用され，科より上位の階級の分類群でも，その学名が最終的に属名にもとづくときはタイプによって決定されている，という定義がなされている．

2．学名の安定の重要性

種または種内分類群（亜種や変種）の学名のタイプは1個の標本または図解である（規約9条）．また，属または属の下位区分（節など）の学名のタイプは，種の学名（種名）のタイプであり（規約10条1），さらに科または科の下位区分（亜科など）の学名のタイプはそれが基づく属名のタイプと同じである（同10条4）．

規約上ではあらゆる［分類体系上の］階級の基礎となるのは種である．種は規約上ばかりでなく，実際において，植物についての興味や研究の対象でもある．そして重要なことは，種の学名のタイプは標本または図解であり，学名の出発点はリンネの Species Plantarum 初版[4]であることだ．リンネの命名した種のタイプを多数含むリン

ネ標本の重要性は改めて述べる必要もあるまい.

種はむろん,属,科などの学名は現在の適用範囲を越えた,つまりどうみてもその種の変異に含まれない標本がタイプであったことが新たに判明したら,学名を変える必要が起こりうる.頻繁に使用される学名の変更は分類学を超えた広い分野の情報伝達に混乱をもたらすことは必定であり,できるだけ避けねばならない.

学名の安定をはかる必要性から,最近リンネの命名した種と属のタイプを定める国際プロジェクトが進行中である.リンネ標本とそのプロジェクトの一端を紹介してみよう.

3. リンネ標本

リンネの研究は,文献だけではなく標本にもとづいていたところに近代生物学の父と呼ばれるにふさわしい特徴がある.つまり,リンネは標本にもとづいて植物の形態を実際に観察し,えた知見をもとに従来の文献を批判的に検討し,その結果を著作として発表した.今日では当り前のことだが,当時としては斬新な研究方法であった.

リンネのこうした研究方法は Species Plantarum でも採用されていて,この著作は彼が研究に用いた標本と文献について考究することなしには正しく理解することはできない.

リンネがかつて個人で収蔵していたか研究に利用したと考えられる標本が,イギリス,スウェーデン,フランスにおよそ 16,000 点現存している.これらの標本は Species Plantarum その他の植物学の著作の正しい理解,換言すれば,リンネの命名した学名を定めるための研究に不可欠なものである.

植物の標本で代表的なのはおしば標本である.おしば標本を集めたコレクションや標本館をハーバリウム herbarium という.最初この言葉は薬草のおしば帳(アルバム)をいっていた.リンネの努力もあり,リンネの時代には現在のおしば標本に近い標本が作られるようになった.リンネは 1727 年以降,おしばをアルバム式ではなく,膠を用いて 1 点 1 点台紙に貼り,標本箱に収蔵して研究に用いた.

リンネが個人で所蔵していた標本は現在,ロンドンのリネアン・ソサエティーに保管されている.しかし,リンネの学名に関係する標本は他にもある.『クリフォート邸植物誌』Hortus Cliffortianus [5] の基礎となったジョージ・クリフォートの標本,ストックホルムの自然史博物館,パリ自然史博物館,ウプサラ大学などに保管されている標本である.

4. リネアン・ソサエティー保管のリンネ標本

世界の主要な標本館や標本室にはそれを示す,数文字からなる略号が与えられている.リネアン・ソサエティーの植物標本室は LINN である.リネアン・ソサエティーが収蔵する標本については Savage(1945) の詳細なカタログがある [6].ジャクソン Jackson によれば 1829 年にリネアン・ソサエティーに移管された時点でおしば標本は 13,832 点あったという.

図 1 は Cotyledon spinosa L. キバナツメレンゲのタイプになる標本である.図に示すように植物はフォリオ・サイズの台紙(およそ縦 33 cm,横 22 cm)に貼られている.400・10 は Savage のカタログの番号である.LINN の標本はリンネが 1783 年に亡くなったときのままの配列で保管されていて,上記の点の前の数字は属の番号でキッピスト Kippist によるものである.点の後ろの数字は各属のカバー中の標本に上から順番に与えた一種の標本番号である.

この標本はグメリン Johan Georg Gmelin が 1733 年から 43 年にかけてロシア政府に雇用されていたときに収集したもので,リンネに標本を送り同定を依頼した.リンネの個人標本には,このグメリンの他,有名なマニョル Pierre Magnol の標本を含むソヴァージュ Fransois Boissier de Sauvages の南フランス,スリアン J. D. Surian のハイチなど,多数の植物学者やコレクターから贈られたり,交換で集めた世界各地の標本が含まれている.野生植物だけでなく,ウプサラ植物園で栽培していた栽培植物の標本も含まれている.

これらの標本から推測されることは,リンネが 1751 年 6 月に Species Plantarum 初版の草稿をまとめた時には,十分に活用できる,よく分類整理された標本をリンネは備えていたとみられている.リンネは Species Plantarum 初版を草稿から 12 カ月で完成しているが,これだけ短期間に完成させえた背景には,完備した標本を彼自身が所有していたことが大きい.

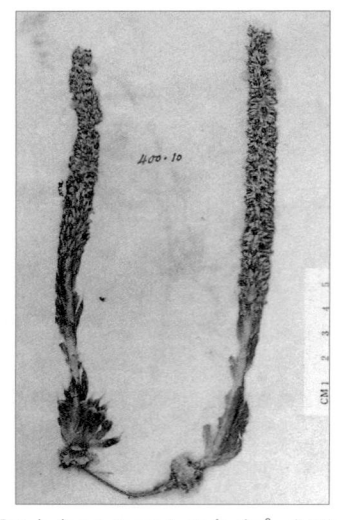

図 1 Cotyledon spinosa L. のタイプ (LINN. 400・10).

スターンは，「リンネは背の低い男であり，自分が必要とするすべての本や資料を彼から半径2フィート以内のテーブルの上に置き，たぶん左手には自著であるHortus Cliffortianusを開き置きにし，すぐ目の前の原稿の上方には標本の一束が，そして右手には書き込みを加えたボーアン Bauhin の Pinax や，自著Flora Lapponica, Flora Suecica, Flora Zeylanica, Materia Medica, Hortus Upsaliensis, さらにフロノヴィウス Gronovius の Flora Virginica が手に届くところに開いたまま置かれている様子が目に浮かぶようだ」と書いている[7]．

5．クリフォート標本

リンネはオランダ留学からスウェーデンに帰国する前に，裕福な財産家で庭園や温室をも所有していたクリフォート George Clifford（1685-1760）のハルテカンプの邸宅に滞在した．有名な植物画家エーレット G. D. Ehret がリンネを訪ねてきたのもこの邸宅だった．リンネはクリフォートに，侍医として庭園と標本室の植物の詳細な目録を作成するために雇われたのだった．9カ月の調査の結果出来上がったのが1738年にアムステルダムで刊行された前述の Hortus Cliffortianus である．これはリンネの全著作の中で最も美しい本で内容も充実し，また印刷もすぐれている．

クリフォートは親切で，リンネに重複標本を分与するなどして，リンネの研究を支えた．リンネは Species Plantarum 初版の中でこの Hortus Cliffortianus で記述した種にはこれを文献として引用するだけで，記載を繰り返さなかった．リンネ自身は，スウェーデン帰国後，クリフォートから分与された一部の重複品以外の標本を検討する機会はなかったが，この著作をリンネは Species Plantarum にひんぱんに引用しているので，リンネの命名した学名のタイプを選定する上でクリフォート標本はきわめて重要なものになっている．

クリフォートの標本は彼の没後である1791年にジョセフ・バンクス Sir Joseph Banks が手に入れ，現在はロンドン自然史博物館（BM）が保管している．クリフォート標本は BM に移管後，はじめは1点1点ばらばらにされ，一般標本室に収蔵されたが，後に回収され，Hortus Siccus Cliffortianus（クリフォート庭園おしば標本）として特別に保管されることになった．標本の配列は Hortus Cliffortianus の順序に従っている．

台紙は縦41〜45cm，横26〜28cmで，枝や茎の切り口には植木鉢や花瓶を型どって印刷された紙が貼られ，左下のカルトゥーシュがラベルになっている．

図2はリュウキュウトロロアオイ（*Abelmoschus moschatus* Medicus）で，その学名のもとになった *Hibiscus abelmoschus* L. のタイプである．装飾豊かな

図2　*Hibiscus abelmoschus* L. のタイプ（BM, クリフォート標本）．

植木鉢や花紋のようなカルトゥーシュを伴う典型的なクリフォート標本である．

ロンドン自然史博物館にはこの他，リンネ関係の標本として，クレイトン John Clayton（1686-1773），ヘルマン Paul Hermann（1646-95），日本を訪れた最初の自然史学者として名高いケンペル Engelbert Kaempfer（1651-1716）の標本がある．

6．その他のリンネ標本

ストックホルムの自然史博物館は約2,000点のリンネ標本を保有する．この中にはリンネ自身の標本の他，アルストレーマー Clas Alströmer（1736-94）やソランダー Daniel Solander（1736-82）の標本が含まれる．日本のエゾキリンソウに近い *Sedum hybridum* L. は LINN や BM などには標本はなく，ここに2点，関連の標本があり，そのうちの1点がレクトタイプ（選定基準標本）に指定されている．

オックスフォード大学植物学部門（OXF）はリンネに関係する標本として，ジレニウス John Jacob Dillenius（1684-1747）とシブソープ Humphrey Sibthop（1712-97）の標本を保有するが，タイプは少数である．

ブルサー Joachin Burser（1583-1639）の標本は，Hortus Siccus Joachimi Burseri として，Species Plantarum に引用される著作の基礎となった．この標本はウプサラ大学に保管されている．その他にもリンネに関係する標本が少数あり，いずれもリンネの学名のタイプの選定上重要なものであるが，ここでは省略する．

7．リンネの学名のタイプの選定

リンネは今日二名法と呼ばれる種の学名表記を，Species Plantarum 初版で採用した．二名法は今日用いられている種の学名（種名）の表記法であり，リンネを

もって今日の学名の基礎が確立したといってよい.

しかし,リンネは学名の基礎となるタイプを決めなかった.というよりもタイプ法が確立したのはずっと後になってからである.ちなみに高等植物では,新種の記載に際しタイプ標本の指定が必要とされたのは1958年からである.しかし,学名の安定のためには学名の出発点に遡って,タイプを決める必要がある.

リンネは Species Plantarum 初版で約 6,100 の種名を発表した.その後30にあまる著作でさらに3,700の種名(今日の変種も含む)を発表した.学名の安定を図るためにはどうしてもこの9,800の種名のタイプを選定することが必要となる.詳細は省略するが,1977年にイギリスにおける分類学研究の評価に対する諮問委員がリネアン・ソサエティーの標本の重要性を勧告し,スターン,キャノン,グリーンが科学・技術振興会議(SERC)からの助成を得て,リンネのタイプを選定するプロジェクトが1981年からスタートした.これがリンネ植物名タイプ・プロジェクト The Linnaean Plant Name Typification Project である[8].

このプロジェクトではまず対象となる全種のファイルとデータベースを作成した.これを用いて,これまでの研究でタイプの選択が満足になされたと思われる名のリストを作った.残りの種名のタイプについて世界の専門家の協力を得てタイプの選定に着手した.これまでに選定が終った分類群はまだ少ないがそれらの結果は専門誌上に個別に報告されている.

さらに,属または属の下位区分(節など)の学名のタイプは種の学名(種名)のタイプであるという,国際植物命名規約10条1の規定にもとづいて,リンネが命名者になる1,313の属名のタイプの選定を行った[9].私事になるが,私も Rhodiola(イワベンケイ属)と Coriaria(ドクウツギ属)タイプ選定に協力した.

図3は Rhodiola rosea L. イワベンケイのタイプに選定された標本である.LINN には他にもイワベンケイと同定される標本があるが,記載や諸条件からこの標本をタイプに選定した.これが同時に Rhodiola イワベンケイ属のタイプでもある.

図4は Coriaria myrtifolia L. のタイプに選定された標本である.クリフォートの標本であるが,これはリンネのスウェーデン帰国に際し,クリフォートから贈られた標本で,LINN に保管されている.BMのクリフォート標本中にも関連する標本があるが,LINNの1192・1をタイプに選定した.リンネは Species plantarum 初版でドクウツギ属に2種を記載した(図5).他の1種は Coriaria ruscifolia L. である.この種は,1714年にパリで印刷されたフイユ Fueillée の Journal des observationes physiques, mathématiques et

図3 *Rhodiola rosea* L. のレクトタイプ (LINN. 1186・1).

図4 *Coriaria myrtifolia* L. のレクトタイプ (LINN. 1192・1)

図5 Species Plantarum 1037ページ. *Coriaria* の記載.

図6 Species Plantarum 430ページ. *Sedum* の記載の一部.

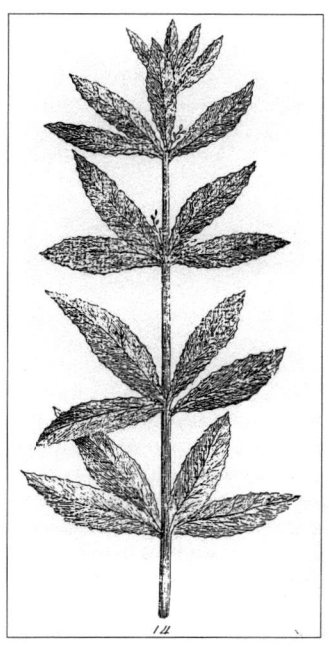

図7 *Sedum verticillatum* L. のレクトタイプ. Linnaeus, Amoenitates Academicae(1751), 2巻352ページ[14].

botaniques[10]の記述と図を引用しているが，このチリ産のドクウツギに該当する標本は見出されていない．この種だけではなく，フイユの著作に関係する標本はまったく発見されていない．1972年にドクウツギ属のモノグラフを発表したスコッグ (L. E. Skog) はフイユの上記著作に掲載された図が *Coriaria ruscifolia* L. のタイプかと書いたが確定はしていない．未だにタイプが選定されていない数少ないリンネ命名の種である．

リンネの記載またはそれに引用された文献に図が引用されていて，その種名に当該する標本が見出されぬ場合は，図がタイプに選ばれる．*Sedum verticillatum* L. はミツバベンケイソウだが，これにあたるリンネ標本は見つからない．記載（図6）には1751年刊行のリンネの著作である，Amoenitates Academicae の第2巻[11]が Amoen. acad. 2 として引用され，これの252ページ，4にこの植物の記述があり，図14（f.14）に図示されていると記されている．このページ252は352の誤植だが，図7がここに引用されている図である．

図はどんなに精巧でも人為の産物であり，標本に替わり得るタイプとなりうるのか，私は悩む．しかし，現行の規約では図をタイプにせざるを得ないケースがでてくる．カブ *Brassica rapa* L. のタイプもマッティオーリ P. A. G. Matthioli の De plantis epitome utilissim (1586) の219ページにある *Rapum* の図が E. H. Oost ら (1987) によってタイプに選定された[12]．

私はベンケイソウ科のうちムラサキベンケイソウ属と他の属のアジア産種のタイプの選定を行った[13]．選定では種ごとに異なる一筋縄ではかたずかないケースが登場するといってもよいほどで，その解決に頭を悩ました．

注と文献
1) リンネの生涯，研究に関係する著作は数多いが，植物学上の業績を詳しく紹介・評価した下記の著作をまず読まれるとよい．
   Stafleu, F. A. 1971. Linnaeus and the Linnaeans. The spreading of their ideas in systematic botany, 1735-1789. The International Association for Plant Taxonomy, Utrecht.
2) Linnaeus, C. 1753. Species Plantarum. Laurentii Salvius, Holmiae. 823 +(1)pp.
   リンネの Species Plantarum 初版は2巻からなり，それぞれ1753年5月と同年8月に刊行された．しかし，命名規約上は2巻とも5月1日に同時に発表されたものとする（規約13条5）．
3) McNeill, J.(chairman) 2006. International code of botanical nomenclature. (Vienna Code). A. R. G. Gantner Verlag, Ruggell, Liechtenstein.
4) Stearn, W. T. 1957. An introduction to the Species Plantarum and cognate botanical works of Carl Linnaeus. In : Linnaeus, C., Species plantarum. A facsimile of the first edition 1753, I-XIV+1-176. The Ray Society, London. これはリンネの分類理論・分類，分類体系，標本などについてのたいへんすぐれた総説である．
5) Linnaeus, C. 1738. Hortus Cliffortianus. Amstelaedami [Amsterdam].
6) Savage, S. 1945. A Catalogue of the Linnaean Herbarium. The Linnean Society of London, London.
7) 4)を参照．
8) Jarvis, C. E. 1992. The Linnaean plant name typification project. *Bot. J. Linn. Soc.*, 109 : 503-513.
9) Jarvis, C. E., Barrie, F.R., Allan, D.M. and Reveal, J. L. 1993. A List of Linnaean generic names and their types. International Association for Plant Taxonomy.
10) Feuillée, L. E. 1714. Journal des observations physiques, mathématiques et botaniques. Griffart, Paris.
11) Linnaeus, C. 1751. Amoenitates Academicae. Vol. 2. Laurentium Salvium, Holmiae [Stokholm].
12) 大場秀章 1994，アブラナ科栽培植物の学名．塚本洋太郎（総監修）園芸植物大事典コンパクト版，2：1815-1816．小学館，東京．
13) こうした研究の結果は，最近出版された下記の著作に収録されている．Jarvis, C. 2007. Order out of Chaos. Linnaean Plant Names and their Types. The Linnean Society of London.
14) この図はロンドン自然史博物館収蔵のものから撮った．千葉県立中央博物館所蔵の同書の図はこれとは左右が逆となっており，しかも茎の下にある数字の書体も異なっている．図版にはいくつかの版がある可能性が高い．

4. 自然誌科学の源流, リンネ

Engraved by J.Horsburgh.

LINNÆUS.

植物と動物の学名について

天野 誠

1．学名とはなにか？

学名（二名法）は，リンネが分類学に残したもっとも大きな貢献の一つである．生前リンネを有名にしたのは，彼の生物の分類体系である．既知の生物をすべて調べあげようとした大作『自然の体系』や当時としては画期的な試みである植物の24綱分類は，その代表的な分類学的成果であった．今日では，系統分類学の進展により実践の場では，リンネの分類体系を顧みるものはない．

学名とは，世界共通に用いられる唯一の生物の名前であり，いわば，生物の名前における世界共通語エスペラント語のようなものである．学名は，リンネが必要上，『植物の種』の欄外に示した生物の記載の簡略化したフレーズに由来する．それが『自然の体系（第10版）』で定着した（図1）．その点で，二名法の創出は，漢文の注釈の必要から片仮名が創出された過程に似ている．それまでは，科学的な生物の名前は，記載文そのものであり，学者間で異なるために煩雑でコミュニケートが難しかった．たとえば，『自然の体系（第10版）』でライオンの記載を見てみよう．そこには，*Felis cauda elongata, corpore helvolo* とある．日本語に訳すと”尾の長い体が淡黄色の猫”ということになる．さらに異名として『自然の体系（第6版）』の *Felis cauda elongata floccosa, thorace jubato* が併記されている．これは日本語に訳すと，“ふさふさした長い尾を持ち，上半身にたてがみのある猫”ということになる．いずれもライオンの特徴を捉えているが，両者の間には，完全な一致は見られない．さらに欄外には *Leo* と記してある．現在では，ライオンの学名は，*Felis leo* Linnaeus となっており，この名前で誰でもどこでも同一の実体（種）を示すことができる．その生物の特徴を文章で示すような状態では，正確に生物についてコミュニケートすることができない．世界中の研究者にとって，煩雑な手続きなしで，生物の名前がわかる学名は，非常に有用な手段ともなっている．現在，学名は，あらゆる生物学の論文や専門書に使われており，その意味ですべての生物学者は，知らず知らずのうちにリンネの恩恵を被っているのである．

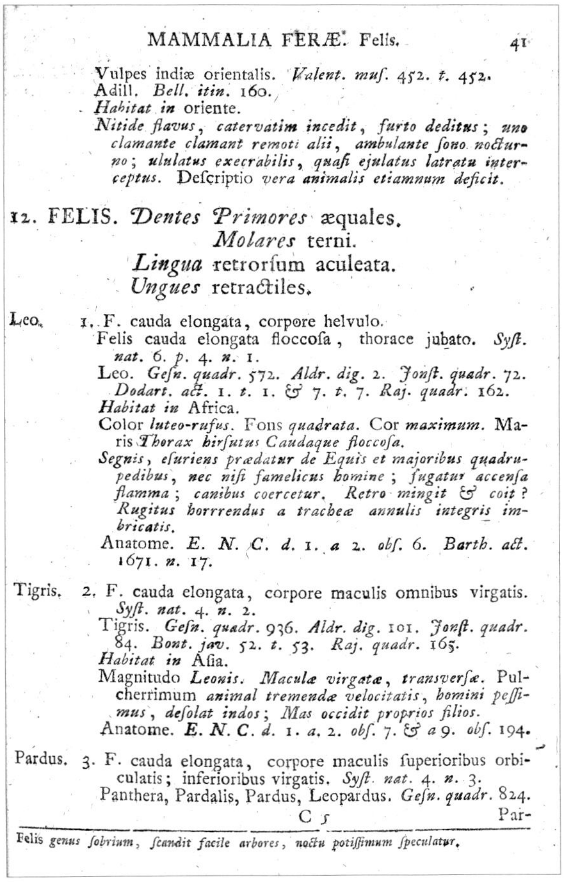
MAMMALIA FERÆ. Felis. 41

Vulpes indiæ orientalis. *Valent. muſ.* 452. *t.* 452.
Adill. *Bell. itin.* 160.
Habitat in oriente.
Nitide flavus, catervatim incedit, furto deditus; uno clamante clamant remoti alii, ambulante ſono nocturno; ululatus execrabilis, quaſi ejulatus latratu interceptus. Deſcriptio *vera animalis etiamnum deficit.*

12. FELIS. *Dentes Primores* æquales.
Molares terni.
Lingua retrorſum aculeata.
Ungues retractiles.

Leo. 1. F. cauda elongata, corpore helvulo.
Felis cauda elongata floccoſa, thorace jubato. *Syſt. nat.* 6. *p.* 4. *n.* 1.
Leo. *Geſn. quadr.* 572. *Aldr. dig.* 2. *Jonſt. quadr.* 72. *Dodart. act.* 1. *t.* 1. & 7. *t.* 7. *Raj. quadr.* 162.
Habitat in Africa.
Color *luteo-rufus*. Fons *quadrata*. Cor *maximum*. Maris *Thorax hirſutus Caudaque floccoſa.*
Segnis, eſuriens prædatur de Equis et majoribus quadrupedibus, nec niſi famelicus homine; fugatur accenſa flamma; canibus coercetur. Retro mingit & coit? Rugitus horrendus a tracheæ annulis integris imbricatis.
Anatome. *E. N. C. d.* 1. *a* 2. *obſ.* 6. *Barth. act.* 1671. *n.* 17.

Tigris. 2. F. cauda elongata, corpore maculis omnibus virgatis. *Syſt. nat.* 4. *n.* 2.
Tigris. *Geſn. quadr.* 936. *Aldr. dig.* 101. *Jonſt. quadr.* 84. *Bont. jav.* 52. *t.* 53. *Raj. quadr.* 165.
Habitat in Aſia.
Magnitudo *Leonis. Maculæ virgatæ, transverſæ.* Pulcherrimum *animal tremendæ velocitatis, homini peſſimus, deſolat indos; Mas occidit proprios filios.*
Anatome. *E. N. C. d.* 1. *a.* 2. *obſ.* 7. & *a* 9. *obſ.* 194.

Pardus. 3. F. cauda elongata, corpore maculis ſuperioribus orbiculatis; inferioribus virgatis. *Syſt. nat.* 4. *n.* 3.
Panthera, Pardalis, Pardus, Leopardus. *Geſn. quadr.* 824.
C 5 Par-

Felis *genus ſobrium, ſcandit facile arbores, noctu potiſſimum ſpeculatur.*

図1　動物の学名の原点になっている『自然の体系（第10版）』41ページ．上から12行目から26行目にかけてライオンの説明があり、欄外にLeoという略号が記されている．

2．学名の構造

種の学名は，原則として属名，種小名（動物では種名と呼ばれることもある），命名者名の3つの要素からなる．本項では，学名全体を示す場合の種名と紛らわしいので，植物で用いられている種小名という術語を採用する．種小名は，リンネの時代は，必ずしも1語でなくてもよかったが，現在では種小名は1語からなる．現在でもホウライシダ *Adiantum capillus-veneris* L. のように2語がハイフンでつながっている場合はある．必要に応じてこれに亜種，変種などの種内分類群の名前が加わることがあり，その場合は，学名の要素が3つ以上になることがある．

属名は原則としてラテン語かラテン語化された名詞である．実際には，もう一つの主要な古典語であるギリ

シャ語由来のものも多い．これらの言語には，男性，女性，中性の3つの性（gender）があるので，それに従った語形の変化をする．ラテン語以外の言葉から新しく属名を作る場合，性を決めなければならない．その際には，語尾や語の意味などの制約があるが，命名者が属名の性を決めることになる．属名の中には，日本語の名詞がラテン語化したものもある．たとえば，*Kirengeshoma* 黄蓮華升麻（キレンゲショウマ属）や *Wasabia* わさび（ワサビ属），*Zacco* 雑魚（オイカワ属）などである．前2者は，女性名詞，後者は，男性名詞として扱われている．また，意味のない言葉を造語してもよい．意味のある言葉の綴りを替えて新しい属名を作るアナグラムという造語法もある．例えば，ナメクジの仲間では，*Limax* チャイロコウラと *Milax* ニワコウラ，二枚貝では，*Arca* フネガイ（ラテン語で箱の意味）と *Acar* コシロガイなどである．命名規約によって同じ属名は使うことができないので，同じ属名は，植物界，動物界それぞれの中では同じ物があってはならない．しかしながら国際植物命名規約と国際動物命名規約は，全く相互に干渉しないので，動物と植物で同じ属名が使われていることがある．その例として *Pieris* 属がある．*Pieris* は，植物ではアセビ属，動物では，モンシロチョウ属を表わす．

　種小名は，ラテン語かラテン語化された単語からなり，広義の形容詞か名詞である．ラテン語の形容詞は，修飾する名詞の性に従って語尾変化する．また，名詞を形容詞化する場合には，名詞の性質によって語尾の変化の仕方が変わる．たとえば，地名がもとになっている場合は，地名の大きさの感覚の大小から2通りの変化形が考えられる．*japonicus* や *nipponica* などの場合には，地名を大きく捉えており，*kiyosumiensis* や *kantoense* など -*ensis* や -*ense* の場合には地名を小さいものと捉えている．もちろん，ローマ時代，知られていた地名の場合は，その地名を採用する．たとえば，聞き慣れないものとしてスイスのという意味では，ヘルベチア（*helvetia*）が使われる．人に献名する場合にも *furusei*, *matsumurae*, *thunbergii* など様々な変化形が用いられる．複合語を使う場合には，ラテン語とギリシャ語を組み合わせるようなことは避けられている．

　著者名は，その学名を提唱した研究者の名前であり，学名の変遷を知るための資料にもなる．植物の場合には，新種記載（ある生物が未知の種であることがわかった時に，命名規約にのっとって新種として正式に発表すること）をした人の名前が元になり，属が変わった場合（組換え），分類群の階級を変えた場合などにその変更をした研究者の名前が付け加わる．学名の組変えや階級の変更があった場合には，原著者名はかっこでくくられる．動物の場合は，新種記載した研究者の名前が主体となり，発表年が付け加わることもある．著者名は，必要に応じて省略される（例えば，カール・リンネを例に取ると Linnaeus, Linné, L. などの表記が使われている．最初の著者名は，リンネのラテン語の名前，次は母国語の名前，最後はもっとも省略された形で，植物分類学では通常この形を用いている）．

3．（標準）和名について

　新聞，テレビなどの報道機関でも，和名と学名を混同する間違いが散見される．学名は，命名規約にのっとった世界中で通用する唯一のラテン語の名前である．この名前を使えば，問題となっている生物が何であるかをどのような国の人にも誤解なしに伝えることができ，相互の共通の理解が容易にかつ確実に得られる．国際化が進んだ今，研究に携わる人のみならず，生物に関係するか興味のある人は，可能な限り学名でコミュニケートする必要がある．

　和名は，日本の中で研究者間で慣用的に使われている日本語の生物の名前である．多くの日本語の文章では，この和名が生物の名前として使われているが，和名は，命名の方法が制定されていないので，いろいろな問題点がある．日本原産の種子植物の場合，和名がない植物はまれであるが，いくつかの動物の分類群では，全く和名がないグループがある．この場合，学名を音読みするか，アルファベットのままで表現することになる．日本国外の生物を表現する場合にも，和名がないことが普通である．この場合，命名の規則がないので，紹介した各自が独自に和名を付けることになるが，その場合，後で述べるような甚だしい混乱が生じる．また，海外産の植物に普及していない和名を無理に使うと読者に何を指しているのかわからなくなることがある．したがって，安易に外国産の生物に日本語の名前を付けるのは，慎まなくてはならない．

　和名の問題点の一つは，様々な形での混同が生じることにある．自然発生的に名付けられた江戸時代以前に遡る由来の古い和名の場合，同じ和名が複数の違う植物を指す場合がある．たとえば，ジシバリという和名は，イワニガナ *Ixeris stolonifera* A.Gray, オオジシバリ *Ixeris debilis* A. Gray, ツルヨシ *Phragmites japonica* Steud. の3種の和名である．もっとも頻用されるのは，イワニガナの場合であるが，学名が併記されていない場合には即断はできない．また，これとは逆に同じ植物に2つ以上の和名が同程度に使用されている場合がある．たとえば，*Lobelia chinensis* Lour. には，アゼムシロとミゾカクシの2つの和名がある．これが同一の植物であることを理解していないと思わぬ誤解が生じることがある．また，スミレという言葉からは，属の総称としての表現で

あるのか，*Viola mandshurica* W. Becker という種を指しているのかが，わからないことがある．さらに問題を複雑にしているのは，和名は俗名や方言名との区別が付かないことにある．山野に自生しているフジ *Wisteria floribunda* (Willd.) DC. を，ヤマフジと呼んでしまう人もいる．植物学者がヤマフジの和名で指す植物は，学名を *Wisteria brachybotrys* Siebold et Zucc. という別の種類である．今後は，出版物については可能な限り学名を併記し，学名の普及を図らなくてはならない．

4．学名の付け方について

生物の学名の付け方（命名法）に対する国際的なルールは，分類学を円滑に発展させるために必須の条件である．そのようなルールは，リンネ時代以後に起こった分類学上の混乱を収拾するために，植物と動物のそれぞれで統一したルール作りが別個になされた．国際植物命名規約と国際動物命名規約が，それぞれ植物と動物の命名のルールを規定している．栽培植物と細菌に関しては，その特殊性から国際栽培植物命名規約（栽培植物），国際細菌命名規約が別個に設けられている．さらにウイルスには，別の命名システムがある．これらの命名規約は，基本的な部分では共通点が多いが，それぞれ独立に成立したために相違点もかなりある．ここでは，国際植物命名規約に基づいて概略を説明し，国際動物命名規約との主な相違点は後で説明をする．

（1）命名法の必要性とその歴史

生物の学名は，先ほども述べたとおり，万人に生物の分類群に対しての共通の理解と認識を与えることが目的である．さらに学名の唯一性・正統性の基準を明らかにすることにより，学名の安定化を図るために様々な規則が設けられている．これが国際植物命名規約である．中でも中心となるのが，学名の付け方，基準標本の設定，学名の先取権などの規定である．命名法の例外規定の条文を読み，規定の変遷の歴史をたどることにより，いかに共通の規則を定めるために努力がなされてきたかが明らかになる．

特定の生物について議論をする際に円滑なコミュニケーションをするためには，生物の名前に共通の認識がなくてはならない．そのための手段として全世界で通用する学名が用いられてきた．最初の生物の名前の整理は，正名を決め，異名を列記するという形でリンネの著作によってなされた．維管束植物の場合，更に進んだ形で命名法の標準化に取り組んだのが，フランス人のアウグスティン・ド・カンドルであり，「植物分類の基本原理」という著書に命名法について述べている．彼の息子アルフォンス・ド・カンドルは，1867年に最初の植物命名規約を提唱し，第1回の国際植物学会議に提案した．これが後に言うパリ規約である．以来，国際植物学会議の折りに国際植物命名規約の改正を審議する会議が開かれるようになった．しかしながらこの提案は，すぐには受け入れられず，イギリスやアメリカでは異なる規則を採用していた．属名と種小名が同一の反復名を許すか，汎用されている名前を残すために厳格な先取権（もっとも古く発表された名前を正しいとする主張）の適用を制限するかなど，重要な点で対立が生じ，その後も，様々な規約が並立していた．相互の規約のすり合わせを繰り返すことにより，最終的に統一された共通の規約は，1930年にようやく成立した．その後，会議が行なわれる度に規約の追加や修正がなされ，2005年ウィーンで行なわれた第17回国際植物学会議での議決に基づくウィーン規約が現在使用されている．

すべての生物に名前をつけて体系的に分類するというリンネの著作から始まった試みは，分類を行なう研究者の間で連綿として受け継がれていった．その際に必要な分類学上の取り決めは，いくつかの節目を経て，植物と動物の国際命名規約に結実した．この2つの命名規約は独立に存在しており，互いに拘束を受けない．その結果として，いくつかの重要な相違点が見られる．それらの例を取り上げてみよう．植物命名規約の規定を先にして説明すると種内分類群についての規定では，植物では，亜種，変種，品種などが認められているが，動物では，亜種のランクしか認められていない．現在では，植物では記載文は，必ずラテン語が含まれていなければならないが，動物では，ラテン語以外の英語・フランス語・ドイツ語などの記載を正式なものとして認めている．属名と種名（植物でいう種小名）の同語反復を認めるか否かでも異なる（植物では認められておらず，動物では認められている）．また，分類群に対する語尾の付け方も異なっている。科名を例にとると植物では -aceae の語尾，動物では -idae を属名の語幹につけている．

（2）命名法の実際

国際植物命名規約も国際動物命名規約も，優に一冊の本となるようなものなので，その全貌を明らかにすることは，本項では不可能である．実際に命名する際には，それぞれの原著（J. Mcneill et al. eds., 2006, 動物命名法国際審議会，2000）を参照しなくてはならない．命名法については，過去に様々な規約が並立していた時代の名残りで多くの例外規定があるが，本項では，通常の場合を例にとって説明する．命名法の実際をわかりやすく説明するために，植物の新種が発見された場合にどのような手続きで，学名が付けられるかを解説しよう．今まで正式に記載されたことのない種である新種と思われる生物が発見される経緯には，様々な場合が考えられる．一つは，これまでに専門の研究者が見たことのない，今ま

での発表されたどの種のカテゴリーにも属さない生物が発見された場合がある．最近の例では，ヤンバルクイナの発見がこれに当たるケースである．もう一つの有力なケースは，今まで１種だと思われていた生物が研究の結果，複数の種から成り立っていることが明らかになった場合である．身近な例としては，１種と思われていた日本産のフクジュソウが３種に分けられたケースがある．ここでは，前者の場合を基にして話を進める．

現在問題にしている生物が，すでに発表されている種と異なるかどうかを知ることは必ずしも容易ではない．可能性のあるすべての種の記載を検討し，そのいずれとも異なることを明らかにし，場合によっては，それらの種の基準標本を見る必要もある．したがって，明治時代の初め頃の研究者にとっては，日本に日本産植物の正基準標本（ホロタイプ）がなく，文献や学名がはっきりしている標本が不足しているために，標本の同定ですら困難だったこともある．日本で初めての植物学の教授になった矢田部亮吉は，「泰西植物学者に告ぐ」（Yatabe, 1890）という英語の小文で，明治22年（1890年）にようやく日本でも，ヨーロッパやアメリカの研究者の助力なしに新種の記載が可能になったことを広く世界に宣言している．

専門の研究者が，詳細に観察して，ある植物の個体が今まで知られているどの種とも異なることがわかった時は，その植物の形や大きさ，性質，場合によっては生育場所，成分なども含めた観察結果をラテン語の文章にまとめる．これを記載（description）という．学名が有効になるためにはこれを印刷物に載せ，それが広く公衆に配布されるか，専門研究機関に配布されなくてはならない．原稿や未発表データなど印刷されていないものに学名が書かれていても，それは有効とは見なされない．植物に関しては，現在では記載の文章はラテン語でなくてはならないとされているが，以前はラテン語以外でもよいという規約があったので，たとえば，牧野富太郎の新種の記載は英語で書かれている．

新種を発表する場合に，記載が必要なのはもちろんだが，近縁な種との区別点を明らかにした文章を添えることが多い．これを判別文（diagnosis）という．判別文を参照することにより，より容易に既知の近縁種との区別ができるようになる．判別文は，ラテン語以外の言語で書かれることもある．

新種を発表する場合には，正基準標本（ホロタイプ）を設定しなくてはならない．正基準標本はただ一つの標本であり，新種を発表した研究者が決める．正基準標本は，学名の根拠となるものであり，その種に関する分類学的な問題が生じた時には，常に参照しなくてはならない重要な標本である．正基準標本の所蔵機関を論文に明示することや公的研究機関に納入することは，今日では常識となっている．著者（この場合，新種の記載者を指す）が定めた正基準標本が，その種を認識する時の基準となっているが，以前は，そのことが徹底していなかったために，複数の標本が記載に引用されている場合やホロタイプが絵である場合があり，それぞれの場合について，学名の基準とすべきものが細かく規定されている．

先ほど，新種が見つかる場合の２つめの例としてあげた１種だと思われていた植物に複数の種が含まれている時には，正基準標本か，それに準ずる基準標本を調査して，それがどの種の標本であったかを明らかにしなくてはならない．調査の結果，正基準標本とは異なることがわかった種には，新たに正基準標本を設定して，新種の記載をしなくてはならない．二名法では，新種の生物に学名を付ける際にまず問題になるのは，それがどの属に属するかである．もちろん，新属新種の場合もあり，その場合には属名と種小名の両方が同時に付けられることになる．学名の構造の項で述べたように，属名は，ラテン語か他の言語をラテン語化した名詞であり，ラテン語の性（gender）がある．もともとラテン語だった単語には性があるが，新たにラテン語化された単語には必ずしも性はない．その場合には，若干の制限はあるが最初にその属を立てた研究者の判断で，性が決定される．種小名は，例外はあるがラテン語かラテン語化された形容詞または名詞であり，語形は属の性に対応して変化する．できるだけその生物の特徴を表わすのがよいとされ，献名する場合には，先学や採集者など学問に貢献のあった人に限るのが望ましいとされている．

正式に発表した学名が研究者の世界で定着する過程は，実に様々である．もっとも早く発表された有効な学名を正式な学名とすることが命名規約上定められている（これを先取権という）．しかしながら，その学名が後世でもっとも流布している学名であるとは限らない．

学名の先取権をどの著作まで遡るかは，分類群ごとに異なっていて，維管束植物では，リンネの『植物の種』

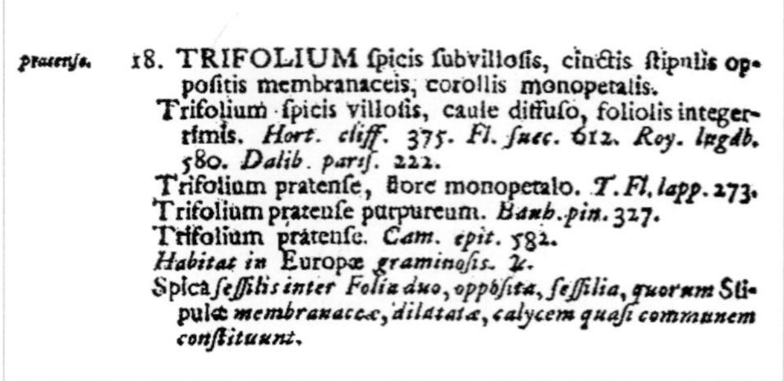
pratenſe. 18. TRIFOLIUM ſpicis ſubvilloſis, cinctis ſtipulis oppoſitis membranaceis, corollis monopetalis.
Trifolium ſpicis villoſis, caule diffuſo, foliolis integerrimis. *Hort. cliff.* 375. *Fl. ſuec.* 612. *Roy. lugdb.* 580. *Dalib. pariſ.* 222.
Trifolium pratenſe, flore monopetalo. *T. Fl. lapp.* 273.
Trifolium pratenſe purpureum. *Bauh. pin.* 327.
Trifolium pratenſe. *Cam. epit.* 582.
Habitat in Europæ *graminoſis.* ♃.
Spica *ſeſſilis inter Folia duo, oppoſita, ſeſſilia, quorum* Stipulæ *membranaceæ, dilatatæ, calycem quaſi communem conſtituunt.*

図２　植物の学名の原点になっている『植物の種』768ページ，上から16行目から27行目．アカツメクサの説明．最初の１文が，リンネがアカツメクサにつけた名前である．後ろの文章では，今までの文献にどのような名前で記されていたかが引用してある．

(1753), 動物では『自然の体系第10版』(1758-1759) になっている．先取権の厳密な適用は，時として学名の安定を妨げる結果になることもある．このような事態を避けるために，現在では，保留名 (conserved name) が認められている．この指定を命名規約委員会から受けると先行する有効な学名があったとしても有効名として保留名が採用される．

学名は，正基準標本という標本に付与されているが，同時に研究者の生物分類の見解を表現する手段でもあるために，有効に発表されたとしても等しく扱われるわけではない．それが次項で扱う研究者によって学名が異なる原因になっている．

5．なぜ学名は本によって違う場合があるのか

読者の中には，市販の図鑑等を見比べて，学名が本によって異なることで困惑し，命名規約が唯一の正しい学名を決めるという今までの話が信じられない人もいるかもしれない．学名の取扱いが研究者によって異なってくる理由について考えてみよう．大きく分けて次の5つの場合が考えられる．

(1) 命名規約運用の間違い
(2) 同じ学名を持つ複数の種があった場合（異種同名）
(3) 研究者によって，属の範囲が異なる場合
(4) 研究者によって，種の範囲が異なる場合
(5) 研究者によって，分類群の階級が異なる場合

単純な命名規約運用の間違いの場合(1)に関しては客観的な正否の判断が可能であり，双方の学名の出典を比較して正しい学名（正名）を定めることができる．ただし，その本が発行された時点で，その存在が判明していなかった資料の発見により，学名が変更されることがあるので，その当時，その学名が正名だった可能性は残る．同じ学名をもつ種が2つ以上あった場合(2)は，標本の同定の間違いによる場合，正基準標本のシートに2つ以上の個体が貼られていて，種が異なる場合，偶然に同じ学名の種が，異なる正基準標本に基づいて発表された場合などに起こり得る．いずれの場合も命名規約により，その学名が有効な種は1種に限られ,それ以外の種には，別の学名が選ばれる．

それに対して(3)〜(5)の場合は，研究者の分類群に対する見解の相違が問題になるので，その生物に精通することなしに専門外の人が文献から客観的に判断することができない．ある学名を採用するということは，その学名を提示した研究者の問題としている生物の属と種の範囲を認めることになる．専門論文では，ある研究者の学名で示される種に，複数の種が含まれていて，その内の1つが話題になっている場合には，一部という意味で，pro parte という表現が用いられることすらある．この点で，ある学名を採用するということは人が生物の単位を認識する際の本質に関わる問題であり，学名は単に生物の種類を示す記号として扱えるものではない．それぞれの場合については，例を引きながら，解説してみよう．

日本の代表的な植物誌『日本植物誌』(大井, 1953) と比較的最近出版された『日本の野生植物Ⅱ』(大場, 1982) を比較してみよう．(1)の場合としてベンケイソウを取り上げる．この場合，1つの種に2つの学名が存在している．前者では, *Sedum alboroseum* Baker, 後者では *Hylotelephium erythrostictum* (Miq.) H. Ohba の学名が使われている．ここでは，属名の違いは別にして，種小名の違いに注目しよう．*Sedum alboroseum* Baker という学名は, Saunders refugium botanicum Ⅰ (1868) という本に初出する．一方, *Hylotelephium erythrostictum* (Miq.) H. Ohba という学名は, *Sedum erythrostictum* Miq. という形で, Annales musei botanici lugduno-batavi という論文集の2巻 (1866) に初出する．両者が同じ種を指し，かつ後者の出版が有効であるならば，先取権を尊重して種小名としては, *erythrostictum* を用いなくてはならない.

(2)の場合は，古い文献を基にした学名で時々見られるが，ここでは，属の範囲に対する見解に違いがあって，属名を変更した時に，異種同名が生じる特殊な場合について解説する．この場合，種小名を変更しないと異種同名になる．チャボツメレンゲの場合を考えてみよう．『日本の野生植物Ⅱ』では, *Meterostachys sikokianus* (Makino) Nakai という学名が使われている．この種は最初, *Cotyledon sikokiana* Makino として発表された. *Meterostachys* 属に組換える時は, *sikokiana* の種小名が有効だが，もし，この種小名を *Sedum* 属に組換えようとすると *Sedum sikokianum* となる．この組合せの学名は，ヒメキリンソウ *Sedum sikokianum* Maxim. が先に発表されているので，異種同名となり，チャボツメレンゲの学名として用いることができない．したがって，命名規約上，次に優先される学名として『新日本植物誌』(1982) では, *Sedum leveilleanum* R.-Hamet が用いられている．

(3)の場合は，比較的多く見られる．キリンソウ属 *Sedum* の項を見ると『日本植物誌』には，26種の植物があげられている．一方，『日本の野生植物Ⅱ』には，対応するマンネングサ属 *Sedum* に20種の植物があげられている．前者のキリンソウ属の概念は，後者に比べて広く，後者が *Rhodiola* と *Hylotelephium* として属を分けている植物を含んでいる．その中の1種イワベンケイを例に取ると前者では，学名が *Sedum rosea* (L.) Scop. であり，後者では, *Rhodiola rosea* L. である．この場合, *Sedum* 属の範囲が異なるために学名が違ってきたので

ある．分類群間の相違の大きさは，連続的に変化するものであるから，属を大きく取るのか，小さく取るのかは，研究者の研究の姿勢に左右される．どちらを妥当と考えるのかは，学名を引用する人の判断によるのである．

　（4）の場合は，ウンゼンマンネングサで見られる．『日本の野生植物Ⅱ』で，ウンゼンマンネングサ *Sedum polytrichoides* Hemsl. とされている種は，『日本植物誌』では，ツシママンネングサ *Sedum yabeanum* Makino とウンゼンマンネングサ *Sedum polytrichoides* Hemsl. に分けられている．『日本植物誌』では，両者の違いとして葉形の違いを取り上げているが，『日本の野生植物Ⅱ』ではその違いを種の違いとして認めていない．したがって，ツシママンネングサは，ウンゼンマンネングサの別名であり，*Sedum yabeanum* Makino という学名も同種異名となり使われていない．

　（5）の場合も比較的多い．エゾノレンリソウの学名は，『日本植物誌』では *Lathylus palustris* L. var. *pilosus* (Cham.) Ledeb. であり，『日本の野生植物Ⅱ』では *Lathylus palustris* L. subsp. *pilosus* (Cham.) Hult. である．このように，研究者によって，分類群の名前は変わらないが，分類群の階級が異なる場合（変種にしたり，亜種にしたりする場合）がある．実際には，今まで挙げてきた場合がいくつか組合わさって，学名が図鑑によって異なることになる．それでは，問題としている生物について詳しくない人が，学名を用いる時は，どうしたらよいだろうか．一概には言いにくいが，専門の研究者の見解を踏襲すればよいのである．多くの場合は，どの図鑑を見ても同じ学名が使われているので問題は生じない．見解が異なる場合には，学名を採用する本を一つに絞って，学名をどの本に準拠したかを明示すればよい．もちろん，学名の違いがどうして生じたかがわかり，どちらが妥当または正しいかが自分自身で判断できればそれに優る方法はない．実際には学名と和名を併記することにより，和名だけの時の問題点，学名だけの時の煩わしさを大いに減じることができる．

6．学名に込められた意味

　最後に学名に秘められた意味について話をして本項を締めくくることにしよう．学名には，何らかの意味や命名者の意図が隠されている．その種の特徴を表わす単語の組合せ，ラテン語そのものの名，先学に対する献名，産地に由来する名前などが多いのだが，少しうがった意味のあるもの，おもしろいエピソードがあるものを取り上げてみよう．ホソバノキリンソウは，ベンケイソウ科の多肉の植物で，その学名は，*Sedum aizoon* L. である．属名の *Sedum* は，ラテン語の座るという意味の単語，Sedeo に由来し，この仲間が，岩に着生することを座るという表現で示している．一方，種小名の *aizoon* は，ギリシャ語の単語の組合わせで，*aei*（常に）＋ *zoos*（生きた）に分解できる．意訳すると不死身のということになるだろうか．抜き捨てておいてもなかなか枯れないという含意である．近縁の多肉の植物ベンケイソウの名前の由来である抜き捨てておいてもなかなか枯れないので，武蔵坊弁慶のように強いと一脈通じるところがあり，東西で同様な発想をするところが興味深い．イチョウ *Ginkgo biloba* L. の属名，*Ginkgo* は，そのままでは，何の意味かは分からないが，*Ginkyo* に綴り替え，更にイチョウの意味の中国語，銀杏に直してみるとようやく意味が取れる．本来，*Ginkyo* と綴られるべきところを，y を g に誤植したまま見過ごしてしまったのでこのような属名になったとも言われる*．薬草であり毒草でもあるベラドンナ *Atropa belladonna* L. の属名は，ギリシャ神話の三人の運命の女神の内の一人で，運命の糸を断ち切り人に死をもたらす Atropos に由来し，致命的な毒草であることを示している．

　学名に用いられているラテン語またはそれに準ずる単語の意味が理解できれば，無味乾燥で不可解な呪文のように思える学名が親しみ深いものになるかもしれない．本項が読者諸氏の学名について興味を喚起することができれば，幸いである．

引用文献
動物命名法国際審議会，2000．国際動物命名規約第 4 版日本語版．日本動物分類学会連合，札幌　133pp.
Linnaeus, C. 1753. Species Plantarum. Laurentii Salvius, Holmiae. 823+（1）pp.
Linnaeus, C. 1758-1759. Systema Naturae, 10th ed., Tom Ⅰ・Ⅱ. Laurentii Salvius, Holmiae. 1384pp.
Mcneill, J. et al. (eds.), 2006. International Code of Botanical Nomenclature, Adopted by the Seventeenth International Botanical Congress, Vienna. A. R. G. Gantner Verlag, Liechtenstein 568pp.
大井次三郎．1953．ベンケイソウ科，日本植物誌．至文堂，東京，p.585-592.
大井次三郎（北川政夫改訂）．1982．ベンケイソウ科，新日本植物誌．至文堂，東京，p.778-789.
大場秀章．1982．ベンケイソウ科，佐竹義輔他編，日本の野生植物Ⅱ，p.139-152．平凡社，東京．
Yatabe, R. 1890. A few words of explanation to European botanists. *Bot. Mag. Tokyo*, 4: p.355-356.

註＊ケンペル自身が'y'を'g'に表記したための間違いという考えと，ケンペルが'y'または'j'と手書きしたものを，'g'と誤植したための間違いという考えなど，諸説ある．

基準標本（type）の種類について

　基準標本の設定の仕方は様々な変遷を経てきた．学名の先取権を遡る最初の文献の年代から見て，かなり時が経った後に，正基準標本1枚を指定するという形に落ちついた．それ以前は，基準標本が複数存在することが珍しくなかった．したがって，現在，様々な場合に対応して様々な名前の基準標本が使い分けられている．植物と動物では，若干異なるところがあるので，植物命名規約に沿って解説する．

　基準標本の種類を説明する際には，基準標本が選定された状況によってケース分けすると理解しやすい．次の3つのケースがあり，それぞれにいくつかの違った概念の基準標本が存在する．第1のケースは，原記載者が正基準標本（holotype）を設定している場合である．原記載者が設定した正基準標本が，他のすべての基準標本に優先する．副基準標本（isotype）は，正基準標本と同じ個体から同じ時に採集された標本である．それ以外の原記載に載せられた標本・図解は，従基準標本（paratype）の資格がある．第2のケースは，原記載者が正基準標本を指定しないで，複数の標本を基準標本として指定した場合である．これらの標本は一括して，等価基準標本（syntype）と呼ばれる．後の研究者が，この中から，一枚の標本を選定基準標本（lectotype）を指定することができる．選定基準標本は，第1のケースの正基準標本に対応する地位を持っている．第1のケースで，正基準標本が失われた場合に，副基準標本または従基準標本から，新たに基準標本を選び出した場合も同様に選定基準標本と呼ばれる．第3のケースは，第1・第2のケースで説明された基準標本がすべて失われた場合に，原記載にもっともよく合致する標本を研究者が新基準標本（neotype）として指定する場合である．多数の基準標本が滅失した例としては，第2次世界大戦中のベルリンの爆撃により，ベルリン植物園の収蔵庫が焼失した例がある．これも戦争がもたらした悲劇の1つであろう．

　動物の場合の相違点は，正基準標本と性の異なる基準標本をアロタイプ（allotype）として設定することがあること，特殊な場合を除き副基準標本（isotype）が存在しないこと，従基準標本（paratype）と認識されるには，従基準標本としての原記載者の指定が必要なことなどである．

天野　誠

リンネソウ ❶

　史上もっとも偉大な博物学者リンネによって，学名を付けられた生物は数多い．その中でも，命名者（学名の名付け親）の名をもらうというもっとも名誉ある地位につけられたのは，リンネソウである．リンネソウの学名は，*Linnaea borealis* L. という．属名は，リンネの名前に由来し，種小名は，"北方の"という意味のラテン語に由来する．リンネソウは，植物界で唯一リンネに関わる属名が付けられた植物である．生物の学名を付ける際には，献名ということが行われることがある．その植物にゆかりのある人々，たとえば発見者や採集者あるいは栽培者の名前が付けられる場合もあれば，尊敬する人物，たとえば先学者や国王あるいはパトロンの名前がラテン語化されて使われることもある．本来，自分に学名が献名されることはないはずなのに，リンネソウの学名にリンネの名前がついているのには理由がある．正式にリンネソウに学名を付けたのはリンネだが，リンネソウ属にリンネの名前を付けたのは，オランダの植物学者グロノビウス（J. F. Gronovius）なのである．リンネも自分の名がこの植物に付けられたことを喜び，自著『植物の属』にこの属名を取り上げた．植物の学名の先取権は，1753年の『植物の種』に始まるので，ここでこの学名が正式に採用されたのである．ロンドンのリンネ協会には，リンネ自身が採集した当時の標本が残されている．

　リンネソウは，スイカズラ科のリンネソウ属の1属1種の匍匐する常緑の矮性低木である．草のように見えるが，茎は細くとも木化していて低木の仲間入りをしている．茎には，短い葉柄がついたほぼ円形の葉が対生についている．所々に高さ5 cmぐらいの花茎を持ち上げ，その先が二股に分かれ，淡紅色のベルの形をした花をそれぞれ1つずつ付けている．花冠は浅く5つに切れ込んでいて，紫色がかった緑色の萼がその基部を被っている．花茎の中間あたりには，通常1～2対の葉が付いている．

　リンネソウは，北方や亜高山帯の針葉樹林のコケのふかふかした林床や高山帯に生育している．日本では，八ヶ岳や白馬岳などの中部地方以北の本州と北海道の高山に見られる．世界的に見るとその分布は，ヨーロッパからシベリアを経て北アメリカ北西部までと北半球の亜寒帯から寒帯にかけて広く分布している．リンネもラップランドへの採集旅行で，リンネソウを採集している．

　リンネは，リンネソウを私の草と呼び，非常に気に入っていたようである．様々なリンネの肖像画が今日残されているが，その画の中には，必ずといっていいほどリンネソウが描き込まれている．後に貴族に叙せられたリンネ自身の紋章にもリンネソウが描き込まれている．また，ロンドンのリンネ協会の紋章にもよくみると上部にリンネソウが描き込まれており，リンネ協会の建物の中もリンネソウの意匠にあふれている．ここのお土産にもリンネソウの意匠が氾濫している．いわば，リンネソウは，リンネのトレードマークなのである．　　　　　天野 誠

リンネの紋章．リンネは，博物学の研究により貴族に叙せられた．リンネの使用した紋章には，リンネソウの意匠が組み込まれている．

リンネと医学

梶田 昭

はじめに

リンネの評伝を書いたドイツの医学史家ハインツ・ゲールケは，その本（『リンネ』博品社，1994）の序文で，リンネが医師だったことをそれほど過大に見つもってはならないが，といってかれの医学を軽視するのも誤りだ，こう書いている．これは正当な判断で，私たちの指針になる．

カール・フォン・リンネ（1707-1778）が偉大な植物学者であったことはいうまでもない．しかしかれはまた，一人の医師でもあった．これはリンネの時代の博物学者（ナチュラリスト）に共通した事情でもある．こんど千葉県立中央博物館で購入されたリンネ資料*には，医師としてリンネの活動を示す図書，原稿，手紙もいろいろ含まれている．ここで筆者は，医学という角度から見たリンネについて，少し書いてみようと思う．

まずリンネが医師であったことを示す事実を，三つあげておこう．

第1に，リンネは医師としての教育を受けた．ルンド，ウプサーラで医学を学び，「間歇熱」（マラリア）についての論文をオランダの大学に提出して博士になった．

第2に，オランダを中心とする外国旅行から帰った後，3年間ストックホルムで開業医として生計を維持し，海軍病院の医官も勤めた．さらに後年，王室の侍医に任命されている．もっともこれは名誉職で，実際の診療は伴わなかった．

第3に，リンネは34歳のとき，母校ウプサーラ大学の医学教授に就任し，生涯その職にあった．この間に，ライフ・ワーク『自然の体系』を何回も書き直したり，『スウェーデン動物誌』，『スウェーデン植物誌』，『植物哲学』といった，博物学，とくに植物学の本をいくつも書いた．また植物園の経営や，動・植物の研究，国民生活や経済に役立つ植物の栽培など，博物学者として大いに活躍した．これらも，じつは医学教授としての，かれの仕事のうちであった．しかしさらにかれは，症候論（診断学），養生論（衛生学），薬物学など，今日の目から見ても，医学の固有の領域に入るテーマを，自分の守備範囲として熱心に研究し，学生にも教育したのである．

1. ナチュラリストたちと医学教育

中世・近代のヨーロッパで，医学は植物学を重要な要素として含んでいた．植物はもっとも頼みになる薬物だったからである．植物好きの青年も医学校へ入って勉強した．その他の設備（例えば植物園）は少なく，そこで勉強できるのは，世襲やとくべつな縁のある人に限られていた．医学教育は，ナチュラリストのゆりかごであり，かれらに広く開かれた登竜門であった．少しばかり例を見てみよう．

「ドイツ植物学の父」フックス（1501-1566）は，ミュンヘンで開業医，のちインゴルシュタット，チュービンゲンで医学教授になった．その多くの著述の中に，有名な『植物図説』がある．ドイツ語版の書名，『新薬物書』が示すように，かれの植物研究は，医学，薬物学の一環であった．スイスのゲスナー（1516-1565）は，わが南方熊楠も目標にした博物学者であるが，かれもバーゼルで医学を学び，チューリヒ市の上級医官として，よい腕前の臨床医であった．

パリ植物園の創立者，ブロス（1586頃-1641）は医師の家系の出で，薬草の栽培や製薬の研究をするため，国王ルイ13世の許しを得て植物園を設立した．「フランス植物学の父」ツルヌフォール（1656-1708）は，植物採集に熱中するかたわら，モンペリエ大学で化学，医学，植物学を学んだ．モンペリエは，イタリアのサレルノに次いで，ヨーロッパ最古の医学校があったところである．リンネとほぼ同時代人，『博物誌』のビュフォン（1717-1788）は，初め数学を学び，それからアンジェ大学の医学部へ入った．進化論で有名なラマルク（1744-1829）も，軍務から離れ，パリの医学校と植物園で勉強した．ヨーロッパの大学は，フランス革命までは，中世の大学と中味は大して違わなかった．神学，法学，医学の3学部と教養学部（7自由科）というのが基本の構成で，場所や時代によって多少の差はあった．18世紀になるが，キュヴィエ（1769-1832）が学んだシュトゥットガルトのカルル校（そこにはのちの大詩人シラーも医学生として在籍していた）には，法学，医学，行政学，兵学，商学の5学部があった，という．

医学部以外に，自然科学を専門に学べる学部は，18

世紀まではなかったのである.

その医学部の授業内容はというと，15世紀のチュービンゲン大学は，ガレノス，アヴィケンナ，ラーゼス，ヒポクラテスで，ギリシア，ローマ，アラビアの古典研修が主であった．16世紀のバーゼルで，パラケルススがアヴィケンナを焚火に放りこんだ事件(1527年)は有名である．リンネの国スウェーデンでは，17世紀初めに医学教育がウプサーラで誕生した．二人の教授(リュードベック兄弟)のうち，かつて数学，ヘブライ語，神学を担当した弟が薬草学を教え，弁論術の教授だった兄がにわかづくりで病理学を講じた．ヒポクラテス，ガレノスも必ず講義され，これはリンネの時代まで続いていた．

古典の丸暗記と，瀉血，浣腸，下剤など，ガレノス流のマンネリ治療法に明け暮れた中では，薬草の採集，栽培，時には治療実験も伴う薬物学は，医学の中の実証的な分野を代表していた．植物園の設立を許したルイ13世も，毎日のように瀉血と浣腸と下剤を処方されて苦しんでいたから，薬草の方に一抹の期待をよせたのかもしれない．

ナチュラリストの卵たちは医学を学ぶ中で古典に習熟し，植物に親しんだ．医学の専門化が進んでいない時代だったから，好みを生かした学習をする時間のゆとりも十分あったであろう．そこで身につけた医師の技術は，かれらを経済的に支えた．じじつかれらの多くは，開業医，医学教授，ときには侍医としての安定した生涯を送った．

かれらがナチュラリストとして育つにつれ，薬物学(中国や日本の本草学)も脱皮・発展して博物学になっていった．この事情は東西共通である．わが国で，江戸時代の小石川御薬園(のちに養生所を併設)が，東京大学の植物園になったのもその例である．

2. 医師リンネの誕生

ウプサーラ大学は，1477年からの歴史をもつ，スウェーデン最古の大学である．

スウェーデンといっても，領土の範囲は，今と同じではない．17世紀末のスウェーデンは大バルト帝国で，バルト海を内海にしていた．リンネが生まれた数年後，スウェーデン軍はロシア軍に大敗し，以後落ち目になるが，それでも18世紀には，スウェーデンは，ウプサーラ，ストックホルム，ルンド，ドルパート(現エストニア)，オーブー(現フィンランド)，さらにグライフスワルト(現ドイツ)に医科大学をもっていた．

高校を終えたリンネは，初め郷里に近いルンドの大学(1668年設立)へ入ったが，1年後，高校の恩師，ルートマン医師の勧めに従ってウプサーラ大学に転学した．

ウプサーラでは，リュードベック(前述した兄弟の家系であろう)，ルーベリの両教授が，それぞれ解剖学と植物学，理論・臨床医学を担当していた．

リンネは植物学への関心と実力で抜きんでていた．とくに22歳のかれが発表した論文「植物の婚礼序説」は，その独創性によってリュードベックに強い印象を与え，教授が植物学の講義と，植物園の管理をリンネに任せたほどである．

大学の課程を終了したリンネは，植物学講師として日を過ごすかたわら，ラップランド(北方，ラップ人の地)やダーラナ地方を旅行した．民俗・博物方面の経験を深め，地方病も見聞したことは，かれの視野をどれだけ広めたかわからない．

1735年，27歳のリンネは，十分な資金もなしに，ヨーロッパ各地への学術旅行に出発した．当時こういった大旅行は学者の候補生に流行っていた．かれらは数年をかけて各国を回り，有名な学者たちと近づきになったり，新しい学説に接したりした．学者として飛躍するために，かれらにとって学術旅行は重要なステップだったのである．

3. リンネの学位論文

さし当たってリンネには，当面の目標があった．それはオランダのハルデルウェイク大学で学位を貰うことで，そのためにかれは「間歇熱の原因についての新仮説」と題する論文を携えていた．間歇熱というのは今の言葉でいうとマラリアである．

論文の審査は，1735年6月12日，大学総長ホルテルの主催で厳粛に行われた．ホルテル(ゴルテル，後述ブールハーフェの門下)は，その著作を宇田川玄随が『西説内科撰要(寛政4年以降)として翻訳した(日本最初の西洋内科書)ことから，わが蘭学者とも関わりが深い人である．

リンネの論文には，かれの考え方や，ウプサーラで学んだ医学の性格がよく反映されている．論文で引用されている医学者は，サントリオ(イタリア，医物理派，1561?-1636)，シデナム(「イギリスのヒポクラテス」，大臨床家，1624-1689)，ホフマン(ドイツ・ハレの臨床教授，1660-1742)，ブールハーフェ(オランダの医師，「全ヨーロッパの教師」，幕末のわが蘭学者たちにも坪井信道訳『萬病治準』の原著者として名が聞こえていた，1668-1738)，ディッペル(スウェーデン国王付の医師，1673-1734)，ルートマン(上述，スウェーデンの医師，1684-1763)，ワルドシュミード(不詳)である．シデナム，ホフマン，ブールハーフェは，17〜18世紀のヨーロッパ医学を代表する人びとである．

リンネは間歇熱が，スウェーデンの北部よりも南部の湿地・峡谷地域におこる病気であることを知っていた．

春，川の氷が融けて，泥を交えて白く濁った水が流れるときが，病気の好発季節である．海や湿地から吹く風，肉やミルク，果実の消費，性行動，風邪などは関係がなく，発症は川水を飲用する習慣と結びついている．こういう疫学的な背景を重く見るのは，ヒポクラテス・シデナム流であるが，旅行を愛し，自然の観察を好んだリンネの面目もよく現れている．かれは，病気は土壌の粘土によっておこる，それは粘土質の水を飲むと，細かい粘土粒子が血液の中で小血管をふさぎ，いろんな症状をおこすからだ，と推測した．血液の粘稠な（ねばっこい）性質から病気の発生を説明するのは，論文にも明記されているように，ブールハーフェ説によったものである．かれは，熱というのは，粘土（および二次的な有害産物）を体から除く必要からおこる症状だ，とギリシアの医師以来の「自然治癒力」説を使って説明した．論文審査の席でも，リンネはヒポクラテスから自在に引用したという．

「本候補者は，深い教養と十分な医学的知識，有徳かつ高貴な気質の証拠を示した．医師の椅子に坐るかれの権利は公正なものである」から始まる賛辞を付した学位記は，7月9日にリンネに手渡された．

リンネの，この間歇熱粘土説は，のちにかれのライヴァル（とくにヴァレリウス）の攻撃目標になった．リンネ自身は，1750年以降はこの説に固執しなかった．

4．ブールハーフェ，ソヴァージ，ハラー

リンネがライデンを訪れる一日前に，ブールハーフェは最終の講義をすませていた．すでに老いの日を迎えていたのである．しかしかれは3年の間，リンネに援助を惜しまず，自分の弟子や知人にリンネを紹介した．オランダを離れるリンネが暇乞いに訪ねたとき，老師はもう死を間近にしていた．ブールハーフェは異国の青年を部屋に迎え，口づけとヴァレー（ラテン語で「さよなら」）を送った．リンネはこうして，当代最高の医師の輝きと思い出を，生涯の友にすることが出来たのである．

リンネはオランダ滞在中，またイギリス，フランスの旅行で，多くの友人を得たし，植物園や博物館をつぶさに視察したし，論文を刊行することもできた．

フランス・モンペリエのソヴァージ（1706-1767）の論文「病気の綱（クラス）」を読んだのも，オランダにおいてであった．ブールハーフェの勧めがあったのだろう．ブールハーフェは，ソヴァージの仕事を激賞していた．

英国のシデナムは，古典万能主義にも，物理・化学的な医学説にもくみせず，臨床観察に徹した．それぞれの病気には，症状や経過に特徴があり，植物学者が植物を扱う方法で，病気の種を特定することが出来るはずだ，こうかれは考えた．「スミレの特性が，地球上のどのスミレにもあてはまるように，病気についても自然は一定している．同じ病気はソクラテスだろうと，愚か者だろうと同じように現れる」．麻疹と猩紅熱，天然痘と水痘を始めて区別したのはシデナムである．医学と植物学を学んだソヴァージにとって，これは啓示の声と聞こえた．かれは病気の体系化に一生とりくむことになる．そのソヴァージの処女著作はまたリンネに衝撃を与えた．リンネはソヴァージと，逢う機会こそなかったが，生涯親しく文通しあった．中央博物館にもソヴァージに宛てたリンネの手紙が数枚ある．（p.44-46）

ブールハーフェは綜合的な学者だったが，その生理学はハラー（1708-1777），病理学はガウプ（1705-1780）が引き継いだ．スイスのハラーは18世紀を代表する生理学者で，その筋肉収縮の研究は，のちの神経生理・細胞生理学の先触れであった．かれは植物学にも関心が深かった．ハラーとも，リンネは長く文通を続けたが，暖かい雰囲気は生まれなかった．体系・分類の原則的な思想に違いがあったのか，僅かな行き違いが重なったためか，その辺の事情はわからない．リンネは，ライデン滞在中にガウプにも逢っている．ガウプの病理学教科書『病理学指針』（ライデン，1758）は，ヨーロッパ各地で広く普及し，しかも長い生命を保った．

5．ストックホルム，そしてウプサーラ

1738年，リンネはスウェーデンへ戻った．三年間，かれはストックホルムの開業医であった．国軍元帥テッシン伯の後援も得て，かなり声望ある医師であった．時には一日に40人から60人の患者を診察した．また海軍病院の医官も勤め，200床の入院患者の責任を負った．海軍病院で，患者の死後，リンネが病理解剖の許可を求め，それが承諾されたことを示す資料が残されている．解剖そのものの記録は失われた．

1740年に，ウプサーラのリュードベック教授が没してルセーンが後を継ぎ，ついでルーベリ教授も退職し，翌年リンネがその後継者に任命された．1741年10月27日，リンネは就任演説を行い，11月3日，大学の大講堂で「病気の体系」の講義を開始した．このテーマにかけたかれの意気込みがわかる．36年間，かれは教授の職にあった．その間は，家族や親しい友人を除くと，もう実際に診療することはなかった．

ルセーン（ローゼンシュタイン，1706-1773）も，スウェーデンの誇るべき医学者であった．リンネとの間で，教職をめぐってしばしば対立することになったのは，不幸なめぐり合わせであった．しかし晩年は平穏な関係を保った．その著作『小児の疾患とその治療』はオランダ語版が幕末のわが国へ輸入され，宇田川玄真の和訳本が残っている．

初めはルセーンがリュードベックの解剖学，植物学，

リンネがルーベリの理論・臨床医学を引き継いだが、話し合いで担当を交換した。最終的にリンネの責任になったのは、植物学、症候論(診断学)、養生論(衛生学)、薬物学、一般博物学であった。

6. リンネの「病気の体系」

リンネの医学の一つの面を現しているのは、「病気の体系」づくりである。「体系化」は18世紀科学の特徴的な方法であったが、さらに科学者リンネには信仰という動機があった。かれは大洪水のノアが舟の積み荷を数え上げたように、創造主の産物を数え上げた。それがかれの「体系」であった。かれは動植物、岩石という三界の体系化と並んで、病気の体系化も企てたのである。「体系化」は「分類」に通ずる。しかし「分類」は個別の観察が集積した段階で、これを整理するために生まれた手段であり、一方「体系」は全体を見る目、秩序に対する信頼を前提とする。両者はまったく同じではない。

リンネが『病気の属』を刊行したのは、1763年である。博物館には、この初版と、ハンブルクで出版されたドイツ版(出版年不明)とがあり、後者にはドイツ語の説明や索引がついている。リンネは、病気をまず11の綱(クラッシス)にまとめた。次の表は原書の4頁から転記したもので、カッコ内のローマ数字が11の綱を示している。

熱性　　発疹 (I), 分利 (II), 炎症 (III)

神経性―┬感覚 (疼痛) (IV)
　　　　├判断 (知能障害) (V)
　　　　└運動 (麻痺・興奮) (VI, VII)

非熱性　体液性：うっ滞 (VIII), 瀉下 (IX)
　　　　固性 (器官性)：内部の形態異常 (X)
　　　　　　　　　　　外部の疾患 (XI)

綱の下位には37の目(オルド)を設定し、さらにその下位に、当時知られていた疾患を、325の属(ゲヌス)として数えたのである。例えば炎症(綱)の第1目は「粘膜」、その第7属に「膀胱炎」、疼痛(綱)の第2目は「外部」、その第1属に「痛風」、知能障害(綱)の第3目は「感動」、その第6属が「ノスタルジア」、内部の形態異常(綱)の第1目は「痩せ」、その第1属が「肺結核」といった具合である。

この方法の欠陥は、本質的な病理過程が考慮されず、既成の「病名」が不変の存在として扱われることである。それは臨床観察の中から「病名」に新しい生命を吹き込んだ、シデナムの思想と同じとはいえない。リンネも、行き詰まりを感じていたに違いない。

ソヴァージ、リンネについで、エディンバラのカレンも『疾病分類法・概観』(1769)を書いた。こういう方法は、フランス革命までは医学のひとつの主流だったし、その後も、フランスのピネル(精神科医、『疾病記述法』の著者)やビシャ(組織学の父)の思想の中へ引き継がれた。

7. 養生論の教師、そして医学者リンネ

リンネは、植物学の他に、症候論、養生論(ディエテティーク)、薬物学を専門にした。ディエテティーク(英 dietetics)は、今日では食養学、食事療法の意味に解されているが、もともとは、ギリシア語のディア(通して)、アイティア(原因、特性)から来た「生活のありかた」という言葉である。今日の衛生学が近いであろう。ダイエットというのも姉妹語で「生き方」である。たんに「食べ物」や、いわんや「痩せ方」ではない。

リンネはラップ人に接した経験から「人間は病気なしに、自然の原則にしたがって寿命を二倍に延ばすことができる」と思い当たった。かれは草稿『自然養生論』(1733)の中で次のような忠告をしている。

あらゆる過剰は有害である。
一日の三分の一は軽く体を動かせ。
汝に力を与えるために食べよ、胃に負担を与えるためでなく。
煮ないものは煮たものに勝る。水でも同じ。
養生なき治療法は効少なし。養生こそ助けなるときに、医薬に頼るは愚かである。
人間は動物である。その種に合った生き方を。
人間は勝手な手段によって自然の癒しを妨げてはならない。
瀉血、通じ薬、その他もろもろは、緊急やむをえない時に限れ。

かれの養生学の理念は、講義を聞いた教え子(とくに牧師)を通じて、広くスウェーデン国民の間へ浸透した。

リンネは間歇病(マラリア)だけではなく、らい病、壊血病、麦角病、職業病(とくにじん肺)などの国民病に強い関心を寄せた。かれはいくつかの病気が、微小動物によってうつってゆく可能性を推定していた。生物の世代交代の速度は、そのサイズに逆比例する。それなら、とかれは考える。肉眼に見えない病原体は驚くほど急速に増殖するはずだ。「もっとも小さい動物は、もっとも大きい動物よりも、より大きな荒廃をもたらすかもしれない。おそらくそれは、一切の戦争にもまして、多くの人間を死に至らしめる」。これは今でいう「時間生物学」だが、大へん説得力をもっている。

じん肺についてリンネは書く。「研磨労働に生計の途を見いだすかぎり、20、30、あるいは40歳を越すものは稀である」。ここで肺病変の発生機序を明確に説いている。「教会で老人を見ることはあっても、その仕事は洋服屋か靴屋であって、坑内の仕事ではない。一般に、肺癆というのは遺伝か伝染病と思われているのに、かれらの妻や子供には肺病がない」。この最後の主張は、肺

結核とじん肺の差を鋭く指摘したものである.

リンネは薬物学には，当然のこと関心が深く，公けの『薬物誌』(薬局方)の編纂にも熱心に協力した．薬物の研究は，薬用植物学だけではなく，体への作用機転の研究(薬理学)が必要である．リンネは薬用植物を，味と匂いを指標にして分類し，体の構成と結びつけて作用機転を解釈した．味の強い薬は人体の「皮質」(骨，筋，血，内臓)に，匂いの強い薬は「髄質」(脳，神経系)に作用する，とかれは主張した．人体の「皮質」とか「髄質」というのは，かれが『病気の体系』や『医学の鍵』(1766)で展開している概念である．後者も博物館の資料に含まれており，リンネ自身が難解といっているが，僅か30頁くらいの小冊子であるから，努力すれば，理解できるかもしれない．

むすび

医学者リンネは，植物学者として知られるリンネと，同一人とは思えないほど多産だった．それは，かれの並外れた勤勉なしには考えられないことである．オランダ滞在中の青年リンネは「私はいつも一人だった．いつも考えていた．眠る間さえも」と書く．かれの精力的な仕事は，毎日を生涯の最後の日であるかのように働く人にして初めてなしうるものであった(ゲールケ)．かれには，神の委託を受けているのは自分だという，使命感と自負心があった．気力と体力と，才能もこれを裏づけていたに違いない．

リンネの18世紀，日本の医学も目を西欧に向け始めていた．リンネの高弟にして使徒，ツューンベリによる『日本植物誌』が完成する二年前，前野良沢，杉田玄白の『解体新書』が刊行された．日本人が長崎を窓口にして接したのは，ブールハーフェを始めとするオランダ医学であり，ライデン医学であった．ある意味で，リンネと日本の蘭学者とは同門だったのである．そのことを語る，いくつかの事実は，本文の中でもあげておいた．ツューンベリが，梅毒の水銀療法を日本に紹介したのも，この奇しき縁の一環だった，と思われる．

編註＊1994年当時．

主な参考文献

Broberg, G. (ed.)1980. Linnaeus. Progress and Prospects in Linnaean Research. Almqvist & Wiksell International, Stockholm. (リンネ没後二百年記念シンポジウムの記録).
Goerke, H. 1989. Carl von Linné. 1707-1778, Arzt-Naturforscher-Systematiker. 2. Auflage.
Wissenschaftliche Verlagsgesellschaft mbH, Stuttgart. [梶田 昭訳．1994．リンネ．医師・自然研究者・体系家．博品社，東京]
O'Malley, C. D. (ed.)1970. The History of Medical Education. Univ. of California Press, Berkeley/Los Angeles/London. (UCLA国際シンポジウムの記録).
石田純郎．1992．緒方洪庵の蘭学．思文閣出版，京都．
木村陽二郎．1983．ナチュラリストの系譜，近代生物学の成立史．中央公論社，東京．
松永俊男．1992．博物学の欲望，リンネと時代精神．講談社，東京．

CARL VON LINNÉ.

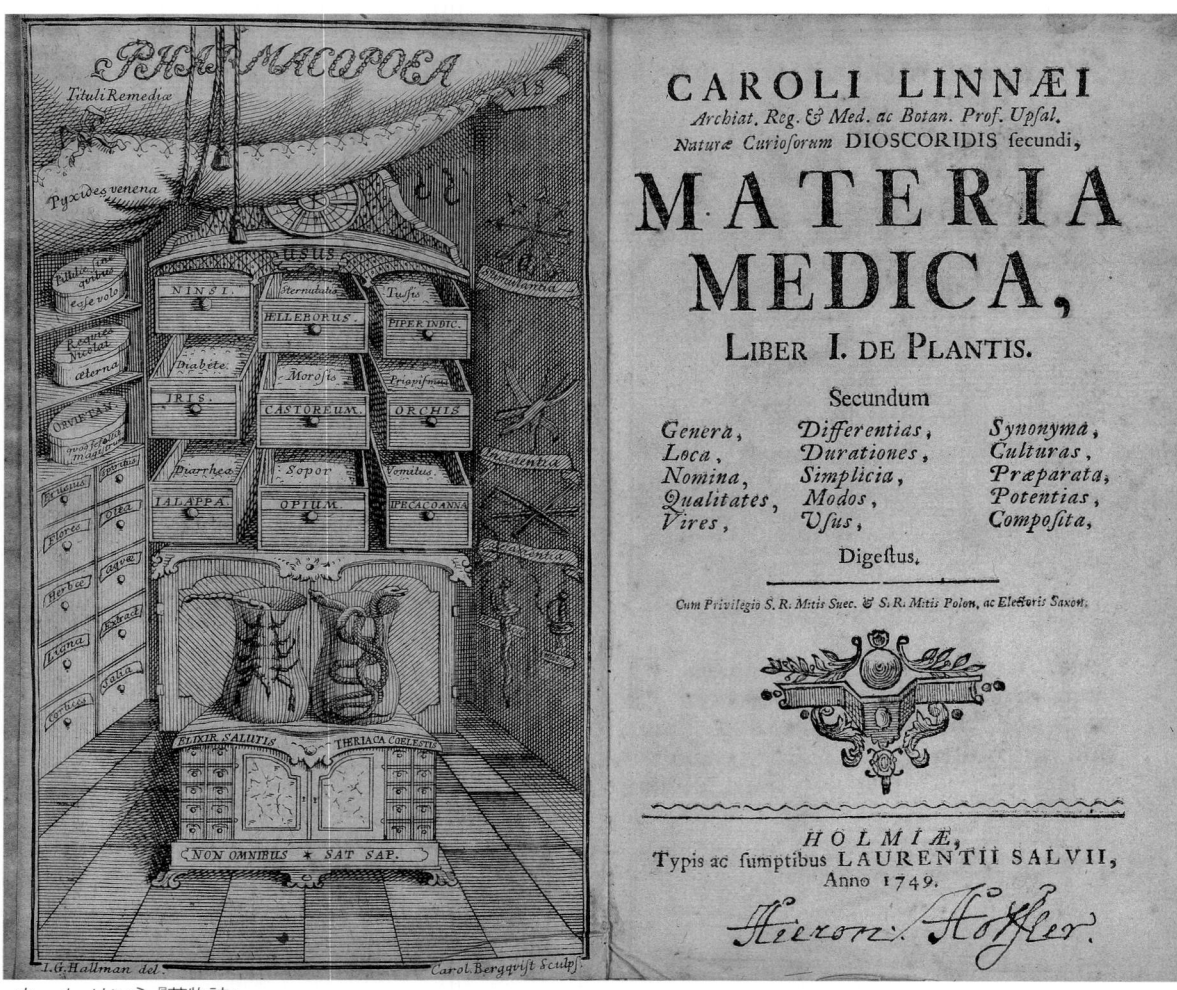

カール・リンネ『薬物誌』

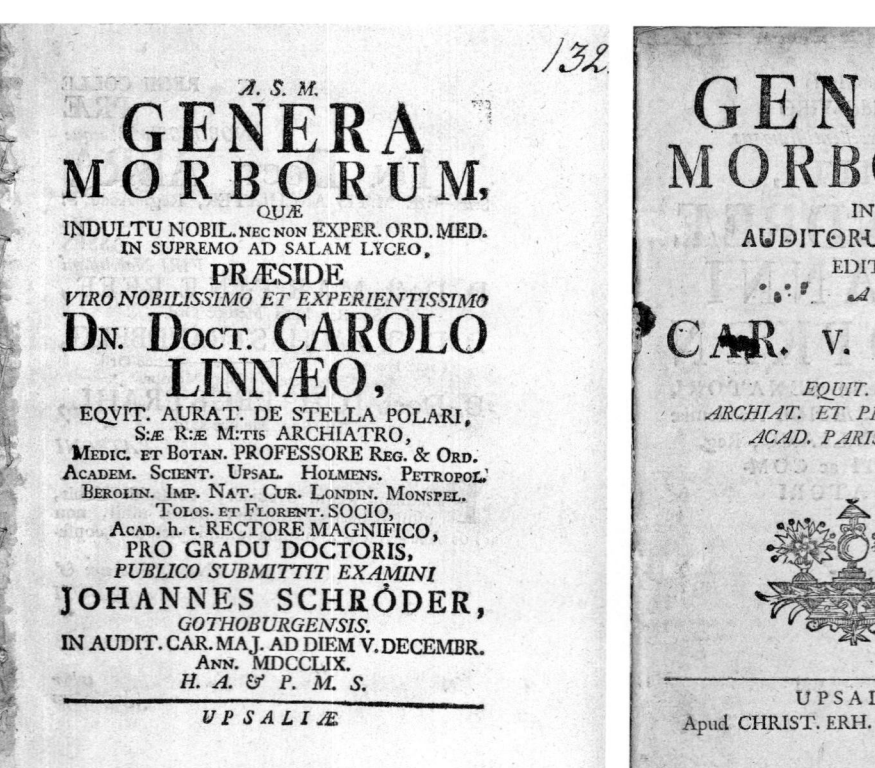

カール・リンネ『病気の属』

リンネと生態学

沼田 眞

はじめに

　リンネの分類学上の貢献については，私からは多言を要しない．千葉県立中央博物館がリンネに関するレンスコーク（Torbjörn Lenskog）コレクションを入手したのを機会に，一部の文献に目を通して若干のコメントをすることになったが，専ら生態学的観点に立って述べてみたいと思う．いうまでもなく当時はまだ生態学という学問分野は生まれていなかった．レンスコーク・コレクションについてはイギリスの Society for the History of Natural History の情報によれば，トルビヨン・レンスコークが17年間にわたって蒐集したリンネの蓄積をほとんど完璧に網羅したもので，全体で4,800点ある．リンネの自筆書簡2通，リンネの指導した学位論文から，彼の高弟で日本のフロラをまとめたツューンベリ（Carl Peter Thunberg）の著作までふくまれている．

　リンネに関する大きなコレクションとしては5つが知られているが，それらは，British Library, Uppsala University, Det Kongelise Bibliothek in Copenhagen, Royal Library in Stockholm, Bibiotheque Nationale in Paris である．

　最近でた本としては，ハインツ・ゲールケ（1994，梶田昭訳）『リンネ—医師，自然研究者，体系家』（博品社）がある．Heinz Goerke はスウェーデンの医学史家であり，リンネの伝記をかくのにふさわしい人である．もう一冊は，西村三郎（1989）『リンネとその使徒たち．探検博物学の夜明け』（人文書院）であるが，3人の弟子を通じてリンネをみるという興味深い視点をもっている．

1. ゲーテとリンネ

　私がリンネの生態学的側面にふれた最初のきっかけは，アメリカの自然観照の詩人であり文学者であったソロー（H. D. Thoreau）を通じてであった（沼田，1979）．私の『生態学方法論』の一部（1979，197頁）に，アメリカ文学者絓川羔（1966）の論文によって書いた部分があるが，それによるとソローはリンネの Philosophia Botanica（1751）をよんで，植物の生育地の生態学的分類に興味をそそられた．私の『生態学方法論』の旧版（沼田 1953，64頁；1967，95頁）には，抽象的な普遍化による類–種概念の形成がリンネ・システムを一貫しているが，ここに反発を感じたゲーテはリンネの道を「死の普遍」とよび，これに対して原型論をうちたてたことが記されている．

　しかし，1816年11月7日67歳のゲーテの友人へあてた手紙の中では，「近頃私はまたリンネを読み，この並はずれた人物に驚嘆しました」（大森，1972）という．ただ，リンネ植物学に傾倒した時期にはリンネはすでに故人であった．『私の植物学研究の歴史』の中でゲーテは，「シェイクスピアとスピノーザとの3人のなかではリンネによって最大の影響が私にもたらされた」といっているが，この論文の第2版ではこの部分が削除されている．

　ゲーテは徐々にリンネから離れて彼を批判するようになった．ゲーテはリンネの方法を分析だといい，自らはこれに対して普遍へ眼を向けるとし，そのイデーを『植物のメタモルフォーゼ』（リンネも意味はちがうが同名の論文（1755）がある）にまとめた．ゲーテは発生学的にはヴォルフの後成説の立場に立ち，リンネの前成説的な立場を1816年8月の友人への手紙の中で批判したのであった（大森，1972）．

　一方（沼田，1967，134頁），リンネは分類学を体系化しただけでなく，植物地理学にたいしても一見識を有していた．気候にもとづく植物景観の変化を認めた最初の人といわれるツルヌフォール（Tournefort, 1656–1708）に対して，リンネは，気候ではなく，土地にもとづいて高山植物，山地植物，水生植物などに分ける試みを行ったとされる．しかし後述するように，リンネは気候的区分にも注意している．植物群落についても，その立地条件に注目し，植物群落の概念を最初にもった人といわれる．

2. 植物地理学者としてのリンネ

　このことについては，ウプサラ大学の植物生態学の教授であったデュ・リエ（G. Einar Du Rietz, 1957）の『植物地理学者としてのリンネ』によく書かれている．それによると，リンネは植物地理学者であると同時に，広い意味での植物社会学者でもあった．その特徴をみると，

(1) 高山植物地理学者としてのリンネ

　　その仕事は Flora Lapponica（1737）にはじまる．

Haller のアルプスの植物分布帯より 5 年早く，彼はスカンジナビア山地の植生帯を論じた．
1) 彼は針葉樹林帯と高山帯の間に亜高山カンバ林帯を認めた．高山帯は矮生低木のヒースやヤナギの低木で，その上にはわずかな植生と多雪な上部高山帯がくる．そして森林限界の気候的意義を明確にのべている．
2) ラップランドのふつうの湿性の山地と，乾燥した地衣類ヒースの山地とをはっきり区別した．
3) 高山植物の生育環境について正確かつ詳細に記述した．リンネはスウェーデンの高山と低地のフロラの比較を明確に述べた (1737, 1739, 1744, 1749, 1756)．ただ彼は聖書の創造説をかたく信じていたので，すべての種は単一の創造中心 (a single creation centre) からひろがると考えていた．したがって高山植物の分布が不連続なことの説明は困難であった．しかし，このようなことから分布生態学 (dispersal ecology) が生まれた．
4) 以上のことに関連して，高山植物といっても場所によってフロラがちがうことを説明した (1745, 1756)．ここでは，これらのちがいは不完全な分布に起因するとした．
5) 高山植物の分布は針葉樹林帯の川ぞいによくみられる (1737, 1744)．これは川の流れによって分布をひろげるからで，多くの高山植物が低地の湿原にもみられることを指摘した (1743, 1754, 1756)．こうして彼は植物地理学的な事実に注目するとともに，因果的な説明に大きな興味をしめした．

(2) 湿原学者 (paludologist) としてのリンネ

Du Rietz の論文 (1957) のここの記述の要約を以下に示そう．
1) Flora Lapponica (1737) と Flora Suecica (1745) における湿原植物 (mire plants) の立地についての記述は，植物学文献における最初のもの．
2) 湿原植生を種のリストとともに記載した最初のもの．リンネは高層湿原を正確に規定し，そこでの hummock と hollow をはじめて記載した．fen (ヨシ湿原) と bog (高層湿原) のちがいも，リンネの Philosophia Botanica にはじめて述べられた．
3) bog のもり上がった形もはじめて記載された．
4) bog のまわりの lagg (raised bog) もはじめて記載された．
5) 泥炭が植物起源であることを明確にのべたのもリンネ (1735) であった．
6) ちがう立地の指標植物をはっきり述べたのもリンネ (1737, 1747, 1751)．であった．
7) これらの貢献によってリンネは湿原学 (paludology) の歴史において，その主な基礎をおいた人に数えられる．

(3) リンネと指標植物

Clements (1920) の Plant Indicators の中で指標植物研究の先駆者にあげられている．その記述は，彼の Oeconomia Naturae (1749) と Stationes Plantarum (1753) にのっている．Flora Lapponica の中に，リンネは *Mnium caulesimplice*, *Philonotis fontana* はラップランドの湿原の冷たい春の指標で，このコケでラップ人は春の到来を知るという．また *Eriophorum polystachyum* (= *angustifolium*) や *Thysselinum* (= *Peusedanum*) *palustre* は泥炭性土壌の指標である．*Lecanora calcarea* は石灰岩地，*Valeriana dioica* や *Molinia coerulea* は芝地の指標である．

(4) リンネと植物遷移の研究

ミズゴケ泥炭地はのちに，*Scrirpus caespitosus* や *Eriophorum* の干あがった泥炭地になり，さらに気持ちのよい牧草地へと遷移することをリンネは知っていた．

(5) 湖沼学者としてのリンネ

湖沼植物の立地については Flora Lapponica (1737) や Flora Suecica (1745, 1755) に正確に記載されている．*Scirpus acicularis*, *Subularia aquatica*, *Lobelia aquatica* などがそうである．*Loberia* の出現頻度によって貧栄養湖や富栄養湖の区別ができる．湖岸には *Lobelia*, *Litorella*, *Ranunculus reptans* が生える．これらの記述とともに，南スウェーデンの湖沼湖岸の植生帯を論じた．すなわち，1) ブナ群集 (Fagetum という用語を植物学上はじめて用いた) と *Vaccinium myrtillus*, *V. vitis-idaeca*, *Trientalis europaea*, 2) より湿性のエゾノゴゼンタチバナ (*Cornus suecica*) と *Vaccinium uliginosum*, *Myrica gale*, *Andromeda polifolia*, *Oxycoccus quadripetalus*, *Hydrocotyle vulgaris* など, 3) 極めて特徴のある両生的 (amphibiotic) 植生帯と *Ranunculus reptans*, *Subularia aquatica*, *Scirpus acicularis*, *Lobelia dortmanna* など, 4) ヨシ帯 (*Phragmites communis*, *Scirpus lacustris* など), 5) ヒルムシロ帯 (*Potamogeton natans*) と *Myriophyllum alterniflorum* など．以上は植物学上はじめて，湖岸の植生帯を論じたものである．

(6) リンネと森林植物地理学

リンネは Flora Lapponica (1737) の序論で樹木の分布限界を論じている．*Quercus robur* の北限は北スウェーデンと南スウェーデンの境界とされる．その他 *Acer platanoides*, *Tilia cordata* など南方性の樹木と同じように論じられている．ラップランドの針葉樹林の記述もくわしいが，木に密にたれ下がってい

る *Alectoria jubata* やマツ林の林床のトナカイゴケ (*Cladonia*) のこと，乾性の土壌でのアカマツ林，湿性の土壌のトウヒ林といった記述もあり，その他植物地理学的な議論が数多くあり，Flora Lapponica は植物地理学の基礎をおいたということができる．

3. 『Oeconomia Naturae（自然の経済）』(1749)

リンネの論文や著書は多くのものが，指導した学位論文の形をとっているが，この『自然の経済』も Isacus J. Bibberg の名になっている．英訳は The Oeconomy of Nature by Isaac J. Biberg として Miscellaneous Tracts relating to Natural History, Husbandry, and Physick to which is added the Calender of Flora by Benj. Stillingfleet, Second ed. (1762) の中にある．じつは Stillingfleet の本は終戦直後に，私は神保町の古書店で入手したものであるが，その 131–153 頁が On the Foliation of Trees, 249–337 頁が The Calender of Flora となっている．

Economy of Nature は直訳すれば「自然の経済」であり，こういった表現は 18～19 世紀に広く用いられたものであるが，その意味するところは「生態」であり，Haeckel の命名になる ecology (oikos+logos) と考えてよい．

リンネの業績の中で生態的な視点は『Oeconomia Naturae』にまず指を屈せねばならない．以下若干のコメントとともにその内容にふれてみたい．リンネによれば，自然の生態は神の御意思によって作られたもの (all-wise disposition of the Creator) であり，種もまた然りである．Systema Naturae の場合でも，神によって作られた種という考え方で一貫していたことが，生物学史家によって古くから指摘されている．

そしてすべての自然物は，すべての種の保護保存 (to preserve every species) に手をかし沢山の個体を生産する (producing individuals) が，やがては死と破壊によってつぐなわれる．自然の3つの王国 (triple Kingdom of nature-vegetable, animal and fossil Kingdom) を含んだ地球全体とその変化 (the earth in general, and its changes) をもたらす．今日いうところの global ecosystem の見地といえよう．

地形的にいえば，海岸，河川，山岳の麓から上に至る地層，雲，雨水，湿気，氷点，沼沢，そういうところに生えるミズゴケ，ワタスゲ，芝地のようなところに生えるシダ (maidenhair) など，高山のアルプスやスウェーデン，シベリア，スイス，ペルー，ブラジル，アルメニア，アジア，アフリカのように，万年雪で覆われたところもある．

また同じ場所でも四季があり，きれいな花が咲き，鳥がさえずるといった現象は多くの人が知っているとおり．

化石の世界，ここにはかつての動物や植物の繁殖力が後世とのつながりで重要である．化石に関しては，種の持続，生きた種の絶滅したのち砂岩，チョークその他の中での化石としての存続が興味ぶかい．

植物界 (Vegetable Kingdom) ではまず繁殖を問題にした．植物の種子は動物の卵と同じとみてよい．マツ，モミ，イチイ，ビャクシン，イトスギ，ホンダワラ (sea-grape) などがあげられており，これらの雌雄の関係，雌雄異株 (dioicous) などの実例がのべられている．

種子や果実ができれば次の問題は散布 (dissemination) であり，種子や果実に散布性の翼をもつもの，果皮にとげをもつもの，漿果状の果実などがあげられている．

植物の保護，存続 (preservation)

この最初に，「全地球は植物に覆われ，植物のないところはない．海洋だったところに逐次陸地が拡大していることは貝の化石で実証されるし，これをノアの洪水だけでは説明はできない．すべての植物や動物は，それにあった気候や土壌のところに生活する．高山植物についても同様である．種子の生産量の例ではドイツコムギ (spelt) 1 本で 3,000，ヒマワリ 4,000，ケシ 3,200，タバコ 40,320．1 年生の草で 1 年に 2 個としても倍々になるので 20 年後には 1,048,576 となる．それも，乾湿や温度といった気候によってことなる．

水草のヒルムシロ，スイレン，ロベリア，その他ミズゴケ，藻類，苔類，アメリカの砂漠地帯にみられる木につく *Tillandsia*，セイロン島の water-tree (*Tetracera patatoria* — 樹液を飲料にする) などにもふれている．

種と生活型，散布器官としての種子や果実については度々のべているが，常緑樹とその低木について例をあげている．そのあと vegetable や plant の他に新しく vegetation という用語が，密着地衣という自然の生態の極限的な形と関連してでてくる．さらに菌類，ベンケイソウ，アロエのような多肉な植物とその生育環境にもふれる．

このあとの動物界 (the animal kingdom) は省略するが，内容的には植物の場合と同じように，動物の繁殖 (propagation)，保護 (preservation)，増殖 (multiplication)，破壊 (destruction) の中で植物食，動物食など食物連鎖的なことにふれている．クマがウシやヒツジをおそうことや，これに対して集団防衛的な行動をとることなど．このことに関して，動物の重量と大きさの表を示す．

終りの方には，当時知られていた植物は 20,000 種，昆虫 12,000，その他の虫 3,000，両生類 200，魚 2,600，

表1 植物の場所による開花期。Sementis はオオムギの種子まき期、Messis は収穫期、Aetas は収穫期のエージ (日数) を示す。

鳥2,000，哺乳類（四足獣）200，計40,000種．スウェーデンでは自生植物1,200，動物1,400ということが記されている．

そして18章－20章の最後では，それまでにもでている創造者の計画にしたがった自然の秩序である（the Creator planned the order of nature）とか，神のデザイン（all the designs of God）というような表現がリンネの自然観をよくあらわしている．

Systema Naturae の初版にあった"Nulla species nova"という創造説をのちに撤回したことが生物学史家によって指摘されているが，The Oeconomy of Nature を一貫しているのはやはり創造説の思想であったといえよう．

4. ウプサラ植物園誌

ウプサラ植物園誌の薬用植物名はアルファベット順になっているが，あとの植物の種属は木本，多年生草本，1年生草本という生活型別（テオフラストスの植物誌を踏襲したものともいえよう）にするほか，穀物類，根菜類，果実食植物のような応用的な区分，さらに気候帯によっている．

I 寒帯性（Frigidae）
 1. 高山植物（Alpinae）
 2. シベリア植物（Sibiricae） 多年生，一年生，木本
 3. ゲルマン植物（Germanicae） 多年生，一年生，木本
 4. 原始性植物（Virginicae） 多年生，一年生，木本
II 温帯性（Temperatae）
 5. オーストラリア植物（Australes） 多年生，一年生，木本
 6. ナルボの植物（Narbonenses） 多年生，一年生，木本
 7. ポルトガルの植物（Lusitanicae） 多年生，一年生
 8. スペインの植物（Hispanicae） 多年生，一年生
 9. イタリーの植物（Italicae） 多年生，一年生，木本
 10. 地中海性植物（Mediterraneae） シシリアの（Siculae），クレタの（Creticae），多年生，一年生
 11. シリアの植物（Syriacae） 多年生，一年生，木本
III 暖地性（Calidae）
 12. ケープ地方の（Capenses） 多年生，一年生
 13. メキシコ植物（Mexicanae） 多年生，一年生
 14. 西方の植物（Indicae Occidentalis） 木本，ハーブ，一年生
 15. 東洋の植物（Indicae Orientalis） 多年生，一年生，木本
 16. カナリー諸島の（Canarienses）
 17. エジプトの（Aegiptiae）多年生，一年生，木本

などとなっている．

5. 植物の立地

Stationes Plantarum（植物の立地，Andreas Hedenberg の学位・口述論文，Amoenitates Academicae Vol.4 『学問のたのしみ』第4巻，初版，1759）では

水生植物（Aquaticae）
 1. 海生植物（Marinae） 2. 海岸植物（Maritimae）
 3. 湖水植物（Lacustres） 4. 沼沢植物（Palustres）
 5. 泥湿原植物（Inundatae） 6. 湿地植物（Uliginosae）
 7. 叢生植物（Cespitosae）
高山植物（Alpinae）
 8. Aetherea 9. Occlusae
陰地植物（Umbrosae）
 10. 森林性の（Nemorosae）
 11. 樹木性の（Sylvaticae）
平坦地の（Campestres）
 12. 耕地性の（Arvenses） 13. 栽培された（Cultae）
 14. 人里性（Ruderales） 15. 草原性（Pratenses）
 16. 砂地の（Arenariae） 17. 粘土質の（Argillaceae）
 18. 白亜質の（Cretaceae）
山地性の（Montanae）
 19. やや平坦な（Glabretosae） 20. 丘陵地（Collinae）
 21. 崖地（Rupestres）
寄生植物（Parasisticae）
 22. 樹木（Arboreae） 23. 草本（Herbaceae）
 24. 根（Radicales）

となっている．

6. 植物季節

植物季節についてはリンネは長く関心をもっていたが，Vernatio Arboreum（樹木の脱皮，Haraldo Barck の学位・口述論文，1753）の表をみると，縦軸に植物の属または種，横軸に地名に対応した開花日が入っている（表1）．

植物季節に関連した以上についての詳細は，前述の Stillingfleet の The Calender of Flora や On the Foliatlon of Trees にくわしい．

以上はリンネ文献の生態学的側面をかいまみたにすぎないが，彼は狭い意味の分類学者ではなく，生態学的観点を濃厚にもっていたパイオニアといってよいであろう．

参考文献（本文に関係のあるものをあげる．必ずしも引用はしていない）

Clements, F. E. 1916. Plant Succession. An Analysis of the Development of Vegetation. Carnegie Inst., Washington.

Clements, F. E. 1920. Plant Indicators. The Relation of Plant Communities to Process and Practice. Carnegie Inst., Washington.

Du Rietz, G. E. 1957. Linnaeus as a phytogeographer. Vegetatio, 7 (3):161-168.

ハインツ・ゲールケ著, 梶田 昭訳. 1994. リンネ. 医師・自然研究者・体系家. 博品社, 東京.

石川茂雄. 1994. 原色日本植物種子写真図鑑. 石川茂雄図鑑刊行委員会.

笠原安夫. 1968. 日本雑草図説. 養賢堂, 東京.

絆川 羔. 1966. Thoreau, "The Succession of Forest Trees" について. 青山学院大学文学部紀要, (9):53-68.

絆川 羔. 1990. 生態学者ソロー, ソローの生態学的予見. 青山学院大学論集, (31):79-87.

木村陽二郎. 1983. ナチュラリストの系譜, 近代生物学の成立史. 中央公論社, 東京.

木村陽二郎. 1987. 生物学史論集. 八坂書房, 東京.

松永俊男. 1992. 博物学の欲望, リンネと時代精神. 講談社, 東京.

Möjbius, M. 1937. Geschichte der Botanik. Von den ersten Anfängen bis zur Gegenwart. Gustav Fischer Verlag, Stuttgart.

中西弘樹. 1994. 種子散布の生態学. 平凡社, 東京.

西村三郎. 1987. 未知の生物を求めて―探検博物学に輝く三つの星. 平凡社, 東京.

西村三郎. 1989. リンネとその使徒たち―探検博物学の夜明け. 人文書院, 京都.

沼田 眞. 1953. 生態学方法論. 古今書院, 東京.

沼田 眞. 1967. 生態学方法論. 古今書院, 東京.

沼田 眞. 1972. 生物学的原型観の系譜とゲーテの位置. ゲーテ年鑑 14:1-19.

沼田 眞. 1973. 新しい生物学史, 現代生物学の展開と背景. 地人書館, 東京.

沼田 眞. 1979. 生態学方法論, 附生態学用語解説. 古今書院, 東京.

沼田 眞. 1981. 種子の科学―生態学の立場から. 研成社, 東京.

沼田 眞. 1994. 自然保護という思想. 岩波書店, 東京.

大森道子. 1972. ゲーテとリンネとの関係. ゲーテ年鑑 14:87-108.

Stillingfleet, Benj. 1762. Miscellaneous Tracts relating to Natural History, Husbandry, and Physick. 2. ed R. & J. Dodsley et al., London. (1 ed. 1759)

高橋義人. 1972. ゲーテと進化論. ゲーテ年鑑 14:109-124

大槻信一郎・月川和雄訳. 1988. テオフラストス植物誌. 八坂書房, 東京.

Whitford, P. B. and K. Whitford. 1951. Thoreau. Pioneer ecologist and conservationist. *Sci. Month.* 73:291-300.

編註　著作権者の了解のもと, 原文に最小限の修正を加えた.

リンネと昆虫学

小西正泰

　内外の生物学史の本をひもとくと，アリストテレスやダーウィンとともに，リンネの名がかならずといってよいほど出てくる．そして，本によっては「プレ（前）リンネ」と「ポスト（後）リンネ」というように，時代区分に使われていることもある．リンネはそれほど生物学の世界では重要な人物なのである．

　このリンネ（Carl von Linné, 1707-1778．スウェーデンではリネーと発音．）は，「近代生物分類学の父」と称されるように，分類学の基礎をつくるのにいちじるしい功績があった．彼は一般には植物分類学者として著名であるが，じつはとくに昆虫学の分野でも，すぐれた貢献をしている．ここでは，これを主題として述べることにする．

1. リンネ前の昆虫学

　動物学の祖は，ギリシアのアリストテレス（Aristotelēs，前384–前322）といわれる．彼は動物を有血類（Enaima，いまの脊椎動物）と無血類（Anaima，いまの無脊椎動物）に二大別した．後者には Entoma（いまの昆虫類）がふくまれ，これはまず翅によって分けられる．

Ⅰ．有翅
　1．鞘翅がある（甲虫類）
　2．鞘翅がない
　　(1) 4枚翅
　　(2) 2枚翅
Ⅱ．無翅

また，口器によっても分けられる．

Ⅰ．歯（大あご）をもち雑食性
Ⅱ．歯はないが口吻をもつ
　1．あらゆる汁液を吸う（ハエ類）
　2．血液のみを吸う（カ類）
　3．甘い汁液のみを吸う（ミツバチ類）

　これらの翅あるいは口器による大きな分類法は，リンネほか後世の学者に継承され，今日までおよんでいる．このアリストテレス後の昆虫学，とりわけ分類学には十数世紀にわたり，いちじるしい進展はみられなかった．

　こうして16世紀になると，スイスのゲスナー（C. Gessner, 1516-65），イギリスのムフエット（T. Mouffet, 1550/1553-1604）などを経てイタリアのアルドロヴァンディ（U. Aldrovandi, 1522-1605）にいたると，彼はアリストテレスの形態的分類に生態的分類（陸生と水生）を加味した分類をこころみて一歩を進めた．ただし，アルドロヴァンディの「昆虫」には昆虫以外の虫類も多数ふくまれており，タツノオトシゴのような脊椎動物まで入っている．

　一方，17世紀には顕微鏡の発達によって，イタリアのマルピーギ（M. Malpighi, 1628-94）やオランダのスワンメルダム（J. Swammerdam, 1637-80）が，昆虫の内部構造を研究するようになった．後者は昆虫の変態についても詳細に研究し，今日の無変態，不完全変態および完全変態とともに，イエバエなどの囲蛹についても正しく観察している．

　次いで，オランダのメーリアン夫人（M. S. Merian, 1665-1717）や，チロルのレーゼル（A. J. Roesel von Rosenhof, 1705-59）らは，昆虫の変態や生態を観察し精細な彩色図（銅版画）を描いて記録し，科学上および芸術上に寄与した．たとえば，レーゼルの分類はつぎのように生態，変態，形態に基づいている．

Ⅰ．陸生昆虫
　1．変態するもの（幼虫の脚数により，さらに3分）
　2．変態しないもの（脚数により，さらに5分）
Ⅱ．水生昆虫
　1．変態するもの（幼虫の脚数により，さらに3分）
　2．変態しないもの（脚数により，さらに5分）

　また，フランスのレオミュール（R.-A. F. de Réaumur, 1683-1757）は，昆虫の形態，発生，生態，ミツバチの社会生活などを幅広く精力的に研究し，それらを『昆虫誌論集』全6巻（"Mémoires pour servir à l'histoire des Insectes" 1734-42）として発表した（遺稿の第7巻は20世紀刊行）．この大著はリンネ前の昆虫学の集大成ともいうべきもので，画工に描かせた多くの精細な図を付している．

　その内容はかなり高いレベルに達しているけれども，レオミュールは昆虫の分類にはほとんど興味を示さず，この分野への直接的な貢献はなかった．それで，彼の著

作では属や種の同定が困難なものも少なくない．リンネはパリに旅行したとき(1738)，レオミュールと面談しているが，話はうまくかみ合わなっかたと伝えられる．

リンネ前の昆虫の名称は，国や地方ごとに通俗名でよばれていたから，多くの著作物に記された昆虫の種類を正確に特定するのは，比較的むずかしいことであった．これは，せっかく蓄積された知識を普遍化して共有する上で，大きな障害となっていた．けれども，この問題はリンネの出現によって大幅に改善されることになる．

2. リンネの昆虫分類学

リンネは1707年，スウェーデンのロースフルトで生まれた．父は牧師のニルス・リネーウス(Nils Linnaeus)である．それで，リンネも後年(1762)学問上の功績により貴族に列せられ，フォン・リンネ(von Linnéの名を付与されて，それを好んでつかうようになるまではカール・リネーウス(Carl Linnaeus)というのが正式な姓名であった．なお，ラテン語では，Carolus Linnaeusと表記した．

カールの父は生家のそばにあった1本のセイヨウボダイジュ(スウェーデン語でlind)にちなんで，Linnaeusの姓をえらんだほどの植物好きであった．その感化を受けて，カールも幼いころから植物が好きだった．それで，ギムナジウムの生徒のころ，級友からは「植物クン」のニックネームでよばれたという．

リンネは生来のナチュラリストであり，植物のつぎには昆虫が好きで，少年時代から自宅付近で植物とともに昆虫採集にも，いそしんでいた．彼は自伝に「昆虫は私に最大の喜びをあたえてくれた．昆虫は私の青年時代の情熱をとらえた．そして，ウプサラに住んでいた1728-34年のあいだ，私の自由時間のすべてを昆虫の採集と記載に投入した」と述べている．

彼は，通常，採集した昆虫をピンで刺し，コルク底の箱に固定して保存するようにしていた．これは今日と同様な方法である．ちなみに，現存する最古の昆虫標本チョウセンシロチョウ(1702年採集．オクスフォード大学ホープ昆虫学部所蔵)もピンで刺してあるから，この方法は当時のヨーロッパで普及していたのであろう．

リンネは青年時代から「造物主」がつくられた動物・植物・鉱物など自然物をリスト・アップして，その御業(わざ)を賛美したいという"大望"を抱いていた．その志は1735年に刊行された『自然の体系』("Systema Naturae")初版が出発点となって，次つぎに具体化されていった．この初版の序文には「分類と命名こそは我らの科学の基礎である」ことが言明されている．

まず，この初版では動物界をⅠ．四足動物，Ⅱ．鳥類，Ⅲ．両生類，Ⅳ．魚類，Ⅴ．昆虫類，Ⅵ．蠕虫類に6大別してある．昆虫類の特徴は「体は骨質の堅い皮，一部は皮膚でおおわれる．触角をそなえた頭」となっている．

この昆虫をColeoptera(23属をふくむ)，Angioptera(9属)，Hemiptera(7属)，Aptera(8属)の4目(もく)に分けている．これらの目は昆虫の翅(ラテン語でptera)に基づき分けられているので「翅式分類法」とよばれ，すでに述べたようにその源は遠くアリストテレスにさかのぼる．

初版では今日でいう綱，目，属の名が明記されているが，種名にはまだおよんでいない．属のなかには昆虫でないものや，現在は別の目に入れられているものなどが混在しており，まだよく整理されていない段階にある．4目のうち，Coleoptera(鞘翅目．甲虫類)は比較的よくまとまったグループであるが，それでもゴキブリ(*Blatta*)やハサミムシ(*Forficua*)が入っている．

この初版は，いわばリンネの分類学にたいする旗揚げの印として大きな意義をもっており，じじつ彼が学界に注目される端緒となったのである．その後『自然の体系』は増補改訂を加えつつ版を重ね，次第に「体系」をととのえていく．その過程をみると，昆虫では目の創設，属(いまの科に該当)の他目への所属変更や目のなかでの配列順序の変更，属の分割や創設，種名の増加などが主体になっている．

『自然の体系』は13版，全3巻(1788-93)まで刊行されたが，それらのうちリンネが自ら執筆したのは初版，2版(1740)，6版(1748)，10版全2巻(1758-59)および12版全2巻(1766-67)だけであり，それ以外の版は他人の手がくわえられたものである．

これらのうち，第10版，第1巻は後述するように動物分類学上の「正典」とされ，昆虫はつぎのように7目に分けられている．

Coleoptera　　鞘翅目(甲虫類．ハサミムシ，ゴキブリ，バッタをふくむ)(図1)
Hemiptera　　半翅目(カメムシ類．アザミウマをふくむ)
Lepidoptera　鱗翅目(チョウ・ガ類)
Neuroptera　　脈翅目(最も広義で多様．クサカゲロウ，カゲロウ，トンボなど)
Hymenoptera　膜翅目(ハチ・アリ類)
Diptera　　　双翅目(ハエ類)
Aptera　　　　無翅目(シラミ，ノミ．クモ類，甲殻類，多足類をふくむ)

この体系はNeuropteraやApteraのように，かなり混乱している面もあるが，リンネの植物の性的分類体系のように雄しべや雌しべの数や状態による人為(的)分類に比べて，はるかに自然(的)分類にアプローチしたものということができる．なお，このリンネの7目は後学

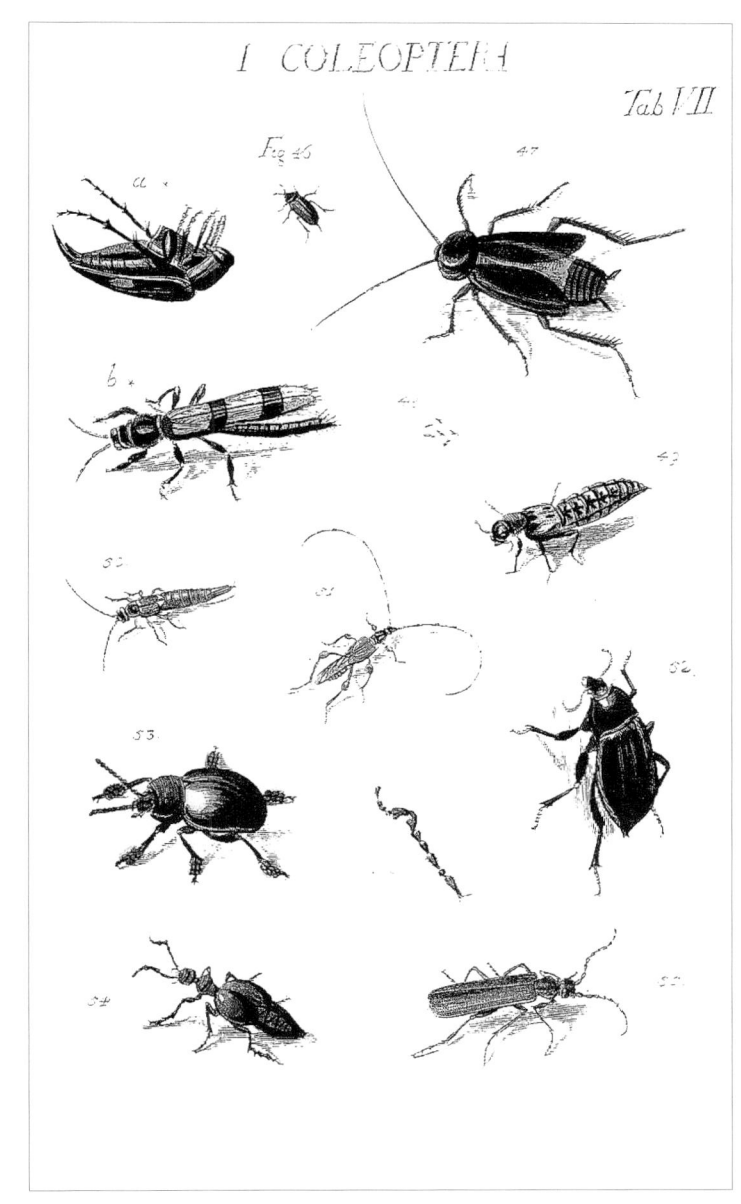

図1 ズルツァー『リンネの体系中の昆虫の特徴』原色図版 Tab. VII.
Fig.46　*Mordella aculeata*　クロハナノミ
　　a. ハナノミの1種
　　b. カッコウムシ？
Fig.47　*Blatta orientalis*　トウヨウゴキブリ
Fig.48　*Thrips fasciata*　アザミウマの1種
Fig.49　*Staphylinus* sp.　オオハネカクシ属の1種
Fig.50　*Forficula auricularia*　ハサミムシの1種
Fig.51　*Necydalis minor*　シラホシヒゲナガコバネカミキリ
Fig.52　*Tenebrio mortisagus*　ゴミムシダマシの1種
Fig.53　*Tenebrio* sp.　ゴミムシダマシの1種
Fig.54　*Meloe proscarabaeus*　ツチハンミョウの1種
　　c. 触角の拡大図
Fig.55　*Meloe vesicatorius*　スペインゲンセイ

により細分あるいは廃止（Aptera）され，現在は30〜32目とする体系が広く承認されている．

さて，リンネの生物分類学上の最大の貢献は，種名を属名と種小名を組み合わせた2語で表したことである．それでこの方法は二語名法とよばれる．これは人間の名前を姓と名でよぶのと同じ方法であり，リンネよりも前に二語名を部分的につかった植物学者（たとえばバーゼルのボーアン[G. Bauhin, 1560-1624]など）もあるから，この命名法は，リンネが創案したものではない．リンネはおびただしい動植物にたいし徹底的に統一使用して，二語名法を「確立」したのである．わが国では多くの著者により，この確立と創案が混同されているから注意を要する．

『自然の体系』第10版（第1巻：動物，1758）はその前のどの版よりも統一的にラテン語による二語名法が使用され，「昆虫綱」は7目74属2097種（うち真正の昆虫は7目65属1924種）が記載されている．本書第12版（第1巻第1部-第2部：動物，1766-67）では，「昆虫綱」が2955種（うち真正の昆虫は77属2208種）である．

リンネが二語名法を動物に広くつかったのは，『アードルフ・フレーデリク国王の博物館』（"Museum S. R. M. Adolphi Friderici", 1754）が最初であろう．また，『ルイーセ・ウルリーケ王妃の博物館』（"Museum S. R. M. Ludovicae Ulricae Reginae", 1764）（図2）は，王妃の膨大なコレクションの目録で，昆虫は420種が詳しく記載されており，『自然の体系』の補遺として重要な著作である．なおこれらの2著からもリンネはスウェーデン王室の信頼が篤かったことがうかがわれる．

リンネは大著『スウェーデン動物誌』（"Fauna Svecica", 1746）に「昆虫綱」7目928種（うち真正の昆虫は843種）を，その増補第2版（1761）には「昆虫綱」7目1691種（うち真正の昆虫は1588種）を記載している．こ

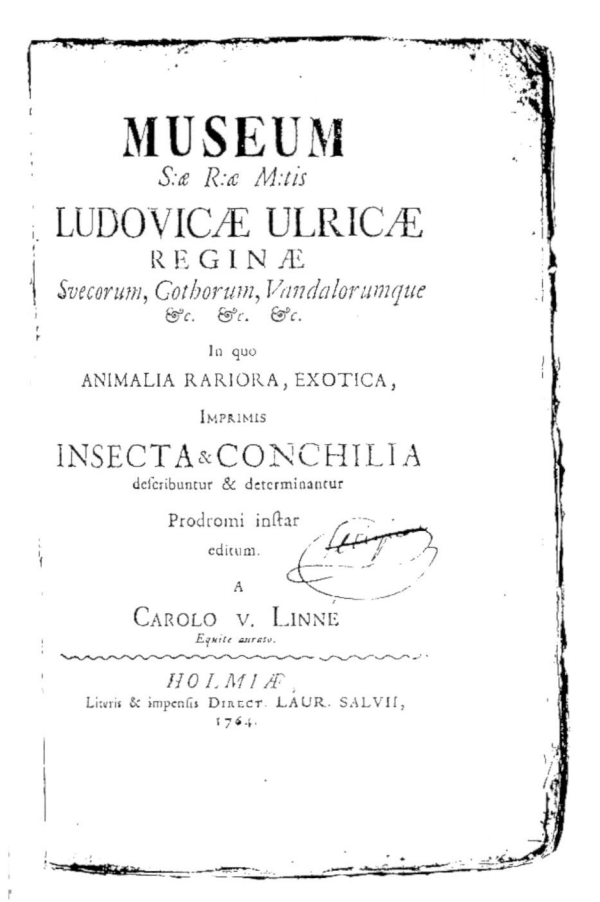

図2 「ルイーセ・ウルリーケ王妃の博物館」扉.

の初版は，昆虫の全種にたいして少ない語数(1～12)で記載した最初の本である．なお，セイヨウミツバチの学名 Apis mellifera Linnaeus(1758)があるのに，この『…動物誌』第2版で A. mellifica という新名をつけたので，現在でも両方がつかわれることがある(後者は同物異名(シノニム)で無効)．

リンネは採集と調査のため，1732年にラップランドとフィンランドへ，1741年にエーランドとゴトランドへ旅行している．ラップランドでは昆虫約1200種を採集し，『ラップランドの昆虫』("Insecta Uplandica")という昆虫に関する最初の原稿を書いたが未刊に終わった．また，『エーランドとゴトランドの旅』("Öländska och Gothländska Resa",1745)では，約50種の昆虫について記している．

このようにリンネは本来，フィールド・ナチュラリストであったが，世界の各地からおびただしい動植物の標本が送られてくるようになり，その研究に追われて自ら長途の採集旅行をすることもできなくなった．それで，後半生はキャビネット・ナチュラリストの生活を余儀なくされるようになったようである．

リンネの小論文(Dissertatio)のうち，昆虫の分類関係ではつぎのものなどがある．

『まれな昆虫100種』("Centuria Insectorum Rariorum",1763)にアメリカ，南アメリカほか海外の遠隔地の昆虫100種を新たに記載した．リンネの昆虫分類学の最後の論文は『昆虫の両角』("Bigae Insectorum",1775)であり，シュモクバエ科とヒゲブトオサムシ科の各1属について記載した．通常リンネの昆虫の記載文にはほとんど図がないが，この論文には珍しく図が付されている(描画者は別人)．頭部または触角の形態が珍奇だからであろう．

『昆虫学の基礎』("Fundamenta Entomologiae",1767)では，昆虫学の基礎的な事項につき，先学(計32名)の著書をあげて簡単な説明を加えている．また，形態学上の用語を列挙して定義するとともに，palpi(単数はpalpus．触肢，口肢)，stemmata(側単眼)などの用語を創設した．本編は，術語(terminology)の重要な論文である．

ところで，リンネは動・植・鉱物を分類し命名し記載するさいの基本的方法について簡潔に列記した「方法」("Methodus")という2頁の紙片を『自然の体系』の各版(1736年から．10版，12版では欠)に添付している(図3, p.36-37)．これには「名称，原理，属，種，特徴，用途，文献」のそれぞれについての説明がある．種の記載は外部形態に基づくべきことが書かれている．それで，このような古典的な種を「リンネ種」(linneon)または「形態種」とよんで，近年の「生物学的種」と区別することがある．

なお，リンネの命名にたいする考え方や具体的方法は，『植物学の基礎』("Fundamenta Botanica",1736)や『植物学評論』("Critica Botanica",1737)に詳述されている．

ここで，リンネの分類学上における功績を要約しておきたい．

(1) 生物の種名を二語名法により表記する方法を確立した．これにより，種名の記憶が容易になるとともに，種の類縁関係(同属の種はたがいに近縁というように)を推定しやすくなった．
(2) 動植物を界，綱，目，属，種，変種(植物のみ)に分けて整然と配列した．これを「リンネ式階層分類体系」という．これにより，各分類単位の概念とランクがはっきり認識されるようになった．
(3) 昆虫を翅の状態により分類(翅式分類法)し，自然分類に近い体系をつくった．
(4) 種を記載するのに必要な用語(とくに形態学)の選定，定義，創案と記述のスタイルを確立した．

3. リンネの応用昆虫学

リンネは分類学者ではあるが，ナチュラリストの通性として，生物学の他の分野にも幅広い目配りをしていた．その成果のうち大冊の著書とならない小論文は，いわゆる Dissertatio(論文)として1課題1編の形で刊行された．

図3　リンネ「方法」(『自然の体系』第7版,1748より)

彼のウプサラ大学在職(1741-73)中の「論文」は186編で，うち約30編が動物学関連のものである．

これらの論文は，リンネの指導のもとで弟子が学位論文として書いたもので，リンネとの共著の形で印刷され，費用はその弟子が負担した．後世これらの論文は，リンネ(単独)の著作と見なす慣習になっている．

ちなみに，上記の小論文は『学問の魅力』("Amoenitates Academicae")の表題のもとにまとめられ，6回にわたり編集，復刊された(初版は全9巻，1749-85)．これらはリンネの講義用テキストとしてもつかわれたと伝えられる．

以下に述べるリンネの業績のほとんどは，これらの小論文に基づいたもので，筆者(小西)の恣意的な区分けにより紹介する．

「食物連鎖」の思想

リンネは『自然の経済』("Oeconomia Naturae",1749)において，現代生態学の「食物連鎖」と同様な概念を示した．すなわち，「より小さくて，より弱い動物は，通常，より大きくて，より強い動物に攻撃される．たとえば，植物に依存して生きているアブラムシは，"アブラムシを食うハエ"[ヒラタアブの幼虫]のえじきになる．後者はアシルス(Asilus)という植物に誘引される．つぎにこのハエはトンボに捕らえられ，トンボはよくクモの巣にかかり，クモはツバメに食われ，ツバメはタカにつかまる」．

ちなみに，古代中国にはすでに食物連鎖の考え方が存在していた．「ある鳥の増加がアブラムシの増殖に役立つ．なぜならアブラムシを捕食するテントウムシを，その鳥が食うからである」．

さらにリンネは『自然の保安』("Politia Naturae",1760)で，自然界の平衡に果たす昆虫の役割についての考えを述べている．「もし昆虫の繁殖力が放任されたら，その増殖を抑制しないと，それらに食害された植物は全滅してしまう．それゆえ，「神の摂理」は昆虫が無制限にではなく殖えるのをゆるすという，正当な方法を見いだした．草食性昆虫は殖えすぎると肉食性昆虫のえさとなる．…このようにして，すべての生物には闘争がある」．

以上のような考えもふくめて，昆虫は体が小さいが種数と個体数が豊富であるため，自然の経済のなかできわめて重要なはたらきをしている．そして，多様な生活様式により，昆虫は自然界，とりわけ植物界のバランスに深くかかわっているという認識をリンネはもっていたの

昆虫の発生など

昆虫の構造と組織は高等動物におけるのと同様,完全に備わっており,それらの要素(エレメント)の自然発生はありえても,昆虫そのものでは考えられないとして,リンネは昆虫の自然発生を否定している.ちなみに,イタリアのレーディ(F. Redi, 1668)はニクバエをつかった実験により,その自然発生説を否定した.

リンネは,昆虫の卵は3重の外皮によりおおわれていると考えた.最初の皮膚がとれるとeruca(うじ,あおむし),2番目のがとれるとpropolis(さなぎ),そして3番目のがとれると完全な昆虫になる.こうして,卵から子が3回生まれるというのである(1735).なお,リンネは『昆虫のパンドラ』("Pandora Insectorum", 1758)のなかで昆虫の変態について述べ,larva(幼虫)やpupa(さなぎ)という語をつかっているが,彼の創案ではない.

また,リンネはある昆虫の卵から小さなハチが発生するのは,雌バチがその卵に産みこんだ卵から発生するものであることを正しく述べている.昆虫の感覚器官の位置とその構造や機能,ある種の熱帯産アリの営巣などについても記した.

リンネは昆虫のカムフラージュと擬態の現象を観察し,その意義について正しい認識をもっていた.ただし,これら二つの現象を明確に区別していない.

彼は植物が昆虫に擬態する例についても観察した.ラン科の植物(*Ophrys*)の花が,「ハエ」によく似ていることを特記している.この花は後学により,アワフキバチ(*Gorytes*)の1種の雌によく似ており,それの雄がこの花に抱きついて「交尾」しようとしたとき,受粉することが解明された.

昆虫の受粉作用

リンネは植物の「性」に関心をもっていたから,受粉についても言及している.彼はミツバチの訪花の意義について,当初は一般の人びとと同様に誤解していたらしい.つまり,ミツバチが花の蜜や花粉をあつめるのは,結実の害になるという考えである.けれども,リンネは講義のなかで,昆虫が一つの花の花粉をその雌しべにはこぶ役割をになっていることを述べている.

またイチジクの受粉がイチジクコバチとの共生によっておこなわれることは,古代ギリシア人やフランスのトゥールヌフォール(J. P. de Tournefort, 1656-1708)によって確かめられているが,リンネもこれに自らの観察結果を加えている.

トナカイのウシバエ

リンネはラップランド地方の旅行中(1732)に,トナカイに寄生するウシバエ(*Oedemagena tarandi*)について詳細に観察し,報告している(1732, 1741).このハエはトナカイの幼獣(当歳)の毛に産卵し,かえった幼虫は皮下にもぐりこんで吸血し,病気をひきおこす.そして1/4〜1/3の幼獣はこの病気(現地語でKurbma)にかかって死んでしまう.また,このハエの攻撃によってトナカイの成獣も夏季にほとんど摂食できないため,やせて荷役ができなくなり,乳の生産が減り,皮も利用できなくなる.それで,このハエによる被害を回避するため,ラップランド人はトナカイを夏季(7月上旬〜8月中旬)には居住地から200kmも離れた,万年雪を頂く山地へ移動させなければならない.

このウシバエに関する報告は,リンネの最初の昆虫学上の業績として高く評価されている.

植物などの害虫

リンネは植物の害虫を始め,いろいろなものの害虫について常に関心をもって調査していた.そして,『昆虫の加害』("Noxa Insectorum", 1752)においては,昆虫が直接あるいは間接に人間にあたえる害の問題を論じ,加害の対象によりつぎの11に区分し,それぞれの主要種について記す.1.人体の害虫,2.家庭の害虫,3.庭園の害虫,4.木立と公園の害虫,5.畑の害虫,6.牧草地の害虫,7.森林の害虫,8.家畜の害虫,9.家禽の害虫,10.魚類の害虫,11.その他の害虫(捕食虫など).

また,リンネは昆虫とその食草について観察し,植物別にその寄生昆虫を記録している(『昆虫の寄主植物』"Hospita Insectorum Flora", 1752).彼によって記録された植物と昆虫は,彼自身により記載,同定されたもので,その内容は他の追随をゆるさないものであった.

リンネは形態がかなり異なる複数の植物でも,同種の昆虫が寄生するのを観察して,これらの植物が近縁であるというヒントをえることもあったと述べている.

植物検疫

リンネは北アメリカに植物採集のため派遣したカルム(P. Kalm)から送られてくる,いろいろな種類の豆にマメゾウムシ類が寄生しているのをみて,植物検疫の必要性を指摘している.当時,アメリカでは種子の売買がさかんであったが,ある種のマメゾウムシがほとんどあらゆる種子を食害するので,この商売は次第に衰退への道をたどっていた.

また,リンネはアメリカからイギリスに果物が輸入されるとき,害虫もいっしょに侵入してくる可能性があるから,それらを阻止しないとヨーロッパ中に広がるであろうと警告している.さらに,アスパラガスとともに分布を拡大したハムシ(*Chrysomela asparagi*)の例をあげて,外国から種子などを導入する場合は,その植物の害虫に留意しないと成功しないことを強調している(1752).つまり,今日の「植物検疫」の提唱である.

害虫の駆除

リンネは害虫の駆除法についても関心をはらい，興味深い記録を二，三残している．

ラップランドを旅行(1732)したときの見聞によると，人体の吸血害虫トコジラミ(南京虫)の駆除には，部屋の壁にテレビン油を塗り，これにろうそくで火をつけて焼き殺す．また，ナガバノハッカ(植物)はこの虫によく効くという．

アカイエカにたいしては，軟膏やマッシュルームの燻煙，トコジラミにはテレビン油やくさったショウマ類(植物)の汁をベッドにぬりつける．

また，1763年には王立科学アカデミーの「果樹園の青虫駆除法」の懸賞論文に仮名で応募し，ナミスジフユシャクの幼虫(尺取虫)にたいしては，鯨油に浸した麻布を幹のまわりに巻きつける方法を推奨した(日本では1670年から鯨油を水稲の害虫，とくにウンカ類に使用)．また，コドリンガにはその果樹がちょうど開花しはじめるとき，ある種の油の臭気で燻蒸をこころみている．

リンネはレオミュールの説にしたがい，害虫をその天敵によって駆除する方法をすすめており，とくに捕食性昆虫の利用を力説した．たとえば，ニジカタビロオサムシに樹上の毛虫や芋虫を捕食させたり，オサムシ類(*Carabus*)を養殖しようとしたりした．また，アブラムシをテントウムシやクサカゲロウに捕食させたり，アブラバチに寄生させたりしている．室内のトコジラミには，サシガメ(*Reduvius personatus*)を「狩りで猟犬をけしかけるのと同じ要領で」放して捕食させる．

これらの「生物的防除法」は，中国では紀元300年ころにツムギアリでミカン園の害虫を駆除していた記録があるから，リンネの場合はヨーロッパでの初期の事例ということになる．

薬用昆虫・有用昆虫

リンネはもともと医師でもあるから，薬用にする動植物への関心が深かった．『薬用動物誌』("Materia Medica in Regno Animali", 1750)には，哺乳類，鳥類，両生類，魚類および昆虫の主要な種類を列挙し，その産地，処方，効能などについて述べる．昆虫ではコガネムシ，ツチハンミョウ，コチニールカイガラムシ，カーミーズタマカイガラムシ，カイコ類(絹糸虫)，インクフシバチ，バラタマバチ，ミツバチ，アカヤマアリなどがある．

なお，リンネの『薬用植物誌』("Materia Medica, Liber I. De Plantis", 1749))は32+252頁の大冊で，当時の医師と薬剤師のマニュアルになっており，『薬用動物誌』(20頁)はその姉妹編である．

また，リンネは古代ギリシア・ローマ時代から媚薬や発泡剤として利用されてきたスペインゲンセイについては独立した1編を書き，近似する4種の記載，処方や効能などを記している("De Meloë vesicatorio", 1762)．

つぎに有用昆虫では『カイコ』("De Phalaena Bombyce", 1756)で，養蚕の歴史や各国のクワの種類(8種)などについて述べている．また，鮮紅色の色素(コチニール)をとる原料のコチニールカイガラムシ(雌)や，その他の染料用カイガラムシについて述べ，スウェーデンにおける代用種の利用を示唆している(1759)．

以上のように，リンネは応用昆虫学の領域についても広く思索をめぐらし，またよく観察をおこなっている．彼の基本的スタンスは，自然——とくに植物との関係における昆虫の害益両面の役割の考察，および人間との利害関係の究明とその対策を志向したものと考えてよいであろう．

4. リンネ後の昆虫分類学

前に記したように，リンネの目レベルの体系は翅式分類法によるものであったが，彼は『自然の体系』第2版(1740)において，口器の研究を提案している．デンマークのファブリチウス(J. C. Fabricius, 1745-1808)は2年間(1762-64)，リンネの弟子になって昆虫分類学を学び，のちに昆虫の口器の構造に基づいて新しい分類体系をつくった．すなわち「口式分類法」である．それは主著『昆虫学の体系』("Systema Entomologiae", 1775)に発表され，その後も改訂を加えている．

ファブリチウスは属の分類を最も重視し，自然分類を志向した．彼は約10,000種の昆虫を新たに記載し，「昆虫のリネーウス」とよばれている．ちなみに，リンネは昆虫およそ3000種を記載した．

ところで，リンネの『自然の体系』は発刊以来ヨーロッパで広く注目され，とくにイギリスにおいて歓迎された．けれども，フランスでは，リンネの分類体系と二語名法には強い批判と拒否反応があった．当時，同国にはレオミュールのように分類学を軽視する伝統があり，さらにフランス博物学の大御所ビュフォン(G. L. L. Comte de Buffon, 1708-88)の反対による影響も大きかった．彼は「自然界には個体がみられるだけで，属，目や綱は人間の想像においてのみ存在する」と主張し，階層分類体系を否定していた．

ただし，ビュフォンの少しあとのラマルク(J.-B. de Lamarck, 1744-1829)，ラトレイユ(P. A. Latreille, 1762-1833)やキュヴィエ(G. L. Cuvier, 1769-1832)などは分類学に強い関心をもっていた．とりわけラトレイユは昆虫の分類に大きな貢献をした．彼はリンネの翅，ファブリチウスの口器以外の形態をも参照して自然分類を提唱した．これを「折衷式分類法」(または総合的分類法)という．彼は上位の分類単位の改良を志向した．そして「科」の概念を導入したり(1796)，昆虫を12目に分けたりして(1831)，従来の体系をいちじるしく改善した．

19世紀末にはリンネの二語名法が広く定着するにつれて，新たな命名や改名の増加により混乱も認められるようになったので，命名の国際的な規則を制定しようとする動きが生まれた．そして，1905年発行の『国際動物命名規約』において，動物の学名命名の出発点は『自然の体系』第10版発行の1758年1月1日と定められた．ただし，その唯一の例外としてクラーク『スウェーデンのクモ類』(C. A. Clerck "Aranei Svecici", 1757)も，その発行日付を1758年1月1日と見なし，さらにクラークの学名がリンネに優先することが近年定められた（『国際動物命名規約』改訂第3版，1985）．

ところで，リンネの動物の記載はほとんど図をともなわないので，主要な属や種について図説した本が出版されている．たとえばつぎのものなどである．

ズルツァー『リンネの体系中の昆虫の特徴』(p.110-111)の図およびp.74解説を参照）．

ホッタイン『リンネの分類式による動・植・鉱物の博物誌』全37巻(M. Houttuyn "Natuurlyke Historie, of Uitvoerige Beschryving der Dieren, Planten en Mineraalen, …van den Heer Linnaeus", 1761-85, Amsterdam)．動物は計18巻(1761-73)から成る．尾張の博物家，水谷豊文(1779-1833)は本書の植物の部（計14巻）により同地方産植物の属を同定しており，来日中のシーボルトを驚嘆させた．

バーブット『リンネによる昆虫の属』(p.112の図を参照）．ウィリアム『リンネによる昆虫の属の図説』全2巻(W. William "Illustrations of the Linnaean Genera of Insects", 1821, London)．

なお，リンネが収集した昆虫標本（主として鱗翅目，鞘翅目）の主要部分はロンドン・リンネ協会(3198個体)に，また少数のものがウプサラ大学動物学博物館およびリクス博物館（ストックホルム）に保存されている．その多くのものはタイプ（基準標本）として貴重である．

分類学はリンネによってその基礎が築かれて以来，多様な変遷を経て発展しつつ今日におよんでいる．マイア(E. Mayr)ら(1953)は分類学をα（アルファ），β（ベータ），γ（ガンマ）の3段階に区分した．αは生物の分類，記載，命名をおこない（記載分類学），βは新旧の形質を調べて系統を論じ（系統分類学，系統学），γは種の分化や形成を論ずるものである．リンネの分類学は，まさにこのαの段階に属するが，すべての種はまずこの過程を経なければ学界に認知されない．今日の分類学は，あるタクソン（分類単位）について$\alpha \sim \gamma$の研究が渾然一体となって，その分類学的位置を検証する総合科学であることが要求される．その場合にあっても，種名についてはリンネが確立した二語名法の原則を越えることはできないのである．

リンネと鳥類学

桑原和之
茂田良光

クレメンツによると9,930種の鳥が世界で認められている(Clements, 2007).そのうち,リンネが記載したのは715種である.リンネの『自然の体系,第10版,第1巻 動物界,第Ⅱ綱,鳥類』1758年では,545種が記載されているが(Farber, 1982),現在ではそのうちの448種が認められている.1761年の『スウェーデン動物誌,第2版(Fauna Svecica, ed. 2)』で1種,そして8年後の1766年に発行された『自然の体系,第12版』では,さらに257種が追加され,1771年の『植物学補遺,後篇(Mantissa Plantarum altera)』で9種がさらに追加されている(内田,1982).リンネは現在において認められている鳥種の約7％を新しい彼の命名法で記載した.彼の命名法は基本的には現在も変わっていない.

リンネの時代には実際の標本に基づいて書かなかったり,絵などからの記載をした.彼が名づけた学名の多くは,現在のものとは異なっている.また,ひとつの属に多くの種をいれているため,属名も現在のものとは違う種が多い.これは,当時リンネが取り扱った種数が少なかったためであるといえる.なお,リンネは鳥類について分類学だけでなく1765年には『鳥類学の基礎(Fundamenta ornithologica)』で鳥類を記載するための項目に関して生態にも触れ,1757年の『鳥の渡り(Migrationes avium)』では,渡りに関して記述している.

さて,リンネは鳥類をどのような状況で記載したのであろうか.動物のコレクションは,リンネがこれらの鳥類を記載する以前からすでに始まっていた.15世紀後半には大航海時代が始まっており,この時代に探検された地域の珍しい動物はヨーロッパに続々と持ち運ばれていた.各地では,珍しい動物などが飼育された.さらに,アフリカやアメリカなどから,多くの動植物,鉱物などの珍しいものが収集され,鳥類の羽毛などが送られてくるようになった(今泉,1991).その中でも,多くの本草を取り扱う医師などの中から収集家が現れた(西村,1987).

しかしながら,これらの標本の多くを科学的にうまく記載することはできなかったのである.というのは,当時の技術では虫害に遭わない標本を作成する技術が貧弱であった.種を記載するためには標本がなければならない.そして,その標本をうまく正確に図や文章にしなければならなかった.残念ながらその時代には,鳥類の標本はうまく保存できなかった.乾燥した羽毛や皮には,カツオブシムシやイガの仲間が群がり,その標本を食い散らかした.そんな時代でも,鳥の習性などを多くの博物学者が記した(浦本,1979).イギリスの鳥学の父と呼ばれるターナー(William Turner, 1512-68)は,植物学者でもあったが1544年にドイツから『主要鳥類誌(Avium Praecipuarum Historia)』を出版した(Evans, 1903;Gurney, 1921).彼や彼の友人であるスイスのゲスナー(1516-64)などの博物学者は,採集した鳥獣の標本を新鮮なうちに画家に描いて貰った(今泉,1991).図が出来上がった後で,標本はアルコールにつけ保存した.しかし,アルコールに浸した標本は変色してしまう.羽毛などはすぐに退色変色してしまう.これらの問題があるうちはせっかく標本が送られてきても大方は駄目になってしまったであろう.

剥製技術が向上するようになり,ようやくこの問題は解決された.オーストラリアの男爵,ヘルベルシュタイン(1486-1566)が1550年頃に巨大な剥製を作ったという(今泉,1991).亜砒酸で虫害から守り,ミョウバンや硼酸で皮を締め腐敗を防ぎ,羽毛の脱落を防止するという単純な方法である(坂本,1931).その剥製標本の技術がヨーロッパに広く伝わり,ようやく世界各地からの標本が虫たちに食われずに送られてくるようになった.この時代には,多くの博物学者がいた.鳥類に関してはイタリアの博物学者であるアルドロヴァンディ(1522-1605)などが著名である(Tate, 1986).彼は,動植物標本の研究用コレクションを収集していた(Allen, 1951).彼の死後である,1645〜46年に鳥類学が出版された.ただし,これらの多くの標本類は18世紀に剥製になったと考えられる.

標本として収集された鳥たちの名はまちまちであった.各地から送られてくる標本類は分類されずにたまるだけたまった.すでに発見されていた鳥や,本で紹介されている鳥の見落としなども多かった.それらの,各地から無事に送られてくる鳥類の標本や本に記載されている種が,リンネの分類方法によってようやく整理される

ようになったのである．

　これらのリンネの鳥のなかには，ニューギニアに分布するフウチョウ類（極楽鳥）の仲間も多い．アフリカ産のダチョウやツルなどの大型の鳥類も記載されている．また，16世紀にヨーロッパで飼育されていたドードー *Raphus cuculatus* などの絶滅種なども記載されている．絶滅種としては，そのほかにオオウミガラス *Pinguinus impennis*，カロライナインコ *Conuropsis carolinensis*，マスカリンインコ *Mascarinus mascarinus*，ジャマイカコヨタカ *Siphonorhis americanus* などの種も記載されている．旧大陸でみられるモリバト，ジュズカケバトなどのハトの仲間やコアカゲラ，アカゲラ，ヒメアカゲラ，クマゲラ，ミユビゲラなどのキツツキの仲間，ヤツガシラ，コウライウグイスなどの名もみられる（Allen, 1951）．コノハズク，ワシミミズク，トラフズクなどが記載されたほかにオナガフクロウのスケッチも残されている（Blunt, 1971）．

　狩猟鳥であるキジ，シャコ，ライチョウ，ガンやカモ類の記載も多い．オオハクチョウ，サカツラガン，ツクシガモ，オシドリ，コガモ，マガモ，クロガモ，ウミアイサなどが記載されており，これらは日本でも見られる種である．アヒルなどの家禽も種として記載されている．ただし，日本産の鳥類の記載は少ない（上野，1991）．本格的な日本の鳥の記載は，1823年8月8日のシーボルトの来日以降である（Stresemann, 1975）．

引用文献

Allen, E. C. 1951. The History of American Ornithology before Audubon. The American Philosophical Society, Philadelphia.
Blunt, W. 1971. The Compleat Naturalist : A Life of Linnaeus. Collins, London.
Clements, J. F. 2007. The Clements Checklist of Birds of the World. 6th Edition. Cornell University Press, Ithaca, New York.
Evans, A. H. 1903. Turner on Birds : A Short and Sufficient History of the Principal Birds Noticed by Pliny and Aristotle. Cambridge, London.
Farber, P. L. 1982. The Emergence of Ornithology as a Scientific Discipline : 1760-1850. D. Reidel, London.
Gurney, J. H. 1921. Early Annuals of Ornithology. H. F.& G. Witherby, London.
今泉吉典．1991．分類学から進化論へ．平凡社，東京．
西村三郎．1987．未知の生物を求めて−探検博物学に輝く三つの星．平凡社，東京．
坂本喜一．1931．動物剥製及び標本製作法．平凡社，東京．
Stresemann, E. 1975. Ornithology, from Aristotle to the Present. Harvard Univ. Pr., Cambridge, Massachusetts.
Tate, P. 1986. Birds, Men and Books. Remploy, London.
内田清一郎．1982．現在の分類表によるリンネの鳥類一覧．山階鳥類研究所（編）リンネ自然の体系．p.269-298．山階鳥類研究所，東京．
上野益三．1991．博物学者列伝．八坂書房，東京．
浦本昌紀．1979．バード・ウオッチングの歴史．アニマ，7（5）: 6-11．
山階鳥類研究所（編），1982．リンネ自然の体系．山階鳥類研究所，東京．

リンネと藻類学
― 17〜18世紀における藻類 Algae の認識 ―

宮田昌彦

はじめに

自然誌学の黎明期にあたり，分類学の基礎が築かれた17〜18世紀，カール・フォン・リンネ Carl von Linné (a.k.a. Linnaeus)(1707.5.23-1778.1.10) が活躍した時代に，藻類 algae の分類学的な位置付けはどのように認識されていたのであろうか．リンネの記載にあるように当時は，主に肉眼で区別できる大きさの藻類（海藻 Seaweed 含む）に注目していた．

17世紀後半〜18世紀初頭，「pre-Linnean の時代」における藻類の分類学的な研究は，Bauhin, J (1650-1651, 1666), Morison, R (1680-1699), Buxbaum (1728-1740), Dillenius, J. J. (1741), Seba, A. (1734-1765), Donati, L. (1750), Rumphius, G. E. (1750) などによっておこなわれた．当時の藻類の分類学的な認識を系統的に辿ろうとする試みは，かれらの研究成果がラテン語で書かれた印刷部数の少ない出版物や科学雑誌，ときに私的な出版物に掲載されていて，しかもそれらは17, 8世紀の古典であり，その記述と図版等を直接調査することが日本の研究者にとっても極めて難しい状況にある．しかし，千葉県立中央博物館が約5,000点に及ぶリンネの著作及び関連文献からなるトルビヨン・レンスコーク・コレクション *Torbjörn Lenskog Collection* を所蔵したことにより (1993)，道が開かれたといえる．すなわち，科学史的な視点から当時を代表する分類学者リンネの著作を直接手にとって閲覧し，藻類の分類学的位置づけの変遷を知ることができるのである．それは，当時のキリスト教的世界観を背景として自然誌学の学徒がもっていた自然に対する認識と自然物，とりわけ陰花植物（シダ類，コケ類，藻類，菌類，地衣類）に対する認識を垣間見ることができ，藻類の位置付けを知ることができるのである．リンネは，花の構造に注目し，雄しべと雌しべの数とそのつき方をもって植物を分類する「性の24綱」(1735) の考えに従い，その24番目に，生殖器官である花が見えないか隠れている，または花をもたない一群の植物に「秘密の結婚」を意味する「Cryptogamia」（陰花植物）という名前を与えた (Linnaeus, 1735)．

1. リンネの分類体系にいたる歴史的背景

まずは，当時のヨーロッパ世界の社会状況と自然誌学のかかわりについて外観してみよう．14〜16世紀，イタリアを中心としたルネサンス Renaissance による科学技術や航海術，地理学の発展とスペイン人のファン・セバスティアン・エルカーノ Juan Sebastian Elcano が成し遂げた世界周航 (1522)，そして，11〜14世紀，クルセード Croisade の派遣 (1096-1296) 以降の東西交流の拡大等を背景に新世界から有用な資源と植民地の獲得を目的として，スペイン，ポルトガルにイギリス，オランダなど新興勢力も加わったヨーロッパ列強によるインド・アジア大陸，アフリカ大陸，アメリカ大陸への海外進出が15世紀中期からおこなわれた．そして17世紀中期ごろまでにはヨーロッパ人が不毛地帯を除く地球上のすべての地域に到達して航路が開拓され大航海時代は終焉した．

また，17世紀には，ガリレオ Galileo, G (1564-1642) やニュートン Newton, I (1642-1727) によって近代科学が成立し，自然哲学が発展した時代でもあった．その結果，見たこともない多様な動植物や鉱物が大量にヨーロッパ世界へもたらされることになり，それらを調べて利用するためには，北方のヨーロッパの植物を対象とした分類体系に代わる誰でもが使えて新世界の植物に適用できる分類体系と簡潔に記述できる命名法が社会的要請であったといえる．

2. 植物分類体系の変遷

陰花植物に注目して18世紀初頭に至る「pre-Linnean の時代」の植物分類体系の変遷を科学史的に概観してみよう．自然物の分類は，プラトン Plato (BC 427-347) とアリストテレス Aristoteles (BC 384-322) に始まるとされる．しかし，紀元前4世紀の古代ギリシャの哲人アリストテレスは植物を木と草の群に分けたにすぎず植物学の父と呼ばれるテオフラストス Theophrastos (BC 372-288) においても後世にハッチンソンの分類体系 (1926) に影響したものの，体系的な分類は見られず『植物誌 Historia Plantarum (BC 300年)』の中で植物を木，潅木，亜潅木，草に分けただけであった（木村, 1987）．アリストテレスの範疇論では，ものごとの分類において，上位の「第二実体」（一般名詞，普遍，類〔属に相当〕）に対して，

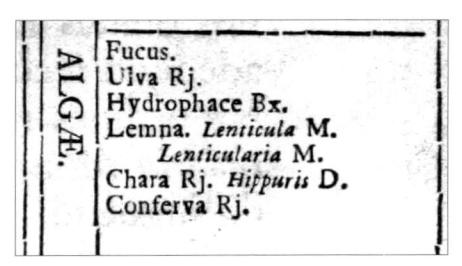

図1 『自然の体系・初版（1735）』中の陰花植物・藻類 Cryptogamia・Algae. 6属が掲載された（千葉県立中央博物館蔵）.

図2 『自然の体系・2版（1740）』中の陰花植物・藻類 Cryptogamia・Algae. 9属が掲載された（千葉県立中央博物館蔵）.

図3 『自然の体系・6版（1748）』中の陰花植物・藻類 Cryptogamia・Algae. 12属が記載された（千葉県立中央博物館蔵）.

下位を「第一実体」（固有名詞，特殊，種）として階層的に把握しようとした．その後，アリストテレス的な考えが継承され，分類体系のめざましい発展はなかった．

16世紀，ダルシャン D'Alechamps, J が，『一般植物誌 Historia Generalis Plantarum（1586-1587）』で，容姿や状態に注目して植物を18群に分け，12番目の「海辺，海中の植物」を陰花植物に位置づけた．また，アリストテレスの研究者であった，チェザルピノ Andrea Cesalpino（1519-1603）は，「植物の目的は繁殖にあり，それは種子によって達成される」とし，葉は芽や花を保護し，花弁と雄しべからなる花は実の保護のためにあると考え，1,500種を記載し，その分類体系（1583）は，植物を木と草に分け，種子と果実の特徴に注目して13綱に分け，その13番目に「草，無果，無果実」として陰花植物を位置づけている（De Plantis Libris XVI, 1583）．ここに人為分類の萌芽をみることができる．一方，同時代の本草学者ガスパール・ボーアン Gaspard Bauhin（1560-1624）は，12巻からなる『植物対照図表 Catalogue plantarum circa Basileum nascentium（1623）』の中で用途によって分類した6,000種を古今の名称を比較して「種」と「属」を区別して記載した．そこには外部形態の類似性にも注目した自然分類と二名法の萌芽を見ることができる．

16世紀後半に入るとツァハリアス・ヤンセン Zacharias Janssen（1588-1632）親子がつくった顕微鏡（1590頃）が普及して形態学的な観察がすすみ，ヨアヒム・ユング Joachim Jung（1587-1657）は，花被，雄蕊，雌蕊を区別して厳密な観察の基準を与えている『植物観察入門』．そして，アウグスト・クイリヌス・リヴィヌス August Quirinus Rivinus（1652-1723）は，花弁の数を基準に19類に分け，19番目の無花（陰花植物）を区別し，不十分ながら二名法の採用を提案した．一方，花（冠）をただ一つの生殖器官として，その形で22綱に分けたツルヌフォール J. P. de Tournefort は，「属」の概念を明らかにして，17番目の綱に「草または半潅木・陰花形・無花，無果実」として陰花植物を置いている（基礎植物学, 1694）．チェザルピノの考えかたに傾倒したジョン・レイ John Ray（1628-1705）は，植物を草と木に分け，果実，花，葉およびその他の器官の外観や構造に基づくもので，なるべく多くの類似性を見つけて自然分類をめざした．草に不完全類（陰花植物）と完全類（顕花植物）をおき，木と完全類をそれぞれ双子葉類と単子葉類に分けて，木は一花において離果のものと集果のものを区別した．さらに花弁の有無で細分し，果実，種子の形質を使った．そして『植物誌（1686）』の第1巻で「種」の概念を定義し，「同じ種子から繁殖し，それを永続的に繰り返す

248

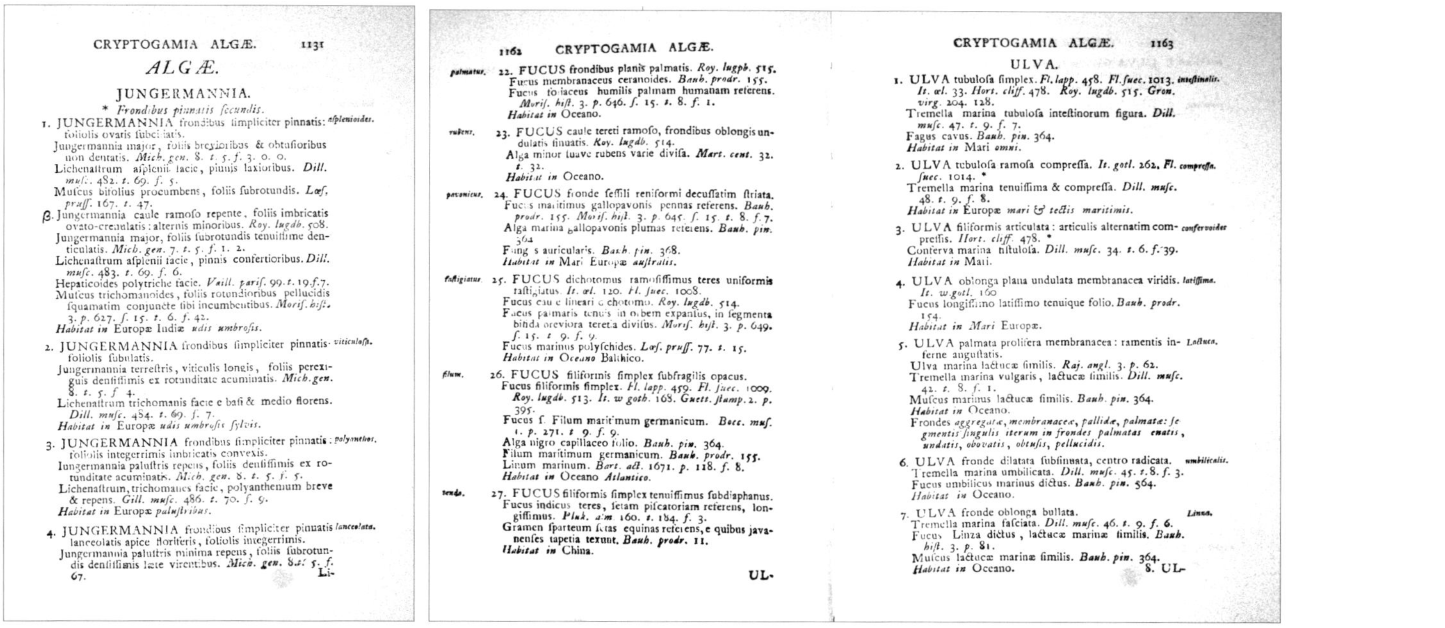

CRYPTOGAMIA ALGÆ. 1131

ALGÆ.

JUNGERMANNIA.

* *Frondibus pinnatis ſecundis.*

1. JUNGERMANNIA frondibus ſimpliciter pinnatis: foliolis ovaris ſubciliatis. *aſplenioides.*
Jungermannia major, foliis brevioribus & obtuſioribus non dentatis. *Mich. gen.* 8. *t.* 5. *f.* 3. o. o.
Lichenaſtrum aſplenii facie, pinnis laxioribus. *Dill. muſc.* 482. *t.* 69. *f.* 5.
Muſcus bifolius procumbens, foliis ſubrotundis. *Læſ. pruſſ.* 167. *t.* 47.
β. Jungermannia caule ramoſo repente, foliis imbricatis ovato-crenulatis: alternis minoribus. *Roy. lugdb.* 508.
Jungermannia major, foliis ſubrotundis tenuiſſime denticulatis. *Mich. gen.* 7. *t.* 5. *f.* 1. 2.
Lichenaſtrum aſplenii facie, pinnis confertioribus. *Dill. muſc.* 483. *t.* 69. *f.* 6.
Hepaticoides polytriche facie. *Vaill. pariſ.* 99. *t.* 19. *f.* 7.
Muſcus trichomanoides, foliis rotundioribus pellucidis ſquamatim conjuncte ſibi incumbentibus. *Moriſ. hiſt.* 3. *p.* 627. *ſ.* 15. *t.* 6. *f.* 42.
Habitat in Europæ Indiæ *udis umbroſis.*

2. JUNGERMANNIA frondibus ſimpliciter pinnatis: foliolis ſubulatis. *viticuloſa.*
Jungermannia terreſtris, viticulis longis, foliis perexiguis denſiſſimis ex rotunditate acuminatis. *Mich. gen.* 8. *t.* 5. *f* 4.
Lichenaſtrum trichomanis facie e baſi & medio florens. *Dill. muſc.* 484. *t.* 69. *ſ.* 7.
Habitat in Europæ *udis umbroſis ſylvis.*

3. JUNGERMANNIA frondibus ſimpliciter pinnatis: foliolis integerrimis imbricatis convexis. *polyanthos.*
Jungermannia paluſtris repens, foliis denſiſſimis ex rotunditate acuminatis. *Mich. gen.* 8. *t.* 5. *f.* 5.
Lichenaſtrum, trichomanes facie, polyanthemum breve & repens. *Gill. muſc.* 486. *t.* 70. *f.* 9.
Habitat in Europæ *paluſtribus.*

4. JUNGERMANNIA frondibus ſimpliciter pinnatis lanceolatis apice floriferis, foliolis integerrimis. *lanceolata.*
Jungermannia paluſtris minima repens, foliis ſubrotundis denſiſſimis læte virentibus. *Mich. gen.* 8. *t.* 5. *f.* 67.
Li-

1162 CRYPTOGAMIA ALGÆ.

palmatus. 22. FUCUS frondibus planis palmatis. *Roy. lugpb.* 515.
Fucus membranaceus ceranoides. *Bauh. prodr.* 155.
Fucus foliaceus humilis palmam humanam referens. *Moriſ. hiſt.* 3. *p.* 646. *ſ.* 15. *t.* 8. *f.* 1.
Habitat in Oceano.

rubens. 23. FUCUS caule tereti ramoſo, frondibus oblongis undulatis ſinuatis. *Roy. lugdb.* 514.
Alga minor ſuave rubens varie diviſa. *Mart. cent.* 32. *t.* 32.
Habitat in Oceano.

pavonicus. 24. FUCUS fronde ſeſſili reniformi decuſſatim ſtriata.
Fucus maritimus gallopavonis pennas referens. *Bauh. prodr.* 155. *Moriſ. hiſt.* 3. *p.* 645. *ſ.* 15. *t.* 8. *f.* 7.
Alga marina gallopavonis plumas referens. *Bauh. pin.* 364
Fungus auricularis. *Bauh. pin.* 368.
Habitat in Mari Europæ *auſtralis.*

faſtigiatus. 25. FUCUS dichotomus ramoſiſſimus teres uniformis faſtigiatus. *It. œl.* 120. *Fl. ſuec.* 1008.
Fucus caule lineari dichotomo. *Roy. lugdb.* 514.
Fucus palmaris tenuis in orbem expanſus, in ſegmenta bifida breviora teretia diviſus. *Moriſ. hiſt.* 3. *p.* 649. *ſ.* 15. *t* 9. *f.* 9.
Fucus marinus polyſchides. *Læſ. pruſſ.* 77. *t.* 15.
Habitat in Oceano Balthico.

filum. 26. FUCUS filiformis ſimplex ſubfragilis opacus.
Fucus filiformis ſimplex. *Fl. lapp.* 459. *Fl. ſuec.* 1009. *Roy. lugdb.* 513. *It. w goth.* 168. *Guett. ſtamp.* 2. *p.* 395.
Fucus f. Filum maritimum germanicum. *Bocc. muſ.* 1. *p.* 271. *t* 9. *f.* 9.
Alga nigro capillaceo folio. *Bauh. pin.* 364.
Filum maritimum germanicum. *Bauh. prodr.* 155.
Linum marinum. *Bart. act.* 1671. *p.* 118. *f.* 8.
Habitat in Oceano *Atlantico.*

tendo. 27. FUCUS filiformis ſimplex tenuiſſimus ſubdiaphanus.
Fucus indicus teres, ſetam piſcatoriam referens, longiſſimus. *Pluk. alm.* 160. *t.* 184. *f.* 3.
Gramen ſparteum ſetas equinas referens, e quibus javanenſes tapetia texunt. *Bauh. prodr.* 11.
Habitat in China.

UL-

CRYPTOGAMIA ALGÆ. 1163

ULVA.

1. ULVA tubuloſa ſimplex. *Fl. lapp.* 458. *Fl. ſuec.* 1013. *It. œl.* 33. *Hort. cliff.* 478. *Roy. lugdb.* 515. *Gron. virg.* 204. 128. *inteſtinalis.*
Tremella marina tubuloſa inteſtinorum figura. *Dill. muſc.* 47. *t.* 9. *f.* 7.
Fagus cavus. *Bauh. pin.* 364.
Habitat in Mari *omni.*

2. ULVA tubuloſa ramoſa compreſſa. *It. gotl.* 262. *Fl. ſuec.* 1014. * *compreſſa.*
Tremella marina tenuiſſima & compreſſa. *Dill. muſc.* 48. *t.* 9. *f.* 8.
Habitat in Europæ *mari & tectis maritimis.*

3. ULVA filiformis articulata: articulis alternatim compreſſis. *Hort. cliff.* 478. * *confervoides*
Conferva marina fiſtuloſa. *Dill. muſc.* 34. *t.* 6. *f.* 39.
Habitat in Mari.

4. ULVA oblonga plana undulata membranacea viridis. *It. w.gotl.* 160 *latiſſima.*
Fucus longiſſimo latiſſimo tenuique folio. *Bauh. prodr.* 154.
Habitat in Mari Europæ.

5. ULVA palmata prolifera membranacea: ramentis inferne anguſtatis. *Lactuca.*
Ulva marina lactucæ ſimilis. *Raj. angl.* 3. *p.* 62.
Tremella marina vulgaris, lactucæ ſimilis. *Dill. muſc.* 42. *t.* 8. *f.* 1.
Muſcus marinus lactucæ ſimilis. *Bauh. pin.* 364.
Habitat in Oceano.
Frondes *aggregatæ, membranaceæ, pallidæ, palmatæ: ſegmentis ſingulis iterum in frondes palmatas enatis, undatis, obovatis, obtuſis, pellucidis.*

6. ULVA fronde dilatata ſubſinuata, centro radicata. *umbilicalis.*
Tremella marina umbilicata. *Dill. muſc.* 45. *t.* 8. *f.* 3.
Fucus umbilicus marinus dictus. *Bauh. pin.* 564.
Habitat in Oceano.

7. ULVA fronde oblonga bullata. *Linza.*
Tremella marina faſciata. *Dill. muſc.* 46. *t.* 9. *f.* 6.
Fucus Linza dictus, lactucæ marinæ ſimilis. *Bauh. hiſt.* 3. *p.* 81.
Muſcus lactucæ marinæ ſimilis. *Bauh. pin.* 364.
Habitat in Oceano.
8. UL-

図4 『植物の種（1753）』Species Plantarum ／陰花植物・藻類 Cryptogamia・Algae．14属が記載された（千葉県立中央博物館蔵）．

ものを《種》,「種の数は不変，ある種から別の種は生まれない」とも記した．

このように17世紀に至る植物分類体系の発展の歴史は，キリスト教的世界観を背景とした自然の認識過程において有用的，薬用的な本草学の成果と融合するかたちですすんだ．薬用植物を知るためには一般の植物の理解が必須であったにちがいない．そして大航海時代の後,新大陸からヨーロッパ世界へもたらされた多様な動植物を見分けるための分類学的な視点として，景観的な生育状況(海の中の植物，川の植物など)から，観察を踏まえたマクロ的な形態(木や草など)へ,そして,生殖器官(花)の認識と顕微鏡をえて，花の形態と構成要素(雄蕊，雌蕊など)の特徴と数をとりあげるようになる．レーウェンフックが顕微鏡ではじめて精子を観察し，その中に小さな体があるとしたが(1677)，ジョフロア Geoffroy, E. F.(1672-1731)は，花粉 farine が子房の上に着かなければ果実ができないことを指摘し(1711)，精子を植物の花粉に相同と考えて観察したのである．さらに動物との比較において，子孫を残すための生殖器官の形成過程と受精，果実と種子の意味が議論され，植物の生殖器官の特徴を分類形質として評価するに至るのである(『花部構造講義』ヴァイアン Vaian, 1718)．さらに植物の生殖にかかわる雄蕊と雌蕊の特徴の分類形質としての重要性を認識したリンネによって24のグループ(綱)からなる「性の体系」は完成した(1731)．この時点において，先駆的な多様な分類体系と属と種の認識，二名法の提案が18世紀初頭までに出そろっていたのである．

3．リンネの著作に記述された藻類

リンネは，『自然の体系・初版 Systema Naturae 1st ed.』(1735)において，地球上に存在する自然物を3界(鉱物界，植物界，動物界)に分け，植物は「性の24綱」(1735)に従い，雄蕊の数をとって24綱に分かち，次に雌蕊の数(心皮数，花柱の数)で目を分類し，いずれにもあてはまらないものを24番目の綱として陰花植物(ARBORES.,シダ類FILICES.，蘚苔類MUSCI.，藻類ALGAE.，菌類FUNGI. LITHOPHYTA)として位置付け，藻類を含めた．この分類体系は，アリストテレスが，“生物のプシュケー Psyche”を植物，動物，人間に区分したことに通じるものである．またヨハン・ハインリヒ・ブルックハルトの雄蕊と雌蕊の数と配置に注目した人為的植物分類体系の提案に類似している(1702)．

また，リンネは自然分類についての考察を続けて，その最終的な案を『植物の綱』第6版(1764)で明らかにしている．すなわち『植物の綱』(1738)の「自然分類法断片」という章で植物のすべての属を65の目(order)に分けている．この目は，植物の外観から直観的に類似しているとみなした属をまとめたもので，現在の植物分類の階級で科 family に相当する．

『自然の体系・初版』(1735)，第2版(1740)以降で内容が変更されたのは，第6版(1748)，第10版・全2巻(1758,1759)及び第12版・全3巻(1766-1767)である．すなわち『自然の体系・初版-12版』(1736-1766)，『植物の種』(1753)，『植物の属』(1754)などのリンネの著作を時系列的にみることで少なくとも1767年までの藻類の分類学的な認識の概要を知ることができるのである．

1．『自然の体系・初版』Systema Naturae ed.1(1735)(図1)

3. ALGÆ.

Jungermannia.	1059
Targionia.	1060
Marchantia.	1061
Blaſia.	1062
Riccia.	1063
Anthoceros.	1064
Lichen.	1065
Chara.	1066
Tremella.	1067
Fucus.	1068
Ulva.	1069
Conferva.	1070
Byſſus.	1071
Spongia.	1072
Lithoxylon.	1073

CRYPTOGAMIA ALGÆ. 489

3. *ALGÆ.*

1059. JUNGERMANNIA.* *Mich.* 5. Muſcoides *Mich.* 6. Lichenaſtrum *Dill. muſc.* 479.

* *Maſculus flos* pedunculo longo, recto, e calyce prodeunti, inſiſtit.
CAL. *Perichætium* tubuloſum.
COR. nulla.
STAM. *Anthera* ovata, dehiſcens in Valvulas quatuor, patentes, æquales, perſiſtentes.
* *Femineus flos* ſeſſilis, ſæpius in eadem planta.
CAL. nullus (nobis manifeſtus).
COR. nulla.
SEM. ſolitaria vel conferta, ſubrotunda.

1060. TARGIONIA.†

CAL. ſubgloboſus, bivalvis.
ANTHERA ſeſſilis, campanulata, infundo calycis.

1061. MARCHANTIA * *March. A. G.* 1713. *t.* 5. *Mich.* 1. Hepatica *Mich.* 2. Lunularia *Mich.* 4. Lichen *Dill. muſc.* 515.

* *Maſculus flos* pedunculo longo, recto, e calyculo prodeunte, exoritur.
CAL. *Perianthium commune* quadrifidum, quinquefidum, vel decemfidum, peltatum (*laciniis* æqualibus, lateribus deflexis), maximum, ſub ſe continens floſculos tot, quot lacinias habet.
COR. monopetala, turbinata, calyce brevior, recta.
STAM. *Filamentum* unicum, corolla longius, ſimplex. *Anthera* ſubovata, ab apice dehiſcens in tot lacinias, quot calyx communis. *Farina* crinulo affixa.
* *Femineus flos* ſeſſilis, in eadem planta.
CAL. *Perianthium* conſtans margine membranaceo, erecto-patulo, integro, perſiſtente, monophyllo.
COR. nulla: niſi Calycem dicas.
SEM. plura, ſubrotunda, compreſſa, nuda, in fundo calycis.
OBS. Marchantiæ M. *Calyx maſculus communis planus, in octo ad decem lacinias, floſculos non involventes, diviſus.*
Hepaticæ M. *Calyx maſculus communis quinquefidus, conicus, laciniis conniventibus.*
Lunulariæ M. *Calyx cruciformis, laciniis floſculos obvolventibus.*

1062.

490 CRYPTOGAMIA ALGÆ.

1062. BLASIA.* *Mich. gen.* 7.

* *Maſculus flos.*
CAL. monophyllus, baſi ovatus, medio ſubcylindraceus, apice dilatatus, truncatus.
STAM. Granula plurima, libera.

* *Femineus flos.*
CAL. vix ullus.
PER. ſubrotundum, ſolitarium, foliis immerſum.
SEM. nonnulla, ſubrotunda.
OBS. *An flos maſculus dicendus ſit femineus, & vice verſa?*

1063. RICCIA. *Mich.* 57.

* *Maſculus flos* ſeſſilis.
CAL. nullus.
COR. nulla.
STAM. *Anthera* ſubulata, truncata, ſeſſilis, apice dehiſcens.

* *Femineus flos* in eadem (vel diverſa *Mich*) planta.
CAL. vix ullus.
PER. globoſum, uniloculare.
SEM. plurima.

1064. ANTHOCEROS. *Mich.* 7. *Dill. muſc.* 475.

* *Maſculus flos* ſeſſilis.
CAL. monophyllus, ſubcylindraceus, truncatus, integer.
COR. nulla.
STAM. *Filamentum* nullum. *Anthera* unica, ſubulata, longiſſima, bivalvis: *farina* receptaculo libero capillari affixa.

* *Femineus flos* ſeſſilis, in eadem ſæpius, vel diſtincta planta.
CAL. monophyllus, ſexpartitus, patens.
SEM. tria (circiter), nuda, in fundo calycis, ſubrotunda.
OBS. *Sæpe unica tertia pars calycis excluditur, obſervata proportione numeri in ſeminibus.*

1065

CRYPTOGAMIA ALGÆ. 491

1065. LICHEN * *Tournef.* 325. *Mich.* 36-53. Lichenoides *Dill. muſc.* 124. Coralloides *Dill. muſc.* 75. Uſnea *Dill. muſc.* 56.

* *Maſculi flores* numeroſi, innati *Receptaculo* ſæpius orbiculato, maximo, nitido, plano, convexo aut concavo, glutinoſo.
* *Feminei flores* & *ſemina* farinæ inſtar ſparſa in eadem vel diſtincta planta.
Leproſus tuberculatus.
ſcutellatus.
imbricatus.
foliaceus.
coriaceus.
ſcyphiferus.
fruticuloſus.
filamentoſus.

1066. CHARA.* *Vaill. A. G.* 1719. *t.* 3. Hippuris *Dill. gen.* 2. *Pont. auth.*

CAL. diphyllus, minimus.
COR. nulla. (monopetala *Vaill.*)
STAM. *Filamentum* nullum. *Anthera* unica, globoſa, receptaculo affixa. *Pont.*
PIST. *Germen* ovatum. *Stylus* nullus. *Stigmata* tria, latiuſcula. *Pont.*
PER. nullum (capſula monoſperma *Vaill.*).
SEM. unicum, ovato-oblongum.

1067. TREMELLA. *Dill. muſc.* 41.

Subſtantia uniformis, pellucida, membranacea, gelatinoſa, foliacea.
OBS. *Tuberculis & ſcutellis non obviis a Lichene differt.*

1068. FUCUS.* *Reaum. A. G.* 1711. *t.* 9. 10. 11.

Maſculi flores?
Veſiculæ glabræ, cavæ, pilis intus adſperſæ.
Feminei flores.
Veſiculæ glabræ, gelatina repletæ, adſperſæ punctis perforatis, ſemine fœtis.

1069.

492 CRYPTOGAMIA ALGÆ.

1069. ULVA.* *Dill. gen.*

FRUCTIFICATIONES in membrana veſiculari abſque fronde.

1070. CONFERVA.* *Dill. muſc.* 11.

Fibræ ſimplices, uniformes, capillaceæ, filamentoſæ.
OBS. *Sunt hæ fibræ vel continuæ vel articulatæ.*

1071. BYSSUS.* *Dill. muſc.* 1. *Mich.* 80. 90. Aſpergillus *Mich.* 91. Botrytis *Mich.* 91.

Fibræ ſimplices, uniformes, lanuginoſæ ſ. pulverulentæ.

1072. SPONGIA.* *Tournef.* 342. Badiaga *Buxb.*

Ramis ex filis contextis in conſiſtentiam panni ſ. tophi.

1073. LITHOXYLON Lithophyton *Tournef.* 341. Keratophyton *Boerh.* Titanokeratophyton *Boerh.*

Rami lignoſi, cornei, tecti Cortice cruſta calcarea, poris pertuſa.
OBS. *Ligni ſubſtantia Fucis affinis eſt; corticalis calcarea ver. Lithophytis.*

4. *FUNGI.*

1074. AGARICUS.* *Dill.* Amanita *Dill.*

FUNGUS horizontalis, ſubtus lamellatus.
OBS. Agaricus *D. caret petiolo, & margine laterali adnaſcitur.* Amanita *D. inſtruitur petiolo, centro orbiculati capitis inſerto.* Agaricos *Dill. ab* Amanita, Boleto & Erinaceo *Dill. non ſpecie differre, ſed ſolo loco naſcendi mutatos reddi, ſuadent obſervationes quotquot hactenus fuere inſtitutæ.*

1075. BOLETUS * *Dill.* Suillus *Mich.* 68. 69. Polyporus *Mich.* 70. 71.

FUNGUS horizontalis, ſubtus poroſus.

1076.

図 5 『植物の属・5 版（1754）』 Genera Plantarum ／ 陰 花 植 物・藻類 Cryptogamia・Algae. 489-494pp. 15 属が記述された（千葉県立中央博物館蔵）.

「属（当時は類）」と「種」は，アリストテレス論理学の上位のもの「類」，下位のもの「種」に相当する．属は，ギリシャ語でゲノス，ラテン語でゲヌス，英語でジーナス，種は，同様にエイドス，スペキエス，スピーシズである．16 世紀の本草学では，類似の個体を「種」，類似の「種」を「類」すなわち「属」と呼ぶことが 定着していた．「種」の概念を生物学的に定義したのは，ジョン・レイであり（植物誌・第 1 巻 1686），「属」の概念を生物学的に定義したのは，ツルヌフォールである（基礎植物学 1694）．

学名は，種を指示する単なる記号である．リンネ以前は，種の 名称＝属の名称＋種差（同じ属の中で異なる種から他種を区別する性質の記述）であった．種差が種名であり，記述であった．含まれる種が多いと，種名すなわち種差を説 明する語数が多くなり，説明と記述が長くなるという煩わしさがあった．

リンネの二名法が優れているのは，種正名は，呼称であると同時に種についての記述でもあったが，種小名は，呼称としての役割しかない．呼称と記述を分離したことが二名法のすばらしさである．

第 24 番目の綱・陰花植物・藻類Cryptogamia・Algae
・藻類Algae：*Fucus*（ヒバマタ属）（海産），*Ulva*（アオサ属）（海産），*Conferva*（コンフェルヴァ属）（海産），*Chara*（シャジクモ属）（淡水藻）
・シダ植物：*Hydrophase*（ウキクサ属），*Lemna*（ウキクサ属）
藻類4属と淡水産・浮遊性シダ植物2属，計6属を掲載

2. 『自然の体系・2版』Systema Naturae ed.2（1740）（図2）
第24番目の綱・陰花植物・藻類 Cryptogamia・Algae
・藻類Algae： *Chara*（シャジクモ属）（淡水藻），*Fucus*（ヒバマタ属）（海産），*Ulva*（アオサ属）（海産），*Conferva*（コンフェルヴァ属）（海産）
・コケ植物： *Marchantia*（ゼニゴケ属 ），*Jungermannia*（ツボミゴケ属），*Anthoqeros*（ナガサキツノゴケ属），*Riccia*（ウキゴケ属）
・地衣類：*Lichen*（地衣属）
・シダ植物： *Lemna*（ウキクサ属），*Marsilea*（デンジソウ属），*Tremella*（ウキクサ属）
藻類4属，コケ植物4属，地衣類1属，淡水産・浮遊性シダ植物3属，計12属を掲載

3. 『自然の体系・6版』（1748）Systema Naturae ed.6（1748）（図3）
第24番目の綱・陰花植物・藻類 Cryptogamia・Algae
・藻類： Chara（シャジクモ属）（淡水産），Fucus（ヒバマタ属）（海産），Ulva（アオサ属）（海産），Conferva（コンフェルヴァ属）（海産）
・コケ植物： Marchantia（ゼニゴケ属 ），Jungermannia（ツボミゴケ属），Anthoqeros（ナガサキツノゴケ属），Riccia（ウキゴケ属），Blasia（ウスバゼニゴケ属）

図6 『自然の体系・10版（1759）』中の陰花植物・藻類 Cryptogamia・Algae. 13属が記載された（千葉県立中央博物館蔵）.

図7 『自然の体系・12版（1766）』／陰花植物・藻類 Cryptogamia・Algae. 15属が記載された（千葉県立中央博物館蔵）.

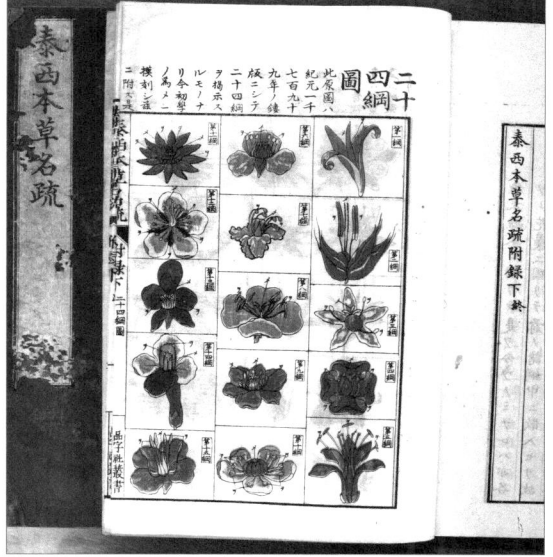

図8 『泰西本草名疏』附図（伊藤圭介，1829）／リンネの24綱の図（千葉県立中央博物館蔵）.
　リンネの「性の24綱」（1735）に対応して，身近な植物の花（生殖器官）が第一綱から第二十四綱として描かれている．24綱には，菌類，蘚苔類，藻類が描かれている（左下，隅矢印）．藻類は，紅藻ユカリ Plocamium telfairiae と思われる．

- 地衣類：Lichen（地衣属）
- シダ植物：Lemna（ウキクサ属），Marsilea（デンジソウ属），Tremella（ウキクサ属）

藻類4属，コケ植物5属，地衣類1属，淡水産・浮遊性シダ植物3属の計13属を掲載

4. 『植物の種』Species Plantarum 第2巻（1753）（図4）
陰花植物・藻類 Cryptogamia・Algae
- 藻類：Fucus（ヒバマタ属）（海産）7種，Ulva（アオサ属）（海産）9種，Conferva（コンフェルヴァ属）（海産）21種，Chara（シャジクモ属）（淡水産）4種
- コケ植物：Jungermannia（ツボミゴケ属27種），Targionia（ハマグリゼニゴケ属）1種，Marchantia（ゼニゴケ属）7種，Blasia（ウスバゼニゴケ属）1種，Riccia（ウキゴケ属）4種，Anthoceros（ナガサキツノゴケ属）3種
- 地衣類：Lichen（地衣属）80種
- シダ植物：Tremella（ウキクサ属）7種
- 無脊椎動物：Byssus（ビッスス属）（貝類が固着するための組織の一部）12種，Spongia（カイメン属）12種

藻類4属，コケ植物6属，地衣類1属，淡水産・浮遊性シダ植物1属，無脊椎動物2属，計14属を掲載

5. 『植物の属・5版』Genera Plantarum（1754）（図5）
陰花植物・藻類 Cryptogamia・Algae
- 藻類：Chara（シャジクモ属）（淡水産），Fucus（ヒバマタ属）（海産），Ulva（アオサ属）（海産），Conferva（コンフェルヴァ属）（海産）
- コケ植物：Jungermannia（ツボミゴケ属），Targionia（ハマグリゼニゴケ属），Marchantia（ゼニゴケ属），Blasia（ウスバゼニゴケ属），Riccia（ウキゴケ属），Anthoceros（ナガサキツノゴケ属）
- 地衣類：Lichen（地衣属）
- シダ植物：Tremella（ウキクサ属）
- 無脊椎動物：Byssus（ビッスス属），Spongia（カイメン属），Lithoxylon（Sea-fan）（カワラサンゴ属）

藻類4属，コケ植物6属，地衣類1属，淡水産・浮遊性シダ植物1属，無脊椎動物3属，計15属を掲載

6. 『自然の体系・10版』（1759）Systema Naturae ed. 10（1759）（図6）
第24番目の綱・陰花植物・藻類 Cryptogamia・Algae
- 藻類：Chara（シャジクモ属）（淡水産），Fucus（ヒバマタ属）（海産），Ulva（アオサ属）（海産），Conferva（コンフェルヴァ属）（海産）
- コケ植物：Marchantia（ゼニゴケ属），Jungermannia（ツボミゴケ属），Targionia（ハマグリゼニゴケ属），Anthoceros

（ナガサキツノゴケ属），*Blasia*（ウスバゼニゴケ属），*Riccia*（ウキゴケ属）
- 地衣類：*Lichen*（地衣属）
- シダ植物：*Tremella*（ウキクサ属）
- 無脊椎動物：*Byssus*（ビッスス属）

藻類4属，コケ植物6属，地衣類1属，淡水産・浮遊性シダ植物1属，無脊椎動物1属，計13属を掲載

7.『自然の体系・第12版』Systema Natureae ed. 12（1766）（図7）
第24番目の綱・陰花植物・藻類 Cryptogamia・Algae
- 藻類：*Ulva*（アオサ属）（海産），*Fucus*（ヒバマタ属）（海産），*Conferva*（コンフェルヴァ属）（海産），*Chara*（シャジクモ属）（淡水産）
- コケ植物：*Marchantia*（ゼニゴケ属），*Jungermannia*（ツボミゴケ属），*Targionia*（ハマグリゼニゴケ属），*Anthoceros*（ナガサキツノゴケ属），*Blasia*（ウスバゼニゴケ属），*Riccia*（ウキゴケ属）
- 地衣類：*Lichen*（地衣属）
- シダ植物：*Tremella*（ウキクサ属）
- 無脊椎動物：*Spongia*（カイメン属），*Lithoxylon*（Sea-fan）（カワラサンゴ属），*Byssus*（ビッスス属）（貝類が固着するための組織の一部）

藻類4属，コケ植物6属，地衣類1属，淡水産・浮遊性シダ植物1属，無脊椎動物3属，計15属を掲載

このように1736年以前の藻類の認識が踏襲され，植物の性に注目したリンネの雌雄蕊分類体系の中で，顕花植物の1～23綱に対して24番目の綱・陰花植物 Cryptogamia に位置付けられていた．それは極めて多様な生物群からなる陰花植物を詳細に分類する段階には達していなかった．

リンネの著作中に記述された藻類 Algae の中で注目すべき生物群をあげてみよう．リンネは，淡水に浮遊する葉状のウキクサの仲間（シダ植物）を藻類として認識していた『自然の体系・初版』（1735）．また，葉状のゼニゴケの仲間や淡水に浮遊するウキゴケの仲間，そして葉状な地衣類を加えたコケ植物，さらに根茎から葉軸で水中に浮遊するデンジソウの仲間（シダ植物）を藻類に含めた『自然の体系・2版』（1740）．その後，ウスバゼニゴケ属 *Blasia* が加えられた『自然の体系・6版』（1748）．リンネが本格的に二名法を採用した，『植物の種（1753）』においては，角状の体をもったナガサキツノゴケ属 *Anthoceros*（コケ植物），繊維状で弾力性のある2枚貝の固着装置を生物と見間違えたビッスス属 *Byssus* やカイメン属 *Spongia*（無脊椎動物）が登場する．この時点で，藻類41種，コケ植物43種，地衣類80種，シダ植物7種，無脊椎動物24種が掲載されている．さらに分類群としての属をレヴューした『植物の属・5版（1754）』においては，カワラサンゴ属 *Lithoxylon*（Sea-fan）（無脊椎動物）が加わった．藻類4属，コケ植物6属，地衣類1属，

シダ植物1属，無脊椎動物3属を認めている．『自然の体系・2版』で加えられたシダ植物のデンジソウ属 *Marsilea* が外され，ウキクサ属 *Lemna* は *Tremella* に含めた．その後，『自然の体系・10版』（1759）において無脊椎動物のカイメン属 *Spongia* とカワラサンゴ属 *Lithoxylon*（Seafan）は藻類から除外されたが，『自然の体系・12版』（1766）においては，再度，藻類として掲載されている．

このように，藻類とされた生物群に共通する主な特徴をあげると，生育環境が淡水域か海水域であること，葉状であること（植物的），繊維状であること，柔軟な動きをもつことである．リンネ自身が最後に改訂作業をおこなった『自然の体系・12版』（1766）に至る少なくとも30年間においては，藻類として，シダ植物，コケ植物，地衣類，無脊椎動物を認めていた．

リンネは，本格的に二名法を採用した『植物の種 Species Plantarum』（Linné, 1753）の中で，藻類として14属を記述しているが，そのうち4属（アオサ属 *Ulva*，ヒバマタ属 *Fucus*，シャジクモ属 *Chara*，コンフェルヴァ属 *Conferva*）が藻類と認められる．しかし，*Conferva* の現在の認識は，緑藻シオグサ科（海産），フシナシミドロ属（淡水産）、紅藻イトグサ科（海産），フジマツモ科（海産），カワモズク科（淡水産），褐藻シオミドロ科（海産），苔虫類（無脊椎動物）など多様な分類群が含まれていたことがわかっている（Jarvis et al., 1993）．そして，褐藻フクロノリ属 *Leathesiah*（例えばフクロノリ *Leathesiah diffromis*（L.）Areshough）の種は，菌類のツレメラ属 *Tremella* に含まれていた．また，現在の紅藻サンゴモ属 *Corallina*，緑藻サボテングサ属 *Halimeda* は，細胞壁またはその外壁が石灰化し，形態的な特徴が動物のサンゴに類似することから，『自然の体系・第10版，12版』において，動物 IV 蠕虫類 Vermes / Zoophyte の仲間とされていて，Gray（1821）が植物，藻類と認めるまで半世紀をまたなければならなかった．

4. リンネ以降の藻類の認識

リンネが『自然の体系・第12版（1766）』を出版した後，18世紀の後半「post-Linnean の時代（1766-1799）」においては，藻類の中でも大型の海藻類を対象として藻類の分類学的な研究は発展した．藻類の位置付けを「pre-Linnean の時代」との比較において文献からその状況を概観することができる．身近な海藻の原記載をみながらおってみよう．

Oeder, G. C.（1766）は，リンネと親交があり海洋生物（海藻を含む）の標本をリンネに送り続けてリンネ流の Algae の認識をもって『デンマーク植物誌』Flora danica を編集した．Gunnerus, J. E.（1766 & 1772）は，『ノルウェー植物誌』Flora Norvegica の編者者となり，*Fucus* pectinatus（= *Ptilota gunneri*），*Ulva delicatula*（= ダルス *Palmaria palmata*）を原記載した．リンネは『自然の体系』に属名として *Gunnera* を掲載している．そして，Gmelin, S. G.（1768）は，二名法を使い藻類を記載した最初の学術書"Historia Fucorum"を著し，*F. rosa-marina*（= オキツバラ *Constantinea rosa-marina*）などを原記載した．Lepechin, I. I.（1775）は，ペテルスブルグ植物園長を務め，西シベリアからウラル地方，カスピ海からロシア南部地方を調査し，*F. saccatus*（= ベニフクロノリ *Halosaccion saccatum*）などを原記載し，Lightfoot, J.（1777）は，"Flora Scotia"スコットランド植物誌を著し，*Ulva lacniata*（= ヒメウスベニ属の一種 *Erythroglossum lacuniatum*）など18種の原記載をしている．Ellis and Solander（1786）は，"The Natural History of the Many Curious and Uncommon Zoophytes"の中でカリブ，アメリカ，東インド，南アフリカ，オーストラリア，インドネシア，南大平洋の各海域で採集された海藻と動物をエングレイビング法を使った63枚の版画を添えて二名法で記載した．しかし，このプロジェクトは，Ellis の死（1766）で終了した．また，"Zoophyte"の原著者とされる Ellis（1755）は，サンゴを動物として初めて認めて，ウスガサネ属の一種 *Cymopolia barbara*，サンゴモ属の一種 *Corallina fistulosa* などを記載したが二名法に従っていなかったため，唯一，*Corallina barbata* のみ認められた（Linné, 1758）．Vahl, M.（1790-1794）は，デンマーク植物誌 Flora danica の第6版，7版の編集をし，*F. pumiles*（= *Fimbrifolium dichotomum*），*F. soborliferus*（= ダルス *Palmaria palmata*）など新種記載をおこない，St. Croix（Virgin Island）の H.West から送られた海藻コレクションについて"Endeel cryptogamiske Planter fra St. Croix. Nature"として出版した（Vahl, 1802）．また，Wulfen, F. X.（1791），アドリア海の海藻を調査し，*Ulva stellata*（= *Anadyomene stellata*），*F. botryoides*（= ハナノエダ属の一種 *Botryocladia botryoides*），*F. filamentosus*（= ウブケグサ *Spyridia filamentosa*），*F. filicinus*（= ムカデノリ *Grateloupia filicina*），*F. musciformis*, *F. simplex*（= マクリ *Digenea simplex*）などを報告した．Velley, T.（1795）は，*F. helmintoides*（= ウミゾウメン *Nemalion helminthoides*）などイギリス南部の海藻をカラーで描き，特に *F. serratus*, *F. vesculosus*, *Ascophyllum nodosum* などヒバマタ属 *Fucus* の受精時の粘性物質の機能について詳細な観察をおこなっている．

そして，Stackhouse, J.（1795-1801）は，"Nereis Britanica"イギリス沿岸の海藻をリンネ流のヒバマタ属 *Fucus* 1属に含めて版画とともに示した後，リンネが『自然の体系』で記述した *Fucus, Ulva, Chara, Conferva* に加えてウミウチワ属 *Padina*，サンゴモ属 *Corallina* など35属の海藻類を認めて記載し，Goodenough, S. and Woodward, T. J.（1797）は，"Observation of the British Fuci"の中で *F. jubatus*（= *Calliblepharis jubata*），*F. kaliformis*（= *Chylocladia vertocillata*）などを原記載しイギリス沿岸の海藻類を詳細に記述した．Esper, E. J. C.（1797-1808）が著した"Icons Fucorum"は，藻類分類学の黎明期において記述内容が最も整った文献の一つとされている（Silva, 1953）．*F. asplenioides*（= カタワベニヒバ *Neopytilota asplenioides*）などを原記載している．そして，フランス国立博物館長を務めるなどフランスにおける学術研究の牽引役であった Desfontains, R. L.（1798-1799）は，多才で，アフリカ沿岸を調査して"Flora Atlantica"を著し，*F. sedioides*（= *Cystiseirs selaginoides*）などを記載した．

18世紀後半において，植物分類体系における藻類の位置付けは依然としてリンネ流であった．Stackhouse, J.（1795-1801）以降に藻類，とりわけ海藻類において，これまでの3属 *Fucus, Ulva, Conferva* から35属が記述されるようになり詳細な観察がおこなわれるようになった．そして，自然分類へむけた藻類，とりわけ海藻類の分類学的な研究は，アントワーヌ・ロラン・ド・ジュシュー Jussieu, A. L. de（1748-1836）らの，より自然な植物分類体系を背景として Dillwyn, L. W.（1778-1855），Turner, D.（1775-1858），Lamouroux, J. V. F.（1779-1825），Lyngbye, H. C.（1782-1837），Mertens, F. C.（1764-1831），Agardh, C. A.（1785-1859）などに発展的に継承されていくことになる．

5．日本におけるリンネの「性の体系」と植物分類体系の導入

日本において，リンネの植物分類体系と藻類の位置付けは，どのように伝えられたのであろうか．それは，19世紀へ遡ることになる．リンネが自然の体系化とその記載に傾けた自然誌学への情熱は，エンゲルベルト・ケンペル Engelbert Kaempfer（1651-1716）の情報をもとに日本へやってきたリンネの使徒カール・ツュンベリー Carl Peter Thunberg（1743-1828）を介して19世紀，日本に伝えられた．そして，フィリップ・フランツ・フォン・シーボルト Philipp Franz von Siebold（1796-1866）の影響を受けた宇田川榕菴（1798-1846）は，『菩多尼訶経』（1822）を著し，経文の形式をとり1178文字でヨーロッパにおける植物学の概要を記述した．また，『植学啓原』（1834）を著し，その第18図には，フィートン Houttuyn の書物を参照して24綱を図解している．また，本草家であり，博物局の官吏であった伊藤圭介（1803-1901）は，シーボルトの校閲をえてツュンベリー

の『日本植物誌』に掲載された学名に和名を与えた『泰西本草名疏』(1829)を著し，リンネの性の体系に基づく24綱の植物分類体系を日本で初めて紹介した(図8)．その後，飯沼慾斎(1783-1865)が日本で初めてリンネの分類体系による植物図鑑『草木図説』を著している．それは，草部(1856-1862)と木部(1977)からなる．また，伊藤圭介の弟子，田中芳男(1838-1916)は，1枚刷りの『埴甘度爾列氏植物分科表』(ド・カンドル)(1972)著し，リンネの人為的な植物分類体系に対して，ジュシューの自然分類を発展させたド・カンドル A. P. de Candolle(1778-1841)の分類体系を日本で最初に紹介した．

現在の分類学の方向は，遺伝子とその系統類縁関係に注目している．そして，地球上のあらゆる生物の系統類縁関係，いうなれば自然の秩序 Order を単一の系統樹「スーパーツリー」に記述しようとする試み(全米科学財団「生命樹集積プログラム(ATOL)」)は，地球上のあらゆる生物の観察，発見，記載，命名というリンネがおこなったと同じことの無限の作業を前提としており，その方向性には強制的に同意せざるをえない．しかし，このことは新たな無秩序さ Chaos を創造しているようにも思える．リンネは『植物学の基礎』(1756)の中で述べている．「植物学者にとってのアリアドネーの糸は，分類体系であり，それなくしてはカオスである」と．はたして，一人の人間の営みとして，自然をが観察し，認識して，体系化することの重みは，非自然分類という批判の中で消えてしまうものなのであろうか．自然誌学の営みは尽きることはない．

引用文献

Adanson, M. 1763. Familles des plantes. II. Paris. [1] - [18] + 1 - 160 + [19] - [24] pp.

Bauhin, J. 1650-1651. Historia plantarum universalis, nova, et absolutissima... Franciscus Lvd., Graffenried. 3 vols.

Bauhin, J. 1666. Stirpium icones et sciagraphia… [An abridgement without corrections of J. Bauhin's Historia plantarum universalis, 1650-1651, edited by D. Chabre.] Typis P. Gamoneti & I. de la Pierre, Geneva. 661 + [28] pp.

Buxbaum, J. C. 1728-1740. Plantarum minus cognitarum, complectens plantas circa Byzantium & in Oriente observata. Centuria I I-V. 5 vols. 294 pls. Ex Typographia Academiae, Petropoli. [St. Petersburg].

Desfontains, R.L. 1798-1799. Flora Atlantica, sive historia plantarum, quae in Atlante agro Tunetano et Algeriensi crescunt. L. G. Deagranges, Paris. 4 vols., 263 pls.

Dillenius, J. J. 1741. Historia Muscorum… E Theatro Shekloniano, Oxonii [Oxford]. xvi+ 576 pp., pls. I-LXXXIV.

Donatti, V. 1750. Saggio della storia naturale maina dell' Adriatico. Venetia.

Ellis, J. 1755. An essay towards a natural history of the corallies, and other marine productions of the like kind, commonly found on the coasts of Great Britain and Ireland…Printed for the author; and sold by A. Millar. xvii + [x] +103 pp., frontispiece, 40 pls.

Ellis, J. and D. Solander. 1786. The Natural History of the Many Curious and Uncommon Zoophytes, collected from various parts of the globe... Benjamin White, London. xii + 208 pp., 63 pls.

Esper, E.J.C. 1797-1808. Icons fucorum cum characteribus systematicis auctorum et descriptionibus novarum specierum. Raspe, Nurnberg. 177 pls. 7 parts in 2volumes.

Gmelin, S.G. 1768. Historia Fucorum. Typographia Academiae Scientiarum, Petyropoli [St. Peterburg] . [xii] + 239 pp., 35 folded pls.

Gunnerus, J.E. 1766 & 1772. Flora norvegica. Pars prior (1766) et pars posterior (1772) . Hafniae.

木村陽二郎．1987. 生物学史論集. 431 pp. 八坂書房，東京．

Lepechin, I.I. 1775. Quatour fucorum species descriptae. NoviCommentari Academiae Scientianum Imperialis Petropolitanae 19: 476-481, 4 pls.

Lightfoot, J. 1777. Flora Scotia: or, a systematic arrangement, in the Linnean method, of the native plant of Scotland and the Hebrides. 2 vols. B. White, London. xli + 1151 + [25] pp., 35 pls.

Oeder, G.C. 1766. [Flora danica] icons plantarum spore nascentium in regnid Daniae et Norwegiae... Vol. 2 (Fasc.VI) . Hafniae [Copenhagen] .

Linnaeus, C. 1735. Systema Naturae. 1st ed. Lugduni Batavorum [Leiden] . 13 pp.

Linnaeus, C. 1753. Species Plantarum. Vol. 2. Holmiae [Stockholm] . 561-1,200 + [1-31] pp.

Linnaeus, C. 1754. Genera Plantarum

Linnaeus, C. 1766. Systema Naturae per regna tria naturae... Editio duodecima... Vo.2. Holmiae [Stockholm] . 533-1327 pp, [1328] , [1-36] .

Morison, R. 1680-1699. Plantarum historiae universalis oxoniensis pars secunda [-tertia], seu Herbarum distributo nova, per tabulas cognationis & affinitatis ex libro naturae observata & deteca. Oxonii, e Teratro Sheldoniano. 2 vols.

Papenfuss, G. F. 1950. Review of the genera of algae described by Stackhouse. Hydrobiologia 2 : 181-208.

Rumphius, G. E. 1750. Het Amboinsch Kruidboek; Herbarium Amboinense. Amsterdam; Amstelaedami 6 : 1-256, pls. 1-90.

Stackhouse, 1795-1801. Nereis Britannica ; containing all the species of fuci, natives of the British coasts: with a description in English and Latin, and plates coloured from nature. Fasc. 1 : 1795, i-viii + 1-30 pp., pls. 1-8; Fasc. 2 : 1797, ix-xxiv, 31-70, pls. 9-13 ; Fasc. 3 : 1801, xxv-xl, 71-112, 1-4, 1-3, pls. 13-17, pls. A-G Printed by S. Hazard, for the author, Bath.

Seba, A. 1734-1765. Locupletissimi rerum naturalium Thesauri accurata descriptio, et iconibus artificiosissimis expressio, per universam physices historiam… Amstelaedami, apud Janssonio-Waesbergios. 4 vols., 449 pls.

Silva, P. 1953.The identity of certain Fuci of Esper. Wassmann Journal of Biology (San Francisco) 11: 211-231.

Goodenough, S. and Woodward, T.J. 1797. Observations on the British Fuci, with particular descriptions of each species. Transactions of the Linnean Society [London] 3: 84-235, pls 16-19.

Vahl, M. 1790-1794. Symbolae botanica, sive plantarum... 3 vols. Impenisis auctoris, Hauniae [Copenhagen] .

Vahl, M. 1802. Endeel cryptogamiske Planter fra St. Croix. Nature. Srkrifer af Naturhistorie-Seleskabet [København] 5 (2) : 29-47.

Velley, T. 1795. Coloured figures of marine plants, found on the souerhern coast of England; illustrated with descriptions and observations: accompanied with a figure of the Arabis strica from St. Vincent's Rock. S. Hazard, Bathoniae [Bath] . [ii] , 9, 3-8. [18] pp, 5 hand-coloured plates. Folio.

Wulfen, F.X. 1791. ['1789'] . Plantae rariores Carintiacae. In : Jacquin, N.J. Collecteanea ad botanicam, chemiam, et historiam naturalem. Vindobonae [Vienna] . Vol. 3. 306 pp., 23 pls.

表 1　リンネが原記載した藻類 Algae の種名と国際植物命名規約 Vienna Code（2006）上有効な学名と所属する科名

リンネが原記載した種の学名	原記載をおこなった文献	基準標本を確定した植物命名規約（2006）上有効な種名	科の学名	科名
Chara flexilis Linnaeus	Species Plantarum 2 : 1187. 1753	Nitella flexilis (L.) C.Agardh	Characeae	シャジクモ科
Chara hispida Linnaeus	Species Plantarum 2 : 1156. 1753	Chara hispida Linnaeus	Characeae	シャジクモ科
Chara tomentosa Linnaeus	Species Plantarum 2 : 1156. 1753	Chara tomentosa Linnaeus	Characeae	シャジクモ科
Chara vulgaris Linnaeus	Species Plantarum 2 : 1156. 1753	Chara vulgaris Linnaeus	Characeae	シャジクモ科
Conferva aegagropila Linnaeus	Species Plantarum 2 : 1167. 1753	Cladophora aegagropila (L.) Trevis.	Cladophoraceae	シオグサ科
Conferva aeruginosa Linnaeus	Species Plantarum 2 : 1165. 1753	Spogomorpha aeruginosa (L.) C. Hoek	Acrosiphoniaceae	モツレグサ科
Conferva amphibia Linnaeus	Species Plantarum 2 : 1165. 1753	Vaucheria sp.	Vaucheriaceae	フシナシミドロ科
Conferva bullosa Linnaeus	Species Plantarum 2 : 1164. 1753	Cladophora glomerata (L.) Kutz. Var. crassior (C. Agardh) C. Hoek	Cladophoraceae	シオグサ科
Conferva canaliculalis Linnaeus	Species Plantarum 2 : 1164. 1753	Vaucheria canaliculalis (L.) T.A. Chr.	Vaucheriaceae	フシナシミドロ科
Conferva cancellata Linnaeus	Species Plantarum 2 : 1164. 1753	Vesicularia spinosa L.	Bryozoa (Animal)	コケムシ類 (Ehrenberg, 1831)
Conferva capillaris Linnaeus	Species Plantarum 2 : 1166. 1753	Cladophora glomerata (L.) kutz.	Cladophoraceae	シオグサ科
Conferva catenata Linnaeus	Species Plantarum 2 : 1166. 1753	Cladophora catenata (L.) Kutz.	Cladophoraceae	シオグサ科
Conferva corallina Linnaeus	Systema Vegetabilium, ed. 13 : 818. 1774	Griffithsia corallinoides (L.) Trevis.	Ceramiaceae	イトグサ科
Conferva dichotoma Linnaeus	Species Plantarum 2 : 1165. 1753	Vaucheria dichotoma (L.) Mart.	Vaucheriaceae	フシナシミドロ科
Conferva fulviatilis Linnaeus	Species Plantarum 2 : 1165. 1753	Lemanea fluviatilis (L.) C. Agardh	Lemaneaceae	レマネア科
Conferva fontinalisLinnaeus	Species Plantarum 2 : 1164. 1753	Vaucheria fontinalis (L.) T.A. Chr.	Vaucheriaceae	フシナシミドロ科
Conferva gelatinosa Linnaeus	Species Plantarum 2 : 1166. 1753	Batrachospermum gelatinosa (L.) DC.	Batrachospermaceae	カワモズク科
Conferva glomerata Linnaeus	Species Plantarum 2 : 1167. 1753	Cladophora glomerata (L.) Kutz. Var. glomerata	Cladophoraceae	シオグサ科
Conferva littoralis Linnaeus	Species Plantarum 2 : 1165. 1753	Pylaiella littiralis (L.) Kjellm.	Pilayellaceae	ピラエラ科
Conferva polymorpha Linnaeus	Species Plantarum 2 : 1167. 1753	Polysiphonia lanosa (L.) Tandy	Rhodomelaceae	フジマツモ科
Conferva reticulata Linnaeus	Species Plantarum 2 : 1165. 1753	Hydrodictyon reticulatum (L.) Lagerh	Hydrodictyaceae	アミミドロ科
Conferva rupestris Linnaeus	Species Plantarum 2 : 1167. 1753	Cladophora rupestris (L.) Kutz.	Cladophoraceae	シオグサ科
Conferva scoparia Linnaeus	Species Plantarum 2 : 1165. 1753	Stypocaulon scoparia (L.) Kutz.	Stypocaulaceae	シオグサ科
Conferva vagabunda Linnaeus	Species Plantarum 2 : 1167. 1753	Cladophora vagabunda (L.) C.Hoek	Cladophoraceae	シオグサ科
Fucus abrotanifolis Linnaeus	Species Plantarum 2 : 1161. 1753	Cystoseira foeniculacea (L.) Grev.	Cystoseiraceae	ウガノモク科
Fucus acinarius Linnaeus	Species Plantarum 2 : 1160. 1753	Sargassum acinarium (L.) Setch.	Sargassaceae	ホンダワラ科
Fucus aculeatus Linnaeus	Species Plantarum ed. 2 2 : 1632. 1763	Desmarestia aculeata (L.) V.Lamour.	Desmarestiaceae	ウルシグサ科
Fucus barbatus Linnaeus	Species Plantarum 2 : 1161. 1753	Cystiseira foeniculaceae (L.) Grev.	Cystoseiraceae	ウガノモク科
Fucus buccinalis Linnaeus	Mantissa Plantarum Altera: 312. 1771	Ecklonia maxima (Osbeck) Papenf.	Alariaceae	チガイソ科
Fucus canaliculatus Linnaeus	Systema Naturae, ed. 12, 2 : 716	Pelvetia canaliculata (L.) Decne. & Thur.	Fucaceae	ヒバマタ科
Fucus cartilagineus Linnaeus	Species Plantarum 2 : 1161. 1753	Plocamium cartilagineum (L.) P.S.Dixon	Plocamiaceae	ユカリ科
Fucus ceranoides L.	Species Plantarum 2 : 1158. 1753	Fucus ceranoides L.	Fucaceae	ヒバマタ科
Fucus concatenatus Linnaeus	Species Plantarum 2 : 1160. 1753	Cystoseira foeniculaceae (L.) Grev.	Cystoseiraceae	ウガノモク科
Fucus confervoides Linnaeus	Species Plantarum ed. 2, 2 : 1629. 1763	Gracilariopsis longissima (S.G. Gmel.) Steentoft & et al.	Gracilariaceae	オゴノリ科
Fucus crispatus Linnaeus	Systema Naturae, ed. 12, 2 : 718. 1767	Cryptopleura ramosa (Huds.) L. Newton	Delesseriaceae	コノハノリ科
Fucus crispus Linnaeus	Systema Naturae, ed. 12, 2 : 718. 1767	Chondrus crispus Stackh.	Gigartinaceae	スギノリ科
Fucus dentatus Linnaeus	Systema Naturae, ed. 12, 2 : 718 ; Mantissa Plantarum: 135, 1767	Odonthalia dentata (L.) Lyngb.	Rhodomelaceae	フジマツモ科
Fucus discors Linnaeus	Systema Naturae, ed. 12, 2 : 717. 1767	Cystoseira foeniculaceae (L.) Grev.	Cystoseiraceae	ウガノモク科
Fucus distichus Linnaeus	Systema Naturae ed. 12, 2 : 716. 1767	Fucus distichus L. subsp. Distichus	Fucaceae	ヒバマタ科
Fucus divaricatus Linnaeus	Species Plantarum 2 : 1159. 1753	Fucus vesiculosus L.	Fucaceae	ヒバマタ科
Fucus elongatus Linnaeus	Species Plantarum 2 : 1159. 1753	Himanthalia elongata (L.) Gray	Himanthaliaceae	ヒマンタリア科
Fucus ericoides Linnaeus	Systema Naturae ed. 2, 2 : 1631. 1763	Cystoseira tamariscifolia (Huds.) Papenf.	Cystoseiraceae	ウガノモク科
Fucus esculentus Linnaeus	Systema Naturae ed. 12, 2 : 718 ; Mantissa Plantarum: 135, 1767	Alaria esculenta (L.) Grev./	Alariaceae	チガイソ科
Fucus excisus Linnaeus	Species Plantarum 2 : 1159. 1753	Pelvetia canaliculata (L.) Decne. & Thur.	Fucaceae	ヒバマタ科
Fucus fastigiatus Linnaeus	Species Plantarum 2 : 1162. 1753	Furcellaria lumbricalis (Huds.) J.V.Lamour.	Furcellariaceae	スズカケベニ科
Fucus filum Linnaeus	Species Plantarum 2 : 1162. 1753	Chorda filum (L.) Stackh.	Chordariaceae	ナガマツモ科
Fucus foeniculaceus Linnaeus	Species Plantarum 2 : 1161. 1753	Cystoseira foeniculaceae (L.) Grev.	Cystoseiraceae	ウガノモク科
Fucus foeniculaceus Linnaeus var. barbatus (Linnaeus) Linnaeus	Systema Naturae ed. 12, 2 : 717	Cystoseira foeniculaceae (L.) C. Agardh	Cystoseiraceae	ウガノモク科
Fucus fucellatus Linnaeus	Species Plantarum 2 : 1631. 1753	Furcellaria lumbricalis (Huds.) J.V.Lamour.	Furcellariaceae	スズカケベニ科
Fucus gigartinus Linnaeus	Systema Naturae ed. 10, 2 : 1344. 1759	Gigartina pistilata (S.G.Gmel) Stackh.	Gigartinaceae	スギノリ科

4. 自然誌科学の源流，リンネ

リンネが原記載した種の学名	原記載をおこなった文献(1753～1771)	基準標本を確定した植物命名規約(2006)上有効な種名	科の学名	科名
Fucus granulatus Linnaeus	Species Plantarum ed. 2, 2:1629. 1763	Cystoseira usneoides (L.) M. Roberts	Cystoseiraceae	ウガノモク科
Fucus hirsutus Linnaeus	Systema naturae ed. 12, 2: 71; Mantissa Plantarum: 134, 1767	Cladostephus spongiosus (Huuds.) C. Agardh var. verticillatus (lightf.) Prud'homme	Cladostephaceae	ヒバマタ科
Fucus inflatus Linnaeus	Species Plantarum 2:1159. 1753	Fucus vesiculosus L.	Fucaceae	ヒバマタ科
Fucus lacerus Linnaeus	Species Plantarum ed. 2, 2:1627. 1763	Fucus ceranoides L. var. lacerus (L.) Lightf.	Fucaceae	ヒバマタ科
Fucus lanosus Linnaeus	Systema Naturae ed. 12, 2: 718.1767	Polysiphonia lanosa (L.) Tandy	Rhodopmelaceae	フジマツモ科
Fucus lendigerum Linnaeus	Species Plantarum 2:1160. 1753	Sargassum lendigerum (L.) C. Agardh	Sargassaceae	ホンダワラ科
Fucus loreus Linnaeus	Systema Naturae ed. 12, 2: 716.1767	Himanthalia elongata (L.) Gray	Himanthaliaceae	ヒマンタリア科
Fucus lycopodioides Linnaeus	Systema Naturae ed. 12, 2: 717.1767	Rhodomela lycopodioides (L.) C.Agardh	Rhodomelaceaea	フジマツモ科
Fucus muscoides Linnaeus	Species Plantarum 2:1161. 1753	Acanthophora muscoides (L.) Bory	Rhodomelaceae	フジマツモ科
Fucus natans Linnaeus	Species Plantarum 2:1160. 1753	Sargassum natans (L.) Gaillon	Sargassaceae	ホンダワラ科
Fucus nodosus Linnaeus	Species Plantarum 2:1159. 1753	Ascophyllum nodosum (L.) Le Jol.	Fucaceae	ヒバマタ科
Fucus ornatus Linnaeus	Mantissa Plantarum Altera: 312. 1771	Suhria vittata (L.) Endl.	Gelidiaceae	テングサ科
Fucus ovarius Linnaeus	Systema Naturae ed. 12, 2: 714.1767, orth var.	Botryocladia uvaria (L.) Kylin	Rhodymeniaceae	サザゴシバリ科
Fucus palmatus Linnaeus	Species Plantarum 2:1162. 1753	Rhodymenia palmata (L.) Grev.	Rhodymeniacaea	マサゴシバリ科
Fucus pavonicus Linnaeus	Species Plantarum 2:1162. 1753	Padina pavonica (L.) J.V.Lamour.	Dictyotaceae	アミジグサ科
Fucus pavonius Linnaeus	Species Plantarum ed. 2, 2:1630. 1763	Padina pavonica (L.) J.V.Lamour.	Dictyotaceae	アミジグサ科
Fucus pyriferus Linnaeus	Mantissa Plantarum Altera: 311. 1771	Macrocystis pyrifera (L.) C.Agardh	Lessoniaceae	レッソニア科
Fucus ramentaceus Linnaeus	Systema Naturae ed. 12, 2: 718.1767	Devaleraea ramentacea (L.) Guiry	Palmariaceae	ダルス科
Fucus rubens Linnaeus	Species Plantarum 2:1162. 1753	Phycodrys rubens (L.) Batters	Delesseriaceae	コノハノリ科
Fucus saccharinus Linnaeus	Species Plantarum 2:1161. 1753	Saccharina latissima (L.) C.E.Lane & al.	Laminariaceae	コンブ科
Fucus selaginoides Linnaeus	Systema Naturae ed. 12, 2: 717.1767	Cystoseira tamariscifolia (Huds.) Papenf.	Cystoseiraceae	ウガノモク科
Fucus serratus Linnaeus	Species Plantarum 2:1158. 1753	Fucus serratus L.	Fucaceae	ヒバマタ科
Fucus siliculosus Linnaeus	Systema Naturae ed. 12, 2: 716. 1767. RCN 8320.	? Hizikia fusiformis (Harv.) Okamura《no type》	Sargassaceae	ホンダワラ科
Fucus siliquosus Linnaeus	Species Plantarum 2:1160. 1753	Halidrys siliquosa (L.) Lyngb.	Cystoseiraceae	ウガノモク科
Fucus spermophorus Linnaeus	Systema Naturae ed. 12, 2: 719.1767.	Chondrus spermophorus(L.) Grev.	Gigartinaceae	スギノリ科
Fucus spinosus Linnaeus	Mantissa Plantarum Altera: 313. 1771	Eucheuma denticulatum (Burm.f.) Collins & Herv.	Solieraceae	ミリン科
Fucus spiralis Linnaeus	Species Plantarum 2:1159. 1753	Fucus spiralis L.	Fucaceae	ヒバマタ科
Fucus tendo Linnaeus	Species Plantarum 2:1162. 1753. RCN: 8300, 8332	? Animal	? Animal	
Fucus triqueter Linnaeus	Mantissa Plantarum Altera: 312. 1771	Hormophysa cuneiformis (J.E.Gmel.) P.C.Silva	Cystoseiraceae	ウガノモク科
Fucus turbinatus Linnaeus	Species Plantarum 2:1160. 1753	Turbinaria turbinata (L.) Kuntze	Sargassaceae	ホンダワラ科
Fucus uranius Linnaeus	Systema Naturae ed. 10, 2:1345. 1759	Botryocladia uvaria (L.) Kylin	Rhodymeniaceae	マサゴシバリ科
Fucus usneoides Linnaeus	Systema Naturae ed. 10, 2:1345. 1759	Cystoseira usneoides (L.) M.Roberts	Cystoseiraceae	ウガノモク科
Fucus uvarius Linnaeus	Systema Naturae ed. 12, 2: 714. 1767.	Botryocladia uvaria (L.) Kylin	Rhodymeniaceae	マサゴシバリ科
Fucus venosus Linnaeus	Mantissa Plantarum Altera: 312. 1771	Hymenena venosa (L.) C.Krauss	Delesseriaceae	コノハノリ科
Fucus vesiculosus Linnaeus	Species Plantarum 2:1158. 1753	Fucus vesiculosus L.	Fucaceae	ヒバマタ科
Fucus vittatus Linnaeus	Systema Naturae ed. 12, 2: 718.1767.	Suhria vittata (L.) Endl.	Gelidiaceae	テングサ科
Fucus volubilis Linnaeus	Systema Naturae ed. 10, 2:1344. 1759	Osmundaria volubilis (L.) R.E.Norris	Rhodomelaceae	フジマツモ科
Ulva compressa Linnaeus	Species Plantarum 2:1163. 1753	Ulva compressa L.	Ulvaceae	アオサ科
Ulva confervoides Linnaeus	Species Plantarum 2:1163. 1753	Ceramium virgatum Roth	Ceramiaceae	イギス科
Ulva granulata Linnaeus	Species Plantarum 2:1164. 1753	Botrydium granulatum (L.) Grev.	Botrydiaceae	フウセンモ科
Ulva intestinalis Linnaeus	Species Plantarum 2:1163. 1753	Ulva intestinalis L.	Ulvaceae	アオサ科
Ulva labyrinthiformis Linnaeus	Species Plantarum ed. 2, 2:1633. 1763	Spirulina labyrinthiformis Gomont	Oscillatoriaceae	ユレモ科
Ulva lactuca Linnaeus	Species Plantarum 2:1163. 1753	Ulva lactuca L.	Ulvaceae	アオサ科
Ulva lanceolata Linnaeus	Systema Naturae ed. 12, 2: 719.1767.	Ulva linza L.	Ulvaceae	アオサ科
Ulva latissima Linnaeus	Species Plantarum 2:1163. 1753	Saccharina latissima (L.) C.E.Lane & al.	Laminariaceae	コンブ科
Ulva linza Linnaeus	Species Plantarum 2:1163. 1753	Ulva linza L.	Ulvaceae	アオサ科
Ulva lumbricalis Linnaeus	Mantissa Plantarum Altera: 311. 1771	Champia lumbricalis (L.) Desv.	Champiaceae	ワツナギソウ科
Ulva papillosa Linnaeus	Mantissa Plantarum Altera: 311. 1771	Eucheuma denticulatum (Burm. F.) Collins & Herv.	Solieriaceae	ミリン科
Ulva pavonia Linnaeus	Systema Naturae ed. 12, 2: 719.1767.	Padina pavonica (L.) J.V.Lamour.	Dictyotaceae	アミジグサ科
Ulva pruniformis Linnaeus	Species Plantarum 2:1164. 1753	Nostoc commune Vaucher	Nostocaceae	ネンジュモ科
Ulva rugosa Linnaeus	Mantissa Plantarum Altera: 311. 1771	Splachnidium rugosum	Splachnidiaceae	スプラクニディア科
Ulva umbilicalis Linnaeus	Species Plantarum 2:1163. 1753	Porphyra umbilicalis (L.) Kutz.	Bangiaceae	ウシケノリ科

リネーとロシアの博物学者
リネー―ラックスマン父子―大黒屋光太夫―桂川甫周（国瑞）

小原 敬

はじめに

近代博物学の開基者カール・フォン・リネー（リンネ）が活躍していた時期は，ちょうどロシアにおけるこの学問の勃興期と重なっている．

わが国にリネーの学説が導入されたのは，彼の愛弟子ツュンベリー（ツンベルグ），桂川甫周，ジーボルト，伊藤圭介と南廻りの道をたどってであった．

一方，生まれたときはリネー，ツュンベリーと同国人であったエリク（キリル）・グスタボヴィッチ・ラックスマン，その二男アダム・キリロヴィッチ・ラックスマン，大黒屋光太夫，桂川甫周という北廻りの人脈も存在したのである．本稿ではこのあたりのことに就いて概要を述べてみたい．

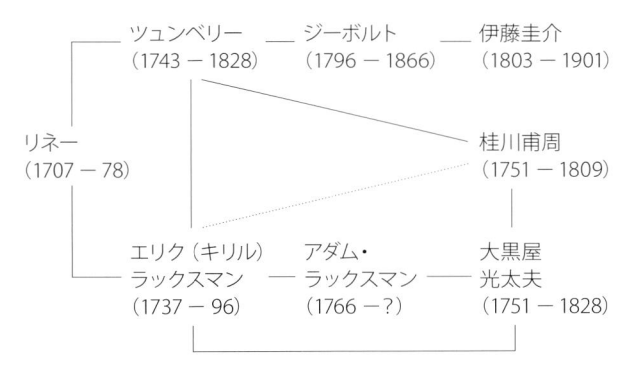

図 リネー，ツュンベリー，エリク・ラックスマン，アダム・ラックスマン，甫周，光太夫の関係

1．リンネとは俺のことかとリネー言い

20年以上前に上野の国立科学博物館で日本貝類学会の月例談話会があった折り，大山桂博士から Linné リンネではなくリネーと読むのが正しいと教えていただいた．帰宅後，早速『新英和大辞典』（研究社刊）を開いて見ると Lin・né（Swed. liné：）と記してあった．そこで駐日スウェーデン大使館広報課に問い合わせたところ，「Linné-nn- は短縮されて -n- となり，-é はエィだが末尾のィは日本人の耳には殆ど聞き取れないほど弱く発音されるので，片仮名ではリネーと書けば良い」との返答を得た．大山博士はその後，スウェーデンを訪ねられ実際に現地で確認されている．

文政5年（1822）出版の宇田川榕菴訳『菩多尼訶経』には「大学師林娜私」とあり，また，「花有二十四経，細分別之，則有一百一十余緯」とリネーの二十四綱を紹介してある．この書などがわが国にリネーを紹介した最初であろうか．これが今日 Linné をリンネと読む源かも知れない．

先年 Thunberg の読みが従来のツンベルグから現地読みに近いツュンベリーに改められた．その師の Linné も生国読みに近いリネーとしたいものである．

なお，先般JCC カルチャー・イベントの折り，ドイツ・ボフーム大学日本図書館の E. クリーゼ博士は Siebold はジーボルトと書くのが正しいと指摘された．先生はベルリン自由大学での「ジーボルトと日本」の研究で博士号を取得されている．

国際化の時代なのでこれからは外国人の名前を生まれ故郷で呼ばれているように表記したい．

2．リネーのエリク（キリル）・ラックスマン宛書簡

亀井高孝，村山七郎両先生編著『魯西亜文字集』（吉川弘文館，1967）には「付ラックスマン，ツンベルグ，甫周，光太夫の関係について」が掲載されていて，これらの人びとの交わりの様子を知るのに都合がよい．また，註(32)にはラックスマンがシベリアのバルナウールを中心とするコルイワン・ワスクレセンスキー鉱夫教区に牧師として赴任した直後に受け取った1764年3月12日付のリネーの書簡の和訳が掲載されている．この手紙は恐らくわが国の植物学関係者の眼に触れる機会がなかったと思われるので，吉川弘文館の許可を得て転載しておく．この書簡はラグース著『ラックスマン伝』に収められている．

「（1764年）1月31日付貴信を本日非常にうれしく拝見しました．摂理と運命によってあなたは，目の開いた人が未だほとんど行ったこともないようなところに出発することになりました．神は，奇蹟を見てそれを世界のために明らかにする幸福をあなたにめぐむでしょう．メッサーシュミット，シュテレル，グメーリン，ヘルベル，ハインツエルマンの著作は稿本の形で私の手許にあります．シベリアの植物のうちやっと100ほどが私の庭にあります．これらの植物ほどわが

国の庭でよく成長するものはありません．英国人やフランス人は北アメリカから輸入される多くの珍しい樹木や植物で，その庭や邸宅を天国と化しています．しかしわが国ではこれらの北アメリカの植物はそのようによく根付きませんし，成熟するのは稀です．ところがシベリア植物はわれわれの庭園に新たな壮麗ながめを与えるでしょう．あなたはわれわれの祖国を飾ることができますし，私にシベリアの野生の草の種を送るなら後代に不滅のものとなりましょう．とくに私は4めしべの *Actaea cimicifuga* L.（→*Cimicifuga foetida* L. コウライショウマ），次に *Hyoscyamus physaloides* L.（→*Physochlaina physaloides*（L.）G. Don フクロヒヨス），*Hypeccum erectum* L.（ケシモドキ），*Fumaria spectabilis* L.（→*Dicentra spectabilis*（L.）Lemaire ケマンソウ），*Trollius asiaticus* L.（アジアキンバイソウ），そこに生えている多数の *Spiraea*（シモツケ属），小さな *Ulmus frutex*（ニレ属の1種）およびヨーロッパの庭でまだ見られないこれらのすばらしい植物のうちのその他のものを望みたいものです．そのいずれも貴重な飾り（装飾植物）でありましょう．昆虫は私は全世界から受け取りました．つい最近喜望峰から昆虫コレクションを送ってきました．しかし自然科学者でシベリアの昆虫を知っている者はまだいません．草の種および昆虫を私のために集めて下されば，お礼の申しようもありません．ウプサラの王立学術協会にお手紙下さい．というのは協会宛の手紙は全部私自身で開封しますから．八つ折り版に印刷された『ペテルブルグ博物館』にはシベリア産の多数の小さな鳥と魚がのっています．しかし，名前が全く要領を得ないので，どんなものであるか判りません．小さな鳥や魚はアルコール瓶に保存できます．あなたがシベリアで発見する植物の小さな標本集を御自分のためにつくりなさい．もしお判りにならないものがありましたら，番号をつけて手紙で私に送ってください．後で番号ごとに返事をし，それが何であるか，またそれについてこれまで知られていることを書いて送りましょう．*Spiraea* のうちではシベリアでは低い種類の *Frutex foliis pinnata* が生えています．種ごとに欲しいものです．*Spiraea salicifolia* L.（ホザキシモツケ）はいたるところにあります．その他の凡てのものは，美しい白い花によって，われわれの庭の垣におあつらえむきでしょう．カラムイシェフ氏は私の指導を受けて，これまで知られているシベリア全植物を包括する論文を出版中です．あなたが御親切にもシベリアの種を送ってくださるのなら，美しい植物だけを選ぶことなく，もっとつまらない，美しくないものからも集めなさい．何故なら，こうしたものはしばしばつまらないために誰も気のつかなかったきわめて稀なものでありますから．秋まで生きていれば『自然体系』を再び出版します．観察し蒐集するために神はあなたに熱意と力をあたえたまえ．私に対する友情をもちつづけて下さい．コルイワン発の貴信1号を待望しています．」

この手紙は華のペテルブルグから片田舎のバルナウールに赴任して一抹の寂しさを感じていたエリク（キリル）・ラックスマンにとって，力強い励ましとなり，その後の自然誌調査に大きな指針となった．

また『魯西亜文学集』の本文80頁に，ツュンベリー著『日本植物誌』の序文にある桂川甫周と中川淳庵の記事を掲載し，註(34)には同氏の『1770〜1779年ヨーロッパ，アフリカ，アジア旅行記』英訳本の「1776年江戸逗留」の記事が引用されている．これらのツュンベリーの記事でラックスマンは，日本の本草学者甫周と淳庵のことを知ったのである．

3．ロシアで発行されたリネーの伝記

1) Фаусек, В. А. 1891. К. Линней, его жизнь и научная деятельность. Изл. Павленкова, М.
2) Комаров, В. Л. 1923. Жизнь и труды Карла Линнея ГИЗ РСФСР, Берлин.: 1945, перепечатано в т. I 《Избранных сочинений》 В. Л. Комарова（Изд. АН СССР, М., стр. 377-425）.
3) Бобров, Е. Г. 1954. Двухсотлетие 《Species Plantarum》 Карла Линнея. 1753-1953. Комаровские чтения, VIII. Изд. АН СССР, М-Л.
4) Станков, С. 1955. Линей, Руссо, Ламарк, Изд. 《Советская наука》, М.
5) Бобров, Е. Г. 1957. Линней, его жизнь и труды. Изд. АН СССР, М.-Л.
6) Карл Линней, 1958. Сборник статей Изд. АН СССР, М., (здесь на стр. 252-256 помещена статья А. А. Щерьбковой 《Литература о Карле Линнее и его трудах, опубликованная на русском языке》)
7) Бобров, Е. Г. 1970. Карл Линней 1707-1778, Изд. 《Наука》 Ленингр. отд. Л.
8) Корсчнская, В. 1975. Карл Линней. Л'енинград 《Детская литература》.

4．エリク（キリル・グスタボヴィッチ）・ラックスマン

1737年7月27日，エリク・グスタフ・ラックスマンは当時スウェーデン領であったニシュロットの零細な商人の家庭に生まれた．エリクが5歳の時，生地はロシア領となった．現在フィンランド領のサヴォンリナである．

キリル・グスタボヴィッチは彼がロシア国籍を得てからの名前である．

1757年アボ(現在のトゥルク)市の大学に進み，ウィボルグ分校で学んだ．ここで，リネーの弟子でウクライナや北アメリカの植物の研究者カルムと知り合った．

1762年まで東部フィンランドの村で教会の副牧師をしていたが，この年にペテルブルグに出て，後ドイツ教会付属学校の博物教師に就任し，著名な学者達との交流が生まれ，ロシアの科学アカデミーとの関係もできた．1764年に科学アカデミー通信会員に推されている．ドイツ協会付属学校時代の同僚ベックマンは後にリネーの許で研究を続けることになる．

同年西シベリアのバルナウールのコルイワン・ワスクレセンスキー鉱夫教区の牧師に就任した．

1769年初頭モスコーに帰還し，同年3月，自由経済協会の正会員となり，シュレーツァー編『エリク・ラックスマンのシベリア書簡集』も出版され，またスウェーデン科学アカデミー会員に選出された．1770年2月にはペテルブルグ科学アカデミー正会員となり，化学実験室を主宰した．

1772年2月から翌年1月までヤツスイ造幣所所長のポストに就いていた．

1780年12月ネルチンスク鉱山副長官に任命され再びシベリアに赴いた．科学アカデミー総裁ドマシネフとの感情の行き違いから，81年3月その地位を失ったが，88年になって名誉は回復された．シベリアに赴任するとき，エカテリーナ二世から同地方の装飾植物を収集するよう命令された．1783年にネルチンスク市警察署長に就任した．この頃，バイカル湖付近でラピス・ラズリとバイカライトを発見している．1784年，政府直属の鉱物調査官の称号を授けられた．同年，ネルチンスクからバイカル湖畔のイルクーツクに移転している．

1789年3月，伊勢白子の漂流民大黒屋光太夫(幸太夫)一行がイルクーツクに到着し，暫くしてラックスマン邸を訪ねた．

1794年5月キリル・ラックスマンと二男アダムはペテルブルグに帰還し，同年6月，エカテリーナ二世に拝謁し，第一次遣日使節派遣の功によりキリルは六等官に昇進し，聖ウラジミール四等勲章を授けられ，アダムは大尉に進級した．

ラックスマン家の家紋には三本の太刀が描かれているが，これは徳川幕府からエカテリーナ二世に贈られた三振りの日本刀を記念したものである．

1796年1月5日，キリル・ラックスマンは雪の荒野を橇でバルナウールへ向かう途中，トボリスク付近のオビ河の支流イルテッシュ川とワガイ川の合流点の宿場ドレスビヤンスコイ付近で急死した．

この年9月にはカムチャッカ，クリール，日本方面の探査旅行を計画していたが，その夢は幻となってしまった．この夢は64年後，C. J. マクシモウィッチにより実現されることになる．

彼の日本への夢は，上述のごとくツュンベリーの影響によるものである．ラックスマンは1779年ツュンベリーが故国に帰還したことを知り，その旅行記出版に協力しようと申し出ている．

桂川甫周著『北槎聞略』(1794)には二男アダムと光太夫をオホーツクに見送る道中も「キリロはかかる艱難の旅中にも，始終馬より下り立ちて，草木薬石等をもとめ探りて他念なく見へけるとぞ」と記され，また，オホーツクで船出を待つ間も「此所に停留の中も，キリロは日々採薬に出るより他なし」と述べられていて，その研究熱心が良くわかる．

次にキリル・ラックスマンの主に植物学上の業績について述べる．

リネーの指導により彼は忠実にアジアキンバイソウ，コウライショウマ，リス，ネズミなどの小動物，昆虫などを採集している．

また野生馬の飼育観察，化石サイ頭骨の発見は学界に二度のセンセイションを捲き起こした．

彼はシベリアから真正大黄，エゾムラサキツツジ，キバナシャクナゲなどなどをペテルブルグに送っている．

また，砂防の方法，樹木の播種，森林の育成，ヒメヘントウ(*Amygdalus nana* L.)，麻，棉およびS. G. グメーリンがペルシアからもたらしたキンギョソウ属植物の種子の油脂，厳寒期における生植物の郵送方法なども研究している．

彼の業績でわが国に直接関係あるのは，モクゲンジの研究である．

この植物は18世紀の中頃露都にもたらされていた．1771年の夏は暑さが異常に厳しくて，それまでペテルブルグの気候条件では開花しなかった熱帯植物さえも開花する有様であった．それらの中にはモクゲンジも混ざっていて，植物園に植えられてから20年以上もたって，ようやく開花結実したのである．

ラックスマンはこの樹を新種と断定して，ドイツのカールスルーエの教授で雑種研究で有名な，またペテルブルグ科学アカデミー会員でもあったJ. G. ケルロイターに献名して *Koelreuteria paniculata* Laxmann と命名した．

キリルは化学にも精しく，ガラス製造に際し，炭酸カリウムの代りにグラウバー塩を使用する方法を開発し，イルクーツクでガラス工場を経営していた．

また，人文科学方面にも関心をもち，例えばストックホルム科学アカデミー会員に選ばれたのは，モンゴルの

宗教とチベット語の研究成果が高く評価されたためである．また西夏語の研究にも手を染めている．

5．エリク（キリル）ラックスマンに献名された植物名

1) *Ajuga Laxmannii* Benth. f.（← *Teucrium Laxmanni* L.）キランソウ属の一種
2) *Parnassia Laxmanni* Pall. ex Schutt. ウメバチソウ属の一種
3) *Polygonum Laxmanni* Lepech.
   [（→ *Pleuropteropyrum Laxmanni*（Lepech.）Kitagawa）] エダハリイワタデ
4) *Stellaria Laxmanni* Fisch. ex Ser. シベリアフスマ
5) *Thypha Laxmanni* Lepech. ガマ属の一種

6．ラックスマンおよびレペヒンの植物報文

1) Laxmann, E. 1771. Novae plantarum species. *Nov. Comm. Acad. Sci. Petrop.*, xv, 553-562.
2) ——1772. *Koelreuteria paniculata*, novum plantarum genus. *ibid.*, xvi, 561-564.
3) ——1774. Descriptionum plantarum sibiricarum continuatio. *ibid.*, xviii, 526-534.
4) —— 1793. Planta novi generis alpina. *Parnassiae affinis*. *Nov. Act. Acad. Sci. Imp. Petrop.*, vii, 241-242.
5) Lepechin, J. 1797. *Polygoni* species nova. *ibid.*, x, 414-416.
6) ——1801. *Typha Laxmanni* proposita ad J. Lepechin. *ibid.*, xii, 335-336.
7) Lowitz, T. 1801. *Hyacinthorum sibiricorum* a celeb. Laxmanno detectorum analysis chemica. *ibid*, xii, 300-306.

7．ラックスマンの伝記

1) Schlözer, A. L. 1769. Erich Laxmann's Sibirische Briefe. verlegts Johann Christian Dieterich, Göttingen und Gotha.
2) Лагус, В. 1890. Эрик Лаксман его жизнь путешествия, исследования и переписка. С шведского перевел З. Паландер. СПб.
3) Раскин, Н.М. Шафарановский И.И. 1971. Эрик Густавович Лаксман-Выдающийся путешественник и натуралист XVIII в.. Изд.《Наука》Ленингр. отд. Л.
4) 中山一郎．1972．ラスキン，シャフラノフスキー共著『ラクスマン』．日ソ図書通信，1972（2）：20-24
5) 加藤九祚　1972　シベリアに魅せられた人々．岩波新書 no.894.

8．アダム・キリロヴィッチ・ラックスマン

アダムはエリク（キリル）ラックスマンの二男で沿海州のギジギンスク勤務の陸軍中尉であった．彼が第一次遣日使節に選ばれたのは父の配慮によるが，また万一交渉が不首尾でも国の面目が潰れないためとも言う．一行は1792年秋根室に到着した．

当時のシベリア総督ピーリは使節団に対し，「鳥獣，魚貝，昆虫，草木，果実，宝石，鉱物類など博物学上の標本をできうる限り採集し，後日の研究用に資せよ」と訓令を与えている．

帰国のため行を共にした光太夫は彼のひととなりを次のように語っている．

「アダン父の風ありて性行善良，また家学を奉じて物産に心を用い識鑒また勝れたり．船中にありては通る所の山，岸，島，渚その土色を相して名物の有無を察し，船を寄せて捜り求むるに，あやまらず果して得る事あり，ネモロ並に松前の海岸に生ずる草一種も余さず取り上げ，其形状を画き，又日に曝して乾かして携へかへる」

アダムは当時の蝦夷地から，貝類その他の海産動植物標本60種，野生植物乾燥標本65種，アルコール漬の生物，昆虫標本18種，植虫その他アレウト列島の海産珍品標本，鉱物標本少数（後年収集）を持ち帰っている．一行が箱館（後の函館）を抜錨し帰国の途についたのは翌1793年8月であった．

使節団が収集した動植物の標本や農産物の種子は露米会社のシェレホフにより首都の自由経済協会に寄贈された．また学士院のクンストカーメラの歴史を研究したスタニュコウィッチによれば，1794年7月16日に学士院にアダム達が北海道から持ち帰った野生植物乾燥標本65種などが移管されていると言う．

その頃，ツュンベリーは未だ生存していたので，アダム・コレクションの重複標本がウブサラに届けられた可能性は否定できない．

ヘルシンキ大学の T. Coponen 教授は "A historical review of Japanese biology"（Clarke, G. C. S. and J. G. Duekett 1979. Bryophyte systematics. Academic Press, London）の中で，「アダム・ラックスマン・コレクションが現在大英博物館に保存されている可能性があり，恐らくその中に日本産蘚苔植物も含まれているであろうが，それらを記録したものはない」と述べている．

アダム一行はケンペル著『日本誌』，ツュンベリー著『日本植物誌』などを携行し，また，父が日本の本草学者などに宛てた3通の手紙を持ってきていた．その内2通は甫周と淳庵宛てのものであるという．これらの書簡は現在行方不明である．

エリク・ラックスマンの教えを受けたアダムは，リネーの孫弟子と言えよう．

9．大黒屋光太夫（幸太夫）

光太夫を幸太夫とも書くのは三代将軍徳川家光の名を憚ってのことと言う．伊勢の白子の人である．井上靖著『おろしや国酔夢譚』で有名である．

1782年暮れに光太夫が船頭を勤める神昌丸は藩米や薬種などを積み込み江戸を目指して出帆した．途中駿河湾でひどい時化にあい，アリューシャン列島のアムチトカ島に漂着し，後カムチャッカ半島を横断し，オホーツクに渡り，ヤクーツクを経てイルクーツクに到着し，キリル・ラックスマンの厚遇を得て，上述のごとく日本事情の聴取を受け，日本地図の訂正などもした．共にペテルブルグに至り，帰国運動をし，ツァースコエ・セロの離宮でエカテリーナ二世に謁し，帰国を嘆願し許されて，遣日使節と共に光太夫，小市磯吉が帰国した．その内，小市は根室に到着して間もなく死亡した．

カムチャッカ半島滞在中は食糧難で「花の咲かない桜」の皮を食したという．V. L. コマローフ，E. O. G. フルティン，V. N. ヴォロシーロフなどの文献を見てもカムチャッカには *Prunus* L.（サクラ属）も *Cerasus*（狭義のサクラ属）も分布していない．樹皮がサクラ属に似ているものに *Betula ermani* Cham.（ダケカンバ）があるので恐らくこの種を指すものと思われる．三重県ではヨグソミネバリ（*Betula grossa* Sieb. et Zucc.）をアホザクラ（員弁）とかハザクラと呼んでいるのでその影響かも知れない．

さて，光太夫は露都に逗留中いろいろな植物学者と交流している．

P. S. パラスは勅命により『欽定全世界言語比較辞典』の編集に携わっていたが，光太夫に日本語の訂正を依頼している．

A. A. ムーシンプーシキンはアカデミー会員で，鉱物学，化学が専門であったが，植物学の造詣も深く，コーカサスの植物を調査している．帰国に当たり光太夫は顕微鏡などを贈られている．

O. I. ブッシはツァースコエ・セロの離宮の園芸主任であった．光太夫は彼の邸宅に逗留して帰国運動を続けた．園芸の知識も豊富になったと思われる．

『北槎聞略』は将軍家の侍医で蘭学者の桂川甫周（国瑞）がロシアにおける光太夫の見聞を聴取し編集したものである．その巻之十には「草，木，鳥，獣，魚，虫，金石」の項目があり，巻之十一の「言語」のところにも「草木，鳥獣，魚介虫，金石」の項目がある．

1793年夏，光太夫と磯吉が江戸に到着し町奉行池田長恵が取り調べ，雉子橋門外の御廐の宿に入れられた．目付中川忠英，間宮信如はこの宿に出向いて滞露中の見聞を訊問した．篠本廉はこの訊問を整理して『北槎異聞』を著した．同年秋，江戸城の吹上御庭見で11代将軍家斉の漂民御覧が催された．その訊問は松平越中守，加納遠江守，平岡美濃守，高井主膳正，亀井駿河守，小野河内守，多紀永寿院が行い，桂川甫周が記録をとった．甫周は後に『漂民御覧之記』を編している．

この席上，高井主膳正が「彼方にて，日本の事存じ居り候哉」と問うと，光太夫は「何事によらず，能く存じ罷り在り候．…日本人にては，桂川甫周様，中川淳庵様と申す御方の御名をば，いづれも存じ居り申し候」と答えたので記録を認めていた甫周も驚いたと言う．

これで，リネー，ラックスマン，光太夫と繋がった北廻りの花綵はリネー，ツュンベリー，甫周，という南廻りの人脈にドッキングすることができた．

最後に，松江藩儒桃西河著『坐臥記　四』（寛政十年戊午《1798》正月起）の記事を掲げておく．

「杵築ノ千家清主來テ，先年伊勢ノ光太夫ガムスコウビエヤヨリ持帰リシ草花スルス子ウリウドンノ実四，五粒ヲ贈レリ．後園陰地ニタ子マキス．未ダ其生スルヤ否ヲ知ラズ．其蛮名ヲ遺忘センコトヲ恐ル故ニ此ニ記ス．時ニ十一月初旬ナリ．北蛮至陰ノ地ヨリ來レル物故ニ仲冬夕子マクモ宜シカラント云．清主，秋種ヲ得テ直ニ蒔タレハ翌年生タリトナリ．――」

清主は千家俊信（せんげ・としざね）の通称で出雲国造俊勝の二男で著述も多い．このスルス子ウリウドンはロシア語ではなくラテン語臭いが，何という植物を指すか全くわからない＊．

ロシア国立図書館稀覯本部の A. A. グーセバさんに御願いして，光太夫と同時代のペテルブルグの薬草園の植物目録（Catalogus plantarum horti Imperialis medici botanici Petropolitani in Insula Apothecaria, 1796）のコピーを送って頂き検討してみたが，該当する植物を見つけることができなかった．

恐らく，光太夫がラックスマンかブッシから贈られたものであろう．

なお『坐臥記』の記事は立正大学の桃裕之（西河の後裔），木崎良平両先生が見付けられ同大学の矢部一郎先生がコピーを送って下さった．『坐臥記』の口語訳は，日本随筆大成（吉川弘文館刊）に収められている．

以上，リネーの人脈の内，北廻りの人びとについて述べた．

編註＊小原先生はその後，さらに追求を進められ，次のような見解を示しておられる．「その後，ウィリス著顕花羊歯植物辞典で調べてみた．スルスネに似たものに Tursenia, Tulasnea Sarracenia がある．また，スルスネ・ウリウドン（Surusene uryudon）の母音を変えると Sarracenia Drummondii CROOM.（アミヘイシソウ）に相当似てくる．この植物は花候が晩春で，花は帯緑紫色で，北米原産である．しかし，湿地を好み，発表されたのが1848年でそれは光太夫が帰国した後のことである．今日ではヘイシソウの仲間は花材として利用されている．」（小原　敬先生著作集 p.86, 2007 から引用）

4. 自然誌科学の源流, リンネ

リンネソウ ❷

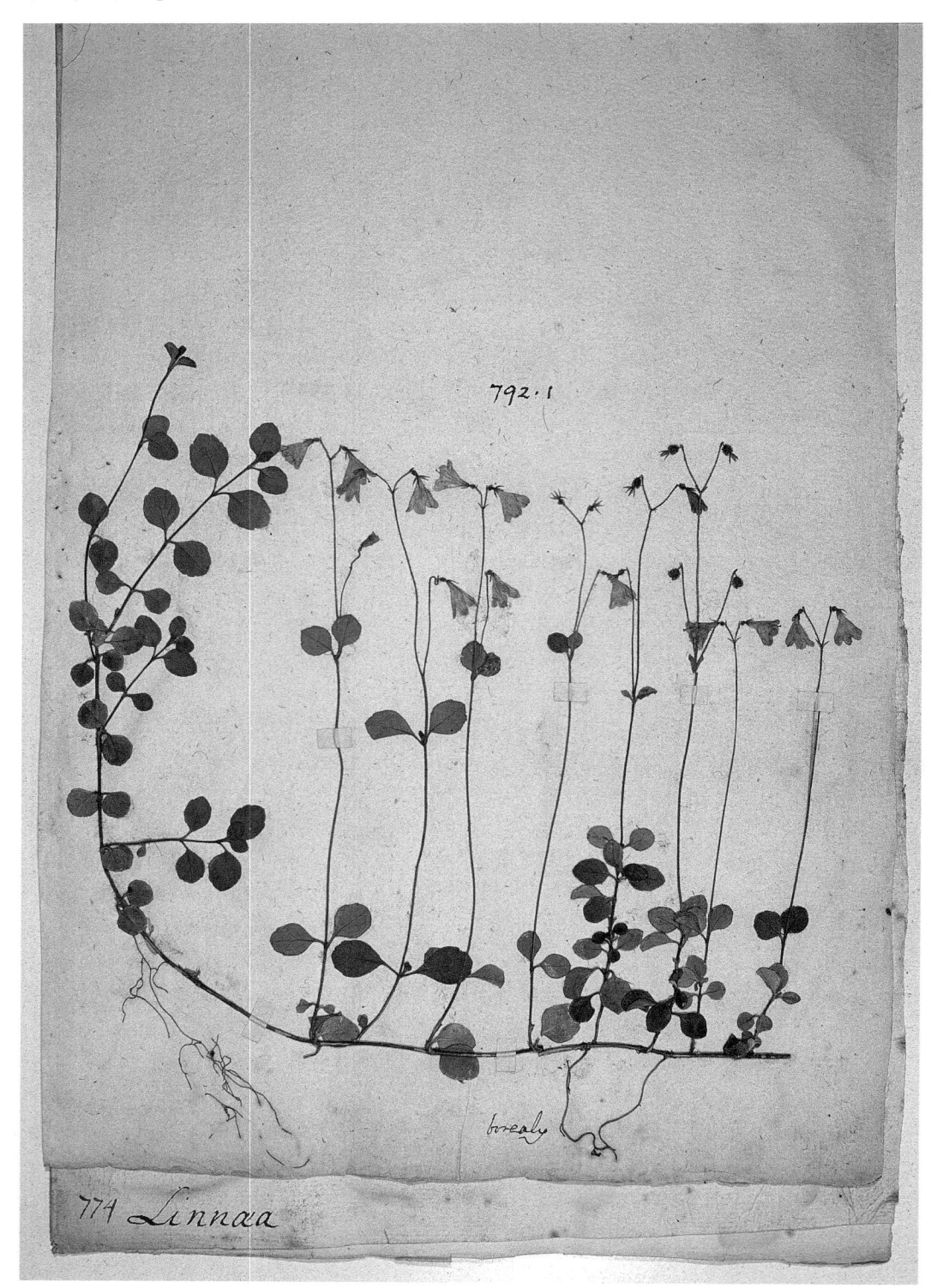

ロンドン・リネアン・ソサエティ所蔵のリンネが採集したリンネソウ *Linnaea borealis* L. の標本（写真／林 浩二）
（写真掲載許可／ロンドン・リネアン・ソサエティ by permission of the Linnean Society of London）

リンネゆかりの旧クリフォート邸を訪ねる

大場秀章

　最近，リンネの自然の体系について調べることがあり，それが彼の植物学研究から構想されたものであることを知った（大場 2005）．つまりリンネは自然の体系化のために植物を研究したのではなく，植物の研究から自然全体の体系を構想した，本質的には植物学者であった．

リンネのオランダ滞在

　スターン（Stearn 1957）によれば，リンネの生涯は6期に分かれる．1707年に生まれたリンネが，1727年にルンドの大学に籍を置き植物についての研究を開始し，1741年にウプサラ大学の医学・植物学の教授に就任するまでの間の，1735年から1738年はその第3期で，リンネの学問と生涯を決定するうえで重要な意味をもっている．

　リンネは母国を離れてから1738年に帰国するまでの3年間を主にオランダで過ごす．当初の目的は医学博士の学位を取得することであった．1735年6月にハルダーワイク（Harderwijk）で学位を授与された後，アムステルダムを経てライデンに赴き，当時の著名な植物学者であったボェルハーヴ（H. Boerhaave）やフロノヴィウス（J. Gronovius）を訪ねた．フロノヴィウスはリンネの『自然の体系』（Systema Naturae）の草稿に感銘を受け，友人のアイザック・ラウソン（Isaac Lawson）とともに経費を出し，ただちにそれをライデンで出版させた．アムステルダムに戻ったリンネは，そこでブルマン（J. Burman）教授のもとに滞在し生活の面倒をみてもらっただけではなく，『植物学文献集覧』Bibliotheca Botanica と『植物学の基礎』Fundamenta Botanica の両書をアムステルダムで出版することができた．こうしてリンネはアムステルダムとライデンの2つの学者グループの支援を受けることができたが，さらに新たな支援者が現れる．それがクリフォートだった（Boerman 1979）．

　9月にはクリフォートの侍医としてハールレムに近いハルテカンプ（Hartekamp）にあった彼の邸宅に移り住み，ただちにその私設植物園の園長となったのである．クリフォート（George Clifford）は1685年に生まれ，1760年に亡くなった，アングロ・ダッチ系の裕福な銀行家であった．リンネはハルテカンプに1737年まで滞在し，1736年には『クリフォート邸のバナナ』（Musa Cliffortiana，ライデン），翌37年には『植物の属』（Genera Plantarum，ライデン），『植物の属の贈り物』（Corollarium Genera Plantarum，ライデン），『植物の性体系』（Methodus Sexualis，ライデン），『ラップランド植物誌』（Flora Lapponica，アムステルダム），『植物学論』（Critica Botanica，ライデン），『クリフォート邸園』（Viridarium Cliffortianum，アムステルダム）を出版している．1738年には『クリフォート邸植物誌』（Hortus Cliffortianus，アムステルダム），『植物の綱』（Classes Plantarum）をライデンで刊行後，パリを経てルーアンに行き，9月にはスウェーデンへ帰国するが，彼のトランクには学位記とともに上記を含む14冊，3,000ページを超す著作物が詰め込まれていた．

　つまり，この第3期は，学名の出発点とされたSpecies Plantarum を除くリンネの植物学における重要な著作（あるいはその初版）のほとんどすべてが出版されたといってよい．短期間にこれだけの著作をものにしたことに驚くが，この出版にかかる経費のほとんどはクリフォートの援助によったものである．

　出版ばかりではない．この期間にリンネは著名な学者との交流も行っている．先のボェルハーヴを始め，ライデンのファン・ロイエン（A. van Royen），フロノヴィウス，ブルマン，1736年のイギリス訪問ではハンス・スローン（Hans Sloane），フィリップ・ミラー（Philip Miller），ジョン・マルチン（John Martyn），ジレニウス（J. J. Dillenius），コリンソン（P. Collinson），帰国直前のパリではアンワーヌ（Antoine）とベルナール（Bernard）のドゥ・ジュシュウ（de Jussieu）兄弟など大学者の知遇を得ている．イギリスへの旅費もクリフォートの援助によっている．熱帯を始め世界中の植物を自らの経費で収集し，リンネの研究を支援したクリフォートの植物学発展への貢献ははかり知れない．

　植物学者としてのリンネにとってのオランダ滞在がいかに重要であるか理解できよう．

　リンネ自身の記するところによれば，クリフォート邸での生活はまるで王子のようであり，クリフォートが収集したばく大な数の植物に取り囲まれ，なおも不足す

る植物や図書があればただちに取り寄せることができ，まったく何不自由なく自分の好きなように植物学の研究ができたのであった．リンネはそうした夢のような環境で昼夜研究に勤しんだのだろう．彼の主たる仕事はクリフォート植物園と標本室の記載付きの完璧な目録である『クリフォート邸植物誌』(Hortus Cliffortianus)の準備であった．

リンネが業務として書いたともいえる『クリフォート邸植物誌』はリンネの植物学における最重要著作である『植物の種』(Species Plantarum, 刊行は1753年)の先駆けとなる出版物であるといってよい(Heller 1968)．リンネが個々の種について詳細な記載を行った著作は『クリフォート邸植物誌』をおいてなく，『植物の種』では同書で記載された種については文献として引用している．学名の出発点以前の出版物ではあるが，本書は多くの種の原記載を含むため，単なる植物学史上の歴史的文献としてではなく，現役の重要文献となっている．『クリフォート邸植物誌』関連の標本は多数のタイプを含みリンネに関係する標本の中でもとくに重要なコレクションのひとつとなっている．この『クリフォート邸植物誌』関係の標本は1791年にバンクス卿(Sir Joseph Banks)が購入し，現在はロンドン自然史博物館に保管されている．

リンネがクリフォート邸に滞在していた1736年に植物画家であるエーレット(G. D. Ehret)も一時期ここに滞在した．18世紀前半を代表する植物画家であるエーレットはリンネがクリフォート邸に滞在していることを聞きつけライデンから徒歩で訪ねていったという．エーレットの書くところによると，このときリンネから彼の24綱分類体系を聞き，それを1枚の図に描いた．クリフォート邸にひと月あまり滞在した後ライデンで，それに Clariss : Linnaei. M. D. Methodus Plantarum Sexualis in Systemate Naturae descripta. Lugd.-Bat : 1736. G. D. Ehret, Palat = Heidelb.(医学博士リンネの，Systema Naturae に記述された性による植物分類法を示す図解，ライデンにて1736年，ハイデルベルグ宮廷の G. D. エーレット)の説明を付けて売った．これが有名な性分類体系(24綱分類体系ともいう)の図解であるが，現存しているものはきわめて稀である．

クリフォート邸を訪ねる

リンネの生涯において最も重要な時期を過ごしたこのクリフォート邸については L. F. Springer が1936年に Svenska Linné-Sällskapets Årsskrift (19巻59-66ページ)に書いているが，もし現存するならどのような状況にあるのかをかねがね知りたく思っていた．とくにシーボルト標本の研究を行うようになった2000年以降は毎年数度はオランダを訪ねていたのだが，その機会に恵まれずにきた．2005年2月，ライデンの標本室主任のタイセ(G. Thijsse)さんに話をしたところ，地図でその場所を探し出してくれたうえ，2月1日に車でその場所へと案内してくれた．当時のままではないがクリフォート邸は現存していたのである．その模様を紹介したい．

『クリフォート邸のバナナ』(Musa Cliffortiana)の表題には florens Hartecampi 1736 prope Harlemum とあり，『クリフォート邸植物誌』も表題に続いて in Hortis tam Vivis quam siccis, Hartecampi in Hollandia(オランダハルテカンプの，生きた植物と乾燥植物[おし葉標本のこと]の庭園にて)との記述があり，クリフォートの庭園の所在地が(ハーレム附近の)ハルテカンプ(Hartekamp)にあったことが分かる．しかし，現在は Hartekamp という地番は用いられていない．クリフォート邸の所在地の現在の住所は Herenweg 1-35, Heemstede である．Heemstede はハーレムにも近い国道208号線に沿う地域で，かつてのクリフォート邸もその道路からそう遠くない位置にある．ハルテカンプの300年を記念して出版された 300 jaar Hartekamp(1971)によると，クリフォート邸は1709年に建てられたことになっている．クリフォートの没後，何度か人手に渡ったが現在は病院施設として利用されているらしい．

さて，ライデンからは国道206号線をハーレム方向に走って，208号線に入る．敷地の入り口に古い門柱が残っており，向かって左の柱に Harte, 右の柱に kamp の文字を認めることができた．そこから奥にクリフォート邸の主館だったと思われる豪華な白亜の2階建ての建物全体が見渡せる．この門柱から建物への道が通じており，距離にして200 m はあるだろう．建物側からみれば広大な芝生の前庭があり，その端々にヨーロッパブナやオウシュウナラなどの落葉樹が植えられている．樹齢は100年から150年と推定されるので，これらはリンネの時代よりも後に植樹されたものであろう．

主館は2階建(さらにいわゆる屋根裏部屋がある)で，左右の両端に張り出した附属部分をともなう(図1, 上)．建物中央部分がエントランスになっているが，左右の壁面からやや奥まっている．エントランス・ホールは意外に狭く，中央のドーム部分には8角形の吹き抜けがあり，2階部分はそれを取り囲む金属製の手すりがある(図2)．また，一角にニッチェがあり，そこにはブロンズ製のリンネの胸像が置かれていたが，これはウプサラにあるものの複製でリンネ晩年の姿を伝えるものである．なお，背面からみる主館の印象は正面からのものとかなり異なっていて，円柱形で外部へ張り出したエントランス部分をもつ(図1, 下).

両翼の1階建の部分は上下に広く窓がとってあり，この部分はクリフォート邸時代はオランジェリーであった

図1 クリフォート邸の主館. 正面側(上), 裏面側(下).

図2 主館のエントランス・ホール.

図3 主館両翼のニッチェ中のフォーナ神（左）とフロラ神（右）の石像.

可能性が高い．このオランジェリーは正面からみて中央の部分にニッチェがあり，右側にはファウナ女神（図3，左），左側には花の女神（フロラ）の石像（図3，右）が置かれている．これらはクリフォート邸の時代からここにあったものと思われる．

主館から離れた位置にかなり天井の高い長方形の建物がある（図4）．南側はほぼ全面が床の高さまである大きな窓状の開口部になっており，これはかつてオランジェリーとして使用されていたものだろう．リンネの頃はまだ鉄骨の使用は限られていたので，バナナなど大型の熱帯産植物のほとんどはこのオランジェリーで栽培されていたに違いない．大きさは正確には判らないが，窓側の長さは30 m，奥行きは20 m以上，高さは15 mほどであろうか．

主館とオランジェリーのちょうど間くらいの位置に藤棚があり，その中央附近に円形のあふれ水盤（図5）や古い石造りの洗水桶があった（図6）．そのあふれ水盤の彫金やライオンと思われる2体の獣に支えられ多くの人物の顔をともなう洗水桶は，素材や趣向からクリフォート邸時代のものと思われた．

『クリフォート邸植物誌』にはJ. Wandelaarによる前扉やヴィグネット（飾り模様）（Stearn (1957)はこれの作者をJ. van der Laanとする）がある．その図中にある建築物や彫像がクリフォート邸に実在したものかどうか，気がかりであったのだが，どうやらそれらはWandelaarの想像の産物だったといってよい．

広大な庭園とオランジェリー，それを使って植えられていたであろうぼう大な数の植物を通して，ここでは居ながらにして熱帯と温帯の植物の観察ができた．日夜研究三昧に明け暮れたにちがいない主館はリンネでなくとも快適さを覚える建物である．ここで過ごした日々は二度とリンネにはないものであったことが実感できた．現在病院施設として当初の状況をよく維持した状態で利用されているとはいえ，この植物学史に欠かせない貴重な建物を文化遺産として安全に保存することはできないものなのか．

引用文献

Boerman A. J. 1979. Linnaeus and the scientific relations between Holland and Sweden. Svenska Linné-Sällskapets Årsskrift 1978: 43-56.

Heller J. L. 1968. Linnaeus's Hortus cliffortianus. Taxon 17: 663-719.

Jan van Veen (photo), Johan Rijnen and Jan Nelissen (text). 1971. 300 Jaar Hartekamp.

大場秀章 2005. 自然の体系．大場秀章（編），Systema Naturae-標本は語る．12-26 pp．東京大学総合研究博物館．

Stearn W. T. 1957. An introduction to the Species Plantarum and cognate botanical works of Carl Linnaeus. The Ray Society, London.

附記

本稿は，「リンネゆかりの旧Clifford邸を訪ねる」と題して，植物研究雑誌80巻315-321ページ（2005年）に発表したものである．再録するに当り，人名や書籍名，地名の大部分をカナ書きに改めるなどを行った．

図4 クリフォート邸庭園時代のオランジェリーと考えられる建物.

図5 古いあふれ水盤.

図6 古い洗水桶.

自然の体系（初版）手稿

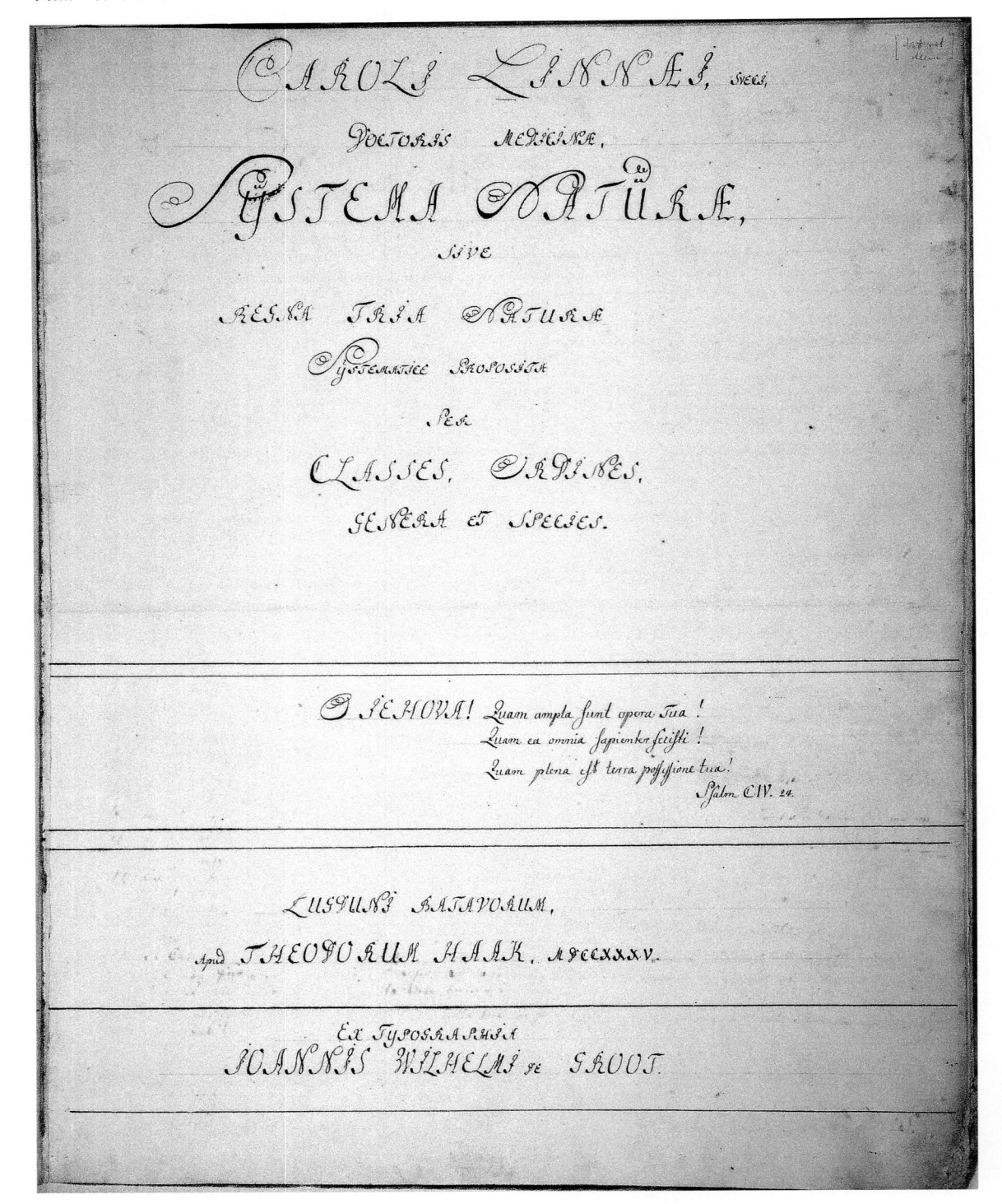

この手稿は、『自然の体系』初版の扉（p.4）の版を組む直前の清書と考えられる。筆跡はリンネとは異なり、レイアウト確認のために印刷所で作成されたものと推測される。別に本文の植物界の見開き表などの清書も現存する。（掲載許可／Hagströmer Medico-Historical Library）

ロンドン・リネアン・ソサエティー：
その歴史と現状

大場秀章

　航海術の発達と宗教戦争を経験した後の16世紀，イギリスで支持された思潮は，自然界についての知識を増し，理解を深めることは，人々の知的な喜びの源であり，かつ精神の価値ある鍛錬であるというものであった．

　この思潮は貴族や上・中流階級の人々に幅広く受け入れられた．有り体にいえば貴婦人も胴乱や捕虫網を持って野外を散策し，書斎を植物や貝殻などの標本で満たすことは当時のファッションだったのである．

　科学本来の特質だけではなく，ここに指摘した16世紀のイギリスの思潮がロイヤル・ソサエティーをはじめとする諸学会の誕生の背景にあったことは否めない．

　ところで，イギリスには今日なお各種多様なクラブが存在する．クラブの存在を抜きにしてこの国やイギリス人を理解するのはむずかしい．それほど彼らの日常に密接しているクラブ観が学会のあり方に影響しないわけはない．学会も広くとらえればクラブのひとつといえるし，クラブが特殊化し発展したのが学会といえなくもない．ロンドンのリネアン・ソサエティー (The Linnean Society of London)[1]は正会員 (fellow) 2名の推薦と総会での承認がなければ正会員になれない[2]．こうした会員制の学会はイギリスに多いが，このような方式はいまなお彼らがクラブの集いを享受する精神性の持ち主であることを物語っている．リネアン・ソサエティーを語るとき，学会もクラブであるという点を見逃してはならない．

　世界で唯一といってもよい，動物植物の別なく全生物を学会の対象とするロンドンのリネアン・ソサエティーは，常に世界の生物学の発展に多大な貢献を果し今日に至っている．この学会がリンネの名前を冠しているのは，それなりの歴史的必然もあるが，学会が近代生物学の誕生に貢献したリンネに敬意を表するだけではなく，近代生物学の底流として自然史科学へ不変の関心とその振興になみなみならぬ努力を注ぎ続けていることと無関係ではない．

　世界の自然史科学界最大の学会であるリネアン・ソサエティーの誕生，ダーウィン時代，そして現況について紹介したい．なお，本稿を書くにあたって特にGageとStearn[3]の論文を参考とした．

1．リネアン・ソサエティー以前の自然史学会

　リネアン・ソサエティーが創設されたのは1788年であるが，この学会が目的としている'自然史科学の振興'を標榜した組織を創設しようとする風潮はリネアン・ソサエティー創設のずっと以前からあった．

　特に17世紀に創設されたロイヤル・ソサエティーは，科学・芸術の多岐にわたるそれぞれの分野の振興を目的とする組織の設立とその発展に大きな影響を及した．

　自然史に関わる最初期の組織として，ロンドンに誕生したのはテンプル・コーヒー・ハウス植物クラブであるといわれている．存続したのは，1689年から1713年にかけてで，このクラブは専ら仲間と談義し，植物を楽しむことを旨とした．会員は約40名だったらしい．

　最初の自然史に関係する学会として組織されたのは，ロンドンに1721年に創設された植物学会 (Botanical Society) である．設立の主役となったのは幹事となったジョン・マーチン (John Martyn, 1694-1768) で，会長はジレニウス (Johann Jacob Dillenius または Dillen, 1681-1747) であった．マーチンはロンドンの商人の息子だったが，後にケンブリッジ大学の教授となった．有名なチェルシー薬草園の管理主任であったミラー (Philip Miller) もこの学会の会員のひとりであった．

　この植物学会は1726年以降消滅してしまったが，はじめは毎週土曜日の午後6時に，とあるコーヒー・ハウスで例会を開いていた．17世紀後半から18世紀初頭にかけてロンドンではコーヒー・ハウスが社交の場として賑わったのである．大英博物館の創設者として，また1727年から41年までロイヤル・ソサエティーの会長を務めた，有名なスローン卿 (Sir Hans Sloane) は請われて1725年にこの学会の会長になっている．

　設立年は不明だが1748年まで，昆虫の研究のためのオーリリアン・ソサエティー (The Aurelian Society) がロンドンにあった．力のある採集家，ジョセフ・ダントリッジ (Joseph Dandridge, 1664-1746) が立て役者となった．オーリリアンとは，鱗翅目の蝶の金色の蛹を意味する，ラテン語のアゥレリア (aurelia) という語に因んでいた．この学会の会員は，コーンヒル通りの居酒屋「白鳥」(Swan Tavern) で会合をもち，そこに図書，標本，

記録類が保管されていた．ところが1748年3月にこの通りは火災に遭い，会員は命からがら居酒屋から脱出できたが，資料の全ては灰塵に帰し学会は復興できなかった．

二番目のオーリリアン・ソサエティーが1762年に出来たが，1766年11月には解散した．その後，1780年にロンドン昆虫学会（The Society of Entomologists of London）が組織されたが，これも2年間という短い期間続いただけであった．

2．リネアン・ソサエティー創設前夜

リネアン・ソサエティー（ロンドン）の直接の先駆者は，自然史振興会（The Society for Promoting Natural History）である．この会は，1782年10月21日の月曜日，ヴィクトリア駅にも近いピムリコ通りの個人邸宅で発会した．創設者はチェルシーの薬草園庭師ウイリアム・フォーシス（William Forsyth）など5名であった．

学会は月に一度，満月の次の月曜日の午後7時に集まると規定していた．年会は10月の満月の後の最初の月曜日に開かれた．満月に近い日に例会をするのは神秘さ醸成のためではなく，この時代のロンドンの道路の照明の悪さや物騒さのためである．有名なバーミンガムのルナー・ソサエティー（Lunar Society）も同時代に存在したが，同じ理由から満月の日に会合を開いていた．

3．ジェームス・エドワード・スミス

ジェームス・エドワード・スミス（James Edward Smith）の貢献なしにはロンドンのリネアン・ソサエティーの今日の姿があったかどうか疑わしい．彼はノルウェーの教養ある裕福な絹と織物布の商人，ジェームス・スミス（James Smith）の長男として1759年12月2日にノルウェーで生まれた．

彼は健康に恵まれず22歳まで専ら家で教育を受けた．後にユニテリアン派の信者にも寛容であったエディンバラ大学に医学を学ぶために入学した．さらに医学研鑽のため，1783年にロンドンに赴いた．このことが彼の一生を決定し，さらにリネアン・ソサエティーの誕生にもつながるのである．

リンネがウプサラで多忙な一生を終えた1778年にスミスは18歳だった．奇しくもその前日の1月9日，スミスはバーケンホーの「グレイト・ブリテンとアイルランドの自然史概論」[4)]を入手した．この本の2巻にはリンネのシステムによる英国の植物の分類概説があり，スミスはこれを丹念に読み，やがてリンネの体系，原理を熟知するところとなった．

スミスはロンドンで有名なジョン・ハンター（John Hunter）のもとで解剖学などを学んだ．1784年2月に自然史振興会に入会が許可され，かなり定期的に会の例会に出席した．この会には当時4人の会長が置かれたが，1784年10月25日から1年間はスミスもその4人の会長の一人に選ばれてもいる．

しかし，スミスはこの会のあり方には批判的な意見を抱いていた[5)]．特に彼と同じ考えをもつ会員，サミュエル・グーデノーフ（Samuel Goodenough, 1743-1827）やトマス・マーシャム（Thomas Marsham, ?-1819）とは親しく交流した．やがてスミスは彼らの理想に沿う新しい学会を組織するための計画に協力することになった．

グーデノーフは，自然史振興会でスミスが議長を受け持った1785年3月の例会で正会員に選ばれた．特にグーデノーフは会員に選出される前に自然史問題についてスミスと意見が一致し，彼らの交際は，年齢，育ち，宗教的な見解の違いにもかかわらず，終生変わらぬ親密なものであった．

チェルシーに住んでいたマーシャムはグーデノーフより4，5歳若く，民間会社に勤務していた．彼は特に昆虫に興味があり，『英国昆虫誌』Entomologia Britannica（1802）を著している．彼は好人物だったが，個人的な財政事情には不運で，リネアン・ソサエティーの会計担当の時，学会からした借金が返済できず，巨額の借金を学会に残したまま亡くなった．

スミスは，学会外の同じ興味をもつ人とも積極的に交際した．その中には，バンクス卿（後述）がいた．バンクスのこの若い医学生スミスにたいする友情が，リネアン・ソサエティーの誕生を導く重要な鍵となったといってよい．

スミスは1785年5月にFRSすなわちロイヤル・ソサエティーの正会員に選ばれた．しかし，学位はまだだったので，1786年6月にオランダのライデン大学へ行き医学博士の学位を取得した．その後，オランダ，フランス，イタリア，スイスを旅行し故郷に戻った．この旅行は大成功であった．後に述べるリンネのコレクションの所有者として，彼は自然史学者や愛好者の間で注目の的であり，各地で自然史に興味を抱く人々と交友を深めること

リネアン・ソサエティーの紋章．Naturae discere mores はこの学会の目的を示すモットーで，"自然のありさまを学ぶこと"の意味．

ができた．彼らの多くはリネアン・ソサエティー発足後に外国会員となり，この学会の活動の国際化に貢献したのである．

4．リネアン・ソサエティーの発足

スミス，グーデノーフ，マーシャムは新しい学会を作ることを決めた．彼らはバンクス卿に相談し，彼らの計画にたいする賛成をえた．1788年に7人の自然史に興味をもっていた学者と愛好者がロンドンのリネアン・ソサエティーを設立した．会員は正会員20名，外国会員39名，名誉会員3名であった．名誉会員はバンクス卿，ノアイユ公ルイス (Louis Duc de Noailles，1713-1793) およびオランダの著名な解剖学者ペトルス・カンパー (Petrus Camper，1722-1789) だった．

バンクス卿 (Sir Josef Banks，1743-1820)[6] は，43年間にわたってロイヤル・ソサエティーの会長を務め，科学全般にわたる広い興味をもち，かつ裕福で，政治的にも大きな影響をもっていた．ソーホー・スクエアーにあった，彼個人の大きな標本室と図書室は，クック艦長とともに1768年から71年に世界を周航し集めた，ぼう大な植物標本と観察画など，他にはない貴重なコレクションを数多く擁し，ロンドンの植物学の中心となっていた．

また，ノアイユ公はリンネの友人でもあり，スミスはパリ滞在中に歓待を受けた．

この時代，ロンドン以外にもパリ (1787年12月)，ボストン，リヨン，ストックホルム，マルセイユ，ウプサラ，ニューヨークなどにリンネの名を冠した学会が相次いで創設された．はじめスミスは Linnaean と綴った．学会名も Linnaean Society, Linnean Society, Linnean Society of London などさまざまだったが，1802年に設立認許勅書をえた際に，現在の The Linnean Society of London に学会名が定まった．

創設の1788年2月26日から亡くなる1828年3月17日までの40年間，スミスは会長を務めた．グーデノーフはリネアン・ソサエティーの最初の会計担当になり，1798年まで10年間その任にあった．グーデノーフを継ぎ，会計担当となったのが，マーシャムであり，1816年まで18年に及んだ．

トマス・マーチン (Thomas Martyn，1736-1825) は1788年7月17日にリネアン・ソサエティーの会員の投票によってフェローに選ばれた最初の二人のうち一人であった．もう一人のフェローは医者で，かつリンネの弟子のひとりでもあり，彼の臨終に立ち会ったローテラム (John Rotheram，1750-1804) がなった．マーチンはテンプル・コーヒー・ハウス植物クラブの設立に当たったジョン・マーチンの息子で，父の跡を継ぎ，ケンブリジ大学の植物学の教授を務めた．マーチン親子はケンブリッジ大学における植物学教授のポストを90年も占有した，当時の大立者であった．

5．リンネ標本

ロンドンのリネアン・ソサエティーはリンネの植物と動物の標本，蔵書及び書簡類を保管している．図書はともかく標本を所蔵している点でリネアン・ソサエティーは他の学会とは異なっている．これは初代会長スミスがリンネの未亡人から購入したものだった．その経緯を記しておこう．

リンネが1778年に亡くなった時，バンクス卿はリンネ標本のために1,200ポンドの資金提供を申し入れたが，息子のリンネ (Carl von Linné，1741-1783) はバンクスの申し出が届く前に，父の収集品の全ての所有権をえていた．

彼は，父のあとを継いでウプサラ大学の教授になったが，1783年 (スミスがロンドンに着いた直後である) に亡くなり，父リンネの収集品は父の未亡人のもとに戻った．彼女と娘たちは一家の友人であるアクレル博士 (Dr. J. G. Acrel) にその収集品を売るように指示した．彼は，1778年のバンクスの申し出を思い出して，バンクスに，すべての収集品とリンネの蔵書を1,050ポンドで買う機会を与えた．

1783年12月23日にバンクスがアクレルの手紙を受け取った時，スミスは客として朝食をともにしていた．バンクスは自分は収集品を買うつもりはないが，スミスに買うべきであると助言し，その手紙をスミスに手渡した．スミスはこの助言に従ってすぐに行動し，その日のうちにアクレルに手紙を書き，次の日にノルウェーの父のもとに，ロンドンで医者として暮らし自然史の講義をするために収集品を買いたいという，自分の意志への賛同と実現のために手紙を書いた．

1784年1月12日に父ジェームスは，最初，これが自分たちの能力を超えたものであることへの不安を記すとともに，息子に好事家特有の熱情や野心家の心情というものの危険性にたいして注意を与えた．しかし，1784年10月に，スミスは父の忠告にもかかわらず，1,088ポンド5シリングでリンネの全収集品，蔵書，原稿・書簡の所有者となった．大英博物館の空いた部屋を借りこれを保存するつもりであったが，この計画は実現せず，スミスはチェルシーのロイヤル・ホスピタル通りに保管のための部屋を借りた．

スミスは遺言で，これらの標本や蔵書などが分散することなく，王国のいずれかに一括して売られることを望んだ．1828年4月に，スミスの遺言執行者はスミスの遺言とともに，彼自身のコレクションを含めて，リネアン・ソサエティーに総額5,000ポンドで売ることを伝え

た．リネアン・ソサエティーはこの問題を議論した．コレクションの散逸，国外への売却を憂慮して，購入に踏み切ったが，学会には集めても1,000ポンドほどの資産があるに過ぎなかった．結局，3,150ポンドで購入したが，個人からのローンその他の利子払いなどで，学会は4,488ポンド19シリング2ペンスを要した．

スミスが購入した時点で，リンネの標本は，約14,000点のおしば標本，ガラス箱に収められた45点の鳥類(剝製)，158点の魚類の乾燥標本，3,198点の昆虫，1,564点の貝殻，多数のサンゴ石，2,424点の鉱物があった．スミスは鳥の剝製は売り払ったらしく以後の所在は不明である．鉱物も1796年に処分された．

リネアン・ソサエティーが収蔵する植物標本は現在スチール製の金庫に収められている．リンネが用いていた標本箱のうち2つはリンネの母国スウェーデンのリネアン・ソサエティーに戻された．リンネ標本の価値は別稿を参照されたい．

6．ダーウィン

ロンドンのリネアン・ソサエティーがその長い活動の中で生物学史上に永久に消えることのない，名を残しているひとつは，1858年7月1日の例会のでき事である．偶然からその例会で，西洋文明の規範のひとつを根底から変えてしまう，きわめて重要な見解の発表がなされたのだった．

この日は，チャールス・ダーウィン(Charles Robert Darwin，1809-1882)の「種が変種を形成する傾向について」とアルフレッド・ウォレス(Alfred Russel Wallace，1823-1913)の「淘汰の自然的方途による変種と種の永続について」が朗読発表されたのである．ダーウィンもウォレスも欠席であった[7]．

これを契機に生物の種は，天地創造によって創出された不変な存在ではなく，進化の産物であり，自らも変わりゆく可能性をもつ存在である，という，今日の生物の進化的概念が誕生したわけである．現代生物学はこの日を出発点としているともいえよう．

ダーウィンは1831年から36年にかけて，有名なビーグル号による航海に同乗し，南アメリカのぼう大な自然史標本を集めた．その「航海日誌」は南アメリカの自然史の読み物として，不滅の価値をもっている．帰国後は体調をくずし，ケント州ダウンで採集品の分類・記載や動植物の観察を行う静かな日々を過ごしていた．

ダーウィンとウォレスの論文発表があった50年後の1908年には，学会はこれを記念する会を催した．そこにはダーウィンも，論文を代読したひとりである，チャールス・ライエル(Charles Lyell，1797-1875)もいなかったが，ウォレスともうひとりの論文代読者だったジョセフ・ダルトン・フッカー(Josef Dalton Hooker，1817-1911)が出席した．この時リネアン・ソサエティーから最初のダーウィン・ウォレス・メダルがウォレス(金)とフッカー(銀)，銀メダルはさらにヘッケル，シュトラスブルガー，ワイズマンら5名に贈られたのである．1958年には銀メダルのみが，ジュリアン・ハクスリー，フローリン，ホールデン，ハッチンソン，メイヤー，レンシュなど20名に贈られている．

さらに，リネアン・ソサエティーはダーウィンの没後100年にあたる1982年にこれを記念するシンポジウムを行っている[8]．

7．リネアン・ソサエティーの今日

人間が自然界の複雑さと多様さを知れば知るほど，それらを調べるための能力，さらには手足の不足に気づく．そのためには，一人一人の頭脳を啓発するだけでなく，ちがう知識をもった人々をたくさん集めることも必要である．そうすれば必然的に手足も集まる．しかし，学会とか協会とかは，その出発点において，学問の伝統を継承する学閥や学派の業績を会員に報知・啓発し，対象についての認識を深める団体であることが多かった．うえに述べたような「多くの頭と多くの手足」の集まりである学会は，学会が誕生した当初には存在しなかったと思われる．

ここに垣間見たリネアン・ソサエティー(ロンドン)は，はじめスミス個人が主催する自然史学者と愛好家のクラブの観が強かったが，第5代会長のロバート・ブラウン(Robert Brown)の頃から次第にイギリスの，そして世界の自然史に多大な影響力を及ぼす頭脳と手足を具えた国際的な学会へと変遷していったといえる．そして今日リネアン・ソサエティー(ロンドン)が世界の自然史と生物学の発展にいかに貢献しているか，改めて述べる必要もないだろう．

先に述べたようにリネアン・ソサエティーの正会員(フェロー)は選出制である．現在の正会員数は1,800名程度で，2,300名前後の日本植物学会や日本動物学会

現在，機関誌の表紙などに用いられるマーク．紋章をデザインしたものである．

より少ない．正会員の他に，リネアン・ソサエティーが諸外国の著名な生物学者を招請する外国会員（foreign members）がある．1837年から1936年まで238名が推挙された．現在はハーヴァード大学のグールド教授（S. J. Gould），ミズリー植物園園長のレイヴン博士（P. H. Raven）ら50名ほどが外国会員になっている．名誉会員は例外を除いて4名と決められているが，スウェーデン国王カール16世グスタヴ，日本国天皇らが推挙されている．また，1994年5月24日に開かれた第206例会で，常陸宮が名誉会員に推挙された．そして，パトロンに英国女王エリザベス2世を戴く．

リネアン・ソサエティーは1791年に最初の学会誌を刊行したが，現在は学会誌として次の4種類を刊行している．The Biological Journal（別名 A Journal of Evolution）隔月刊．主として進化学に関連する原著論文を掲載する．The Botanical Journal と The Zoological Journal はそれぞれ月刊で，植物学と動物学の原著論文が掲載される．The Linnean は年2回で，会員間のコミュニケーションを中心としている．

学会は先に述べたダーウィン・ウォレス・メダルの他，各種のメダルを賞与している．中でも重要なのが，リンネ・メダルである．これは自然史の発展に貢献した著名な生物学者に与えられる．1888年にその最初のメダルがジョセフ・ダルトン・フッカーに与えられている．1976年にウイリアム・スターンが受賞した時までは金メダルだったが，その後は合金製となった．

学会の日常も学会本部を訪れるだけで伝わってくる．学会本部は1857年からロンドンの繁華街ピカデリー・サーカスに近い，バーリントン・ハウスの一角にある．毎日何人も訪問者が図書の閲覧にやってくる．標本の利用は事前に管理責任者の許可が必要である．現在はロンドン自然史博物館のチャリー・ジャーヴィス（Charlie E. Jarvis）らが担当している．

学会が主催する会合も数多く，毎週1回は開かれるといってよい．これらの集会は会員にとってクラブという意識が濃厚だ．メンバーだけのネクタイやスカーフも重要だ．発表や討論の後の和気藹々とした談笑は忘れられない．このような場で生まれた交友は容易には消え去らない．毎年他の学会と共同でシンポジウムが企画される．こうした活動をかいまみるとき，同様の興味をもつ人々の間で知的情報を共有することは人生の機知でもあり生き甲斐でもある，という彼らの人生観に触れる．会員にとってリネアン・ソサエティーは学問の場ばかりか，人生そのものではないかとさえ思われてならない．

注と文献
1）Linnéの表記としてリンネが定着しているが，耳が受け取る印象としてはリネである．本稿では慣習にしたがってLinnéの表記にリンネを用いた．The Linnean Society of London はしばしばリンネ学会と訳されているが，ここではリンネアンではなく，リネアン・ソサエティーと表記した．
2）これは私が正会員になった1980年代のことだが，2007年では推薦は1名以上とあり，1名でよくなっている．
3）Gage, A.T. and W.T. Stearn. 1988. A Bicentenary History of the Linnean Society of London. Academic Press, London.
4）Berkenhout, J. 1970. Outlines of the Natural History of Great-Britain and Ireland.
5）イギリスにおける自然史科学の発展を社会史に合わせ，かつ書誌学的裏付けにもとづいて記述した下記の書には，クラブ，学会の有様も詳細に記述され参考となる．
Allen, D. E. 1976. The Naturalist in Britain. A Society History. Murray Pollinger, London［阿部　治訳　1990．ナチュラリストの誕生．平凡社，東京］．
6）バンクスについては，「特別展バンクス植物図譜―キャプテン・クック世界一周探検航海の成果―」1991年千葉県立中央博物館，を参照されたい．
7）真実はともかくとして，以下の評論は興味深く当時の様子を伝える．
Brackman, A. C. 1980. A Delicate Arrangement-The Strange Case of Charles Darwin and Alfred Russel Wallace. Times Books, New York［羽田節子・新妻昭夫訳　1884．ダーウィンに消された男．朝日新聞社，東京］．
8）Berry, R. J. (ed.). 1982. Charles Darwin：a commemoration 1882-1982. *Biol. J. Linnean Soc.*, 17：1-135. Academic Press から単行本としても出版されている．

リネアン・ソサエティーの38代会長のスターン（W. T. Stearn）博士と夫人．A.T. Gage とともに会の歴史を詳細に記録した．"Botanical Latin" の著者として日本でも著名．1993年9月京都にて．

ロンドン，バーリントン・ハウスの一角にある，リネアン・ソサエティーの建物．

表1　リネアン・ソサエティー歴代会長

代	会長名	選出日	辞職日（†は死去）	在職年数
1.	Smith, Sir James Edward	26 Feb. 1788	†17 Mar. 1828	40
2.	Stanley, Edward Smith (Lord Stanley)	24 May 1828	24 May 1834	6
3.	Seymour, Edward Adolphus (Duke of Somerset)	24 May 1834	21 Nov. 1837	3 ½
4.	Stanley, Edward (Bishop of Norwich)	2 Dec. 1837	6 Sept. 1849	11 ¾
5.	Brown, Robert	4 Dec. 1849	24 May 1853	3 ½
6.	Bell, Thomas	24 May 1853	24 May 1861	8
7.	Bentham, George	24 May 1861	4 Mar. 1874	12 ¾
8.	Allman, George James	25 May 1874	24 May 1881	7
9.	Lubbock, Sir John	24 May 1881	24 May 1886	5
10.	Carruthers, William	24 May 1886	24 May 1890	4
11.	Stewart, Charles	24 May 1890	24 May 1894	4
12.	Clarke, Charles Baron	24 May 1894	4 June 1896	2
13.	Günther, Albert Carl Ludwig Gotthilf	4 June 1896	24 May 1900	4
14.	Vines, Sydney Howard	24 May 1900	24 May 1904	4
15.	Herdman, (Sir) William Abbott	24 May 1904	25 May 1908	4
16.	Scott, Dukinfield Henry	25 May 1908	24 May 1912	4
17.	Poulton, (Sir) Edward Bagnall	24 May 1912	24 May 1916	4
18.	Prain, Sir David	24 May 1916	24 May 1919	3
19.	Woodward, (Sir) Arthur Smith	24 May 1919	24 May 1923	4
20.	Rendle, Alfred Barton	24 May 1923	24 May 1927	4
21.	Harmer, Sir Sidney Frederic	24 May 1927	28 May 1931	4
22.	Weiss, Frederick Ernest	28 May 1931	24 May 1934	3
23.	Calman, William Thomas	24 May 1934	24 May 1937	3
24.	Ramsbottom, John	24 May 1937	24 May 1940	3
25.	Russell, Edward Stuart	24 May 1940	24 May 1943	3
26.	Cotton, Arthur Disbrowe	24 May 1943	24 May 1946	3
27.	de Beer, Gavin Rylands	24 May 1946	24 May 1949	3
28.	Fritsch, Felix Eugen	24 May 1949	24 May 1952	3
29.	Seymour Sewell, Robert Beresford	24 May 1952	24 May 1955	3
30.	Hamshaw, Hugh Thomas	24 Feb. 1955	24 May 1958	3
31.	Pantin, Carl Frederick Abel	24 May 1958	24 May 1961	3
32.	Harris, Thomas Maxwell	24 May 1961	28 May 1964	3
33.	White, Errol Ivor	28 May 1964	24 May 1967	3
34.	Clapham, Arthur Roy	24 May 1967	28 May 1970	3
35.	Cave, Alexander James Edward	28 May 1970	24 May 1973	3
36.	Manton, Irene	24 May 1973	24 May 1976	3
37.	Greenwood, Peter Humphry	24 May 1976	24 May 1979	3
38.	Stearn, William Thomas	24 May 1979	27 May 1982	3
39.	Berry, Robert James	27 May 1982	24 May 1985	3
40.	Chaloner, William Gilbert	24 May 1985	24 May 1988	3
41.	Claridge, Michael Frederick	24 May 1988	24 May 1991	3
42.	Hawkes, John Gregory	24 May 1991	―	

編註　42代以降の歴代会長を補足すると，John Gregory Hawkes 1991-1994．Brian George Gardiner 1994-1997．Sir Ghillean Tolmie Prance 1997-2000．Sir David Cecil Smith 2000-2003．Gordon McGregor Reid 2003-2006．David Frederick Cutler 2006-．

ロンドン・リネアン・ソサエティー訪問記

林 浩二

　ロンドンのリネアン・ソサエティー(注1)には，200年を経た今でもリンネ自身のコレクションの一部が大切に保存されている．そのコレクションの一端を見せていただく機会を得た．リネアン・ソサエティーの詳細に関しては別掲の大場秀章氏による「リネアン・ソサエティー（ロンドン）：その歴史と現状」をご覧いただくこととし，ここでは一訪問者の視点からリネアン・ソサエティーを紹介する．

　リネアン・ソサエティーを紹介してくださったのは，英国自然誌博物館図書部長のバンクス（Rex Banks）さん．1991年に千葉県立中央博物館で開催された特別展「バンクス植物図譜展」の際に，この図譜の企画者であるジョセフ・バンクス卿（Sir Jeseph Banks：1743-1820）の名前に由来するヤマモガシ科バンクシア *Banksia serrata* の原標本や原画，銅版などの貸借でもお世話になり，同年秋，わたしが英国自然誌博を訪問した際にも短い時間ながらお会いして，収蔵庫などを見せていただいたりした．

　英国科学博物館で開催される博物館教育の会議に出席するためロンドンに到着した1993年9月20日午前，宿舎に荷物を置いて早速，自然誌博物館に向かい，バンクスさんにお会いした．

　バンクスさんがおられる英国自然誌博物館の総合図書室（General Library）にもリンネ関係の大きなコレクションがある．それを整理したいわゆるソールズビー・カタログ（Soulsby, 1933）は，今でもリンネ関係コレクションのリファレンスに必須の文献となっており，レンスコーク氏もこれを元にコレクションを集めていったとのことである．

　バンクスさんのオフィスのすぐ脇にある貴重書専用書庫に案内していただく．ポケットの鍵束（文字どおりの束！）のひとつで開いた書庫は，広さ191平方メートル．ドアのすぐ左脇の書棚がリンネに関するコレクションにあてられており，カタログ番号（Soulsby No.）の順に配列されている．本の背表紙に直接ラベルを貼るのではなく，番号を書いた紙片を本の「天」に挟み込んで整理するのがここのやり方．利用者の便を考えて，リンネ関係の新刊書もここにあわせて配架しているとのこと．当然のことながら，大型本は同書庫内の大型本の棚に配架されている．

　バンクスさんからリネアン・ソサエティーについて話を伺う．常勤職員はわずか数人であること，標本資料は新たには受け入れていないが，図書資料は成長し続けていること，標本の管理は大学や英国自然誌博などの研究者がボランティアでつとめていること等．そのバンクスさん自身も，1985年以来リネアン・ソサエティーの図書部門の副議長である．このような自然誌研究者たちの緊密なネットワークのおかげで，電話一本で話が進むそうだ．

　リネアン・ソサエティーの司書のダグラス（Gena Douglus）さんにはすでに連絡してあるというので，お礼を言ってタクシーで東に向かう．地下鉄でもわずか4駅め，繁華街ピカデリー・サーカスからすぐ近くのバーリントン・ハウス（Burlington House）内にリネアン・ソサエティーがある．同じ敷地内には王立芸術院（Royal Academy of Arts）があり，特別展の案内がいつも飾られている．わたしが訪れたときには，ちょうど「20世紀のアメリカ美術展」と「ピサロ展」の特別展が行われていた．

　門のすぐ左の小さなドアがリネアン・ソサエティーのもので，狭い廊下には，自然誌関係の催し物の案内が数多く掲示されている．受付に申し出て，すぐに2階にあがる．ダグラスさんのデスクは書庫の中央奥にあり，所狭しと本が積み上げられている．彼女はリネアン・ソサエティーの司書（Librarian & Archivist）で1983年から勤務している．

　千葉県立中央博物館でのバンクス植物図譜展の展示解説書をおみやげに渡し，早速地下の収蔵庫に案内していただく．この収蔵庫は1970年にでき，翌71年に蔵書・標本を引っ越したそうだ．収蔵庫入口脇にはリンネの使った，木製・縦長のおしば用標本棚が置いてある．分厚い（15cm余り）扉の中がリンネの蔵書と標本の収蔵庫で，特別に空調されているが室内はかなり狭い．四方に棚が作られており，リンネの蔵書や標本が配架されている．中央に机が二つあり，奥の机には整理中なのだろうか，貝の標本が棚から出されていた．リンネ自身のフィールドノート，バンクス卿による植物画集(注2)，バ

ンクスがリンネに宛てた手紙など，いくつかの本を出していただいた．

　この訪問の主目的の一つは，リンネソウ（*Linnaea borealis* L.）の標本写真を撮影することだった．ファイルによって，リンネソウが792番（属の配列番号：1〜1291）で整理されているとわかり，791番〜796番が一包みになったものを机の上に出していただいた．恐る恐る包みを開くと，きわめて状態の良い標本が出てきた．リンネソウの標本は2個体あり，それぞれ，792-1，792-2と番号がふられている．机上に並べ，椅子の上に立ってストロボを使って撮影した．ここでストロボやカメラを落としたら，250年以上前に採集された，人類共通のかけがえのない遺産に傷をつけてしまう，と手が少し震えたが無事に完了．後で，あらためて複写台を使っても撮影できた（収蔵庫から建物の中での移動は可能ということ．ただし，標本はダグラスさんが運んでくださった）．後でリンネの伝記 The Compleat Naturalist（Blunt, 1971）を見たところ，巻頭に同じ792-1番のリンネソウの標本写真が掲載されていた．

　続いて，おしば以外の標本を見せていただく．植物もそうだが，昆虫，貝，カメなどいずれも保存状態がきわめて良好なのに驚く．なにしろ，200年以上も経過しているものばかりなのである．面白いのが魚類の標本で，骨や肉を抜き，干物にして台紙にはりつけてある．今ではアルコールの液浸標本にするのだが，当時は「干物」が一般的な方法だったそうだ．方位磁石など，リンネの調査道具なども収蔵されている．

　引き続き，ソサエティー内を見学する．入口ドア正面には集会室があり，ここでは協会の定例集会や，学術集会あるいは一般むけの講演会などが開催される．正面中央の議長席の椅子の高い背もたれの上部にはリネアン・ソサエティーの紋章（Naturae discre mores = to learn the ways of Nature ＝自然の道筋を学ぶ）が飾られている．

　館内には，リンネはもちろん，リネアン・ソサエティーに寄与した人々の胸像，肖像画などに加え，刺繍の紋章，リンネのポートレートのまわりを刺繍で飾ったもの等が，額に入れて飾られている．紋章にはもちろん，それらの多くにはリンネソウがデザインに組み込まれているのがおもしろい．リンネの肖像画の多くでも，服のどこかにさしていたり，手に持っていたりする．自分の名前の残ったこの小さな植物によほど愛着があったことを思わせる．

　リネアン・ソサエティーは生物学のあらゆる分野，なかでも生物の多様性の研究を推進する場であって，いくつもの学術報告誌を発行しており，図書資料についてはその後も精力的に収集が行われている．新着雑誌の山の中に千葉県立中央博物館の研究紀要誌，Natural History Research もあった．また，多くの学術集会が開かれている．分岐分類学の学術集会の際に提出された「ペーパークリップの分岐分類」というジョークの展示が閲覧室に置いてあったのがおかしかった．

　午後2時ころだろうか，制服をきた小学生がリネアン・ソサエティーにがやがやと入ってきて，Burlington House 内の建築物の写生をはじめた．この建物も150年以上を経たものだ．大切なものばかりなのに，このように気軽に学校の児童生徒たちの利用もさせていることに驚いた．

　3時のお茶をごちそうになり，室内の残りの撮影をしていたところ，突然館内に非常ベルが鳴り響いた．避難しようかとうろうろしていると，ダグラスさんは落ちついたもので，「大丈夫，何でもないから．最近，警報システムを替えたばかりだけど，故障続きでね」とのこと．しかし，そうこうするうちに通りには消防車が次々に集まってきた．英国自然誌博でもそうらしいが，古い建物は維持管理にずいぶんと費用がかかるそうだ．こういった歴史のある建築物が生き生きと活用されていることに感動をおぼえながら，リネアン・ソサエティーを後にした．

　短い時間，それもほとんど予習なしの訪問だったので，的確な資料を出してもらうことができなかったのが今にして悔やまれる．今回の訪問でお世話になったバンクスさん，ダグラスさん，大場達之副館長（当時）にお礼申し上げる．

注1：ソサエティのリーフレットによれば，リンネの名を冠した関係の組織はロンドン以外にも，オーストラリア，フランス，スウェーデンなどにある．そこで，区別のためにリネアン・ソサエティー・オブ・ロンドンと称している．

注2：キャプテン・クックによる第1回探検航海で採集された植物を記録に残すため，ジョゼフ・バンクス卿が作成した植物画集（版画，単色印刷）．リンネの蔵書になっているものは，校正刷りの一部らしい．この銅版は英国自然誌博に長く保管されていたが，1973年に，それらのうち20葉がモノクロでプリントされ，ロンドンの Lion and Unicorn Press 社から Captain Cook's Florilegium : a selection of engravings from the drawings of plants collected by Joseph Banks and Daniel Solander on Captain Cook's first voyage to the islands of the Pacific with accounts of the voyage by Wilfred Blunt and of the botanical explorations and prints by William T. Stearn. として出版された．この出版の成功が，これら全版画を彩色印刷するというアレクト社と英国自然誌博物館のプロジェクトに道を開き，1980-1990年にバンクス植物図譜（Banks' Froliregium）としてよみがえったのである（バンクスさんのご教示による）．

参考文献

Blunt, W. 1971. The Compleat Naturalist. A life of Linnaeus. Collins, London. 256 pp.

Gage, A.T. and W.T. Stearn. 1988. A Bicentenary History of the Linnean Society of London. Academic Press, London. 242 pp.

The Linnean Society of London.（協会のリーフレット）

The Linnean. Newsletter and proceedings of the Linnean Society of London, 1993, 9 (3).

大場秀章. 1991. バンクス植物図譜：その植物学と植物画史上の意義. p.41-44. バンクス植物図譜展示解説書. 千葉県立中央博物館.

Soulsby, B.H. 1933. A Catalogue of the Works of Linnaeus Preserved in the Libraries of the British Museum (Bloomsbury) and the British Museum (South Kensington), 2nd ed., British Museum, London. xi+ 246 + 68pp.

Stearn, W.T. and G. Bridson. 1978. Carl Linnaeus (1707-1778): A Bicentenary Guide to the Career and Achievements of Linnaeus and the Collections of the Linnean Society. Linnean Society of London, Commemorative catalogue. 32pp.

バーリントン・ハウスの内リネアン・ソサエティー入り口の扉.

リンネの肖像画. 左手にリンネソウを持っている.

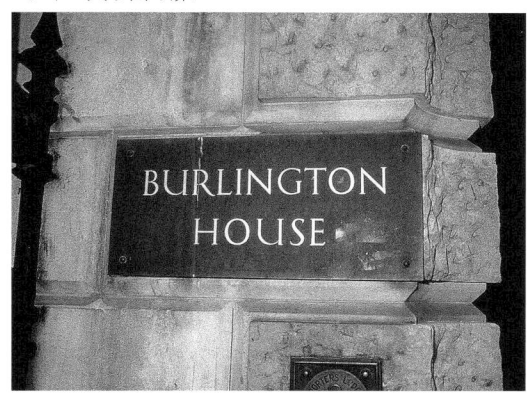

バーリントン・ハウスの入口の看板.

リネアン・ソサエティーの地下金庫室に収蔵されているリンネの標本. チョウ類, トンボ類, 魚類標本.
(写真掲載許可／ロンドン・リネアン・ソサエティ by permission of the Linnean Society of London)

4. 自然誌科学の源流，リンネ

ロンドン・リネアン・ソサエティー標本室（バーリントン・ハウス）

リンネ・コレクションは，初代会長ジェームズ・エドワード・スミス卿が，リンネの未亡人サラ・リサから1784年に購入したもので，植物系標本(14,000点)，魚類(158)，貝類(1,564)，昆虫類(3,198)，書籍類(1,600)，書簡類及び原稿(3,000)からなり，湿度50%，室温20℃に保たれた地下の金庫室 strongroom に厳重に保管されている．室内は，天井に照明，側面の壁の上部に空調ダクトがあり，壁に床から設置された木製の棚に，文献は上部に標本は下部にリンネの分類に従い，生物群の特性に合わせた方法で整然と配下保管されている．
（ロンドン・リネアン・ソサエティは1788年に設立された．URL: http://www.linnean.org/ ）　宮田昌彦

標本室手前側（入口側）．

金庫室．湿度50%，室温20℃に保たれている．乾湿式温・湿度計と電気式温・湿度計が設置されている．

標本室右側（入口側）．上部はリンネの著作をはじめとする文献が整然と収蔵される．下部は引き出しタイプの標本ケース．

標本室左側．人物は植物系キュレイターのチャーリー・ジャービス博士 Dr. Charlie Jarvis．

下部引き出しの目的の生物標本を捜すときには，リンネの分類に対応して標本をリスト化したソバージュ・カタログ (Savage, 1945) に従う．

藻類標本の場合，複数枚のさく葉標本シートがオリーブ色の紙で包まれていて，緑色の紐で十字に括られている．特に硬組織をもつ標本は，さく葉紙の上に厚紙の枠が置かれて，機械的な破壊からリンネ標本を護っている．写真はリンネが原記載に使った基準標本．

（写真掲載許可／ロンドン・リネアン・ソサエティ by permission of the Linnean Society of London）

Materials
資料

■ リンネ関係年表

■ リンネの学位・口述論文と『学問のたのしみ』

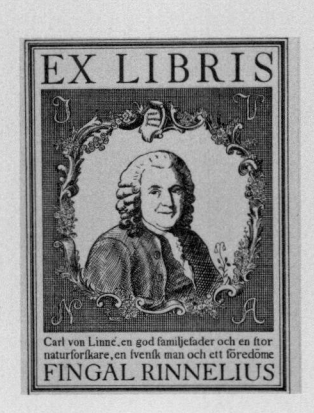

リンネ関係年表　　大場達之

年	リンネ事跡・著作	世界	日本
1687 年		ニュートン『プリンピキア』	
1690 年			(元禄 3 年) ケンペル長崎に来る
1692 年 10 月 31 日			(元禄 5 年) ケンペル離日
1694 年		ツルヌフォール『基礎植物学』	
1702 年 2 月			(元禄 15 年) 赤穂浪士討ち入り
1707 年 5 月 23 日	リンネ誕生		(宝永 4 年)11月富士山噴火・宝永山できる
1709 年			(宝永 6 年) 貝原益軒『大和本草』・徳川綱吉没
1710 年			(宝永 7 年) 伊藤伊兵衛『増補地錦抄』
1712 年			(正徳 2 年) ケンペル『廻国奇観』
1713 年			(正徳 3 年) 寺島良安『和漢三才図絵』貝原益軒『養生訓』
1715 年			(正徳 5 年) 新井白石『西洋紀聞』
1719 年		デフォー『ロビンソン・クルーソー』	(享保 4 年) 伊藤伊兵衛正武『広益地錦抄』
1721 年 8 月			(享保 6 年) 幕府『小石川薬園』を設ける
1726 年		スウィフト『ガリバー旅行記』	
1727 年	ルント大学に入学		(享保 12 年) ケンペル『日本誌』英語版
1728 年 9 月	ウプサラ大学に移る		
1729 年	大学植物園でオルフ・セルシウスと出会う	バッハ『マタイ受難曲』	
1730 年 1 月	セルシウスに『植物の婚礼序説』を献呈		
1732 年 5 月	ラップランド調査に出発, 9 月に帰る		(享保 17 年) 享保の大飢饉
1735 年 2 月			(享保 20 年) 青木昆陽『蕃薯考』
4 月 19 日	オランダに向け出発		
6 月	オランダ, ハルダーワイク大学で学位を取得		
12 月	『自然の体系』初版	バッハ『クリスマス・オラトリオ』	
1736 年	イギリスへ旅行・『植物学基礎』『植物学文献』		
1737 年	オランダ滞在・『植物属誌』『ラップランド植物誌』『植物学論』		

年	リンネ事跡・著作	世界	日本
1738 年　6 月	パリを経てルーアンから船でスウェーデンに帰国・『クリフォード庭園誌』・『植物綱誌』ウプサラで医師開業		
1739 年	スウェーデン科学アカデミーの初代会長に就任	ヘンデル『合奏曲集』	
6 月	医師の娘と結婚		
1740 年	『自然の体系』第 2 版		(寛保元年) 野呂元丈『阿蘭陀本草和解』
1741 年	ウプサラ大学医学部教授に就任		
5 月 15 日	エーランド島とゴトランド島の調査に出発，7 月に帰る		
10 月	ストックホルムからウプサラに転居		
1742 年	ウプサラ大学植物学担当教授となる		
1745 年	『エーランド・ゴトランド紀行』『スウェーデン植物誌』		
1746 年	『スウェーデン動物誌』		
6 月	スウェーデン南部イェートランド調査『ウプサラ植物園誌』『薬物誌』		
1747 年	『西イェートランド紀行』		
1749 年	『学問のよろこび』刊行開始『自然の経済』	ビュフォン『自然誌』	
4 月	スウェーデン南部スコーネ地方調査，8 月に帰る		
1751 年	『スコーネ紀行』『植物哲学』	フランス『百科全書』刊行開始	
1753 年	『テッシン博物館』『植物種誌』	ロンドンに大英博物館開設	
1754 年	『アードルフ・フレーデリク国王の博物館』		
1758 年	ウプサラの東南，ハマビイに屋敷を購入・小リンネに教授職をゆずる		
1758 〜 1759 年	『自然の体系』第 10 版		
1762 年	貴族に列せられ，カール・フォン・リンネと名乗る	ルソー『社会契約論』	
1763 年	『病気の属』		(明和 5 年) 上田秋成『雨月物語』
〜 1764 年		アダンソン『植物の科』	
1764 年	『ロヴィサ・ウルリーケ王妃の博物館』		

年	リンネ事跡・著作	世界	日本
1766 年	『医学の鍵』		
1768 年		キャプテン・クック世界一周航海に出発，1771 年に帰着	
1769 年	ハマビイに収蔵庫をつくる『学問のよろこび』7 巻まで完結		
1774 年 8 月			(安永 3 年) 杉田玄白『解体新書』
1775 年 7 月 18 日			(安永 4 年) ツュンベリー来日
1776 年		アメリカ合衆国独立宣言	(安永 5 年) ツュンベリー『日本植物誌』
1778 年 1 月 10 日	死去		
1 月 22 日	ウプサラ大聖堂で葬儀		
1783 年 11 月	小リンネ死去		
1784 年 9 月	リンネの標本，イギリスに売却		
1788 年			(天明 6 年) 浅間山噴火・天明大飢饉・大槻玄沢『蘭学階梯』
1788 年 2 月 26 日		ロンドン・リンネ協会設立	
1791 年		モーツアルト『魔笛』	
1792 年			(寛政 4 年) ロシア使節ラックスマン根室に来航
1798 年 5 月		ナポレオン　エジプト遠征	
1802 年			(享和 2 年) 小野蘭山『本草綱目啓蒙』
1808 年		ゲーテ『ファウスト』	
1809 年		ダーウィン誕生 ラマルク『動物哲学』	
1822 年			(文政 5 年) 宇田川榕菴『菩多尼訶経』
12 月			(文政 5 年) ツュンベリー『日本動物誌』
1823 年			(文政 6 年) シーボルト来日
1829 年			(文政 12 年) 伊藤圭介『泰西本草名疏』
1833 年			(天保 4 年) シーボルト『日本動物誌』刊行開始
1835 年			(天保 6 年) 宇田川榕菴『植学啓原』シーボルト・ツッカリーニ『日本植物誌』
1856 年			(安政 3 年) 飯沼慾斎『草木図説』刊行開始

リンネの学位・口述論文と『学問のたのしみ』
— 学位・口述論文（Dissertatio）目録 —

大場達之

　リンネの著作として扱われるものの中で，もっとも多様な内容を持つのがDissertatioと呼ばれる186篇の論文です．Dissertationは現在では博士号請求のための論文のことで，この論文集も学位論文集であると考えられることが多いのですが，ハインツ・ゲールケ著（梶田　昭訳）『リンネ　医師・自然研究者・体系家』によると，"18世紀には，Dissertationは討論の席で講義される著作であった．…つまり，Dissertatio pro excerticio（訓練のためのDispuratio）とDipuratio pro gradu（学位のためのDispuratio）があったのである．"（p.229）とあり，学位論文と訓練のための論文とが混在しているように考えられます．リンネのDissertatioは縦17〜23cm内外の大きさで，内容はラテン語で記述されており，十数ページ内外のものが大部分です．これらの論文はリンネが口述し，学生が筆記・推敲して仕上げたといわれます．

　千葉県立中央博物館では，オリジナルのDisertatio 186篇のうちHoppius, C. E.の「類人猿」Anthropomorpha（1760）を除く全篇を所蔵しています．またアメリカCarnegie Mellon University, Hunt Institute．では学位論文の全篇を所蔵し，その全ページをインターネット上で公開しています．

　リンネはこれら多様な論文を自ら編集して『学問のたのしみ』Amoenitates Academicaeと題する書籍にまとめました（p.47も参照）．『学問のたのしみ』の第1巻は1749年にオランダ・ライデンのCornelium Haakから刊行され，第2巻以降はストックホルムのRaurenti Salviから刊行されました．リンネが編集にたずさわったのは第7巻までです．リンネ没後も編纂が継続されて1785年の第9巻で完結しています．この論文集は需要が多く，その後ドイツのエアランゲンで再版されています．千葉県立中央博物館ではこの初版とエアランゲン版を所蔵しています．

　全体で186篇ですが，氏名，出身地，生没年などのデータを照合するとDahlgren, J. A.（1770年と1774年），Gråberg, J. M.（1762年と1766年），Heiden, S. A.（1772年と1775年）は同一人物と推定されるので，論文発表者は183名と考えられます．また最後のHelleniusによる「Hypericum」と題する論文は，リンネが老齢で健康が思わしくなかったので，リンネの息子の小リンネ（Linnaeus fil.）が実際の面倒を見たとされています．

　論文の表題のところには，学位を授与された者の氏名とともに，その出身地が記されています．ただし，すでに学問的，社会的地位が明らかな人の場合は，その身分が記述され，出身地が省略されていることもあります．その出身地はやはりスウェーデンが大多数で，ロシア（4名），フィンランド（2名）などが見られます．

　これらの論文を，『学問のたのしみ』初版　第9巻の巻末にある論文カタログを基に一覧表にしました．オリジナル論文と氏名・題名・発表年月日が異なっている場合は，オリジナル論文に従って改めてあります．題名の和訳はおおよその内容を示すためのもので忠実な訳ではありません．またオリジナルの題名からは，内容が推測できないようなものについては，内容を附記しました．論文の内容については上記のHunt Instituteのホームページで，各篇ごとに英語で簡略な内容紹介をみることができます．

　一覧表の内「番号」としたものは，『学問のたのしみ』初版での論文番号，Lidén No. はLidén, J. H. Catalogus Dispulationumでの番号で，Hunt Instituteのデータベースは，この番号で排列されています．

千葉県立中央博物館所蔵のリンネ著作の一部．上段中が『学問のたのしみ』（初版）全9巻．

資料

リンネが授与した学位・口述論文タイトル一覧. リンネ編『学問のたのしみ』初版第9巻巻末の年次別学位授与論文一覧を基に編集
Catalogus Dissertationum sub praesidio B. equ. Et archiatri Car. A Liné Herbarium, ordine chorologico.

番号	論文タイトル	論文タイトル和訳
1	Betula nana.	マメカンバ
2	Ficus.	イチジク属
3	Peloria.	正化(左右相称などの花が放射相称花に変化する現象)
4	Corallia baltica.	バルト海のサンゴ
5	Amphibia Gyllenborgiana.	ギレンベルク(収集)の両生類
6	Plantae Martino-Burserianae.	ブルサー(収集)の植物
7	Hortus Upsaliensis.	ウプサラ植物園誌
8	Passiflora.	トケイソウ属
9	Anandria.	アナンドリア属(フキタンポポ属)
10	Acrostichum.	ミミモチシダ属
11	Museum Adolpho-Fridericanum.	アドルフ・フレデリック王の博物館
12	Sponsalia plamtarum.	植物の結婚
13	Nova plantarum Genera.	新しい植物の属
14	Vires Plantarum.	植物の力
15	Crystallorum generatio.	結晶の種類
16	Taenia.	条虫
17	Surinamensia Grilliana.	グリル(収集)のスリナムの(動物)
18	Flora oeconomica.	経済植物誌
19	Curiositas naturalis.	自然への好奇心
20	Oeconomia naturae.	自然の経済
21	Lignum colubrinum.	ストリキニーネノキの樹皮
22	Genesis Calculi.	結石の原因
23	Radix Senega.	セネガ根
24	Gemmae arborum.	樹木の芽
25	Haemorrhagiae uteri sub statu gravidiatis.	子宮の出血と妊娠期間
26	Pan Suecus.	スウェーデンのパン(スウェーデンの牧草)
27	Splachnum.	ジンガサゴケ属
28	Semina Muscorum.	蘚苔類の種子
29	Materia medica e regno animali.	動物界の薬物
30	Plantae Camtschatcenses rariores.	カムチャッカの稀な植物
31	Sapor. Medicamentorum.	医薬概論
32	Nova plantarum genera.	新しい植物の属
33	Plantae h y bridae.	植物の雑種
34	Morbi ex hieme.	寒冷による病
35	Obstacula Medicinae.	医術の障害
36	Plantae esculentae Patriae.	祖国(スウェーデン)の食用植物
37	Euphorbia.	トウダイグサ属
38	Materia medica e regno lapideo.	岩石界の薬物
39	Noctiluca marina.	海の夜光虫
40	Odores Medicamentorum.	医薬の香り
41	Rhabarbarum.	ショクヨウダイオウ
42	Quaestio hist. Nat. Cui bono?	自然誌科学はどのような目的で行われるのか
43	Hospita Insectorum Flora.	昆虫の寄主植物
44	Nutrix Noverca.	乳母による授乳
45	Miracula Insectorum.	昆虫の不思議
46	Noxa Insectorum.	昆虫の害
47	Vernatio arborum.	樹木の春
48	Incrementa Botanices.	植物学の増大
49	Demonstrationes Plantarum.	植物の教示
50	Herbationes Upsaliensis.	ウプサラの野外観察
51	Instractio musei rerum naturalium.	博物館における自然教授の問題
52	Plantae officinalis.	薬用植物
53	Censura Simplicium.	医薬としての植物についての簡約
54	Cynographia(Canis familiaris).	飼い犬
55	Stationes plantarum.	植物の生育地
56	Flora Anglica.	イギリス植物誌
57	Herbarium Amboinense.	アンボイナの植物標本
58	Methodus investigandi vires Medicamentrum chemica.	薬の化学的性質の探求
59	Consectaria electrico-medica.	医学的価値の反対論的推断
60	Cervus Rheno.	トナカイ
61	Ovis.	ヒツジ
62	Mus Indico quam(Porcellus).	ギアナブタ
63	Horticultura academica.	園芸教育
64	Chinensia Lagerstroemiana.	中国からの自然誌資料コレクション

論文発表者	年	月日	巻(番号)	出身地	Lidén No.
Klase, Resp. L.M.	1743	Jun. 30.	1(1)	Stockholm	1
Hegardt, C.	1744	Sept. 15.	1(2)	Scanus	2
Rudberg, D.	1744	Dec. 19.	1(3)	Vermelandus	3
Fougt, C.	1745	Jun. 8.	1(4)		4
Hast, R.	1745	Jun. 18.	1(5)	Ostrobosniensi	5
Martin, R.	1745	Dec. 12.	1(6)	Upland	6
Naucler, S.	1745	Dec. 16.	1(7)	Helsingus	7
Hallman, J.G.	1745	Dec. 18.	1(8)	Holmensis	8
Turfen, E. Z.	1745	Dec. 20.	1(9)	Wexionia Smolands	9
Hailigtag, J. B.	1745	Dec. 23.	1(10)	Blekingus	10
Balk, L.	1746	Mai. 31.	1(11)	Gevalis-Gestricus	11
Wahlblom, J. G.	1746	Jun. 11.	1(12)	Calmariensis	12
Dassow, M.	1747	Jun. 15.	1(13)	Stockholm	14
Hasselquist, J.	1747	Jun. 20	1(14)	O-Gothus	13
Kaeler, M.	1747	Dec. 22.	1(15)	Stockholm	15
Dubois G.	1748	Mai. 9.	2(20)	Stockholm	19
Sund, P.	1748	Jun. 18.	1(16)	Holmensis	16
Aspelin, E.	1748	Jun. 25.	1(17)	Smoland	17
Söderberg. C.	1748	Jun. 31.	1(18)	Dalla-Vermelandus	18
Biberg, J.	1749	Mart. 4.	2(19)	Medelpadus	20
Darelius, J. A.	1749	Mart. 11.	2(21)	Westgothus	21
Hagström, J. O.	1749	April. 5.	2(23)	Jemtlandus	22
Kiernander, J.	1749	April. 8.	2(22)	O-Gothus	23
Loefling, P.	1749	Nov. 18.	2(24)	Medelpadus	24
Elf, E.	1749	Dec. 6.	9(172)	Helsingus	25
Hesselgren, N.	1749	Dec. 9.	2(25)	Wermelandus	26
Montin, L.	1750	Mart. 28.	2(26)	Gothoburgensis	27
Bergius, P. J.	1750	Mai. 25.	2(27)	Smoland	28
Sidrén, J.	1750	Mai. 25.	2(28)	Vestro-Gothus	29
Halenius, J.	1750	Dec. 22.	2(29)	Upland	30
Rudberg, J.	1751	Dec. 20.	2(30)	O-Gothus	31
Chenon, L. J.	1751	Oct. 19.	3(31)	Vermelandus	32
Haartman, J.	1751	Nov. 23.	3(32)	Westgothus	33
Brodd, S.	1752	Jan. 11.	3(37)	Holmiensis	38
Bezersteen, J. G.	1752	Febr. 19.	3(33)	Roslagus	34
Hiorth, J.	1752	Febr. 22.	3(34)	Christinaehamnia Wermelandus	35
Wiman, J.	1752	Mai. 6	3(35)	Fierdhundrensis	36
Lindbult, J.	1752	Mai. 18.	3(36)	Nericius	37
Adler, C.J.	1752	June. 9	3(39)	Holmiensis	39
Wåblin, A.	1752	Jun. 30.	3(38)	O-Gothus	40
Ziervogel, S.	1752	Jul. 17.	3(40)	Stockholm	41
Gedner, C.	1752	Oct. 21.	3(41)	Fierdhundrensis	42
Forskål, J. G.	1752	Nov. 4.	3(43)	Upland	43
Lindberg. J.	1752	Nov. 7.	3(42)	Sudermannus	44
Avelin, G. E.	1752	Nov. 19.	3(44)	Dalekarlus	45
Baeckner, M.	1752	Dec. 18.	3(45)	Helsingus	46
Barck, H.	1753	Mai. 5.	3(46)	Smoland	47
Biuur, J.	1753	Jun. 11.	3(47)	Westmannus	48
Höjer, J.C.	1753	Oct. 3.	3(48)	Upland	49
Fornander. ,A.	1753	Oct. 13.	3(49)	Smoland	50
Hultman, D.	1753	Nov. 14.	3(50)	Upland	51
Gahn, N.	1753	Dec. 15.	4(51)	Fahluna-Dalekarlus	52
Caribohm, C. J.	1753	Dec. 19.	4(52)	Holmensis	53
Lindecrantz, J. M.	1753	Dec. 21.	4(53)	O-Gothus	54
Hedenberg, A.	1754	April. 3.	4(54)	Stockholm	55
Grusberg, J.	1754	April. 3.	4(55)	Stockholm	56
Stickman, O.	1754	Mai. 11.	4(56)	Smoland	57
Hiortzberg, L..	1754	Oct. 3.	9(173)		58
Zetzell, P.	1754	Oct. 12.	9(174)	Sudercopia O-Gothus	59
Hoffberg, Oct. 23.	1754	Oct. 23.	4(57)	Stockholm	60
Palmaeus, J.	1754	Oct. 30.	4(58)	O-Gothus	61
Nauman, J. J.	1754	Nov. 20.	4(59)	O-Gothus	62
Wollrath, J. G.	1754	Dec. 18.	4(60)	Nericius	63
Odbelius, J. L..	1754	Dec. 23.	4(61)	Vestro-Gothus	64

番号	論文タイトル	論文タイトル和訳
65	Centuria I. Plantarum.	植物の百人隊　1（リンネの手元に集まった稀少な，あるいは未記載の植物記録）
66	Fungus Melitensis.	メリテンシス菌（ツチトリモチ科の1種）
67	Metamorfosis Plantarum.	植物の変態
68	Somnus Plantarum.	植物の睡眠
69	Flora Palaestina.	パレスチナ植物誌
70	Flora Alpina.	アルプス植物誌
71	Calendarium Florae.	花暦
72	Pulsus intermittensis.	不整脈
73	Centuria II. Plantarum.	植物の百人隊　2（リンネの手元に集まった稀少な，あるいは未記載の植物記録）
74	Flora Monspeliensis.	モンペリエ植物誌
75	Fundamenta valetudinis.	健康の基礎
76	Specifica Canadensium.	カナダの生物の記録
77	Acetaria.	サラダ（の健康上の重要性）
78	Phalaena Bombyx.	カイコ
79	Migrationes Avium.	鳥類の渡り
80	Morbi Expeditionis classicae 1756.	（船による）遠征病の処置
81	Febris Upsaliensis.	ウプサラの熱病
82	Flora Danica.	デンマーク植物誌
83	Panis diaeteticus.	健康法のパン
84	Natura Pelagi.	海洋の自然
85	Buxbaumia.	キセルゴケ属
86	Exanthemata viva.	伝染病の起源
87	Transmutatio Frumentorum.	穀物の変形
88	Culina mutata.	台所の革新
89	Spigelia Anthelmia.	スピゲリア・アンテルミア（駆虫剤に使用された植物）
90	Cortex peruvianus.	キニーネ
91	Frutetum Suecicum.	スウェーデンの低木
92	Medicamenta graveolentia.	悪臭の医薬
93	Pandora Insectorum.	昆虫の変態
94	Senium Salomoneum.	ソロモン王の老衰
95	Auctores Botanici.	植物学の著者
96	Instractio Peregrinatoris.	旅行者に対する教育
97	Plantae tinctoriae.	染料としての植物
98	Animalia composita.	集合動物（サンゴなどの）
99	Flora Capensis.	ケープ植物誌
100	Ambrosiaca.	（医薬としての）神々の食物
101	Arboretum suecicum.	スウェーデンの樹木
102	Genera Morborum.	病気の属
103	Generatio ambigena.	有性生殖
104	Flora Jamaïcensis:	ジャマイカ植物誌
105	Aër habitabilis.	地球環境が人の健康に与える影響
106	Nomenclator botanicae(Plantarum).	植物の命名
107	Pingvedine Animali.(Sus scrosa)	ヨーロッパイノシシ
108	Plantarum Jamaicensium Pugillus.	ジャマイカ植物誌
109	Politia Naturae.	自然の保安
110	Plantae rariores Africanae.	アフリカの稀な植物
111	Theses Medicae.	植物の解剖学と生理学性質の関連
112	Anthrophomorpha.	類人猿
113	Flora Belgica.	ベルギー植物誌
114	Macellum olitorium.	スウェーデンの野菜
115	Prolepsis Plantarum.	植物の個体発生
116	Diaeta acidularis.	ミネラルウォーターによる健康法
117	Potus Coffeae.	コーヒーの飲用
118	Inebriantia.	人を酔わせるもの
119	Morsura Serpentum.	毒蛇
120	Termini Botanici.	植物学用語
121	Planta Alstromeria.	ユリズイセン
122	Nectaria Florum.	花の蜜線
123	Fundamentum Fructisicationis.	花の形態学用語
124	Reformatio Botanices.	植物学のリフォーム
125	Meloe Vesicatorius.	ツチハンミョウ
126	Raphania.	ダイコン
127	Lignum Quassiae.	カッシア・アマラ薬樹
128	Fructus esculenti.	食用果実

論文発表者	年	月日	巻(番号)	出身地	Lidén No.
Juslenius A. D.	1755	Feb. 19.	4(62)	Vestro-Gothus	65
Pfeiffer, J.	1755	Mai. 20.	4(65)	Stockholm	69
Dahlberg, N. E.	1755	Jun. 3.	4(66)	O-Gothus	67
Bremer, P.	1755	Dec. 10.	4(64)	Helsingus	68
Strand, P.	1756	Mart. 10.	4(69)	Sudermannus	70
Åman, N. N.	1756	Mart. 24.	4(68)	Jemtlandus	71
Berger, A. M.	1756	Mart. 31.	4(47)	Vermelandus	72
Wåhlin, A.	1756	Mai. 5.	9(175)	O-Gothus	73
Torner, E.	1756	Jun. 11.	4(63)	Vestro-Gothus	66
Nathhorst, T. E.	1756	Jun. 15.	4(70)	GermanoSilesiensis	74
Engström, P.	1756	Jun. 17.	4(71)	Dalekarlus	75
Cöllin, J. v.	1756	Jun. 19.	4(72)	Vestro-Gothus	76
Burg, H. von der	1756	Jul. 29.	4(73)	O-Gothus	77
Lzman, J.	1756	Dec. 4.	4(74)	Fierdhundrensis	78
Ekmark, C. D.	1756	Mart. 2.	4(75)	O-Gothus	79
Bierchén; P:	1756	Mai. 18.	5(76)	Holmiensis	80
Boström, A.	1756	Mai. 21.	5(77)		81
Holm, G. T.	1756	Jun. 2.	5(78)	Fyonia-Danus	82
Svensson, J.	1756	Jun. 8.	5(79)	Lincopia O-Gothus	83
Hager, J. H.	1756	Jun. 18.	5(80)	Smoland	84
Martin, A. R.	1756	Jun. 22.	5(81)		85
Nzander, J.	1756	Jun. 23.	5(82)	Calmariensis	86
Hornvorg, B.	1756	Sept. 28.	5(83)	Petropolitanus	87
Öfferman, M. G.	1756	Nov. 16.	5(84)	Fierdhundrensis	88
Colliander, J. G.	1758	Mart. 22.	5(85)	Smoland	89
Petersen, J. C.	1758	Mai. 10.	9(176)	Holmiensis	90
Virgander, D. M.	1758	Mai. 23.	5(88)	Smoland	91
Fagraeus, J. T.	1758	Jun. 13.	5(86)	Smoland	92
Rydbeck, J. O.	1758	Jul. 15.	5(89)	O-Gothus	93
Pilgren, J.	1759	Febr. 21.	5(90)	Sudermannus	94
Loo, A.	1759	Mart. 14.	5(91)	O-Gothus	95
Nordblad, E. A.	1759	Mai. 9.	5(92)	Gevalis-Gestricus	96
Förlin, E.	1759	Mai. 16.	5(93)	Babusia-Gothoburgensis	97
Baeck, A.	1759	Mai. 23.	5(94)	Upland	98
Waeman, C. H.	1759	Mai. 30.	5(95)	Upsaliensis	99
Hzdeen, J.	1759	Jun. 20.	9(177)	Ostrobotniensis	100
Pontin, D. D.	1759	Jun. 30.	5(87)	O-Gothus	101
Schröder, J.	1759	Dec. 5.	6(127)	Gothoburgensis	103
Ramström, L. C.	1759	Dec. 12.	6(101)	Stockholm	104
Sandmark, C. G.	1759	Dec. 22.	5(96)	Vermelandeus	105
Siefvert, J. V.	1759	Dec. 22.	5(99)	Sudermannus	106
Beryelius, B.	1759	Dec. 24.	5(98)	O-Gothus	107
Lindh, L..	1759	Dec. 24.	5(100)	Upland	108
Elmgren, G.	1759	Dec. 28.	5(97)	Smoland	102
Wilcke, C. D.	1760	Mart. 29.	6(102)	Stockholm	109
Printz, J.	1760	Mai. 20.	6(106)	Dalekarlus	115
Schreber, J. C. D.	1760	Jun. 14.	6(103)	Thuringus	110
Hoppius, C. E.	1760	Sept. 6.	6(105)	Petropolitanus	111
Rosenthal, C. J.	1760	Oct. 15.	6(104)	Lincopia O-Gothus	112
Ferlin, J.	1760	Dec. 20.	6(107)	Sudermannus	113
Ullmark, H.	1760	Doc. 22.	6(118)	Vermelandus	114
Vigelius, E.	1761	Febr. 18.	6(109)	Dalekarlus	116
Sparschuch, H.	1761	Dec. 16.	6(110)	Lincopia O-Gothus	118
Alander, O. R.	1762	April. 7.	6(111)	Westmannus	117
Acrell, J. C.	1762	Mai. 16.	6(112)	Holmiensis	119
Elmgreen, J.	1762	Jun. 22.	6(113)	Holmiensis	120
Falck, J.P.	1762	Jun. 23.	6(114)	Westgothus	121
Hall, B. M.	1762	Jun. 25.	6(115)	Westgothus	122
Gråberg, J. M.	1762	Oct. 16.	6(116)	Gothoburgensis	123
Reftelius, J. M.	1762	Dec. 18.	6(117)	Upland	125
Lenaeus; C. A.	1762	Dec. 20.	6(108)	Jemtlandus	124
Rothman, G.	1763	Mai. 27.	6(123)	Smoland	126
Blom, C. M.	1763	Mai. 28.	6(122)	Smoland	128
Salberg, J.	1763	Jun. 11.	6(119)	Holmiensis	127

番号	論文タイトル	論文タイトル和訳
129	Prolepis Plantarum II.	花の発生
130	Lepra.	レプラ
131	Centuria Insectorum.	100種の稀な昆虫の記載
132	Motus pol y chrestus.	身体運動による健康の維持と回復
133	Diaeta Aetatum.	年齢による健康法
134	Morbi Artificum.	職業病
135	Hortus caulinaris.	スウェーデンの食用・有用植物
136	Spiritus Frumenti.	発酵物の蒸留
137	Opobalsam declaratum.	没薬
138	Hirudo medicinalis.	瀉血用のヒル
139	Fundamenta Ornithologie.	鳥類学の基礎
140	Potus Chocolatae.	チョコレートの飲用
141	Fervida et Gelida.	沸騰水と冷水
142	Potus Theae.	喫茶
143	Purgantia indigena.	スウェーデンの下剤
144	Necessitas Hist. Nat. Rossiae.	ロシアの自然誌科学
145	Usus Historiae naturalis.	自然誌科学の効用
146	Siren lacertina.	シレン・ラケルティナ
147	Cura generalis.	一般治療
148	Usus Muscorum.	地衣類の利用
149	Mundus invisibilis.	見えざる地球
150	Haemotysis.	喀血
151	Venae resorbentes.	吸収静脈
152	Menthae usus.	ハッカの利用
153	Fundamenta Entomologiae.	昆虫学の基礎
154	Fundamenta Agrostographiae.	イネ科学の基礎
155	Metamorphosis humana.	人間の変態
156	Varietas Ciborum.	栄養のさまざま
157	Rariora Novrvgiae.	ノルウェーの稀品
158	Coloniae Plantarum.	植物の植民
159	Medicus sui ipsius.	自分自身への医術
160	Morbi Nautarum Indiae.	インドへの船の船員の病気
161	Iter in Chinam.	中国への旅
162	Flora Åkerröensis,	エケロ島（スウェーデン）の植物
163	Erica.	エリカ属
164	Dulcamara.	ヨーロッパマルバノホロシ
165	Pandora et Flora Rybyensis.	Ryby（ストックホルム近郊）の昆虫と植物
166	Fundamenta Testaceologiae.	貝類学の基礎
167	Febrium intermittentium curatio varia.	間歇熱治療の変異
168	Respiratio diaetica.	呼吸の健康法
169	Haemorrhagiae ex Plethora.	多血による出血
170	Fraga vesca.	エゾヘビイチゴ
171	Observationes in Materiam medicam.	医薬の観察
172	Suturae vulnerum.	傷の縫合
173	Planta Cimicifuga.	サラシナショウマ属
174	Esca Avium domesticarum.	飼鳥の餌
175	Marum.	マールム・ニガクサ
176	Viola Ipecacuanha.	イペカクアンハ（赤痢の治療に用いた植物，ペルーのインディオが用いていた）
177	Plantae Surinamensis.	スリナムの植物
178	Ledum palustre.	イソツツジ
179	Opium.	阿片
180	Medicamenta purgantia.	下剤用の医薬
181	Perspirato insensibilis.	発汗の不全
182	Canoes medici.	医学の規範
183	Scorbutus.	壊血病
184	Bigae Insectorum.	昆虫の両角
185	Planta Aph y teia.	無葉植物
186	Hypericum.	オトギリソウ属

論文発表者	年	月日	巻(番号)	出身地	Lidén No.
Ferber, J.	1763	Jun. 12.	6(120)	Caroli-Colonensis	130
Uddman, J.	1763	Jun. 17.	7(131)	Ostrobotniensis	140
Johansson, B.	1763	Jun. 23.	6(121)	Calmariensis	129
Lado, Chr.	1763	Dec. 23.	7(125)	Wiburgensis	131
Oehrquist, D. J.	1764	Mai. 20.	7(129)	Orebrongia Nericius	134
Skragge, N.	1764	Jun. 15.	7(130)	Vermelandus	139
Tengborg, J. C.	1764	Jun. 21.	7(126)	Vestro-Gothus	132
Bergius, P.	1764	Dec. 19.	7(139)	Wermelandes	133
Moine, W. le	1764	Dec. 22.	7(128)	Stockholm	135
Weser, D.	1765	Mart. 6.	7(127)	Holmiensis	136
Baeckman, A. P.	1765	Mai. 4.	7(132)	Helsingforsia-Fenno	137
Hoffman, A.	1765	Mai. 18.	7(138)		141
Ribe, C.	1765	Jun. 12.	7(136)	Stockholm	138
Tillaenius P. C.	1765	Dec. 7.	7(137)	Vestmannus	142
Strandman, P.	1766	Febr. 26.	7(141)	Holmiensis	143
Kramzschen, A. de	1766	Mai. 15.	7(148)		144
Aphonin, M.	1766	Mai. 17.	7(147)	Moscov Rossus	145
Oesterman, A.	1766	Jun. 21.	7(142)	Holmiensis	146
Bergman, J. G.	1766	Dec. 10.	7(144)	Satac Fenno	147
Berlin, A. H.	1766	Dec. 17.	7(145)	Angermannus	148
Roos, J. C.	1766	Mart. 6.	7(145)	Holmensis	149
Gråberg, J. M.	1766	Mai. 13.	9(178)	Gothoburgensis	150
Thunberg, C. P.	1766	Jun. 2.	9(179)	Smoland	151
Laurin, C. G.	1766	Jun. 13.	7(140)	Holmensis	153
Bradh, A. J.	1766	Jun. 14.	7(133)	Ostrobotniensis	154
Gahn, H.	1766	Jun. 27.	7(134)	Fahlungensi	152
Waldström, A.	1766	Dec. 16.	7(143)	Holmensis	155
Wedenberg, A. F.	1766	Dec. 19.	7(135)	Holmensis	156
Tonnig, H.	1768	Febr. 27.	7(149)	Norvego+Niedosiensis	157
Flygare, J.	1768	Jun. 15.	8(151)	Dalekarlus	158
Gysselis, J.	1768	Jun. 11.	8(152)	Nericius	159
Wänman, C. H.	1768	Nov. 5.	8(153)	Upland	160
Sparrman, A.	1768	Nov. 30.	7(150)	Upland	161
Luut, C. F.	1769	Dec. 23.	8(144)	Sudermannus	162
Dahlgren, J. A.	1770	Dec. 10.	8(155)	Norrcopin Ostro-Gothus	163
Hallenberg, G.	1771	Mai. 29.	8(156)	Gothlandus	164
Söderberg, D. H.	1771	Jun. 26.	8(157)	Junecopia+Smolandus	165
Murray, A.	1771	Jun. 29.	8(158)	Stockholm	166
Tillaeus, P.	1771	Dec. 11.	9(180)	Westmannus	167
Ullbolm, J.	1772	April. 29.	8(159)	Vermelandus	168
Heidenstam, E. ab	1772	Mai. 23.	9(181)		169
Hedin, S. A.	1772	Mai. 26.	8(160)	Smoland	170
Lindwall, J.	1772	Jun. 5.	8(161)	Smoland	171
Boecler, C. E.	1772	Jun. 27.	9(182)		172
Hornborg, J.	1774	Nov. 26.	8(162)	Petropolitanus	173
Holmberger, P.	1774	Nov. 26.	8(163)	O-Gothus	174
Dahlgren, J. A.	1774	Dec. 3.	8(164)	Norrcopin Ostro-Gothus	175
Wickman, D.	1774	Dec. 16.	8(165)	Caroli-Coronensis	176
Alm, J.	1775	Jun. 23.	8(166)	Upland	177
Westring, J. P.	1775	Oct. 25.	8(167)	Lincopia O-Gothus	178
Georgii, C. E.	1775	Nov. 15.	8(168)	Stockholm	179
Rotheram, J.	1775	Nov. 22.	9(183)	Angulus	181
Avellan, N.	1775	Nov. 25.	9(184)	Tavastina-Fenno	182
Hedin, S. A.	1775	Nov. 29.	9(185)	Smoland	183
Salomon, E. D.	1775	Nov. 22.	9(186)		180
Dahl, A.	1775	Dec. 18.	8(160)	Westgothus	184
Acharius, E.	1776	Jun. 22.	8(170)	Gevalia Gestricius	185
Hellenius, C. N.	1776	Nov. 20.	8(171)	Tavastina-Fenno	186

あ と が き

　トルビヨン・レンスコーク・コレクション Trobjörn Lenskog Collection を所蔵した翌年の1994年，千葉県立中央博物館は，コレクションを公開するためにリンネ委員会（大場達之，堀江義一，天野誠，齋藤朋子，駒井智幸，門野晶子）を組織し，平成6年度特別展「リンネと博物学 ―自然誌科学の源流―」を開催しました．その際，沼田 眞博士（初代館長）をはじめとする館内外の自然誌学，科学史に関する有識者（天野 誠，遠藤泰彦，大場秀章，小原 敬，梶田 昭，木村陽二郎，桑原和之，小西正泰，駒井智幸，茂田良光，高橋直樹，直海俊一郎，西村三郎，林 浩二，藤本時男（博品社），安間 了，レックス・バンクス Rex E. R. Banks（英国自然誌博物館），（株）雄松堂）（敬称略）に執筆等の協力をえまして，大場達之，齋藤朋子の編集による図録『リンネと博物学 ―自然誌科学の源流―』（千葉県立中央博物館編，1994）を平成6年8月21日に出版しました．その後，平成8年2月15日に改訂2刷を千葉県立中央博物館友の会より出版しましたが長らく絶版となっておりました．

　そして，カール・フォン・リンネ Carl von Linné 生誕300年にあたる2007年，世界有数のリンネ関係コレクションを積極的に公開してカール・フォン・リンネとリンネが牽引した自然誌学 Natural History の原点を多くの人々に知っていただくことを目的に，カール・フォン・リンネ生誕300年記念事業として展示，講演会，出版を企画しました．

　その際，『自然の体系・初版 Systema Naturae 1st ed.(1735)』など貴重文献の展示と記念公開講演会の企画・運営は，植物学研究科（宮田昌彦，吹春俊光，原田 浩，古木達郎，天野 誠，斎木健一，堀江義一）と御巫由紀（資料管理研究科）が担当し，初版執筆者の協力をえまして『リンネと博物学 ―自然誌科学の源流―』(1994)の増補改訂の編集を宮田昌彦と大場達之が担当しました．また，出版権と著作権上の懸案解決に庶務部の全面的な協力を得ました．

　『リンネと博物学 ―自然誌科学の源流― [増補改訂] Carl von Linné as the Root of Natural History』(2008)の記念出版に際しまして，椿 康一氏（文一総合出版）には，自然誌学の学問の源流とその息吹きの結晶を多くの学徒に伝道することの意義を御理解いただき，当出版のために多大なる助言と協力をしていただきましたことに御礼申し上げます．また，"Linnaean Plant Name Typification Project" を推進し "Order out of Chaos, Linnean Plant Names and their Types" (2007) を著した英国自然誌博物館種子植物系総括研究員兼リンネコレクション植物系資料管理者のチャーリー・ジャービス博士 Dr. Charlie Jarvis とロンドン・リンネ協会事務局長ジーナ・ダグラス女史 Ms. Gina Douglas には，基準標本の研究使用を許可しリンネ・コレクションの情報を提供していただいたことに感謝いたします．

編 集 担 当

宮田昌彦

大場達之

索 引

A
Abelmoschus moschatus Medicus 213
Account of the Observation of Viscera, An vii
Acharius, Erik 92-93
Acrel, J. G., Dr. 267
Adanson, M. 195, 204
Aldrovandi, U. 237
allotype 223
Alm, Jocob 62, 64
Åmann, N. N. 57
Amoenitates academicae 47, 215, 241, 281
Amoenitatum exoticarum vi-vii, 47, 80
Annales musei botanici lugduno-batavi 221
Anthropomorpha 70, 281
Aquinas, St. Thomas 196
Aranei Svecici vi, xiii, 244
Aristoteles 195, 237
Artedi 24, 29
Aurelian Society, The 265
Avium Praecipuarum Historia 245

B
Baeckman, A. P. 71, 73
Balk, Laurentius, fil. 83
Banks, Sir J. 95, 260
Banks's Florilegium 95
Barbut, J. 75, 112
Bauhin, G. 195, 204
Beckner, M. 205
Belon, P. 195
Betula Nana 56
Bibliotheca Botanica 50, 259
Bigae Insectorum 240
binomial nomenclature v, x
Bladh, A. J. 74
Boerhaave, H 23, 259
Bremer, Petro 58
Buffon, G. L. L. Comte de 204, 243
Burman, J. 259
Buxbaum 23

C
Caesalpinus 23
Calendarium Florae 57
Camellia japonica vi, xiv
Camper, Petrus 267
Candolle, A. P. de 204-206
Centuria Insectorum Rariorum 240
Cesalpino, A. 195
classis 197
Clavis Medicinae 78
Clerck, C. A. vi, 244
Clifford, G. 259
cohort 197
Collinson, P. 259
conserved name 221
Corollarium Generum Plantarum 51, 259
Critica Botanica 50, 240, 259
Crystallorum Generatione 85-86
Curtis, W. 69, 106-107
Cuvier, G. L. 206, 243

D
Dahlgren, J. A. 56, 281
Dandridge, J. 265
Darwin, C. R. xi, 198, 206, 268
Darwin, E. 68
Dassow, C. M. 61
Descriptio Hortus Upsaliensis 84
description 220
Descriptiones Animalium, Avium, Amphibiorum, Piscium, Insectorum, Vermium 95
diagnosis 199, 220
diagnostic character 204
differentia 196
Dillenius, J. J. 23, 259, 265
dispersal ecology 232
Dissertatio 240, 281
────── Medica Inauguralis in qua exhibetur Hypothesis Nova de Febrium Intermittentium Causa 75
Douglus, G. 271
downward classification 203
Dubois, G. 79
dynamic system 207

E
ecology 233
Ehret, G. D. 260
Ekmarck, Carolus Dan. 71
En Resa til Norra America 94
Entomologia Britannica 266
epithet vi
Erica 56
essence 196
essentialist species concept 199
evolutionary systematics 206
Explanation of the 24 Classes viii

F
Fabricius, J. C. 65-66, 243
Families of Plants, The 68
family 197
Farris 207
Fauna Svecica 70, 239
Felis leo Linnaeus 217
Feville 23
Fish Morphology and Hierarchy x
Fishes of Japan with Pictorial Keys to the Species x
Flora Alpina 57
Flora Danica 42
Flora Japonica v, viii, 92
Flora Lapponica 60, 155-166, 213, 231, 259
Flora Palaestina 64
Flora Suecica 61, 64, 232
Flora Virginica 213
Flora Zeylanica 61, 213
Forskål, P. 94-95, 167-172
Forsyth, W. 266
Fundamenta Botanica 24, 48, 240, 259
Fundamenta Entomologiae 74, 240
Fundamenta Ornithologica 71, 73
Fundamenta Testaceologiae 74, 76-77

G
gender 218, 220
Genera Morborum 75
Genera Plantarum 51, 65, 259
generic name vi
Genpaku, Sugita vii-viii
Genres des Insectes de Linné., Les 75, 110
genus 196-197
Gessner, C. 237
Gilmour 206-207
ginkgo ix, 222
Giseke, P. D. 65-66
Goodenough, S. 266
Gorter, J. de 75
Gosline, W. x
Gould, S. J. 269
Gråberg, J. M. 281
Gronovius, J. F. 7, 224, 259
groping 204

H
Haeckel 233
Halenius, Jonas P. 63, 64
Haller 232
Hans Sloane 259
Hasselquist, Friderico 93
Hedenberg, Andreas 60
Heiden, S. A. 281
Heister 23
Hellenius 281
Hennig 206
Hermann 23
Hinricus Sparschuch 79, 82
History of Japan, The vii
Hoffman, A. 79
Hoffman, M. 52
holotype 223
Hooker, J. D. 268
Hoppius, C. E. 70, 281
Hortus Cliffortianus 52, 117-154, 213, 259, 260
Hortus Upsaliensis 53, 213
Hoshu, Katsuragawa viii
Hospita Insectorum Flora 242
Houttuyn, M. 244
Hultman, D. 84
Hunter, J. 266
Hypericum 188-190, 281

I
Icones Plantarum Japonicarum. 92
Icones Rerum Naturalium 94, 167-172
Illustration of the Sexual System of Linnaeus, An 68
Illustrations of the Linnaean Genera of Insects 244
Insecta Uplandica 240
Instructio Musei rerum Naturalium 84
International Code of Botanical Nomenclature vi
International Code of Zoological Nomenclature, The vi
Introduction to Botany, An 68
Introduction to Physiologicial and Systematical Botany 69
isotype 223
Iter in Chinam 95
Iter Palaestinum 93

J
Jarvis, C. E. 269
Jun-an, Nakagawa viii
Jussieu, A. L. de 206-207, 259
Jussieu, B. de 259

K
Kaempfer, E. vi-vii, 29, 47, 80
Kähler, M. 85-86
Kalm, P. 94, 242
Kalmia 190
Keisuke, Ito viii
Kennzeichen der Insekten, Die 74, 111-112
Kiyomatsu, Matsubara x
Klase, L. M. 56
Knaut 23
Koelreuteria paniculata Laxmann 255
Kongol. Swenska Wetenskaps Academiens Handlinger 47

L
Laan, A. vander 52
Lachesis Lapponica, or A Tour in Lapland. 87
Lamarck, J. -B. de 207, 243
Latreille, P. A. 243
Lawson, I. 7, 259
lectotype 223
Lee, J. 68
Lemna 23
Lenskog, T. 231
Lepidoptera 111
Letters on the Elements of Botany. Addressed to a Lady 69
Lichenographiae Svecicae Prodromus 93
Linnaea borealis L. 224, 272
Linnaeus, C, fil. 53-54, 281
Linnaeus, N. 238
Linnaeus's System of Botany 106-107
────── , so far as relates to his Classes and Orders of Plants. 69
Linnean Society of London, The v, xi, 265, 267, 269, 275
linneon 240
logical division 196
logical system 196
Louis Duc de Noailles 267
Lunar Society 266
Lyell, C. 268

索引

M
Magnol, P. 23, 195, 204
Malpighi, M. 237
Marsham, T. 266
Martyn, J. 265
Martyn, T. 70, 267
Materia Medica 78, 213
—— in Regno Animali 243
——, Liber I. De Plantis 243
Mayr, E. 206, 244
Mémoires pour servir à l'histoire des Insectes 237
Merian, M. S. 237
Methodus 36, 240
—— Sexualis 259
—— Sexualis sistens Genera Plantarum 50-51
Micheli, Pier Antonio 23-24, 42-43
Migrationes Avium 71
Milax 218
Miller, J. 68, 103-105
Miller, P. 259
mire plants 232
monophyletic group 206
Montin, J. L., fil. 59-60
Morison 23
Mouffet, T. 237
Müller, J. S. 68
Murray, A. 74, 76-77
Murray, J. A. 65
Musa Cliffortiana 52, 101-102, 259-260
Museum Adolpho-Fridericianum 83
Museum S. R. M. Adolphi Friderici 239
Museum S. R. M. Ludovicae Ulricae Reginae 83, 239
Museum Tessinianum 85
Museum Wormianum 42

N
naturalness 207
Natuurlyke Historie, of Uitvoerige Beschryving der Dieren, Planten en Mineraalen, …van den Heer Linnaeus 244
Naucleri, S. 84
Neo-Adansonians 206
neotype 223
Neuroptera 112
New Book of Anatomy, A vii, viii
nomen triviale 203
Nova Plantarum Genera iuxta Tournefortii methodum disposita. 42-43
Noxa Insectorum 242
numerical pheneticus 206
Numerical Taxonomy 206

O
Oeconomia Naturae 232-233, 241
Oedemagena tarandi 242
Öländska och Gothländska Resa 88, 240
Olao (Ole) Worm 42
Ophiorhiza 78
ordo 197
Osterdam, A. 71

P
palpi 240
palpus 240
paludology 232
Pandora Insectorum 242
Paradoxa 29

paratype 223
Paul, S. 42
phenetic species 199
Philosophia Botanica 50, 231
Phylogenetic Systematics 206
phylum 197
Planta Aphyteia 92
Plantae Rariores Camschatcenses 63-64
Plantae Surinamenses 62, 64
Plantarum Rariorum Horti Upsaliensis 53-54
Platon 198
Plumier, C. 23, 199
Politia Naturae 241
Polygamia 52
Potu Chocolatae 79
Potus Coffeae 79, 82
Potus Theae 78, 81
Praelectionesin Ordines Naturales Plantarum 65-66
Praludia Sponsalia Plantarum 55
Principles of Numerical Taxonomy 206
pro parte 221
property 196

R
Raven, P. H. 269
Ray, J. 23, 195, 204
Réaumur, R. -A. F. de 195, 237
Rex Banks 271
Rhodiola rosea L. 214, 221
Rietz, Du 232
Rivinus 23, 195
Rondelet, G. 195
Rosenhof, A. J. Roesel von 237
Rotheram, J. 267
Rousseau, J. J. 69
Royen, A. van 259
Rupp 23

S
Sakugoro, Hirase ix
Saunders refugium botanicum I 221
Scheuchzer 23
scientific names ix
Sedum verticillatum L. 215
Sei-ichiro, Ikeno ix
Sexual system of linnaeus 104-105
Siebold, P. F. von viii
Siren lacertina 71
Skönska Resa 87
Sloane, Sir Hans 23, 265
Smith, J. E. 61, 69, 87, 266
Sneath, P. H. A. 206
Society for Promoting Natural History, The 266
Society for the History of Natural History 231
Society of Entomologists of London, The 266
Sokal, R. R. 206
Somnus Plantarum 57-58
Sparrman, A. 95, 113-115
species 196-197
Species Plantarum vi, 49, 203, 211, 213-214, 260
Splachnum 59-60
Sponsalia Plantarum 56
Stationes Plantarum 60, 232, 235
Stearn W. T. 259
stemmata 240
Strand, J. B. 64
Sulzer, J. H. 74, 110-111
Svensk Ornithologie 95,

113-115
Swammerdam, J. 237
synonym 203
syntype 223
system of analyzed entities 196
Systema Entomologiae 243
Systema Naturae v-vi, 48, 233, 235, 238, 259
Systema Vegetabilium 65
Systematics and the Origin of Species 206

T
Taenia 28, 79
Theophrastos 195
Thirty-eight plants, with explanations ; instead to illustrate Linnaeus's System of Vegetables, and particularly adapted to the Letters on the Elements of Botany 70
Thoreau, H. D. 231
Thunberg, C. P. v, vii, 92, 231
Tillaeus, P. C. 78, 81
Tournefort, J. P. de 23, 195, 199, 231, 242
Toyo, Yamawaki vii
Translation of Thunberg's Flora Japonica, A viii
Travels in Europe, Asia and Africa Made During the Years 1770-1779 viii
tribe 197
Tulipa 23
Turner, W. 195
type 198, 223
typological species concept 198
typology 198

U
upward classification 204

V
Vaillant 23
valid name 203
varietas 197
vernacular name 199
Vires Plantarum 93
Viridarium Cliffortianum 259
Viscus 23

W
Wahlbom, J. G. 56
Wallace, A. R. xi, 207
Wåstgöta-Resa 88-90
William, W. 244
Willoughby 195

Y
Yoshimune, Tokugawa vii
Yoshinobu, Tokugawa ix

Z
zamia ix

あ
アードルフ・フレーデリク国王の博物館 83, 239
アヴィケンナ 226
アカリウス, エリック 92-93, 174
アクレル博士 267
アジサイ 211
亜種 219
アダンソン, ミシェル 175, 185, 195, 204-206

アダンソン学派 205
アナグラム 218
アニキア・ユリアナ本 185
アマモ 90
アリストテレス 41, 184, 195, 198, 209, 237, 238
アルストロメール（アルストロメール） 174, 213
アルドロヴァンディ 237, 245
アルム, ヤーコブ 62, 64
アロタイプ 223
アントワーヌ 259

い
医学の鍵 78, 229
池野成一郎 xv
異種同名 221
一語名表記 200-201
イチョウ 222
——の精子の発見 xv
一角獣 29
一般植物誌試論 185
遺伝学 192
伊藤圭介 xv, 96, 108-109, 253
異名 219

う
ヴァールボム, ヨハン・グスタフ 56
ヴァイアン, セバスチャン 187, 192
ヴァレリウス 227
ウィーン規約 219
ウィリアム 244
ヴェサリウス 185
ウォーム, オーレ 42
ウォームの珍品博物館 42
ウォーレス（ウォレス）, アルフレッド xvii, 207, 268
ヴォルフ 231
ヴォロシーロフ, V. N. 257
宇田川玄真 227
宇田川玄随 226
宇田川榕菴 96-97, 186, 191, 253
ウプサラ植物園誌→ウプサラ庭園
ウプサラ大学動物学博物館 244
ウプサラ庭園誌（植物園誌） 53, 235
ウルリーケ王妃 64, 83

え
英国昆虫誌 266
衛生学 225
エーマン, ニコラス 57
エーランドおよびゴトランド紀行（エーランドとゴトランドの旅） 88, 240
エーレット 3, 50, 52, 213, 260
エカテリーナ二世 255, 257
エクマルク, カルロス・ダニエル 71
江戸参府随行記 xiv-xv
エビセット 187-188
エボシガイのガン 29
エリカ属 56
エリック・ラックスマンのシベリア書簡集 255
エリザベス2世 269
鉛黄土 13
塩化アンモン石 13
エンデバー号 95

お
王立芸術院 271
オーリリアン・ソサエティー 265-266
おしば標本 212

293

オステルダム，アブラハム 71
おろしや国酔夢譚 257

か
科 5, 197-198
カーチス，ウィリアム 69, 106-107
カーチス植物学雑誌 69
カール 16 世グスタヴ 269
界 240
介殻学（貝類学）の基礎 74, 76, 77
廻国奇観 xiv, 41, 47, 52, 78, 80, 92
階層分類 195, 198
解体新書 xiv, xv, 229
害虫の駆除 242
貝原益軒 47
ガウプ 227
カエルアンコウ 29
花冠 23
萼 23
核果 23
学名 xvi, 203, 217
　　——の先取権 219
　　——の付け方 219
学問のたのしみ（学問の魅力） 47, 64, 241, 281
学問の魅力→学問のたのしみ
花糸 23
家政辞典 186
化石 13
果托 23
花托 23
花柱 23
桂川甫周 xiv, xv, 91, 253-257
果皮 23
花被 23
花粉 23
花弁 23
下方分類 203, 208
神 7
カムチャッカの稀な植物（学位論文） 63, 64
カメラリウス，ルドルフ・ヤーコブ 187
カルミア 93, 190
カルム，ペール（ペーター） 93-94, 174, 190, 242, 255
ガレノス 226
カレン 228
岩塊 13
間歇熱の原因についての新仮説 5, 75, 226
岩石 13
カンドル，アウグスティン・ド 219
カンドル，アルフォンス・ド 219
カンドル，ド 204
カンパー，ペトルス 267

き
ギーゼケ，ヨーハン・クリスチャン 65-66
記載 220
　　——分類学 244
基準標本 xvi, 220, 223-244
　　——の設定 219
基礎植物学 184, 186
　　——の手紙 69, 191
北アメリカ旅行記 94
喫茶 78, 81
キャプテン・クック 3, 95
キュヴィエ（キュビエ） 173, 206, 225, 243
球果 23
魚類の形態と検索 xvi
ギリシャ語 217
ギルモア 206

欽定全世界言語比較辞典 257

く
区 197
グーデノーフ，サミュエル 266-267
偶有性 196
グールド 269
組換え 218
グメリン 212
クラース，マグヌス・ラウレンチウス 56
クラブ 265
クリフォード（クリフォート），ジョージ 52, 212-214, 259
クリフォード植物図 190
クリフォード庭園（邸園） 52, 101, 259
　　——誌（邸植物誌） 52, 61, 117-119, 120-154, 212, 259-260, 262
　　——（邸）のバナナ 52, 102, 259-260
クリフォート邸 260
グレイト・ブリテンとアイルランドの自然史概論 266
クレイトン 213
クレック xiii
クレメンツ 245
グロノビウス（フロノヴィウス） 3, 213, 224, 259

け
経済植物 78
形態種 240
系統学 244
系統体系学 206
系統分類学 244
ゲーテ 231
ケーラー，マルチニ 85, 86
ゲールケ，ハインツ 225, 231, 281
ケサルピーノ→チェザルピノ
ケシ 233
ゲスナー，ヨハネス 74, 225, 237, 245
結実器官 23
結晶の種類 85, 86
ケルロイター 255
堅果 23
原記載 260
元素 7
ケンペル xiv, 41, 47, 52, 75, 92, 213, 256

こ
小石川御薬園 226
綱 xvi, 5, 51-52, 70, 197, 240
高山植物 57
口肢 240
口式分類法 243
厚生新編 186
鉱物 13
　　——界 7, 13
コーヒーの飲用 79, 82
コーヒーノキ 79
コクガン 29
国際細菌命名規約 219
国際栽培植物命名規約 219
国際植物学会議 219
国際植物命名規約 xiii, 211, 218-219
国際動物命名規約 xiii, 218-219, 244
　　——改訂第 3 版 244
固結 13
ゴスライン xvi
コペルニクス 185
コマローフ，V. L. 257
固有性 196

コリンソン 259
ゴルター，ヨハン 75
ゴルテル 226
昆虫 27
　　——のパンドラ 242
　　——の加害 242
　　——の寄主植物 242
　　——の両角 240
　　——学の基礎 74, 240
　　——学の体系 243
　　——誌論集 237

さ
サイレン 71
坐臥記 257
さく果 23
サチュロス 29
蛹 27
ザミア xv
三語名表記 200, 202
サントリオ 226

し
シーボルト（ジーボルト） xv, 96, 244, 253
シェイクスピア 231
シェレホフ 256
雌蕊 23
雌性花 23
雌性植物 23
自然誌 41
自然史振興会 266
自然性 207
自然哲学的および体系的植物学序説（第 2 版） 69
自然哲学の数学的原理 184
自然の経済 233, 241
自然の三界 7
自然の体系 96, 184, 191, 195, 198, 208, 225, 238, 240, 243
　　——（初版，第一版） xiii, 3, 48, 50, 70, 187, 238, 259
　　——（第 2 版） 48, 238, 243
　　——（第 4 版） 70
　　——（第 6 版） 238
　　——（第 7 版） 48, 200, 241
　　——（第 10 版） xiii, 49, 70, 187, 190, 203, 217, 221, 238, 239, 240, 245
　　——（第 12 版） 49, 238, 240, 245
自然の特徴による植物の科 68
自然の保安 241
自然博物館における展示 83, 84
自然発生説 198
自然物 7
自然分類 195, 207
　　——体系 192
自然養生論 228
湿原学 232
湿原植物 232
実践分類 203
疾病記述法 228
シデナム 226-228
シノニム 70, 203, 240
シバンムシ 29
シブソープ 213
ジャーヴィス，チャリー 269
種 5, 7, 51-52, 70, 196-198, 240
従基準標本 223
種差 196-197, 204-205
雌雄雑性綱 52
種子 23
雌雄同花序植物 23
ジュシュウ（ジュシュー），ドゥ 259, 207
ジュシュー，アントワーヌ・ロラン・ド 186, 192, 259
ジュシュー，ベルナール 191

種小名 xiii, 203, 217, 239
シュトラスブルガー 268
種の起源 198
種の創造説 184
受粉 242
種名 217
主要鳥類誌 245
漿果 23
上科 198
症候論 225
硝酸石英 13
小児の疾患とその治療 227
条虫 79
小名 190
上方分類 204, 208
小リンネ 53-54, 193, 281
植学啓原 96
植学独語 191
触肢 240
植物界 7, 23
　　——の体系 65
植物学会（ロンドン） 265
植物学入門，リンネの植物学のセオリーの解説と術語の説明 68
植物学入門書（第 2 版） 96
植物学の基礎 24, 48, 240, 259
植物学評論 50, 240
植物学文献 50
　　——集覧 259
植物学補遺 49, 68, 245
植物学論 259
植物季節 235
植物検疫 242
植物綱誌→植物の綱
植物誌 184-185
植物種誌→植物の種
植物諸科 185
植物図説 225
植物属誌→植物の属
　　——の贈り物（植物の属の贈り物） 51, 259
植物地理学 231
植物哲学 50, 183-184, 191, 225
植物の結婚 56
植物の綱（植物綱誌） 192, 263, 281
植物の効力 93
植物の婚礼序説（序章） 55-56, 187, 226
植物の自然排列講義 65-66
植物の種（植物種誌） xiii-xiv, 49, 93, 187, 189, 190, 211, 217, 220-221, 260
植物の睡眠 57-58
植物の性体系 259
植物の性について 187
植物の属（植物属誌） 51, 65, 68, 190, 192, 224, 259
　　——の性の体系 50-51
　　——の贈り物→植物属誌の贈り物
植物のメタモルフォーゼ 231
植物の立地 60, 235
植物分類の基本原理 219
植物要覧 185
食物連鎖 241
女性名詞 218
ジョフロア，エチェンヌ・フランソア 187
ショメル，ノエル 186
ジョン・レイ（レー） 192, 204
シラー 225
ジレニウス（ディルレニウス） 191, 213, 259, 265
シレン 71
新アダンソン主義者 206
人為分類 195
ジンガサゴケ属 59-60
進化分類学 206, 209

索引

進化論 192, 206
新基準標本 223
新種記載 218
人体構造についての七つの書 185
診断学 225
新日本植物誌 221
新薬物書 225

す
スウェーデン・アカデミー 93
　――紀要 47, 98
スウェーデン植物誌 61, 190, 225
スウェーデン鳥類学 113-115
スウェーデン動物誌 70, 225, 239, 245
スウェーデンのクモ類 244
スウェーデンの地衣誌予報 93
スウェーデンの鳥類学 95
数量表形学 206
菅江真澄 87
杉田玄白 xiv-xv, 229
スコーネ紀行 87
スコッグ 215
スコットランドガン 29
スコラ哲学 195-196, 203, 209
スコラ派 196
スターン, ウイリアム 213, 259, 269
スタニュコウィッチ 256
ストランド, ベネディクト・ヨハン 64
スニース 206
スパールシューフ, ハインリッヒ 79, 82
スパルマン, アンデルス 95, 113-115
スピノーザ 231
スプレンゲル 96
スミス, ジェームス・エドワード 87, 266-267
スミス, ヤコブ・エドアルド 61
スリアン, J. D. 212
スリナムの植物 62, 64
ズルツァー, ヨーハン・ハインリッヒ 74, 111-112, 239, 244
スローン, ハンス 3, 259, 265
スワンメルダム 237

せ
正基準標本 220-221, 223
生殖 23
　――器巣 23
生植物図説 185
西説内科撰要 226
生態学方法論 231
性体系 187, 191
聖トマス・アキナス 196
聖トマス主義 196
生物学的種概念 199, 209
生物的防除法 243
性分類体系 260
正名 190, 219, 221
セイロン植物誌 61
セイロンの植物の新属 61
石英 13
石化物 13
折衷式分類法 243
接頭辞 197
セルシウス, オーロフ (オロフ) 56, 187
千家俊信 257
先取権 219-221, 223
選定基準標本 213, 223
1770～1779年ヨーロッパ, アフリカ, アジア旅行記 91, 254

そ
ソヴァージュ (ソヴァージュ) 44-46, 212, 227-228
総合的分類法 243
創造 7
臓志 xiv
総苞 23
ソーカル 206
ソールズビー・カタログ 271
族 197-198
属 5, 7, 51-52, 70, 197, 240
側単眼 240
俗名 190, 219
属名 xiii, 217, 239
ソテツ 61, 65
　――の精子発見 xv
ソランダー, ダニエル 95, 174, 213
ソロー 231

た
ダーウィン, エラズムス 51, 68
ダーウィン, チャールズ xiv, 51, 68, 192, 198, 207, 237, 268
ダーウィン・ウォレス・メダル 268-269
ターナー 195, 245
ダールグレン, ジョーハン・アードルフ 56
大黒屋光太夫 (幸太夫) 253, 255
泰西植物学者に告ぐ 220
泰西本草名疏 xv, 96
　――付録 96, 108-109
タイプ 198, 244, 260
　――法 211
大理石 13
高木和徳 xvi
タクサ 197
タクソン 197-198, 244
ダグラス 271
多型の原理 205
ダッソウ 61
ダニエル, シュレーバー, ヨハン・クリスチャン 65
タバコ 49, 233
単系統群 206
男性名詞 218
ダントリッジ, ジョセフ 265

ち
チェザルピノ (ケサルピノ), アンドレア 185, 195
チャノキ 47, 103
中国旅行記 95
柱頭 23
鳥類学の基礎 71, 73, 245
チョコレートの飲用 79
著者名 218

つ
通俗名 199
土 13
ツュンベリー (ツューンベリ, ツンベルグ), カール・ペーテル xiii-xv, 41, 75, 91-92, 174, 229, 231, 253-254, 256
ツルヌフォール 41, 65, 184-185, 190, 195, 199, 225, 231, 242
　――の整理体系による植物の新属 42-43
ツンベルグ→ツュンベリー

て
ディエテティーク 228
ディオスコリデス 41-42, 185
ディッペル 226
ディルレニウス→ジレニウス
ティレウス, ペーター 78, 81
テオフラストス 41, 184, 195, 235
テッシン伯爵, カール・グスタヴ 84-85, 88, 227
テッシン伯爵の博物館 85
デュボア, ゴッドフリート 79
天球の回転 185
天体 7
テンプル・コーヒー・ハウス植物クラブ 265, 267
デンマーク植物誌 42

と
砥石 13
トゥールヌフォール→ツルヌフォール
豆果 23
等価基準標本 223
動学啓原 96
桃西河 257
動的体系 207
動的分類 207
同物異名 70, 203, 240
動物界 7, 27, 29
動物誌 184
動物哲学 184
同胞種 199
東方旅行における稀な自然植物図説 167-172
徳川家光 257
徳川家治 91
徳川慶喜 xv
徳川吉宗 xiv
ドドエンス (ドドネウス), レンベルト 185-186
ドラゴン 29
鳥の渡り 71, 245

な
ナウクレール, サミュエル 84
中川淳庵 xiv, xv, 91, 254, 256-257
ナシ状果 23
ナチュラリスト 199, 208, 225-226, 238, 240
鉛の硫酸塩 13

に
ニーブール, カールステン (カルステン) 94-95, 167-172
二語名表記 200-202
二語名法 70, 195, 199, 208, 239-240, 243-244
西イェートランド紀行 88-90
二十四綱解 xv
24綱分類体系 260
日本産魚類検索 xvi
日本誌 xiv, 256
日本植物誌 xiii, xv, 41, 91-92, 96, 221-222, 229, 254, 256
日本植物図譜 92
二命名法 187
二名法 xiii, xvi, 213, 217, 220
ニュートン 184

の
ノアイユ公ルイス 267

は
バーケンホー 266
ハーバリウム 212
バーボット, ジェイムズ 75, 110, 244
ハーベリー, クヌート 68
ハイブリッド 23
パウリ, シモン 42
ハクスリー, ジュリアン 268
博物学 226
博物誌 225
ハゼ亜目魚類 xvi
ハッセルキスト, フリードリック 64, 93
ハッチンソン 268
バッハマン, アウグスト・キリヌス 185
ハナイ 105
バナナ 52, 101
花のカレンダー 57
花の構造, その構成部分と役割 187
翅式分類法 238, 240, 243
早田文蔵 207
ハラー 227
パラケルスス 226
パラス, P. S. 257
パリ規約 219
バルク, ラウレンティス 83
ハルトマン, ダヴィド 84
パルム, ヤーコブ 47
パレスチナ植物誌 64
パレスチナ旅行記 93
ハレニウス, ヨナス 63, 64
攀 13
バンクシア 271
バンクス, ジョセフ 3, 95, 175, 193, 213, 260, 266-267, 271
バンクス植物図譜 95
ハンター, ジョン 266
判別文 220

ひ
ビーリ 256
ビエルケ男爵 93
ビシャ 228
尾状花序 23
常陸宮 269
ピネル 228
ヒポクラテス 185, 226-227
ビュッフォン→ビュフォン
ヒュドラ 29
ビュフォン 193, 204, 225, 243
ビュルマン教授 91
病気の綱 227
病気の属 75, 228
病気の体系 229
表形学 209
表形的種 199
標準和名 218
標徴 199
　――形質 204
標民御覧之記 257
病理学指針 227
平瀬作五郎 xv
品種 219

ふ
ファゴン 185, 187
ファブリシウス (ファブリチウス) 203, 243
ファリス 207
フイユ 214
ブールハーフェ (ボェルハーヴ) 226-227, 229, 259
フェニックス 29, 61
フォーシス, ウイリアム 266
フォシュスコール, ペール 53, 174, 94-95, 167-172
フォシュスコールのオリエント旅行における動物, 鳥類, 両生類, 魚類, 昆虫, 蠕虫の記載 95
フォルスコレア 53
副基準標本 223
腐植土 13
仏炎苞 23
フッカー, ジョセフ・ダルトン 268-269
フックス, レオンハルト 185, 225
ブッシ, O. I. 257
ブラウン, ロバート 268

ブラッド，アンドレアス・ヨハン 74
プラトン 184, 198
プリニウス 41
フルグライト閃電岩 13
ブルサー 213
フルティン，E. O. G. 257
プルマン 259
プルミエ，シャルル 190, 199
ブルンフェルス，オットー 185
フレーデリク国王 85
ブレーマー，ペトロ 58
フローリン 268
ブロス 225
フロノヴィウス→グロノビウス
ブロン 195
分岐学 206
分布生態学 232

へ
ヘール 198
ベックナー 205
ベックマン，アンドレアス・ペーター 71, 73
ヘッケル 268
ペテルブルグ博物館 254
ヘデンベリ，アンドレアス 60
ヘニッヒ 206
ベルガー，アレキサンダー 57
ベルナール 259
ヘルベルシュタイン 245
ヘルマン，パウロ 61, 213
ヘルメイアス 184
片岩 13
ヘンケル 13
変種 52, 197, 219, 240

ほ
帽 23
包穎 23
方言名 219
硼砂 13
宝石 13
ボェルハーヴ→ブールハーフェ
ボーアン，ガスパール 185-186, 195, 213, 239
ボーアン，ジャン 186
ホールデン 268
北槎異聞 257
北槎聞略 255, 257
菩多尼訶経 96, 253
ホッタイン 244
ホッピウス，クリスチャン・エマニュエル 70
ホフマン，アントニウス 79, 226
保留名 221
ホルテル 226
ポルトガルの寄生虫学 75
ホロタイプ 220
ボロメッツ 29
本質 196, 205-206
——主義 196, 209
——主義者の種概念 199
本草綱目 41, 47

ま
マーシャム，トマス 266-267
マーチン，ジョン 265, 267
マーチン，トマス 191, 267
マーレイ，アドルフ 74, 76-77
マーレイ，アンドレア 65
マイアー（マイア，メイヤー） 206, 244, 268
前野良沢 229
マクシモウィッチ 255
マッティオーリ 215
松原喜代松 xvi
マニョル，ピエール 185, 187, 195, 212

間宮信如 257
マメカンバ 56
マルシャム 267
マルティン，トマス 70
マルピーギ 237
まれな昆虫100種 240
萬病治準 226

み
ミケリ，ピエール・アントニオ 42-43
水谷豊文 244
ミズニラ 84, 87
蜜腺 23
南方熊楠 225
ミラー，ジョン 68, 103-105
ミラー，フィリップ 191, 259

む
ムーシンプーシキン，A. A. 257
矛盾に満ちた存在 29
息子のリンネ 267
ムフエット 237
無葉性植物 92

め
命名規約委員会 221
命名法 219
メイヤー→マイアー
メーリアン夫人 237
メンデル 192

も
目 5, 7, 51, 70, 197, 240
模索 204
門 197
モンティン，ラウール 59-60

や
薬 23
薬剤について 185
薬物学 225-226
薬物誌 41, 78, 185, 229
薬用昆虫 243
薬用植物誌 243
薬用動物誌 243
矢田部亮吉 220
ヤブツバキ xiv
大和本草 41, 47
山脇東洋 xiv
有効名 203
雄蘂 23
雄性花 23
雄性植物 23
有用昆虫 243

よ
養生論 225
幼虫 27

ら
ラーゲルストレーム，マグヌス 88
ラーゼス 226
ライエル，チャールス 268
ライプチッヒ学術協会報 187
ラックスマン，アダム・キリロヴィッチ 253, 256
ラックスマン，エリク 256
——（キリル）・グスタボヴィッチ 253
——・グスタフ 254
ラックスマン，キリル 255
ラックスマン伝 253
ラップランド紀行 87
ラップランド植物誌 60, 155-166, 229
——（スミス版） 61
ラップランドの昆虫 240

ラテン語 199, 203, 217, 219, 220
ラトレイユ 243
ラマルク 183, 192, 207, 225, 243

り
リヴィヌス 185, 195
リエ，デュ 231
理学入門植物啓原 96-97
リクス博物館 244
リサ，サラ 193
リネアン・ソサエティー→ロンドン・リネアン・ソサエティー
リネーウス，ニルス 238
リンネ式階層分類体系 5
硫酸塩 13
リュードベック→ルドベック
両性花植物 23
両生綱 29
リンネ 医師・自然研究者・体系家 231, 281
リンネ協会→ロンドン・リネアン・ソサエティー
リンネ式階層分類体系 240
リンネ式の階層 197
リンネ種 240
リンネ植物名タイプ・プロジェクト 214
リンネソウ iv, 60, 173, 174, 224, 272
リンネによる昆虫の属 75, 110, 244
——の図説 244
リンネのシステムによる38種の植物 70
リンネの植物学のセオリーの解説と術語の説明 68
リンネの性の体系 68, 103-105
リンネの蠕虫の属 75
リンネの体系中の昆虫の特徴 74, 111, 112, 239, 244
リンネの体系中の昆虫の略解 74
リンネの体系による植物学 69, 106-107
リンネの24綱 106-109
リンネの分類式による動・植・鉱物の博物誌 244
リンネの分類体系 243

る
類 196
ルイーセ・ウルリーケ王妃の博物館 240
類型学 198, 209
——的種概念 198, 199
類人猿 70, 72, 281
ルートマン 226
ルーベリ 226-228
ルセーン 227
ルソー，ジャン・ジャック 69, 191, 193
ルドベック（リュードベック） 175, 187, 226, 227
ルナー・ソサエティー 266

れ
レイ 41, 195
レイヴン 269
レー，ジェームス 68
レーゼル 237
レーディ 242
レオミュール（レオミュル） 195, 237, 238, 243
レクトタイプ 213
レンシュ 268
レンスコーク，トルビヨン 231

ろ

ロイエン，ファン 259
ロイヤル・ソサエティー 265-266
ロヴィサ（ルイーセ）・ウルリーケ王妃の博物館 83
ローゼンシュタイン 227
ローテラム 267
魯西亜文字集 253
ロンドレ 195
ロンドン昆虫学会 266
ロンドン自然史博物館 260
ロンドン・リネアン・ソサエティー（ロンドン・リンネ協会，リネアン・ソサエティー） xiii, xvii, 94, 193, 212, 214, 224, 244, 265-268, 271-272
ロンドン・リンネ協会→ロンドン・リネアン・ソサエティー
論理的体系 196
論理的分割 196

わ
ワイズマン 268
私の植物学研究の歴史 231
和名 218-219
ワルドシュミード 226
ワンデラール 52

執筆者 (五十音順)

天野　誠(あまの・まこと，AMANO Makoto)
1959-．神奈川県生まれ．理学博士(東京大学)．千葉県立中央博物館自然誌・歴史研究部植物学研究科上席研究員．専門／植物分類学(細胞分類学)．著書／『自然保護ハンドブック』(1989, 朝倉書店, 分担執筆)，『植物の世界』(1997, 朝日新聞社, 分担執筆)，『レッドデータプランツ』(2003, 山と渓谷社, 分担執筆) など．

遠藤泰彦(えんどう・やすひこ，ENDO Yasuhiko)
1956-．秋田県生まれ．理学博士(東北大学)．元千葉県立中央博物館上席研究員．現在茨城大学理学部理学科准教授．専門／植物分類学，植物系統学．著書／『植物の世界』(1995, 朝日新聞社, 分担執筆) など．

大場達之(おおば・たつゆき，OHBA Tatsuyuki)
1936-．東京都生まれ．理学博士(東北大学)．元千葉県立中央博物館副館長．専門／植物社会学，植生地理学．地域植物誌．著書／『ヨーロッパの高山植物』(1973, 学研)，『千葉県の自然誌 別編4 千葉県植物誌』(2003, 千葉県, 編著)，『日本海草図譜』(2007, 北海道大学出版会, 共著) など．

大場秀章(おおば・ひであき，OHBA Hideaki)
1943-．東京都生まれ．理学博士(東京大学)．東京大学名誉教授．専門／植物分類学，植物文化史．著書／『バラの誕生』(1997, 中央公論社)，『江戸の植物学』(1997, 東京大学出版会)，『大場秀章著作選Ⅰ・Ⅱ』(2006, 八坂書房) など．

小原　敬(おばら・たかし，OBARA Takashi)
1921-．アメリカ・カリフォルニア州オークランド市生まれ．元平和学園中学高等学校理科助手，神奈川県植物誌調査会運営委員．ロシア語に堪能．著書／『小原　敬先生著作集』(2007, 神奈川県植物誌調査会) など．

梶田　昭(かじた・あきら，KAJITA Akira)
1922-2001．岐阜県生まれ．医学博士(東京大学)．東京女子医科大学名誉教授．専門／病理学．著書／『小病理学』(1978, 南山堂)，『医学の歴史』(2003, 講談社)．訳書／『リンネ 医師・自然研究者・体系家』(1994, ハインツ・ゲールケ著, 博品社) など．

木村陽二郎(きむら・ようじろう，KIMURA Yojiro)
1912-2006．山口県生まれ．理学博士(東京大学)．東京大学名誉教授．専門／植物分類学，科学史．著書／『日本自然誌の成立』(1974, 中央公論社)，『ナチュラリストの系譜』(1983, 中央公論社)，『生物学史論集』(1987, 八坂書房) など．

桑原和之(くわばら・かずゆき，KUWABARA Kazuyuki)
1959-．石川県生まれ．農学修士(東京農工大学)．千葉県立中央博物館生態・環境研究部環境教育研究科上席研究員．専門／鳥類学，生態学．著書／『東京湾の生物』(1997, 築地書館, 分担執筆)，『東京湾の鳥類』(2000, たけしま出版, 編著)

小西正泰(こにし・まさやす，KONISHI Masayasu)
1927-．兵庫県生まれ．農学博士(北海道大学)．元学習院大学講師．専門／昆虫学，博物学，生物学史．著書／『虫の文化史』(1977, 朝日新聞社)，『虫の博物誌』(1993, 朝日新聞社)，『虫と人と本と』(2007, 創森社) など．

駒井智幸(こまい・ともゆき，KOMAI Tomoyuki)
1965-．岩手県生まれ．水産学博士(北海道大学)．千葉県立中央博物館自然誌・歴史研究部動物学研究科上席研究員．専門／動物分類学(甲殻類)．著書／『標本学』(2003, 東海大学出版会, 分担執筆)，図鑑NEOシリーズ『水の生物』(2005, 小学館, 分担執筆) など．

茂田良光(しげた・よしみつ，SHIGETA Yoshimitsu)
1950-．東京都生まれ．山階鳥類研究所標識研究室主任研究員．専門／鳥類学，生態学．著書／『動物世界遺産レッド・データ・アニマルズ』(2000-2001, 講談社, 分担執筆)，『世界鳥名事典』(2005, 三省堂, 分担執筆)，『鳥と人間』(2006, 日本放送出版協会, 分担執筆) など．

高橋直樹(たかはし・なおき，TAKAHASHI Naoki)
1960-．山形県生まれ．千葉県立中央博物館自然誌・歴史研究部地学研究科上席研究員．専門／地質学，岩石学．著書／『千葉県の自然誌 本編2 千葉県の大地』(1997, 千葉県, 分担執筆) など．

直海俊一郎(なおみ・しゅんいちろう，NAOMI Syunitiro)
1955-．熊本県生まれ．農学博士(九州大学)．千葉県立中央博物館自然誌・歴史研究部動物学研究科上席研究員．専門／昆虫分類学，生物体系学．著書／『生物体系学』(2002, 東京大学出版会) など．

沼田　眞(ぬまた・まこと，NUMATA Makoto)
1917-2001．茨城県生まれ．理学博士(京都大学)．千葉県立中央博物館初代館長．専門／植物生態学．著書／『生態学方法論』(1967, 古今書院)，『自然保護と生態学』(1973, 共立出版)，『自然保護という思想』(1994, 岩波書店) など．

林　浩二(はやし・こうじ，HAYASHI Koji)
1957-．東京都生まれ．理学修士(茨城大学)．千葉県立中央博物館生態・環境研究部生態学研究科上席研究員．専門／環境教育，植物生態学，博物館教育．著書／『環境の豊かさを求めて』(1999, 昭和堂, 分担執筆) など．

宮田昌彦(みやた・まさひこ，MIYATA Masahiko)
1953-．東京都生まれ．水産学博士(北海道大学)．千葉県立中央博物館自然誌・歴史研究部主席研究員兼植物学研究科長．専門／植物分類学(藻類)，民族植物学(海藻)．著書／『潮だまりの海藻に聞く海の自然史』(1999, 岩波書店)，『日本海草図譜』(2007, 北海道大学出版会, 共著) など．

資料撮影

大場達之

執筆協力

山田俊弘(千葉県立千葉高等学校教諭)
根本佳織(元千葉県立中央博物館展示解説員)

製作協力

穂坂尚美　鈴木宏美

装幀＋扉デザイン

板谷成雄

リンネと博物学 －自然誌科学の源流－ ［増補改訂］

発　行／2008年2月10日　初版第1刷発行
編　者／千葉県立中央博物館
　　　　〒260-8682　千葉県千葉市中央区青葉町955-2
　　　　TEL 043-265-3111　FAX 043-266-2481
　　　　URL：http://www.chiba-muse.or.jp/NATURAL/
発行人／斉藤　博
発行所／文一総合出版
　　　　〒162-0812　東京都新宿区西五軒町2-5 川上ビル
　　　　TEL 03-3235-7341　FAX 03-3269-1402
　　　　URL：http://www.bun-ichi.co.jp　振替：00120-5-42149
印刷・製本／奥村印刷

©Natural History Museum and Institute Chiba, Kajita Keiko, Kimura Reiko, Konishi Masayasu, Numata Sadako, Ohba Hideaki, Ohba Tatsuyuki, Shigeta Yoshimitsu 2007
ISBN978-4-8299-0129-8　NDC400　320P　30cm